国家科学技术学术著作出版基金资助出版

核电站装备金属材料开发与使用导论

（下册）

石崇哲　石　俊　要玉宏
高　巍　付晨晖　陈忠兵　等 著

科 学 出 版 社
北　京

内 容 简 介

《核电站装备金属材料开发与使用导论》从“研究与开发”“使用与效能”两个方面，全面深入地研讨和总结国内外学者以及作者对核电站装备金属材料的研究成果。全书分上下册，除第1章外，分两篇论述。本书为下册，即第2篇“核电站装备材料使用与效能的技术基础”，包含第6章～第9章，研讨核电站装备金属材料使用与效能学科体系要素元的环境腐蚀老化、组织结构老化、机械力学老化、老化评估与安全可靠使用和全系统全过程全寿命管理。

本书适合核电站装备领域从事金属材料研究、开发、设计等的工作者阅读，也可供军工、机械、化工、冶金等领域的金属材料研发工作者、教师、研究生参考阅读。

图书在版编目（CIP）数据

核电站装备金属材料开发与使用导论. 下册 / 石崇哲等著. —北京：科学出版社，2023.3

ISBN 978-7-03-075108-9

Ⅰ. ①核… Ⅱ. ①石… Ⅲ. ①核电站-设备-金属材料-研究 Ⅳ. ①TM623.4 ②TG14

中国国家版本馆 CIP 数据核字（2023）第 042627 号

责任编辑：牛宇锋 罗 娟 / 责任校对：王萌萌

责任印制：吴兆东 / 封面设计：蓝正设计

科学出版社 出版

北京东黄城根北街 16 号

邮政编码：100717

http://www.sciencep.com

北京中石油彩色印刷有限责任公司印刷

科学出版社发行 各地新华书店经销

*

2023 年 3 月第 一 版 开本：720 × 1000 1/16

2024 年 6 月第二次印刷 印张：17 1/4

字数：345 000

定价：128.00 元

（如有印装质量问题，我社负责调换）

荣誉顾问

束国刚

撰　写

石崇哲　石　俊　要玉宏
高　巍　付晨晖　陈忠兵
孙志强　朱　平　梁振新

校　勘

张　筠　石　佼

技术支持

束国刚　赵振业　刘江南　坚增运　惠增哲
王正品　薛　飞　陈卫星　柴晓岩　刘庆瑑
蒙新明　林　磊　王永姣

绘　图

梁宵羽　董芃凡　方利鹏

研究课题指导

石崇哲　束国刚　刘江南　薛　飞
王正品　高　巍　要玉宏　赵彦芬

研究试验指导

石崇哲　王正品　要玉宏　高　巍　上官晓峰
金耀华　张　路　余伟炜　姜家旺　王兆希
耿　波　逄文新　刘振亭

研究试验的博士生与硕士生

赵玉彬　要玉宏　张　路　耿　波　王东辉
金耀华　于在松　姜家旺　翟芳婷　王　毓小
王　毓大　牛迎宾　徐明利　周　静　薛钰婷
邓　薇　张琳琳　冯红飞　加文哲　王　晶

吴莉萍　刘　瑶　郭威威　段会金　渠静雯
郑　琳　徐　悠　刘华强　李洁瑶　张　文
孙　彪　寸飞婷　王　静　张　娴　赵　阳
张显林　高雨雨　曹　楠　张　磊

序

西安工业大学与中国广核集团在核电站装备金属材料领域所开展的合作，研究成果丰硕，石崇哲教授主笔的《核电站装备金属材料开发与使用导论》一书就是合作成果的体现，这是大专院校、科研院所、企业公司三方合作的结晶。

我国的核电业高新技术始于 20 世纪 80 年代秦山核电站的自主设计建设。20 世纪 90 年代大亚湾二代核电技术的引进建设,之后田湾核电站的建设和岭澳核电站的建设，以及秦山核电站二期、三期的建设，形成了秦山、大亚湾、田湾三大核电基地。进而兴起红沿河、宁德、石岛湾、阳江、三门、海阳、台山等地先进核电站的建设，并且第三代核电 AP1000 和 EPR1000 首先在我国三门、海阳、台山建设。短短三十余年，我国核电站的建设经历了艰辛的国产化到改进创新，更进一步到自主设计创新的飞跃。如今，我国自主设计制造的先进第三代核电技术华龙 1 号已走出国门，核电事业方兴未艾，我国正处在由核电大国迈向核电强国的转型期，核电站装备制造业也同时处在由装备制造大国迈向装备制造强国的转型期。那么，作为核电站装备基石的材料业该如何适应这个发展形势？答案只有一个，那就是在国家核电发展战略和材料发展战略指导下，核电站装备材料业也应同时在国产化后创新发展，由材料大国向材料强国挺进，为我国成为核电强国和核电站装备制造强国奠定坚实的核电站装备材料强国基础。

如何奠定坚实的核电站装备材料强国基础是摆在我国核电人和材料工作者面前的现实问题。首先要明确的就是在国家发展战略指引下的前进思想和方向，铺展在此指导下的体系和路线，并夯实学术理论和应用经验。《核电站装备金属材料开发与使用导论》这部书正是针对该现实问题给出答案，这就是核电站装备材料的“综合与分化交互前进”的科学思想，以及在其指导下的材料研究与开发的“成分-加工-组织-性能”学科体系和材料使用与效能的“性能-老化-安全-寿命”学科体系。科学技术高峰的攀登一定要走对学科路线，该书铺展的学科路线包含贯穿始终的材料开发与使用的“全系统-全过程-全寿命”理念路线和各专题的高新技术路线。该书在学术理论和实践经验上解读了核电站装备材料的学科体系，为学科路线的贯彻拓实了基础。此外，该书还就金属材料的一些学术问题进行了拓展性研究，提出了创新性的观点与理论。

总之，作为一部综合化应用学术专著，该书具有思想性和战略性、前瞻性和基础性、理论性和学术性、先进性和实用性。既有学科总体研究，也有主体篇章详尽深入的学术研讨；既有理论创新，也有大量核电站运行经验的总结，这是难能可贵的。我鼎力向业界推荐这部书。但也应清醒地认识到，该书乃导论性和指南性的综合化应用学术专著，虽开拓了思想、明确了方向、指明了路途、奠定了学术基础，但科学技术实践的道路还很长很艰辛，需要业界同仁的通力合作与共同奋斗。让我们共同携手合力推进中国核电站装备金属材料的进步！

中国广核集团有限公司 副总经理

束国刚

2018 年 2 月

前　言

核电业和核电站装备制造业是国家发展战略中新能源与现代制造业的重点新兴产业。作为核电站装备制造业基础的金属材料的开发和使用，必须适时地进步和发展，以适应核电站装备制造业的需求。从国产化仿制到技术阶梯转移，再走上自主智能设计制造，是国家发展战略必由之路。这就要及时地总结国内外学术界和工业界在核电站装备金属材料的开发和使用方面的研究思想、学术成就与经验成果，以综合化和整体化的自然科学视角，创新地运用中华文化思维，审视金属材料的开发与使用，确立在国家核电发展战略和材料发展战略指导下的核电站装备金属材料发展的学科思想、学科体系和学科路线，助力核电站装备金属材料的创新发展，建立我国核电站装备金属材料开发与使用之路，为我国迈向核电站装备制造强国和核电强国奠定坚实的金属材料基础，这是本书的目标与灵魂。

本书由西安工业大学石崇哲教授策划、统筹、主笔与统稿。第 2 章、第 8 章和第 4 章大部分由西安工业大学石俊博士撰写。第 6 章由西安工业大学高巍副教授撰写。第 7 章由要玉宏副教授撰写。第 9 章特邀西安现代控制技术研究所付晨晖高级工程师与石俊博士合作撰写。4.3.2 节和 4.3.3 节由苏州热工研究院陈忠兵研究员领衔、朱平高级工程师、梁振新博士、孙志强高级工程师共同撰写和校勘。特邀陆军边海防学院张筠和西安现代控制技术研究所石佼高级工程师校勘全部书稿。

本书是在西安工业大学、苏州热工研究院、大亚湾核电站等科技人员完成的多项国家级研究项目与多项部省级科技项目研究成果的支撑下诞生的，对这些研究做出重要贡献的有石崇哲教授、束国刚教授、刘江南教授、薛飞研究员、王正品教授、要玉宏副教授、高巍副教授、赵彦芬研究员、余伟炜高级工程师、张路高级工程师、金耀华讲师、姜家旺高级工程师、上官晓峰教授、逄文新高级工程师，以及西安工业大学的三十九名历届博士生和硕士生。对本书的问世鼎力相助的有中国工程院赵振业院士，西安工业大学材料与化工学院博士生导师坚增运教授、博士生导师惠增哲教授、博士生导师陈卫星教授。中国广核集团浙江分公司常务副总经理柴晓岩高级工程师和航空界金属材料失效分析专家刘庆瑔研究员也竭诚相助。支撑本书的还有众多先辈和同仁的国内外卓越研究成果，本书继承先辈的成就并站在先辈的肩上参摘了这些成果使本书增辉，在此真挚地感谢先辈和同仁并深致敬意。本书乃是聚大众精诚之力，结大众智慧之果。

本书稿幸得国家科学技术学术著作出版基金的资助，科学出版社的精益求精编审，西安工业大学材料与化工学院的支持与资助，空军军医大学雷伟教授以高超医术保证笔者完成书稿写作，本书才得以问世。在此深致敬意和感谢。

笔者永远铭记母校西北工业大学和专业启蒙导师康沫狂教授，铭记位错理论导师南京大学冯端教授和相变理论导师上海交通大学徐祖耀教授。先辈导师的谆谆教导奠定了笔者的金属材料学基础。笔者深情感谢家人所付出的辛劳和对笔者无微不至的关照，使本书得以完成写作，深深地永恒地爱着家人们。

笔者在核电站装备金属材料领域学识谫陋、认知浮浅，实难切中要害，难免有不妥之处，敬盼读者和同仁多多赐教指正。更诚盼行内专家广聚智慧，集众之长，合力对本书修订再版，以更高水准促进我国核电站装备制造强国和核电材料强国建设的日新月异。

石崇哲谨奉

2018 年 9 月 14 日草于西安工业大学

目　　录

第 2 篇　核电站装备材料使用与效能的技术基础

第 2 篇　核电站装备材料使用与效能的技术基础

“性能-老化-安全-寿命”是材料使用与效能的学科体系，是材料开发与使用的双四要素元综合一体化学科体系的后半部，与前半部材料研究与开发的技术基础相协相助而不可分离。本篇在研讨材料的“性能-老化-安全-寿命”环链时特别注重它们之间的关联，以推进现有材料对装备安全可靠运转的保障。影响安全和寿命的因素在于装备和材料的老化及随机缺陷，而随机缺陷的迸发则大多源于老化。对于工程界，切实可采用的便是对装备和材料的老化及随机缺陷的监控与评估，以及对材料安全可靠经济实用的改进。因此，本篇所论述的就是在材料使用的“性能-老化-安全-寿命”学科体系的技术路线中对现有材料的使用实践小结。这是当今工程界更为适用的基础经验，也是工程界最为关心的材料研究与开发和材料合理高效经济实用的终极目的——装备的安全可靠运转。这些基础经验已经历过数十年使用的考验和实践经验的积累，如对老化机制的认识，老化缓解的技术、监控和评估，以及管理的方法、概率理念的运用、纵深防御等。

本篇内容包含第 6 章～第 9 章金属材料的“性能-老化-安全-寿命”四元环链体系。与材料研究与开发的“成分-加工-组织-性能”学科体系相似，材料使用与效能的“性能-老化-安全-寿命”学科体系应理解为这个四元环链的四要素元是相互联结而不可分割的统一体，是综合化的统一体。

在材料使用与效能学科体系的“性能-老化-安全-寿命”四要素元中，最为关键的要素元便是老化元，它前期和中期激发随机缺陷迸发，后期则促成自身损毁。安全为老化的前提，性能以补偿老化。老化则决定了寿命，以完成材料的使用和效能。只要人们掌控好老化并使之缓解，便可较为容易地掌控材料的使用与效能。对这四要素元的解读将主要集中在老化元，以老化为统领，以实时监控为保障，将装备运行的安全可靠和寿命的管理统一起来。

第 6 章　材料使用中的环境腐蚀老化

核电站装备总是承受力的作用并在环境介质中完成某种功能而服役，环境介质可以是自然的，如空气、河水、海水、湿热丛林、高寒冰川等；环境介质也可以是人为的，如某种气体，酸或碱或盐的溶液，或高温、低温、辐射等。如此，核电站装备便不可避免地要在力作用下的运动中和环境介质相接触，这就不可避免地使制造装备的金属材料与环境介质发生化学的或电化学及物理的相互作用。金属材料与环境介质所发生的化学或电化学相互作用，削弱了金属材料的服役可靠性与安全性以及服役寿命，这就是金属材料的环境化学或电化学老化-腐蚀。如果某种设计使得材料在服役寿命期内对这种自然演化和人工作业所导致的性能劣化是许可的，这种设计便是成功的；反之则是失败的。

本章研讨的重点是核电站装备服役中发生的腐蚀，这种腐蚀包括电化学腐蚀和化学腐蚀。

6.1　电化学腐蚀损伤老化

核电站在用核裂变反应的能量转化发电的过程中，热能最引人关注，通常使用冷却液来吸收和转化这些热能。因此，核电站装备用金属材料广泛地与这些冷却液接触，遭受电化学浸蚀。不锈钢具有良好的抗电化学浸蚀的能力，这就是核电站装备大量使用不锈钢的根源所在。

金属以表面和环境介质相接触，在环境介质与金属材料相接触的表面形成微电池而发生电化学反应，电化学反应造成金属表面原子被转移到环境溶液中，破坏了金属表面结构，也就使金属受到电化学腐蚀损伤。

电化学腐蚀依据其驱动力特性的不同可分为组分腐蚀、浓差腐蚀、应力腐蚀等多种。依据其腐蚀形态的不同可分为均匀腐蚀、点腐蚀(点蚀)、晶间腐蚀、缝隙腐蚀等多种。

6.1.1　组分腐蚀的损伤老化

组分指的是物质的组成。在两个相互联结的不同金属或合金之间，或同一金属合金中的不同相之间，或同一金属相中的不同元素浓度之间，甚或同一金属相中的不同应力区域和不同变形量区域之间，都可以建立这种组分电池(电偶)，电极电位(电化序)较低者便是阳极，遭受电化学腐蚀。

1. 电偶腐蚀

不同金属合金复合制件之间的腐蚀即电偶腐蚀，如岭澳核电站循环水系统测温套管在海水介质中发生的不锈钢套管和钛板座焊接处所见到的钛板座电偶腐蚀；再如，核电站装备凝汽器中与铜基材料相连接的管板低碳钢在海水介质中的腐蚀，其腐蚀速率甚为可观，且与铜管面积成正比。还有同一金属合金中尺寸微小的多相合金中不同组织或不同相之间形成的微观组分腐蚀，核电站装备中奥氏体不锈钢发生的晶间腐蚀即是一例。

有时候即使两种不同的金属没有直接接触，但在意识不到的情况下仍然有可能发生电偶腐蚀。例如，在核电站装备循环冷却系统中的铜零件，由于腐蚀可能产生的铜离子可以通过水流扩散而在碳钢设备表面上产生疏松沉淀，沉淀的铜粒子层与碳钢之间便形成了微电偶腐蚀电池，结果引起碳钢设备发生严重的局部腐蚀(如腐蚀穿孔)。这种现象归因于间接的电偶腐蚀，属于特殊条件下的电偶腐蚀。在实际工程设计中，应对该类问题加以关注。

2. 脱溶腐蚀

核动力工程的热交换器上可能发生脱溶腐蚀，例如，在快中子反应堆中，其一回路携热介质多用液态金属 Na。液态金属 Na 将核反应生成的热吸收，传送至热交换器，通过热交换器将热释放给二回路携热介质。绝大多数金属元素之间在液态下会相互融合而形成液溶体，因此管道等金属材料在高温下被流过的液态金属 Na 浸蚀，而发生合金元素自管道等金属材料中脱溶并转移和溶解至液态金属 Na 中，此管道等金属材料便受到脱溶腐蚀。

脱溶腐蚀的驱动力是在给定温度下，存在于固态金属合金材料中的金属元素(如不锈钢中的 Fe、Cr、Ni、Mo 等)溶入液态携热金属(如液态金属 Na 等)中，形成液溶体而达到最大液溶度的趋势。在液态携热金属中的最大液溶度较小，且随温度降低最大液溶度又急剧减小的元素，从固态合金中转入液态携热金属中的趋势便越大，也就是该元素脱溶腐蚀的驱动力越大。

脱溶腐蚀常见的有下列几种：元素固→液转移可形成液溶体或化合物或发生晶间腐蚀。发生这些脱溶腐蚀的条件是在管道金属(固)和携热金属(液)组成的固-液体系中存在温度梯度或浓度梯度。

图 6.1 是一种特殊的脱溶现象(Guy and Hren, 1981)，这就是黄铜水管中的脱 Zn 现象，图中的黄铜管大约已将 Zn 脱去管壁厚度的一半。单相 α 黄铜是 Cu 和 Zn 的固溶物，但水管中却发生电化学腐蚀而使 Zn 原子脱出溶入水中，剩留的 Cu 则成为强度甚低的海绵状，这种脱 Zn 现象常常发生在 Zn 含量大于 15%的单相 α 黄铜中。

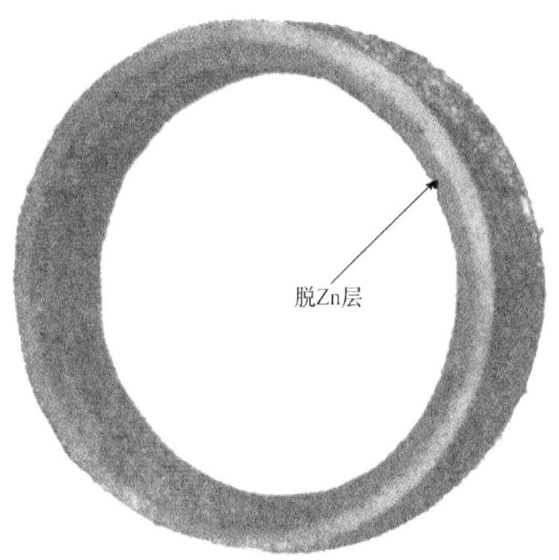

图 6.1　单相α黄铜水管内壁脱 Zn 的照片

脱溶腐蚀最严重的情况发生在快中子反应堆中的热交换器上，在这里既有温度梯度，又有浓度梯度。在热交换器的热区，固态管道金属与液态携热金属由于浓度梯度而发生元素固→液转移并达到接近最大液溶度的平衡；当该液体流至冷区时，温度降低使最大液溶度减小，转移的元素又发生反方向的液→固沉淀，沉淀在冷区的管壁上。于是，在这个热回路中，热交换器中热区的管道金属不断地发生固→液转移而被脱溶腐蚀，冷区的管道金属不断地发生液→固沉淀而被堵塞。

如果元素在携热金属中的液溶极限量较大，且液溶极限量随温度降低而无明显减少，热区的固态管道金属仍受到脱溶腐蚀，只是在冷区的管道上不发生沉淀导致的堵塞。因此，延长热交换器寿命就成为人们关注的焦点。当今最被看好的技术就是在管道壁表面覆盖保护膜，以及向液态携热金属中添加缓蚀剂。

3. 晶间腐蚀

1) 概要

晶间腐蚀是微观的，有晶界氧化和晶间电化学腐蚀两种类型。在核电站，不锈钢晶间电化学腐蚀的危害极大，它发生在电解质溶液、过热水蒸气、高温水、熔融金属等腐蚀液环境中，使装备在宏观上没有明显变化，不易觉察，却使金属的微观晶界强度丧失而造成灾难。晶间腐蚀脆也是危害其他金属材料的重要问题，如镍合金、铝合金、镁合金、铜合金、锌合金的老化等。

晶间电化学腐蚀还可分为应力晶间腐蚀与组分晶间腐蚀，应给予界定。使单相合金晶界遭受晶间腐蚀的同时若有晶界应力参与即为应力晶间腐蚀。常用的金属合金总是多晶体，多晶体晶界处的无序结构使金属合金原子的能量高于晶粒内部的原子，这也会形成电化学电池而使晶界成为阳极被腐蚀——晶间腐蚀，整个合金只是单相的也是如此，这就是微观应力腐蚀。晶界结构强烈地影响晶间腐蚀的程度，大角小面化晶界由于其晶界能高而最易受到腐蚀，大角重合位置点阵晶界的晶界能较低而较少受腐蚀，共格晶界的晶界能低而受腐蚀最少，特别是孪晶界和亚晶界最少受腐蚀。不仅如此，由于晶体点阵密排位向的不同，即使是亚晶界，其腐蚀程度也受晶体位向的影响。微观应力腐蚀的典型例子还有 α 黄铜的季裂(晶间腐蚀)，当环境潮湿和含有微量氨时尤其显著。潮湿环境中锌合金的老化现象、与含有 NaOH 水溶液接触的钢中发生的碱脆等也是如此。

组分晶间腐蚀多发生在奥氏体不锈钢中，是因为晶界处在 400～850℃时析出有高铬含量的碳化物 $(Cr, Fe)_{23}C_6$ 等，使晶界处固溶体基体中固溶的铬含量减少，电位降低，构成微电池的阳极，而碳化物以及高铬含量的固溶体基体构成微电池的阴极，致使晶界处的低 Cr 固溶体基体遭受电化学腐蚀。晶界若受平衡集聚杂质原子的污染，其受腐蚀程度将会显著恶化，这也是微观组分腐蚀。含 Ti、Nb 的奥氏体不锈钢就是用比 Cr 更有活性的 Ti、Nb 先与 C 结合成碳化物，从而避免了基体中固溶铬含量减少，改善了晶间腐蚀倾向。或者使钢精炼到碳含量小于等于 0.03%的超低碳状态，并使钢纯净化，也可明显改善晶间腐蚀倾向。

各类不锈钢都可能出现晶间腐蚀。高铬含量和超低碳含量有利于改善耐晶间腐蚀性能。铁素体不锈钢抗晶间腐蚀性能优于奥氏体不锈钢，这是由于 Cr 在铁素体中的扩散显著快于在奥氏体中的扩散，当碳化物在铁素体晶界析出使晶界区的贫 Cr 能因铁素体中高 Cr 区的扩散而有所补偿。A-F 双相不锈钢的抗晶间腐蚀性能好于铁素体不锈钢和奥氏体不锈钢。马氏体不锈钢的耐晶间腐蚀能力是最差的。当然，超级不锈钢的耐晶间腐蚀能力最为优异。

2) 奥氏体不锈钢的晶间腐蚀

奥氏体不锈钢的晶间腐蚀有两种类型，一类是晶界溶解型晶间腐蚀，奥氏体不锈钢经高温固溶热处理时钢中的一些杂质元素 P(>0.01%)、Sb、Sn，以及合金元素 Si 及 B(>0.0008%)、Se 等元素固溶并向晶界区域的富集(可以是平衡集聚，也可以是非平衡偏聚)，在强氧化性介质(如浓硝酸)中它们被选择性溶解而造成晶间腐蚀。而经中温敏化热处理时由于 P 和 C 形成碳化物 $(M, P)_{23}C_6$ 使 P 被禁锢，或由于 C 优先向晶界集聚而限制了 P 的晶界集聚，反而使敏化处理后在强氧化性介质中不易发生晶界的溶解(晶间腐蚀)。这种晶界溶解型晶间腐蚀的深度较浅且宽度较宽。

另一类是晶界电偶型晶间腐蚀，奥氏体不锈钢经中温敏化热处理时高铬碳化物 $(Cr, Fe)_{23}C_6$ 在奥氏体晶界析出，致使晶界带奥氏体基体中的铬含量贫乏，在氧化性或弱氧化性介质中形成电偶使晶界被腐蚀，并以缝隙腐蚀的自催化沿晶界向纵深发展，摧毁相当深度的晶界结合而使不锈钢在承力时沿晶界破裂。晶间腐蚀是奥氏体不锈钢一种最危险的破坏形式。18-8 钢的晶间腐蚀倾向在焊接接头上表现得特别突出，可以分别产生在焊接接头的热影响区、焊缝或熔合线上，在熔合线上产生的晶间腐蚀又称刀线腐蚀。刀线腐蚀发生在含 Ti、Nb 等固碳的铁素体不锈钢或者奥氏体不锈钢焊缝区紧邻熔合线的基体侧。在这个狭窄的高于 1150℃的高温区中，会发生 TiC、NbC 的解体并固溶于基体中而使 C 被释放，在焊缝冷却通过敏化温区时便会出现碳化物沿晶界的析出，从而形成变态的晶间腐蚀，即刀线腐蚀。这是焊缝熔合线基体侧陡峭的温度梯度造成 TiC、NbC 固溶解体的陡度，并使此后碳化物的析出形成陡度。

不锈钢耐电化学腐蚀能力的必要条件是，钢基体中固溶 Cr 的质量分数必须大于 $n/8$ 规律 $n=1$ 的 11.7%(原子分数 12.5%)，再考虑与 C 结合成碳化物的铬含量，不锈钢中的铬含量通常大于 13%(质量分数)。

显然，不锈钢耐电化学腐蚀能力的充分条件便是化学成分因素，其中以钢的碳含量为首要，碳含量越低，形成 $(Cr, Fe)_{23}C_6$ 的量越少，晶间腐蚀倾向便越小，当碳含量低于 0.03%时便可基本上避免晶间腐蚀的发生。其他化学成分因素有：凡提高 C 元素热力学活性的元素如 Ni、Co、Si(0.1%～2%)等斥 C 元素都增大晶间腐蚀倾向；凡降低 C 元素热力学活性的元素如 Ti、Nb、V、W、Mo 等亲 C 元素都减弱晶间腐蚀倾向。含 Mo 钢(如 316L、317L 等)不宜在含硝酸的氧化性介质中使用，因为 Mo 促成 σ 相的析出而加剧晶间腐蚀。用 Ti 固碳的钢(如 321 钢等)由于晶界存在 TiC 也不宜在强氧化性酸(如硝酸)中使用，此时可改用 Nb 固碳的钢。

不锈钢耐电化学腐蚀能力的辅助条件便是热履历因素，碳含量超过 0.03%且不含 Ti 或 Nb 的奥氏体不锈钢，在 425～815℃加热或者缓慢冷却通过这个温度区间时，便会造成碳化物在晶界析出而产生晶间腐蚀。该温度区间的加热称为奥氏体不锈钢的敏化处理。奥氏体不锈钢焊缝热影响区(450～850℃温度区域)正是晶界上析出碳化物的敏化温区，这是最容易出现晶间腐蚀的区域。

人们在检测不锈钢的晶间腐蚀敏感性倾向时，为节约检测时间，可先对钢试样实施 425～815℃的敏化处理，然后将钢试样放入沸腾的 65%硝酸溶液中腐蚀，连续 48h 为一个周期，共 5 个周期，每个周期测定重量损失。一般规定，5 个试验周期的平均腐蚀速率应不大于 0.05mm/月。

关于不锈钢中碳化铬 $(Cr, Fe)_{23}C_6$ 的析出可进行如下进一步解析，室温时 C 在奥氏体中的溶解度为 0.02%～0.03%，高温则大得多，800℃为 0.04%～0.05%，900℃约为 0.1%，1000℃约为 0.17%，1200℃约为 0.33%；而一般奥氏体不锈钢中的碳含量约为 0.1%，当对奥氏体不锈钢实施焊接作业或退火作业时，高温下 C、Cr、Ni 等元素均全部固溶于奥氏体中，冷却至 800～450℃时多于平衡量的 C 就不断地快速向奥氏体晶粒间界扩散，C 在奥氏体晶粒中的扩散为间隙扩散，扩散激活能约为 140kJ/mol。C 和晶粒间界区域的 Cr 化合，在晶粒间界处形成并析出铬含量达 90%以上的碳化铬 $(Cr, Fe)_{23}C_6$ 等。而 Cr 在奥氏体晶粒内的扩散为空位扩散，扩散激活能约为 540kJ/mol，Cr 沿奥氏体晶界扩散的激活能约为 252kJ/mol，这就使得 Cr 由晶粒内来不及向晶界扩散以补充晶界区域固溶 Cr 的缺失，所以在晶粒间界形成碳化铬就使晶界附近的固溶 Cr 量大为减少；但 C 的扩散很快，容易补足碳化铬析出区域 C 的缺失。当晶界区域奥氏体中的铬含量低到小于 $n/8$ 规律时，就形成不耐腐蚀的贫 Cr 带区，在腐蚀介质作用下，贫 Cr 带区就会失去耐腐蚀能力，于是在晶界区域就产生了电化学的晶间腐蚀。也就是说，奥氏体不锈钢晶间腐蚀的机理是碳化物与其相连的电位较低的贫 Cr 带形成电化学电偶腐蚀，以及这种电偶腐蚀沿晶界的渗入。

碳化物与其相连的电位较低的贫 Cr 固溶体带形成电化学电偶腐蚀，能否沿晶界渗入，还取决于 $(Cr, Fe)_{23}C_6$ 的析出形态。若 $(Cr, Fe)_{23}C_6$ 沿晶界呈连续析出，则可在晶界形成沿晶界渗入的电化学腐蚀通道。若 $(Cr, Fe)_{23}C_6$ 沿晶界呈不连续的间断析出，沿晶界渗入的电化学腐蚀通道便不能形成，碳化物与其相连的电位较低的贫 Cr 带间电化学电偶腐蚀也就只能局限于表面的有限微小区域和深度。$(Cr, Fe)_{23}C_6$ 沿晶界呈连续析出多发生在析出温度较低时，而较高温度下的析出多呈现为晶界间断碳化物。若在析出温度下长时间保持也可使晶界连续析出的碳化物发生熟化而呈间断的卵状，这也就缓解了晶间腐蚀。

不仅 $(Cr, Fe)_{23}C_6$ 在晶界的析出能引起电化学的晶间腐蚀，σ 相在晶界的析出也会引起晶界区域贫 Cr 而发生晶间腐蚀。只要是能引起晶界区域和晶内区域的化学不均匀性，使晶界区域电位降低而使晶界区域成为电化学微电池的阳极，使晶粒内部区域成为电化学微电池阴极的因素，便可以引起电化学的晶间腐蚀。

防止奥氏体不锈钢产生晶间腐蚀倾向的措施可以是：①降低钢的碳含量到 0.03%以下，使之很少能形成 $(Cr, Fe)_{23}C_6$，这就是超低碳奥氏体不锈钢，但此时钢的强度有所降低。②向钢中加入强亲 C 元素 Ti$(0.7\% \geqslant w(Ti) \geqslant 5w(C) - 0.02\%)$、Nb$(w(Nb) \geqslant 8w(C) - 0.02\%)$ 等以固定 C，使之不能与 Cr 化合。然而，Ti、Nb 的碳化物会降低钢的塑性和韧性，特别是使焊缝变脆。③降低钢的碳含量到 0.03%以下，同时保持钢中足够的固溶 N(达 0.05%～0.10%称为控氮型)或加入适量的 N(达 0.10%～0.50%称为中氮型，达 0.50%～1%称为高氮型)，既改善晶间腐蚀，又提高强度，如控氮钢 304NG、316NG。④对钢施以 1000～1150℃的固溶淬火热处理，使之在 800～450℃敏感温度区间快速冷却而不发生碳化物在晶界的析出或 σ 相在晶界的析出或杂质元素等在晶界的富集，固溶淬火热处理后钢获得均匀的单一相奥氏体组织。但如果钢在接近敏感温度区间服役，则不宜进行高温固溶淬火热处理，这种热处理造成的大量过饱和固溶 C 会使钢在热的长期服役环境中于晶界析出碳化物而产生晶界腐蚀，这时要么使用退火热处理，要么更换钢种。⑤对钢施以 850～950℃的退火热处理，使 Cr 元素能发生一定距离的扩散，而使因碳化物的析出在晶界的贫 Cr 区中的 Cr 含量能被补充到 *n*/8 规律的 *n*=1 以上的水平，退火热处理后钢获得无晶界贫 Cr 区的奥氏体+少量铁素体+晶界碳化物的多相组织。长时间的退火还可使晶界析出的碳化物熟化成各自孤立的形态，使电化学腐蚀局限在微小区域而不沿晶界渗入。⑥冷变形使碳化物沿滑移带分布。⑦改用 A-F 双相不锈钢。

对于奥氏体不锈钢焊接接头的晶间腐蚀，还可提出如下预防措施：①选用抗晶间腐蚀的合金，如超低碳牌号的钢 00Cr19Ni10(304L)或 00Cr17Ni14Mo2(316L)，或稳定的牌号 0Cr18Ni11Ti(321，多见于俄罗斯等欧洲国家或地区)或 0Cr18Ni11Nb(347，多见于美国)，使用这些牌号的奥氏体不锈钢可防止焊接时碳化物析出(造成有害影响)的数量；②如果结构件小，能够在炉中进行热处理，则可在 1000～1150℃进行热处理以固溶碳化物，并且在 425～815℃区间快速冷却以防止碳化铬的沉淀；③向奥氏体中混入适量铁素体可以改善晶间腐蚀倾向并提高屈服强度，但应警惕焊缝处因铁素体的存在而出现的脆性；④焊接后进行消除应力热处理可在消除应力的同时稍微改善耐蚀性。

3) 铁素体不锈钢的晶间腐蚀

铁素体不锈钢的晶间腐蚀与奥氏体不锈钢的晶间腐蚀类似，也是晶界高 Cr 碳化物析出造成晶界带铁素体基体中贫 Cr 而形成晶界的电偶腐蚀。只是铁素体不锈钢的敏化温度高达 900℃以上。元素 C 在铁素体不锈钢中的固溶度在 650～850℃范围最大，900℃以上的固溶度反而减小，高 Cr 碳化物的析出量增大，故 900℃以上热处理时更易于发生晶间腐蚀。

4) A-F 双相不锈钢的晶间腐蚀

A-F 双相不锈钢，即使铁素体的含量少至 5%，也能明显改善晶间腐蚀。这是因为：①双相组织不仅增加了相界面，也同时细化了晶粒，晶界面积和相界面积的增大明显减少了单位界面面积上的碳化物析出量；②铁素体固溶 Cr 含量显著高于奥氏体，这就使铁素体与奥氏体相界面上因高 Cr 碳化物析出所造成的基体贫 Cr 程度减弱；③元素 Cr 在铁素体中的扩散系数明显高于在奥氏体中，这就使晶界上的贫 Cr 微区容易得到 Cr 的补充；④奥氏体-铁素体双相组织与单相奥氏体组织相比，较少出现晶界(相界)连续的碳化物析出网链，从而使晶间腐蚀减轻。

但是应当谨慎地在强氧化介质中使用含 Mo 的 A-F 双相不锈钢，这时可能会发生铁素体的优先腐蚀。

6.1.2　浓差腐蚀的损伤老化

同一材料的电极电位值与其所处的电解液浓度有关，当电解液浓度降低时其电极电位也降低。这样，若该材料的一部分处于电解液浓度高处，而另一部分处于电解液浓度低处，并且浓度不同的电解液是相通的，则该材料处于电解液浓度低处的部分其电极电位值较处于电解液浓度高处的部分为低，于是处于电解液浓度低处的部分便成为电化学电池的阳极而受腐蚀，而处于电解液浓度高处的部分则是阴极而被保护，这就是浓差腐蚀。

另一类型的浓差腐蚀是由电解液中氧的浓度不均匀引起的，称为氧化型浓差腐蚀。当空气中的O_2溶入电解液中时，O_2便消耗了被腐蚀金属放出的电子而发生阳极氧化反应 $Fe = Fe^{2+}+2e^-$，同时有阴极还原反应$2H_2O + O_2+4e^- = 4OH^-$，OH^-便在电解液中与金属离子如Fe^{2+}发生反应 $2Fe^{2+} + 4OH^- = 2Fe(OH)_2$，而生成腐蚀产物$Fe(OH)_2$。于是，电解液中相对富$O_2$区便成为阴极，而缺$O_2$区则成为阳极。例如，金属搭焊或铆接或螺接的缝隙处，或金属表面污物覆盖的下面，或金属表面裂缝中，或金属表面腐蚀坑的锈皮下面等，这些都是可能成为阳极而被电化学腐蚀之处。在工程中局部深度腐蚀的危害远远大于表面上的均匀腐蚀。也就是说，O_2促进了电化学腐蚀。这也正是人们在发电站的蒸汽管道中采用脱氧水的原因。

浓差电池也可以由电解液的局部流速、温度、照度、细菌数等的差异而形成。

1. 缝隙腐蚀

浓差腐蚀常常发生于制件缝隙处，因而形象地称为缝隙腐蚀。金属部件在介质中，由于金属与金属或金属与非金属之间形成特别小的缝隙，使缝隙内介质处于滞流状态，引起缝隙内金属的电偶腐蚀加速。缝隙腐蚀的特点是腐蚀仅局限或集中于金属某一特定部位，因而也归属为局部腐蚀。在核电站装备中，局部腐蚀通常包括缝隙腐蚀、点蚀、微生物腐蚀以及环境加速开裂。局部腐蚀的预测和防止都存在困难，腐蚀破坏往往在没有预兆的情况下突然发生，会造成突然事故，危害性大。

缝隙在核电站装备中是随处可见的，能引起缝隙腐蚀的宽度一般为 0.025～0.1mm，狭窄到仅几微米的缝隙可以使电介质溶液浸入却不能使其流动，这样的缝隙就会发生缝隙腐蚀。宽度大于 0.1mm 缝隙为介质溶液可畅流的缝隙，介质由于不会形成滞流，不会产生腐蚀。若缝隙过窄，介质进不去，也不会形成缝隙腐蚀。所有的金属或合金都可能会产生缝隙腐蚀，缝隙腐蚀是普遍发生的局部腐蚀，特别是依靠钝化而耐蚀的金属或合金(如不锈钢)产生缝隙腐蚀的敏感性更强。也有氯与氧参与的自催化过程。

缝隙腐蚀机制学说有浓差电池说和闭塞电池自催化说等。浸入缝隙的溶液中的氧使缝隙内钢表面被钝化而耗氧，缝隙中的溶液便会缺氧，外部溶液不能靠流动进入缝隙，外部溶液中的氧便只能依靠在狭窄缝隙间的液膜中的扩散向缝隙内补充氧，但这是困难而缓慢的，缝隙内钢表面的钝化膜得不到足够的氧补充，造成缝隙内外氧浓度不均匀，形成氧的浓差电池。缝内金属阳离子难以扩散迁移出外，随着 Fe^{3+} 、Fe^{2+} 的积累，缝内造成正电荷过剩，促使缝外 Cl^- 迁移入内以保持电荷平衡。钝化膜便被 Cl^- 还原溶解形成水溶性氯化物盐(金属氯化物的水解)，缝隙内溶液的 pH 下降酸化，缝隙内钢表面失去钝化能力，钝化膜溶解，缝内钢表面被腐蚀(加速了阳极的溶解)，而阳极的溶解又引起更多 Cl^- 迁入，氯化物浓度又增加，氯化物的水解又促使介质更为酸化，如此形成缝内缺氧、缝外富氧的氧浓差电池，缝内为阳极，缝外为阴极，便形成了一个自催化过程，使得金属的溶解加速进行。

可见，缝隙腐蚀的机制与如下即将讨论的点蚀的机制只是在最初的形成期不同，在腐蚀的发展期是雷同的氧浓差电池的自催化过程。影响缝隙腐蚀的因素与点蚀也颇为一致，Cl^- 也同样是二者的最大助推手；钢成分中的 Mo、N、Cr 抗御缝隙腐蚀也最为有效；碳化物、σ 相、各种析出强化相以及夹杂物都是有害的。

对传热介质表面的缝隙腐蚀机制由于水、气态的分布差异可能有所区别，典型的例子为压水堆的蒸汽发生器传热管(Inconel 600 合金)与其支架(碳钢)间因缝隙腐蚀而使传热管出现裂缝，由于酸、碱度的集中，或是非 —OH^- 阴离子聚集，以致溶液浓度的分配被抑制，从而导致机制产生部分差异，但缝隙腐蚀会造成 Inconel 600 合金管表面产生凹痕并随之引发应力腐蚀开裂。

2. 点蚀

点蚀又称小孔腐蚀(孔蚀)，它集中于金属表面很小范围内，并深入金属内部。一般来说，蚀孔的直径等于或小于其深度，为几十微米，蚀孔在金属表面分布有些较分散，有些较密集。蚀孔口多数有腐蚀产物覆盖。孔蚀是一种破坏性和隐患性较大的电偶腐蚀形态，是核电站装备领域遇到的腐蚀问题之一。

1) 点蚀的特征

(1) 蚀孔口直径仅有几十微米，但蚀孔深，其分布有些较分散，有些较密集，多数被腐蚀产物覆盖。

(2) 腐蚀从起始到暴露有一个诱导期，诱导期长短不一，有的几个月，甚至一两年。

(3) 蚀孔通常沿重力方向或横向发展，并向深处加速进行，但也因外界因素等的改变，使有些蚀孔停止发展。一块平放在介质的平板蚀孔多在朝上表面分布。点蚀多发生在表面，这主要是因为金属或合金表面的某些局部地区膜受到了破坏，表面聚集了阴离子，阴离子主要源于氯化物(如冷凝器泄漏等)，但损伤同样可能是由于其他卤化物，或者硫酸盐、高氯酸盐等造成的。Cl^-引起的点蚀常常造成装备的穿孔失效，特别是容器的钢板。溶液中的不锈钢表面是易钝化的，当钝化膜因化学作用或机械应力的作用而出现局部破损时便可能造成点蚀损伤。

2) 点蚀的形成

溶液中的不锈钢表面是易钝化的，当极化曲线的极化电流密度达到一定数值后，回扫曲线会出现滞后环，缝隙腐蚀的极化曲线与此雷同。通用地以 i_1 表示开始反向回扫时的电流值，E_{br} 为点蚀电位(钝化膜击穿电位、钝化膜临界破裂电位)，E_{rp} 为保护电位(再钝化电位)。低于 E_{rp} 不会出现点蚀，$E_{rp} \sim E_{br}$ 发生点蚀，滞后环的滞后包络面积越大则点蚀倾向越大。点蚀电位、保护电位及滞后包络面积为衡量点蚀敏感性的三大指标。

处于钝态的金属其钝化膜的溶解与修复(再钝化)处于动平衡状态。当介质中含有活性阴离子(特别是卤素阴离子 Cl^-、Br^-、I^-)时，平衡受到破坏，溶解占优势。其原因是 Cl^-能优先选择性地吸附于钝化膜上，把氧原子排挤掉，然后和钝化膜中的阳离子结合生成可溶性氯化物，结果在新露出的基底金属的特定点上生成小蚀坑，这些小蚀坑称为孔蚀核。此时蚀核点仍有再钝化的能力，若再钝化的能力大，则蚀核不再长大，此时小蚀坑呈开放式；若再钝化的能力小，则蚀核长大。蚀核长大到一定的临界尺寸，金属表面便出现宏观可见的蚀孔。蚀孔内缺氧为阳极，蚀孔外富氧为阴极，形成氧的浓差偶电池，并发生自催化过程，蚀孔不断加深。

3) 点蚀当量

钢的耐点蚀能力大致可以由钢化学成分计算的耐点蚀当量 PREN 表征，化学成分中 Cr、Mo、N 这三个元素对耐点蚀性有决定性作用，而 Ni 在通常的含量时几乎没有影响，只在 Cr 和 Ni 的含量都较高时 Ni 才有提高点蚀电位的作用，所以 PREN 和 K 的计算中忽略 Ni 元素：

$$\mathrm{PREN} = w(\mathrm{Cr})+3.3w(\mathrm{Mo})+16w(\mathrm{N}) \tag{6.1}$$

也可以大致用由钢化学成分计算的点蚀指数 K 表征：

$$K = w(\mathrm{Cr})+3w(\mathrm{Mo}) \tag{6.2}$$

PREN 值或 K 值越高，钢的耐点蚀能力越好。一般不锈钢的耐点蚀当量 PREN 值为 13～30。超级不锈钢的耐点蚀当量相当高，例如，超级铁素体不锈钢的耐点蚀当量 PREN≥35，超级奥氏体不锈钢和超级奥氏体-铁素体不锈钢的耐点蚀当量 PREN≥40。

耐点蚀当量 PREN 或点蚀指数 K 只是大致表征了钢耐点蚀的本禀性质，甚至连钢的 C 元素含量以及 S 和 Se 等一些杂质元素的本禀性质也未计入，而实际上

C、S、Se 等的本禀性质也是相当显著的。当然，耐点蚀当量 PREN 或点蚀指数 K 更未考虑环境的各种因素。因此，在评估钢的抗点蚀能力时应全面考虑，不可只看 PREN 或 K 的值。

4) 影响点蚀的因素

影响点蚀的因素有金属或合金的性质、表面状态、介质性质、卤素阴离子浓度、溶液的 pH、温度和流速等因素。合金成分中 Mo、N、Cr 抗御点蚀最为有效，Ni、Si 也有益于抗点蚀，但 S 和 Se 加速点蚀，C 以形成晶界碳化物的形式加速点蚀。加工因素奥氏体不锈钢敏化处理加速点蚀，其他如σ相、弥散析出的强化相、硫化物夹杂等均加速点蚀，表面光洁有利于抗点蚀。就介质因素而言，一般酸性溶液中的点蚀较易发生，溶液中 Cl^- 浓度越高越易点蚀，适量的氧会加速点蚀，而过少或过多的氧则抑制点蚀，静止的液体中易于出现点蚀，氧化性的阴离子促进点蚀。升高温度会降低点蚀电位而加速点蚀，核电站装备用 Inconel 600 合金的点蚀电位和点蚀速率均随温度的升高而降低。发生点蚀的临界点蚀温度受合金点蚀当量 PREN 的显著影响，随着 PREN 的增大临界点蚀温度线性升高，奥氏体不锈钢和镍合金的临界点蚀温度 T_c 与 PREN 之间大致有如下关系：

$$T_c = -48 + 2.52\ \mathrm{PREN} \tag{6.3}$$

尽管这些影响因素在点蚀的形成和发展中的重要性已为人所知，但很多因素仍具有一定的随机性。因此，在核电站装备的点蚀老化管理中必须对材料的方方面面都有足够充分的了解才能做到正确处理。

总体来说，就不锈钢的耐点蚀性而言，超级不锈钢的耐点蚀性优良，奥氏体不锈钢良好，奥氏体-铁素体不锈钢次之，铁素体不锈钢再次之，马氏体不锈热强钢则表现较差。

3. 流体加速腐蚀

1) 概况

核电站主给水管线、凝结水管线、疏水管线、部分抽汽管线等主要是由碳钢制造的。在核电站运行过程中，与流体接触的碳钢管线不可避免地会发生氧化腐蚀与电偶腐蚀，而管内的流体会加剧这一过程，该现象称为流体加速腐蚀。一般认为，碳钢或低合金钢的正常保护性氧化膜溶进流动的水或者汽水混合流体中，与流体直接接触的材料表面的氧化膜会变薄且保护性降低，使得材料被腐蚀的速率加快，在稳定的流体加速腐蚀状态，材料的被腐蚀速率与氧化膜的溶解速率相等，且这一过程会随着电站的运行而持续下去。可将流体加速腐蚀看成静止水中均匀腐蚀的一种扩展，其区别在于流体加速腐蚀的氧化膜和溶液间的界面上存在流体运动。

如蒸汽冷凝回流管弯头(图 6.2)(Guy and Hren, 1981)，管内液体外弯道壁处的流速高于内弯道壁处，使与外弯道管壁接触的电解液浓度较低，外弯道管壁便成为阳极而受腐蚀，液体的冲刷又除去了外弯道管壁上的表面保护层和腐蚀产物而加速了腐蚀，空爆效应也是加速腐蚀的因素，这些多因素的联合作用使外弯道管壁因这种流体的冲刷和电化学腐蚀而早早失效。可见此处的设计技巧和材料选用以及对流体的缓蚀处理是至关重要的。

由单相流体和双相流体腐蚀产生的管道表面形态是不同的。在单相流体条件下，当腐蚀速率较高时，碳钢和低合金钢管道表面会出现鳞甲状特征的腐蚀形态(图 6.3)，它们的管道表面存在多孔的铁磁相 Fe_3O_4 膜，氧化膜临水的界面产生可溶解的亚铁离子 Fe^{2+}，亚铁离子 Fe^{2+} 通过多孔的铁磁相 Fe_3O_4 膜层(Fe_3O_4 具有阳离子空位反尖晶石结构的特性)扩散到主体溶液中。这常出现在发生严重管壁减薄的大直径管道内表面。

而在双相流体条件下，大管道表面的冲刷腐蚀形貌呈条纹状，一般认为这种形貌是由高度湍流的流体造成的。

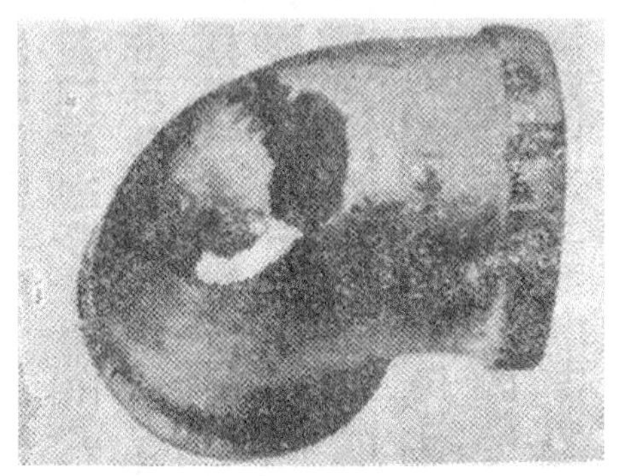

图 6.2　流速型浓差电池造成了蒸汽冷凝回流管弯头外弯道管壁破坏的照片

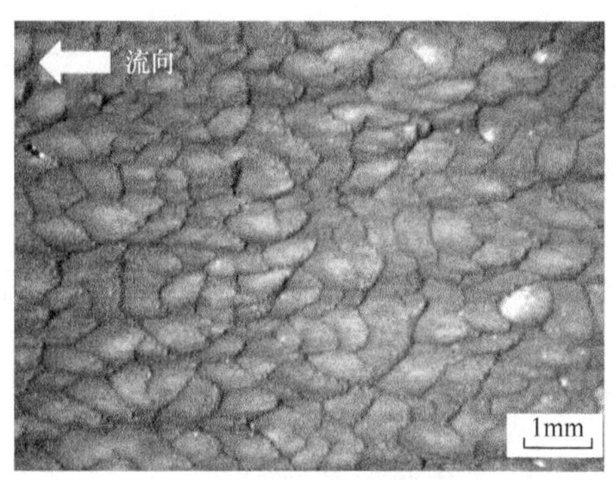

图 6.3　单相流体发生流体加速腐蚀后管道的表面形貌

在运行的核电站装备中，下面一些系统易于出现流体加速腐蚀：凝结水和给水系统、辅助给水系统、加热器疏水系统、汽水分离器疏水系统、蒸汽发生器排污系统等单相流体系统，以及高压和低压加热器抽气管线、冷凝器的闪蒸管线、密封蒸汽系统、给水加热器排气管线等两相流体系统。它们多由碳钢和低合金钢制成。

对于不锈钢管道，由于铬含量高，氧化膜 Cr_2O_3 致密，亚铁离子 Fe^{2+} 难以通过致密的 Cr_2O_3 膜层扩散到主体溶液中，便不会出现流体加速腐蚀。

2) 影响因素

(1) 流体动力学因素。

流体动力学因素包括流体流速、管道表面粗糙度、管路几何形状、蒸汽质量或者双相流体中的气体百分比等，主要通过影响腐蚀产物向主体溶液中的传质速率来起作用。由于边界层中的扩散受管壁附近流体状况的影响较大，造成流体动力学的影响很复杂：①流速，低流速时离子从氧化膜与水界面迁移到溶液中的传质速率低于电偶反应速率，传质速率是腐蚀过程的控制因素，此时增大流速由于降低了腐蚀产物浓度，腐蚀速率随流速的加快而增大。当流速加快到传质速率显著快于电偶反应速率时，活化过程成为腐蚀过程的控制因素，此时腐蚀速率与流速无关。在流速快到大于氧化膜的剥落速率时，流体加速腐蚀过程便转化成为冲蚀过程。②管道表面粗糙度，影响传质速率和流体流速与湍流，传质速率和流体流速近似呈线性关系。③管路几何形状，影响流体的流速和湍流情况，因此也影响传质速率。若管路几何形状使流体流速加快和湍流增大，则该管路的流体加速腐蚀会更为严重。可用几何因子表征流体加速腐蚀的影响程度。以直管道的几何因子为基准 1，则 90°弯头为 3.7，减压器大头为 2.5、小头为 1.8，膨胀器大头为 3.0、小头为 2.8，管口为 5.0，T 形管入水为 5.0、合流出水为 5.0、分流出水为 4.0。④蒸汽质量，蒸汽的单相流体不会产生流体加速腐蚀，蒸汽+液滴的双相流体必产生流体加速腐蚀。

(2) 环境因素。

核电站中流体加速腐蚀的发生还依赖环境因素，包括温度、pH、还原剂、氧浓度、氧化-还原电位、水中杂质等。

(3) 材料成分因素。

金属氧化膜的稳定性和溶解度受材料的化学成分和合金元素的含量控制。碳钢的流体加速腐蚀高是由于 Fe 在金属与氧化膜及氧化膜与水界面的选择性溶解，Cr、Mo 等元素的溶解性比 Fe 低，溶解造成 Cr、Mo 等元素在氧化膜 Fe_3O_4 中富集并生成尖晶石相 $FeCr_2O_4$、$MoFe_2O_4$，这些尖晶石相的溶解度显著低于 Fe_3O_4 相，它还增大氧化膜 Fe_3O_4 的致密度，从而显著改善钢的流体加速腐蚀。钢的化学成分作用最大的合金元素是 Cr，通常 1%Cr 含量就能使流体加速腐蚀速率降到很低甚至可以忽略，即使含量低到 0.1%时仍能显著降低单相流体的流体加速腐蚀速率，而对双相流体则应有 0.5%Cr。Cu 和 Mo 的存在也能降低流体加速腐蚀速率。钢中 Cr∶Cu∶Mo 的作用强弱比大致为 8∶5∶1。

3) 流体加速腐蚀的缓解

流体加速腐蚀的缓解应从三方面着手。

① 改善流体动力学。例如，从管件设计上改善流速与流型等。

② 改善环境。例如，改变水的温度、溶氧量、pH 等。

③ 改进材料。例如，控制钢中的铬含量等。

这一切都需要有良好的管理与监控体制。

4. 微生物腐蚀

微生物腐蚀并非其自身对金属的侵蚀作用，而是微生物生命活动的结果间接地对金属电偶腐蚀的电化学过程产生影响。

1) 影响腐蚀过程的四种方式

(1) 新陈代谢产物的侵蚀作用。

微生物产生某些具有腐蚀性的代谢产物，如硫酸、有机酸等，会造成金属腐蚀环境的进一步恶化。

(2) 生命活动影响电极反应的动力学过程。

如硫酸盐还原菌的存在，其活动过程对腐蚀的阴极去极化过程起促进作用。

(3) 改变金属所处环境的状况。

改变金属所处的状况，如氧浓度、盐浓度、pH，使金属表面形成局部腐蚀电池。

(4) 破坏金属表面有保护性的非金属覆盖层或缓蚀剂的稳定性。

微生物腐蚀过程中会在金属表面产生一定的黏泥沉淀，而金属遭受微生物腐蚀的程度往往和黏泥积聚的数量密切相关。

对每一种微生物而言，有其特定的生存环境，包括 pH、温度、溶解氧含量以及适当的富营养量等。从微生物腐蚀控制角度而言，当环境温度超过 99℃时，或在含硼酸、氨水处理环境下微生物腐蚀效应即消失。例如，在压水堆硼酸应急堆芯冷却系统中，运行若干年均未发生微生物腐蚀迹象；但在流速较低的冷却水系统中，可能滋生微生物；此外，对存在间歇性流动的管线中(如消防管道)也可能产生微生物腐蚀问题。相应地，在压水堆核电站微生物腐蚀问题也在碳钢、不锈钢管道和容器之中有所例证，且多发于建造、水压试验以及停机阶段。对此的防范措施包括使用生物灭杀剂以及控制富营养量等方式。

2) 影响腐蚀的典型微生物

(1) 铁氧菌。

铁氧菌(iron oxidizing bacteria，IOB)在钢表面的附着并繁殖形成微生物斑，虽然 IOB 本身对钢没有腐蚀性，但该微生物斑在钢表面的覆盖却引发了覆盖层下钢表面缺氧(由 IOB 耗氧与覆盖阻挡了未覆盖处氧向覆盖层下的扩散输氧而形成)，而在微生物斑未覆盖处却是富氧的，于是覆盖层下缺氧区与其紧邻并连通的未覆盖富氧区便形成了氧浓差电池与缝隙腐蚀，从而加剧了钢的局部腐蚀而形成危害很大的点蚀。316L 不锈钢也不例外，在有 IOB 的复合腐蚀液中，316L 钢的腐蚀电位 E_{corr} 出现显著负值，由–20V 降至–40V 以下，因而点蚀加剧；该复合腐蚀液是由 $IOB + 0.5g/L\ KH_2PO_4 + 0.5g/L\ NaNO_3 + 0.2g/L\ CaCl_2 + 0.5g/L\ MgSO_4 \cdot 7H_2O + 0.5g/L\ NH_4SO_4 + 10.0g/L\ FeC_6H_5O_7 \cdot NH_4OH$ 组成的，并用 1mol/L 的 NaOH 调节 pH 为 6.8±0.2。其中的柠檬酸铁铵 $C_6H_{10}FeNO_8$ 为柠檬酸铁 $FeC_6H_5O_7$ 与柠檬酸铵 $(NH_4)_3C_6H_5O_7$ 的复盐，其组成因合成条件不同而异，没有确切的化学式。

(2) 厌氧菌。

厌氧菌也在钢表面附着并繁殖形成微生物斑。IOB 附着斑下的缺氧环境是硫酸盐还原菌（sulfate-reducing bacteria，SRB)繁殖的良好地方。

以用于制造核级泵体的超级 A-F 双相不锈钢 2507 为例来考察微生物腐蚀的作用(胥聪敏，李辉辉实验图表，授权翟芳婷提供发表)。介质中的阴离子 Cl^- 具有极强的腐蚀性，对点蚀也是极为不利的，将 Cl^- 复合液与微生物复合液联合作为腐蚀介质以考察 2507 钢的抗蚀性是恰当的。为了比较，这里先给出 2507 钢抗 Cl^- 为主的复合腐蚀液试验结果，列于图 6.4 和图 6.5。图 6.6 和图 6.7 为钢 2507 在 IOB+ Cl^- 的复合腐蚀液中的抗腐蚀特性，图 6.8 和图 6.9 为 2507 钢在 IOB+厌氧菌复合腐蚀液中的抗腐蚀特性。而图 6.10 则是 IOB+厌氧菌+ Cl^- 复合腐蚀液的联合作用对超级 A-F 双相不锈钢 2507 的腐蚀作用特性。由图 6.11 还可见到厌氧菌对点蚀的加剧作用强于 IOB。

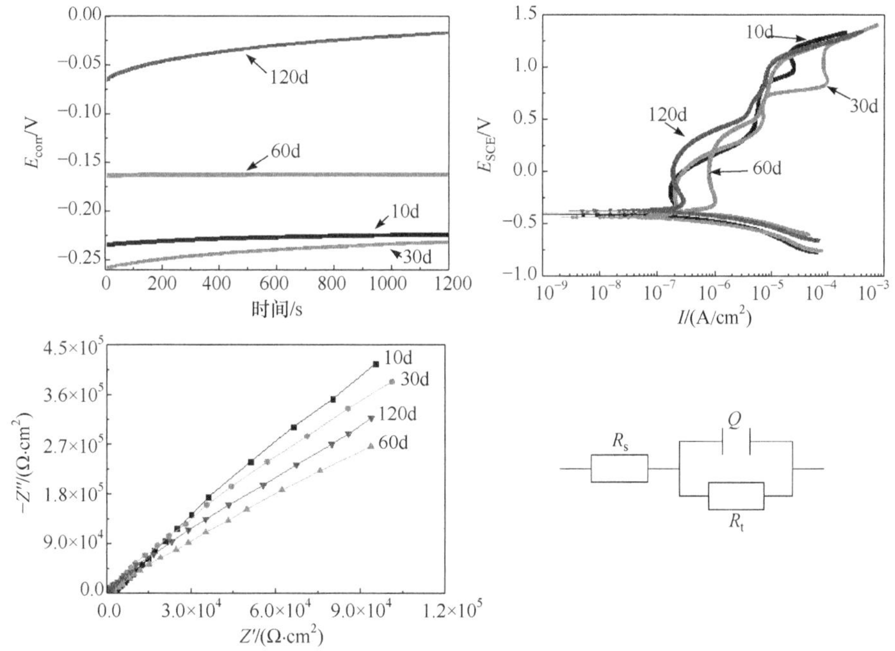

等效电路

天数/d	R_s/(Ω · cm²)	C/(Ω⁻¹ · cm⁻² · s⁻ⁿ)	R_t/(Ω · cm²)	n
10	164	2.422×10^{-5}	6.682×10^{7}	0.9046
30	134.4	2.472×10^{-5}	4.554×10^{6}	0.8764
60	100.7	3.028×10^{-5}	1.14×10^{6}	0.8713
120	45.2	2.701×10^{-5}	1.534×10^{6}	0.8843

极化曲线

天数/d	B_a/mV	B_c/mV	I_0/A	E_0/V	腐蚀速率/(mm/a)
10	2.5059×10^{7}	98.323	2.872×10^{-7}	−0.38599	0.0033785
30	1.6101×10^{7}	91.602	3.1205×10^{-7}	−0.4122	0.0035787
60	2.3933×10^{7}	142.75	14.361×10^{-7}	−0.36399	0.016469
120	2.2071×10^{7}	98.726	5.0314×10^{-7}	−0.34634	0.0057701

图 6.4　2507 钢在复合液中浸泡不同时间的开路电位、极化曲线、阻抗谱、等效电路

复合液：237.3mg/L Cl^-+55.5mg/L SO_4^{2-} +98.9mg/L HCO_3^-，pH=7.65，点蚀电位 1.2V

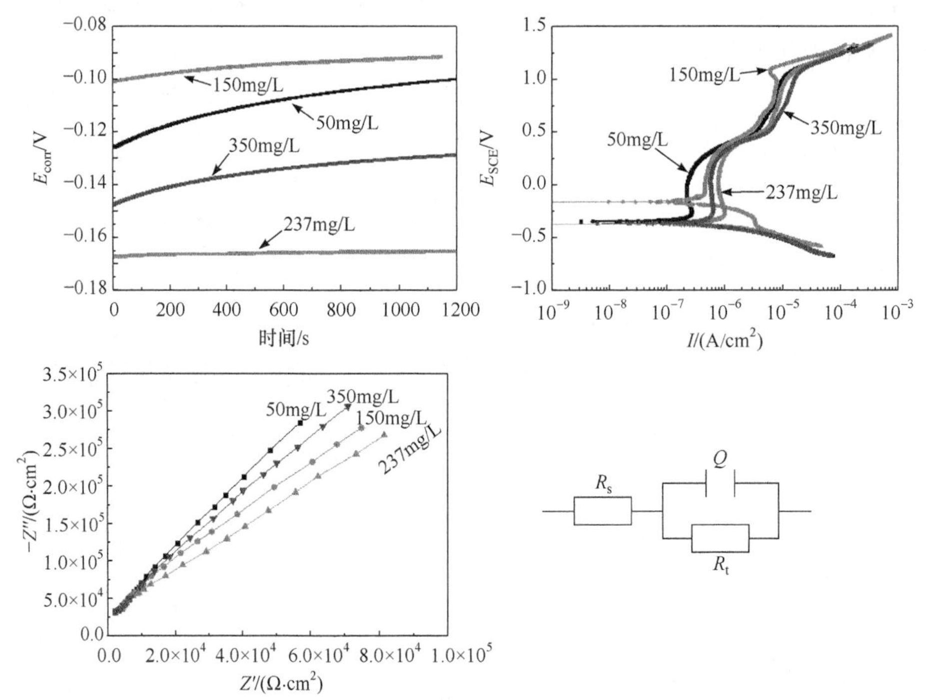

等效电路

含量/(mg/L)	R_s/(Ω · cm²)	C/(Ω⁻¹ · cm⁻² · s⁻ⁿ)	R_t/(Ω · cm²)	n
50	216.8	3.33×10^{-5}	2.833×10^{7}	0.9237
150	85.28	2.843×10^{-5}	1.208×10^{6}	0.896
237	100.7	3.028×10^{-5}	1.14×10^{6}	0.8713
350	75.48	2.697×10^{-5}	1.451×10^{6}	0.9057

极化曲线

含量/(mg/L)	B_a/mV	B_c/mV	I_0/A	E_0/V	腐蚀速率/(mm/a)
50	317.66	73.08	3.1508×10^{-7}	−0.33635	0.0036133
150	1.4584×10^{7}	185.45	13.124×10^{-7}	−0.15555	0.015051
237	2.3933×10^{7}	142.75	14.361×10^{-7}	−0.36399	0.016469
350	2.3958×10^{7}	113.94	8.1102×10^{-7}	−0.35787	0.0093009

图 6.5　2507 钢在不同 Cl^- 含量复合液中浸泡 60d 的开路电位、极化曲线、阻抗谱、等效电路

复合液：Cl^-+55.5mg/L SO_4^{2-} +98.9mg/L HCO_3^-，pH=7.65，点蚀电位 1.2V

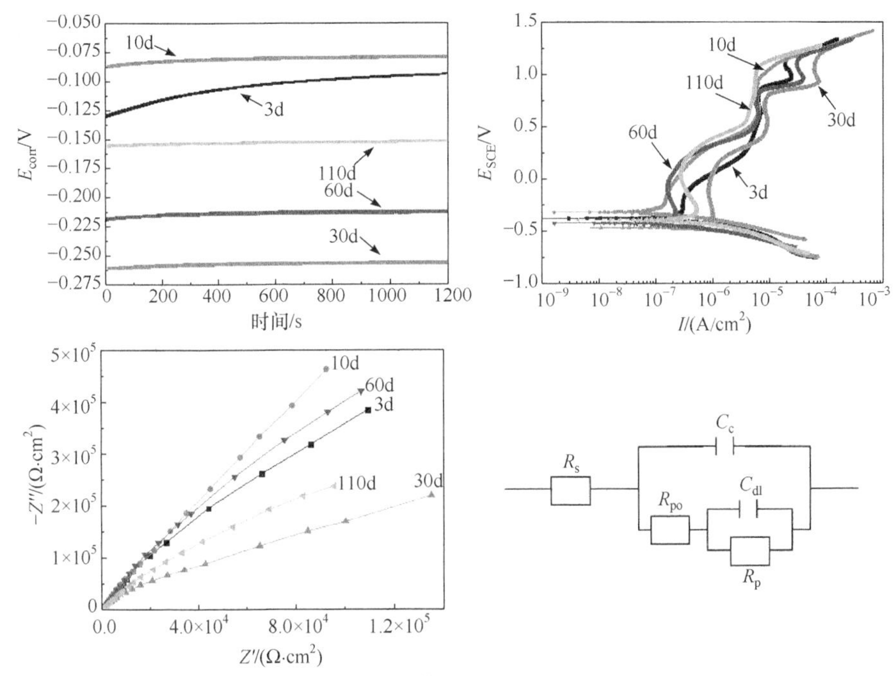

等效电路

天数/d	R_s/(Ω · cm²)	R_{po}/(Ω · cm²)	C_c/(Ω⁻¹ · cm⁻² · s⁻ⁿ)	R_p/(Ω · cm²)	C_{dl}/(Ω⁻¹ · cm⁻² · s⁻ⁿ)
3	146.1	2673	2.817×10^{-5}	2.315×10^{6}	8.514×10^{-6}
10	120.3	6659	1.845×10^{-5}	3.791×10^{6}	6.806×10^{-6}
30	69.36	2562	2.083×10^{-5}	0.5846×10^{6}	2.416×10^{-5}
60	70.52	3769	1.408×10^{-5}	3.413×10^{6}	1.28×10^{-5}
110	106.1	5366	1.795×10^{-5}	2.157×10^{6}	1.778×10^{-5}

极化曲线

天数/d	B_a/mV	B_c/mV	I_0/A	E_0/V	腐蚀速率/(mm/a)
3	3.0393×10^7	107	4.5741×10^{-7}	−0.37216	0.0053802
10	2.9293×10^7	93.699	2.2052×10^{-7}	−0.31631	0.002529
30	2.0482×10^7	133.7	15.061×10^{-7}	−0.46621	0.017272
60	2.9643×10^7	100.12	3.3772×10^{-7}	−0.42203	0.003873
110	21771	124.49	6.867×10^{-7}	−0.39243	0.0078751

图 6.6　2507 钢在 IOB+Cl^-复合液浸泡的开路电位、极化曲线、阻抗谱、等效电路

复合液：1%(体积分数)IOB+237.3mg/L Cl^-+55.5mg/L SO_4^{2-} +98.9mg/L HCO_3^- ，pH=7.65，点蚀电位 1.2V

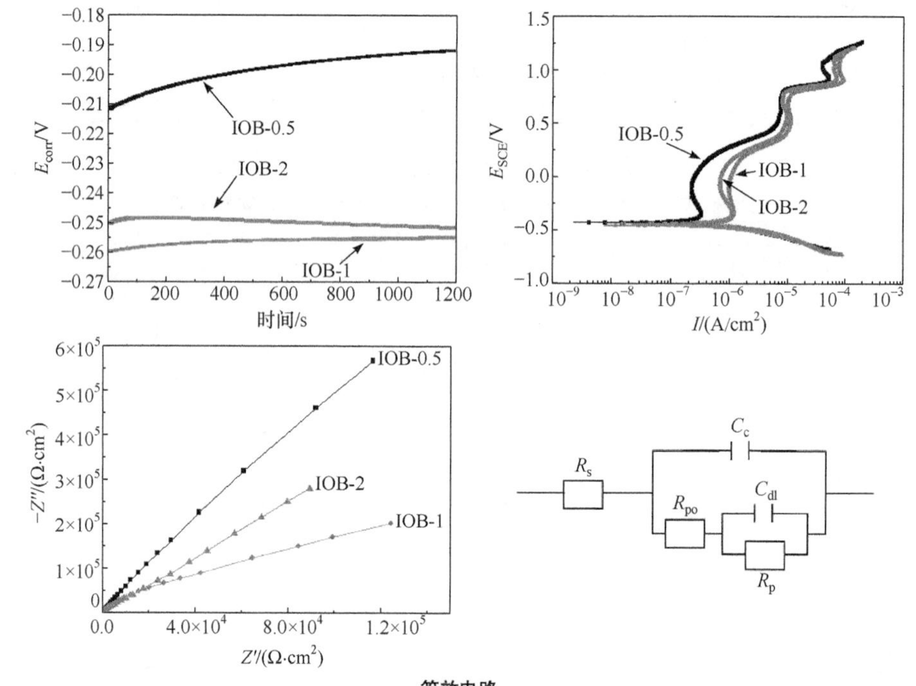

等效电路

比例/%	R_s/(Ω · cm^2)	R_{po}/(Ω · cm^2)	C_c/(Ω^{-1} · cm^{-2} · s^{-n})	R_p/(Ω · cm^2)	C_{dl}/(Ω^{-1} · cm^{-2} · s^{-n})
0.5	103	13750	2.182×10^{-5}	3.115×10^6	8.076×10^{-6}
1	69.36	2562	2.083×10^{-5}	0.5846×10^6	2.416×10^{-5}
2	105.9	22450	3.147×10^{-5}	0.8421×10^6	1.143×10^{-5}

极化曲线

IOB 体积分数/%	B_a/mV	B_c/mV	I_0/A	E_0/V	腐蚀速率/(mm/a)
0.5	2.7543×10^7	103.81	4.8353×10^{-7}	−0.43219	0.0055452
1	2.0482×10^7	133.7	15.061×10^{-7}	−0.46621	0.017272
2	7.5764×10^7	134.3	14.177×10^{-7}	−0.44844	0.016259

图 6.7　2507 钢在 IOB+Cl^-复合液浸泡 30d 的开路电位、极化曲线、阻抗谱、等效电路

复合液：IOB+237.3mg/L Cl^-+55.5mg/L SO_4^{2-} +98.9mg/L HCO_3^- ，pH=7.65，点蚀电位 1.2V

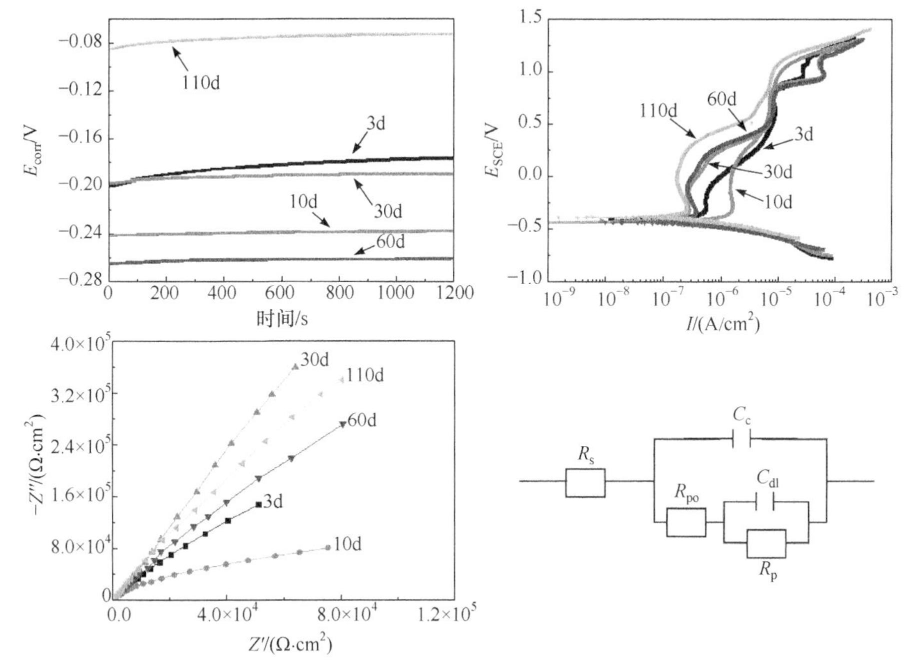

等效电路

天数/d	R_s/(Ω · cm^2)	R_{po}/(Ω · cm^2)	C_c/(Ω^{-1} · cm^{-2} · s^{-n})	R_p/(Ω · cm^2)	C_{dl}/(Ω^{-1} · cm^{-2} · s^{-n})
3	126.8	4832	4.554×10^{-5}	1.906×10^{6}	2.002×10^{-5}
10	77.41	2210	2.24×10^{-5}	0.248×10^{6}	3.484×10^{-5}
30	93.67	14370	2.419×10^{-5}	4.55×10^{6}	6.274×10^{-5}
60	80.28	2901	1.4×10^{-5}	3.497×10^{6}	2.272×10^{-5}
110	116.5	55.2	1.212×10^{-5}	3.524×10^{6}	1.268×10^{-5}

极化曲线

天数/d	B_a/mV	B_c/mV	I_0/A	E_0/V	腐蚀速率/(mm/a)
3	4.6515×10^{7}	123.3	9.141×10^{-7}	−0.38934	0.010752
10	2.0902×10^{7}	166.62	21.444×10^{-7}	−0.4082	0.024592
30	1.2658×10^{7}	99.779	3.2867×10^{-7}	−0.40646	0.0037692
60	3.1235×10^{7}	98.576	4.5523×10^{-7}	−0.42427	0.0052206
110	5.8871×10^{7}	102.38	3.3801×10^{-7}	−0.37016	0.0038764

图 6.8　2507 钢在厌氧菌+Cl^-复合液浸泡的开路电位、极化曲线、阻抗谱、等效电路

复合液：1%(体积分数)厌氧菌+237.3mg/L Cl^-、55.5mg/L SO_4^{2-}、98.9mg/L HCO_3^-，pH=7.65，点蚀电位 1.2V

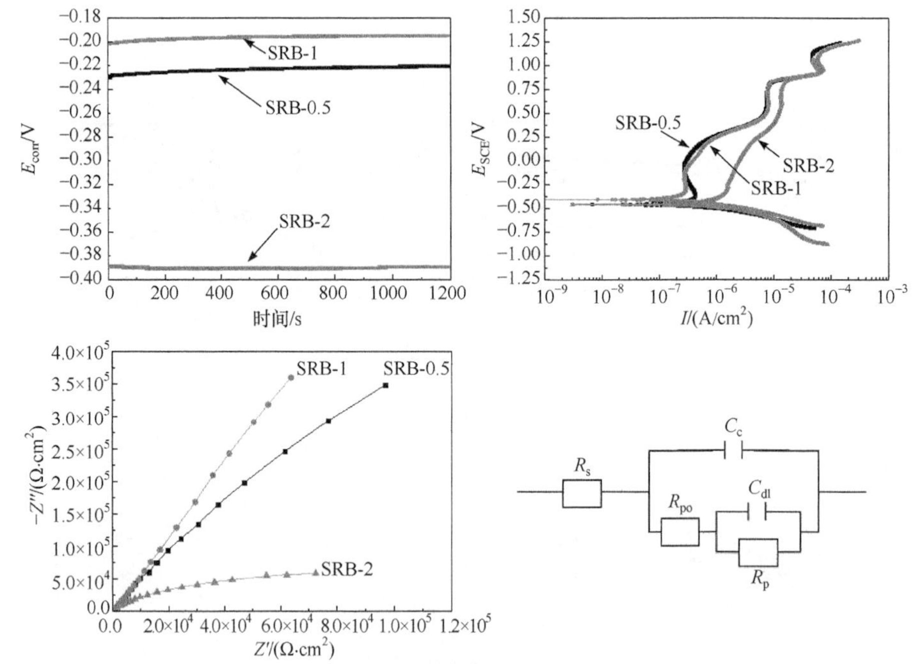

等效电路

比例/%	R_s/(Ω · cm^2)	R_{po}/(Ω · cm^2)	C_c/(Ω^{-1} · cm^{-2} · s^{-n})	R_p/(Ω · cm^2)	C_{dl}/(Ω^{-1} · cm^{-2} · s^{-n})
0.5	79.94	86.32	7.209×10^{-7}	3.024×10^{6}	2.841×10^{-6}
1	93.67	14370	2.419×10^{-5}	4.55×10^{6}	6.274×10^{-5}
2	49.15	98.28	1.011×10^{-5}	0.1862×10^{6}	5.17×10^{-5}

极化曲线

厌氧菌体积分数/%	B_a/mV	B_c/mV	I_0/A	E_0/V	腐蚀速率/(mm/a)
0.5	3.0046×10^{7}	112.21	5.1111×10^{-7}	−0.45799	0.0058615
1	1.2658×108	99.779	3.2867×10^{-7}	−0.40646	0.0037692
2	4430.1	167.79	14.173×10^{-7}	−0.46386	0.016254

图 6.9　2507 钢在厌氧菌+Cl^-复合液浸泡 30d 的开路电位、极化曲线、阻抗谱、等效电路

复合液：厌氧菌+237.3mg/L Cl^-+55.5mg/L SO_4^{2-} +98.9mg/L HCO_3^-，pH=7.65，点蚀电位 1.2V

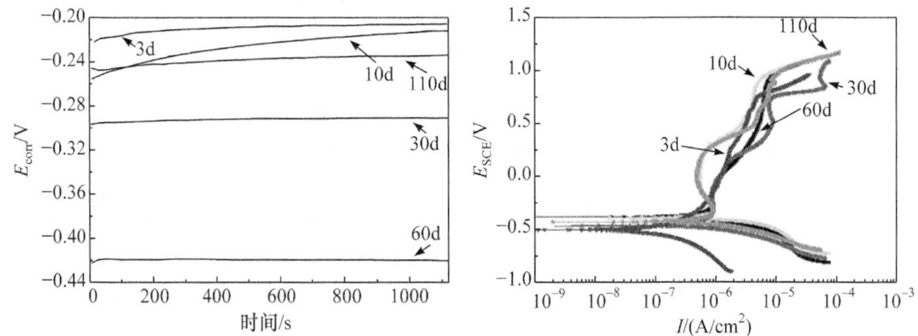

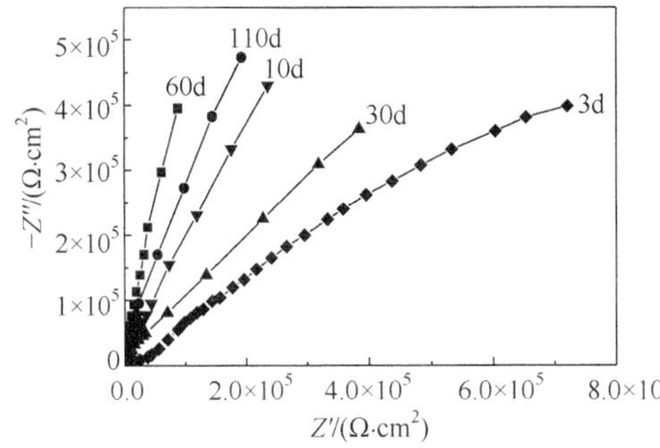

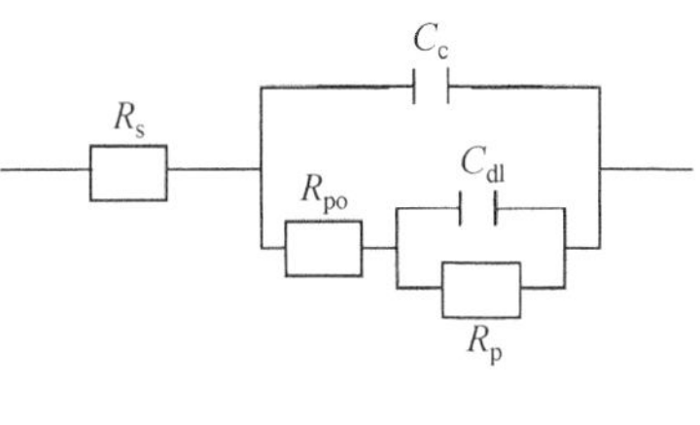

等效电路

天数/d	R_s/(Ω · cm²)	R_{po}/(Ω · cm²)	C_c/($Ω^{-1}$ · cm^{-2} · s^{-n})	R_p/(Ω · cm²)	C_{dl}/($Ω^{-1}$ · cm^{-2} · s^{-n})
3	105.6	16850	$2.05×10^{-7}$	$0.532×10^6$	$3.429×10^{-6}$
10	95.25	9293	$2.17×10^{-5}$	$0.7623×10^6$	$1.751×10^{-5}$
30	107.8	6038	$2.701×10^{-5}$	$0.2354×10^6$	$2.591×10^{-5}$
60	91.05	3679	$2.164×10^{-5}$	$4.897×10^6$	$2.202×10^{-5}$
110	110.5	11200	$4.042×10^{-5}$	$1.025×10^6$	$7.751×10^{-6}$

极化曲线

天数/d	B_a/mV	B_c/mV	I_0/A	E_0/V	腐蚀速率/(mm/a)
3	$2.2047×10^7$	150.3	$14.156×10^{-7}$	−0.36689	0.016651
10	14289	115.61	$12.551×10^{-7}$	−0.37997	0.014394
30	$1.4009×10^7$	155.39	$13.137×10^{-7}$	−0.45786	0.015066
60	251.96	235.56	$1.3194×10^{-7}$	−0.49868	0.0015131
110	466.37	108.91	$7.5932×10^{-7}$	−0.41753	0.0087079

图 6.10　2507 钢在厌氧菌+铁氧菌+Cl^-复合液中浸泡后的开路电位、极化曲线、阻抗谱、等效电路

复合液：1%(体积分数)厌氧菌+1%(体积分数)IOB+237.3mg/L Cl^-、55.5mg/L SO_4^{2-}、98.9mg/L HCO_3^-，pH=7.65，点蚀电位 1.2V

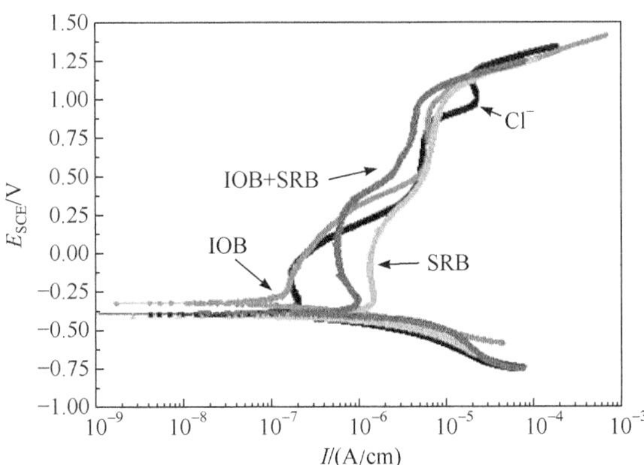

介质	Ba/mV	Bc/mV	I_0/A	E_0/V	腐蚀速率/(mm/a)
Cl^-	2.5059×10^7	98.323	2.872×10^{-7}	−0.38599	0.0033785
Cl^-+IOB	2.9293×10^7	93.699	2.2052×10^{-7}	−0.31631	0.002529
Cl^-+SRB	2.0902×10^7	166.620	21.444×10^{-7}	−0.40820	0.024592
Cl^-+IOB+SRB	14289	115.610	12.551×10^{-7}	−0.37997	0.014394

图 6.11 2507 钢在复合液浸泡 10d 的极化曲线比较

复合液：237.3mg/L Cl^-、55.5mg/L SO_4^{2-}、98.9mg/L HCO_3^-，pH=7.65；1%(体积分数)IOB+237.3mg/L Cl^-、55.5mg/L SO_4^{2-}、98.9mg/L HCO_3^-，pH=7.65；1%(体积分数)SRB+237.3mg/L Cl^-、55.5mg/L SO_4^{2-}、98.9mg/L HCO_3^-，pH=7.65；1%(体积分数)SRB+1%(体积分数)IOB+237.3mg/L Cl^-、55.5mg/L SO_4^{2-}、98.9mg/L HCO_3^-，pH=7.65

6.1.3 硼酸加速腐蚀

核岛一回路冷却剂的泄漏可能引起碳钢或合金结构钢材料发生硼酸腐蚀。该类腐蚀主要发生于主冷却剂环路管道中，其腐蚀速率取决于溶液的 pH、温度和硼酸浓度等因素。在正常的运行环境中，碳钢或合金结构钢材料的腐蚀速率小于 0.025mm/a，但是一旦反应堆冷却系统发生硼酸泄漏，硼酸进入部件外表面，将可能导致较高的腐蚀速率，甚至高达 25mm/a。有些研究表明，钢的腐蚀速率在 pH 为 8～9.5 时是 pH 为 10.5～11.5 时的 6 倍。而随着温度接近水沸点，水分不断蒸发，溶液浓度不断增加，腐蚀速率逐渐加快，浓缩的硼酸在约 95℃时腐蚀性最大。

硼酸可能导致材料发生加速腐蚀，因此需要制定适当的监察、检测程序，美国核管理委员会在公告 88-05 中也指出需要对压水堆电站合金结构钢反应堆压力边界部件的硼酸腐蚀做出调查，以应对泄漏导致的反应堆冷却剂压力边界严重劣化。

必须指出的是，硼水对合金结构钢或碳钢的腐蚀是电化学腐蚀，这些钢为铁素体和碳化物双相组织，它们构成微电偶，在硼水中发生电化学作用而使钢受腐蚀。国外有些学者将此硼水对碳钢或合金结构钢的腐蚀看作酸对铁的化学腐蚀是不当的。

压力容器顶盖上的硼水泄漏，是引发硼酸对合金结构钢或碳钢局部电化学腐蚀的原因，这种硼水泄漏多发生在顶盖封头螺栓、仪表管密封垫、控制棒驱管嘴法兰等处。泄漏的硼水在压力容器服役的热作用下水被蒸发，浓缩的硼酸溶液(如 95℃的饱和硼酸溶液 pH 小于 3)对合金结构钢或碳钢具有很强的电化学腐蚀性，并在热作用下自饱和硼酸溶液中结晶出硼酸固体颗粒而沉积附着于顶盖硼水泄漏处，此硼酸固体附着层下的合金结构钢或碳钢区域被严重电化学腐蚀，较为次要的腐蚀机制还有硼水泄漏处的异种钢(如焊缝处)电化学腐蚀，以及初始时在装配件缝隙处发生的缝隙腐蚀。美国 Davis-Besse 电厂发生的硼酸腐蚀举例如图 6.12 所示，沉积在反应堆封头上的硼酸沉淀可能一直遮盖着管座上的裂纹。

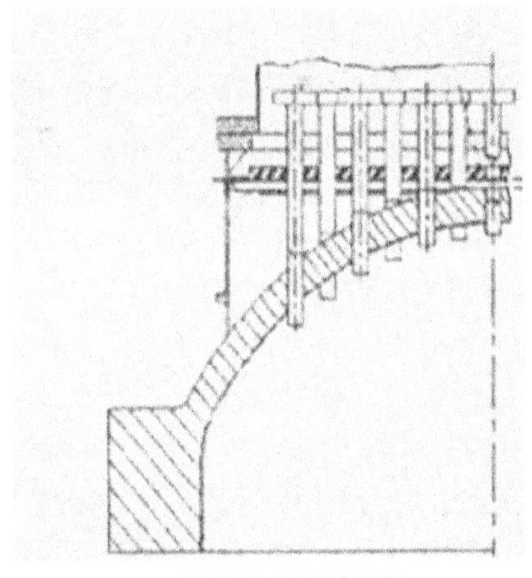

(a) 顶盖外观示意图解照片

(b) 顶盖外观照片

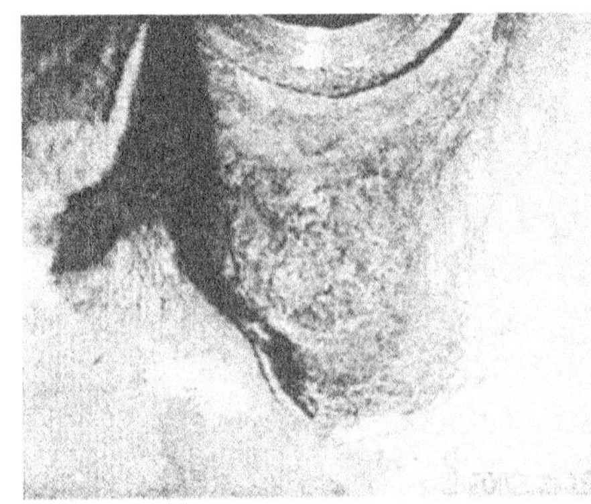

(c) 硼酸腐蚀处清洗前照片

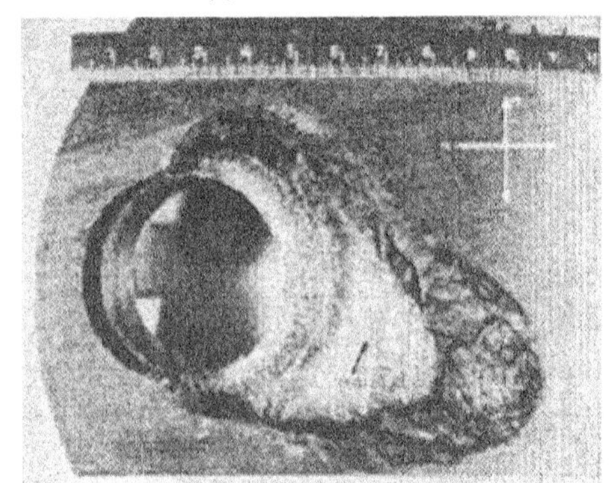

(d) 硼酸腐蚀处清洗后照片

图 6.12　压力容器顶盖的硼酸腐蚀

美国第一核能运营公司(FENOC)下属的 Davis-Besse 核电厂于 2002 年 4 月 19 日宣布，他们已向美国核管理委员会提交了关于反应堆压力容器封头因腐蚀而产生空洞的事故原因分析报告。FENOC 报告指出，硼酸从两个控制棒驱动机构管座间的裂纹渗漏，腐蚀了由合金结构钢制成的反应堆封头。经测量，腐蚀空洞宽度为 4～5in(1in=2.54 cm)，最深处达 6in，仅剩下约 0.5in 厚的不锈钢堆焊衬里未被腐蚀穿透。沉积在反应堆封头上的硼酸沉淀“可能一直遮盖着管座上的裂纹”

6.2　应力腐蚀老化

6.2.1　应力-腐蚀协同损伤老化

应力与腐蚀及氢渗入的协同效应显著弱化了材料的力学性能，这里最受关注的是应力腐蚀开裂，以及腐蚀疲劳破断。

1. 应力腐蚀开裂概要

金属合金冷塑性变形处遭受的电化学腐蚀是宏观应力腐蚀的典型例子，金属合金经冷塑性变形会使其强化，并存在内应力，这时冷塑性变形处的金属合金处于高能状态，金属合金冷塑性变形处的高能状态在于塑性变形引发位错密度不均匀地增大，位错的弹性应力场和弹性应变的存在造就了位错的弹性应变能，导致位错与周围无位错区的能量差异，其电极电位也就和未变形处不同。当形成电化学电池时冷塑性变形处的金属合金原子便易于抛出电子进入溶液，而成为阳极，从而造成电化学电池，并遭受电化学腐蚀，这便是宏观应力腐蚀。

金属制品内应力的存在将大大恶化其承受电化学腐蚀的能力。应力腐蚀时在拉应力的作用下常常会使金属制品在低应力下发生开裂。压应力处也是高能状态，也同样会发生应力腐蚀，但金属制品不会发生开裂。金属材料(必须是合金，而不是纯金属)的应力腐蚀开裂，是指在远低于屈服强度的低静拉应力(外加应力或内应力)和弱腐蚀介质及氢的共同作用下导致腐蚀开裂的现象。应力腐蚀开裂以其发生时的低静拉应力状态与单纯由应力造成的破断不同，也与单纯由腐蚀引起的破坏不同，并且它已存在腐蚀的状态与氢致脆裂不同。

应力腐蚀开裂是没有先兆的进展迅速地突然脆性破断，而且有不可预测的延迟期，其破断的突然性与常见性及后果的严重性成为不锈钢局部腐蚀破坏中危害最大者。这就使其容易造成严重的安全事故，对核动力系统可能造成灾难性后果。

不锈钢对含 Cl^- 溶液、海水、高氧水等弱腐蚀介质环境中的抗应力腐蚀开裂性能各不相同，超级不锈钢的抗应力腐蚀开裂性能远好于普通不锈钢，普通不锈钢以 A-F 双相不锈钢的抗应力腐蚀开裂性能最佳，铁素体不锈钢次之，奥氏体不锈钢因氯(化物溶液)脆而居中，马氏体不锈钢的抗应力腐蚀开裂性能最差，且不锈钢中铬含量越高抗应力腐蚀开裂性能越好，杂质元素和夹杂物有损钢的抗应力腐蚀开裂性能，元素 C 因形成碳化物而有损钢的抗应力腐蚀开裂性能。此外，其他材料中常见的应力腐蚀开裂还有低碳钢的硝(酸盐溶液)脆、锅炉钢的碱(NaOH 溶液)脆、焊接钢件在潮湿天的延迟开裂、α 黄铜的(氨溶液)季裂等。

应力腐蚀开裂常发生在特定的材料因素(合金：成分、热处理、微观结构、表面状况)-环境因素(腐蚀介质：成分、温度、电极电位、流量)-强度因素(低应力：持续应力、波动应力、残余应力、应变率)三者的组合，只有三者同时存在的组合才能发生，并造成低应力的突然脆性破断的安全灾难。仅材料与环境只产生腐蚀，仅材料与强度只产生疲劳，仅环境与强度只产生腐蚀疲劳。

2. 压水堆一次侧应力腐蚀开裂

按照应力腐蚀发生的部位可以分为一次侧应力腐蚀开裂和管外壁应力腐蚀开裂。

1) 压力容器顶盖贯穿件焊缝应力腐蚀开裂

对压力容器有威胁的腐蚀主要是应力腐蚀开裂。当应力或应变作用于发生电化学腐蚀的金属时，受电化学腐蚀的金属表面氧化膜保护层被破坏而使阳极溶解加速，或者金属又将聚集的 H 吸收而发生二次损伤产生裂纹，此即一回路冷却水引发的应力腐蚀开裂，常出现于压力容器顶盖的贯穿件焊缝处(图 6.12 和图 6.13)。

在反应堆容器顶盖上的控制棒驱动机构贯穿件也发生了数起应力腐蚀开裂穿透性裂纹事件。最著名的是美国 Davis-Besse 压水堆核电站顶盖贯穿件开裂，一回路冷却剂由此产生泄漏，冷却剂中产生的硼酸将该贯穿件附近的低合金钢材料完全腐蚀，仅剩下 10mm 厚的不锈钢堆焊层。

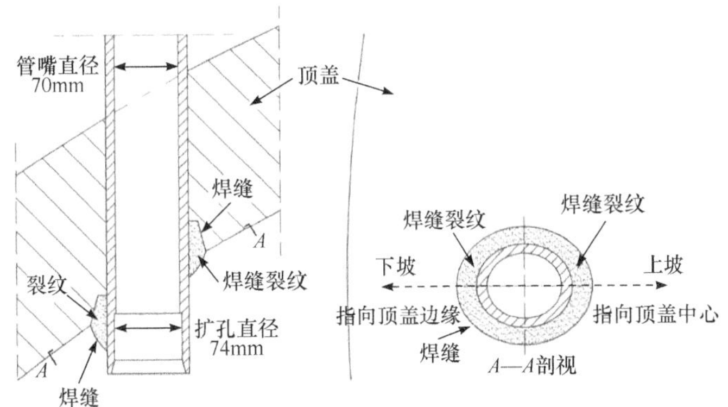

图 6.13　应力腐蚀裂纹发生于顶盖贯穿件顶封头控制棒驱动机构管嘴焊缝处的位置示意(法国压水堆，Bugey-3，1994)

2) 奥氏体不锈钢传热管的失效

一次侧应力腐蚀开裂在蒸汽发生器传热管中最为严重。压水堆核岛蒸汽发生器热交换传热管作为核电站一、二回路间的热交换设备，其结构形式一般为多壳管式，主要由筒体、管板、水室、汽水分离器和传热管等部件组成，管束多达几千根，以备在寿期内所发生的泄漏管子被堵塞以后，仍具有足够的散热面积。蒸汽发生器是整个核动力装置中的薄弱环节，在核动力装置的非计划停堆事故中，有一半以上是由蒸汽发生器传热管的破损引起的，传热管泄漏是影响反应堆正常运行的重要原因，严重影响整个核动力装置的安全性和可靠性。如何使传热管不过早破损，延长蒸汽发生器的使用寿命是目前面临的重要课题之一。为减少泄漏，避免一回路放射性介质污染二回路，传热管应能承受高温、高压和管内外介质的压差，及其一回路冷却水的腐蚀以及水力振动等工况的作用。

蒸汽发生器传热管必须具有抗腐蚀和抗热性能，并且长期服役(长寿命)于不维修或极难维修处，属核安全一级设备。为此传热管材料应具备下列性能：①基体组织稳定，热强性、热稳定性和焊接性能好；②热导率高、热膨胀系数小；③抗均匀腐蚀和抗局部腐蚀及抗应力晶间腐蚀能力强；④具有足够的塑性和韧性，以便适应弯管、胀管的加工和抗振动。

最初传热管用奥氏体不锈钢制造，但却不能满足要求，图 6.14 即为奥氏体不锈钢制传热管常会发生的穿晶型应力腐蚀破坏。

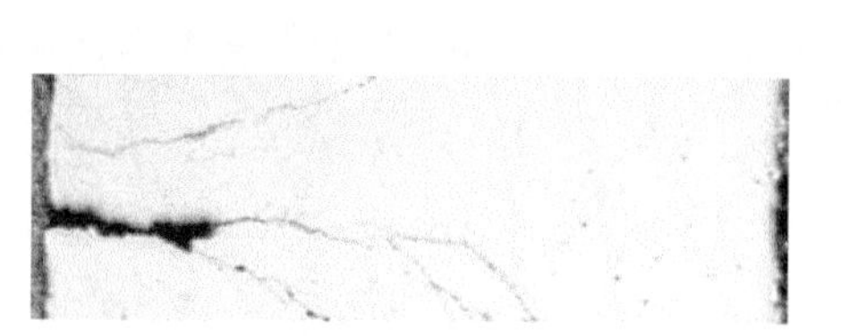
(a) 破裂起源于管外壁的点蚀坑

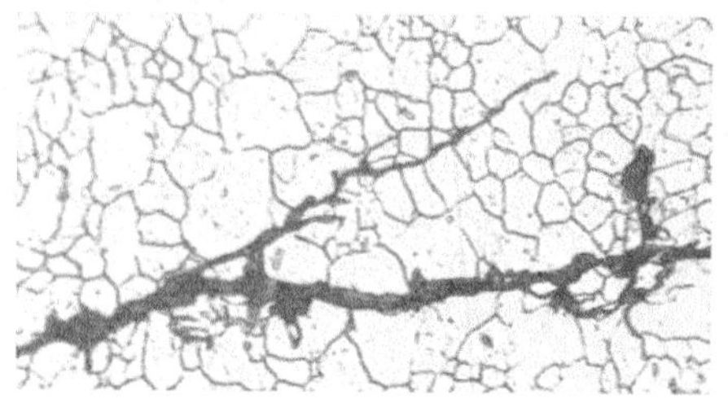
(b)穿晶裂纹

图 6.14　08X18H10T 奥氏体不锈钢制传热管中的穿晶应力腐蚀裂纹

3) 压力容器接管安全端的腐蚀失效

奥氏体不锈钢制造的传热管常会发生穿晶型应力腐蚀破坏，因此核电先进国家的热交换器传热管改用耐腐蚀性好的 Inconel 600 镍合金制造。但至 1996 年，全世界核电站仍发生蒸汽发生器 Inconel 600 传热管破裂事件 10 起，一次侧应力腐蚀开裂仍发生了不少 Inconel 600 镍合金管堵管事故，其中由应力腐蚀开裂引发的就达 5 起。后期，改用耐蚀性更好的 Inconel 690(Cr30Ni60)等，该问题才得到较好的缓解。

20 世纪 90 年代以来，特别是在 2000 年前后，美国、瑞典、日本等国压水堆核电厂压力容器接管安全端部位接触高温水冷却剂的内壁发生一系列失效事件，有的产生放射性主回路冷却剂泄漏，造成巨大损失。这些失效主要是采用镍基合金 182 以及 82 焊接的场合，而主要原因是这些 Inconel 600 类的镍基合金对一回路高温环境水中应力腐蚀开裂敏感。其中 2 个典型案例是瑞典的 Ringhals 4 和美国的 VC Summer 核电厂发生的破裂泄漏事件。

瑞典的 Ringhals 4 是一座由西屋公司设计的功率为 915MW 的压水堆核电站，1983 年开始服役。1993 年在役检测中用超声波和涡流检测，在接管安全端部位未发现可报告的指示。2000 年在役检测中用超声波和涡流检测时，发现在该部位修补区有 4 条轴向裂纹(其中 2 条裂纹未被涡流检出)。裂纹均在 182 合金的焊缝金属中，该部位曾经过补焊修理；裂纹呈枝晶间分叉形状，离内壁越远，分叉越多。裂纹萌生最初认为与该焊接件存在热裂纹以及表面经过补焊和切削加工有关，但后来美国太平洋西北国家实验室对这些裂纹及周围显微组织和成分的高分辨电镜分析表明，破裂发生在大角晶界，没有证据表明这些破裂晶界上存在导致热裂的低熔点相或溶质，也没有晶界沉淀和晶界偏聚，腐蚀产物分析表明这些裂纹都渗入过高温水，裂纹周围的焊缝金属有高密度位错，表明材料中的高残余应力对破裂有重要贡献。另一方面，在 Ringhals 3 压水堆同样位置上也发现类似的裂纹，但没有资料表明该区域曾经经过补焊修理。该裂纹萌生的原因至今未明，但裂纹生长的原因可以确定是高温水冷却剂中发生枝晶间的应力腐蚀开裂。

美国的 VC Summer 核电厂功率为 885MW，由西屋公司设计，1984 年投入商业运行，2000 年 10 月换料时发现一出水口安全端处有大量硼酸漏出。该焊接件材质依次为 A508-2、182、82、304，内表面经过多次补焊。检测表明，182 合金焊缝中存在热裂纹，电站运行过程中，预堆边焊的 182 合金内壁在高温水中萌生环向应力腐蚀开裂裂纹，裂纹在生长中转向，在径向生长到 82 合金中并且在轴向向外生长，直至泄漏。裂纹的一侧径向生长进入 A508-2 合金结构钢后裂纹尖端有所钝化，另一侧轴向生长穿过 82 合金后进入 304 不锈钢区，发生沿晶应力腐蚀开裂。图 6.15 显示了对于采用 82、182 合金焊接的合金结构钢-不锈钢异种钢接头处轴向的一次侧应力腐蚀开裂裂纹位置。对该电站其他两个环路接管-安全端焊接件的无损检测表明，超声波检测未发现指示，而涡流检测发现有指示。

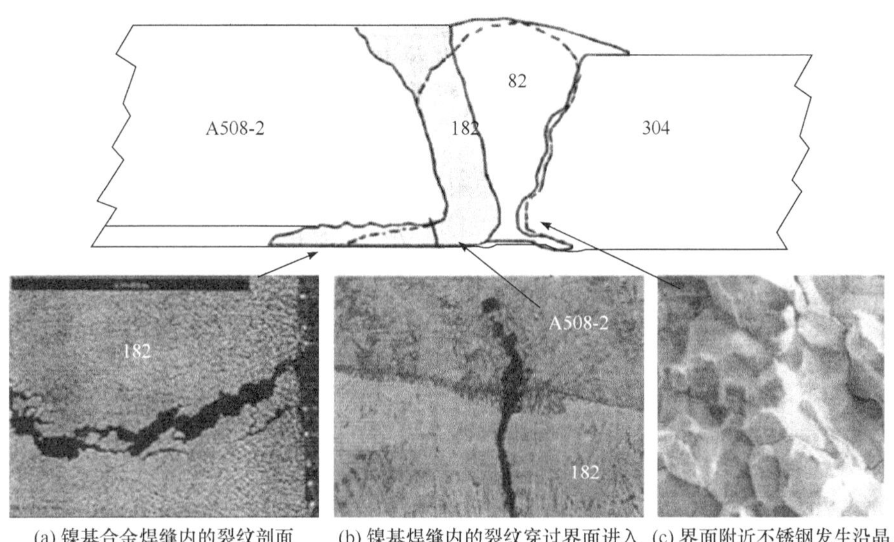

(a) 镍基合金焊缝内的裂纹剖面　(b) 镍基焊缝内的裂纹穿过界面进入 A508-Ⅱ 合金结构钢的剖面，裂纹尖端被钝化　(c) 界面附近不锈钢发生沿晶应力腐蚀开裂的断口表面

图 6.15　美国 VC Summer 压水堆核电厂压力容器安全端-接管的 A508-2 钢-304 不锈钢(李光福，2013；Bamford et al.，2001)

异种钢接头处采用 82 与 182 合金焊接的轴向一次侧应力腐蚀开裂裂纹形貌及位置

4) 安全端异种钢接头外壁开裂

安全端异种钢接头外壁开裂也是一个与应力腐蚀开裂有关的可能还受其他因素作用的例子。核电厂许多关键部位存在高合金奥氏体钢与低合金铁素体钢异质焊接接头，其中一个典型结构是连接不锈钢主管与低合金钢反应堆压力容器接管的安全端焊接件。安全端焊接接头有两种制造工艺，一种是堆焊超低碳不锈钢(典

型材料 E309L、E308L)隔离层，再使用不锈钢焊材进行安全端与接管的对接焊；另一种是堆焊镍基合金(典型材料 182、82 和 52 等)隔离层，之后采用镍基合金焊材进行对接焊。

该类异质焊接件运行中曾在外壁开裂失效，即失效发生在主要用不锈钢焊条焊接的接触隔热材料和大气的环境。Ran 等(1994)综述了 1973～1991 年美国压水堆异材焊接件的破裂状况，主要原因是：①焊接过程中的热裂；②不锈钢敏化和污染物共同导致的应力腐蚀破裂，这些污染物来自隔热材料或维修后清洁不干净的遗留物。

Bouvle 等报道了在法国压水堆安全端外壁上发现的下列缺陷：①点蚀，位于母材紧靠铁素体与奥氏体界面的铁素体内；②晶界破裂，位于 309 奥氏体不锈钢堆焊的第 1 层里。现场和模拟试验分析认为属于大气腐蚀，应力和空气中的 SO_2 对其有促进作用。

5) 影响因素

研究表明，温度、应力、组织结构是影响一次侧应力腐蚀开裂最重要的三项因素。

(1) 温度。

被腐蚀金属的损伤率 dr 随服役温度的升高而敏感地加重，随应力的增大而显著加重，随金属组织结构和腐蚀微电池间的电位差的增大而加重。一次侧应力腐蚀开裂的损伤率 dr 与温度呈现阿伦尼乌斯(Arrhenius)关系：

$$\mathrm{d}r \propto \exp[-Q/(RT)] \tag{6.4}$$

式中，Q 为热激活能。合金 Inconel 600 管子的 Q 值估计为 163～227kJ/mol，最佳估值约 209kJ/mol。管材与棒材的 Q 值不同。经验表明，合金 600 贯穿件的运行温度自 315℃每增加 10℃，一次侧应力腐蚀开裂的产生时间缩短一半。

(2) 应力。

焊接应力和安装应力有显著影响，焊接应力引发的一次侧应力腐蚀开裂裂纹大多发生在顶盖内壁的贯穿件焊缝处，既有纵向裂纹，也有环向裂纹，顶盖外壁焊缝处也会有，焊缝处的贯穿件和顶盖母材中均可出现一次侧应力腐蚀开裂裂纹，而且解剖检查表明裂纹多是自贯穿件内壁以轴向启裂(图 6.15)。一次侧应力腐蚀开裂的损伤率 dr 与应力σ呈现幂指数关系：

$$\mathrm{d}r \propto \sigma^{4\sim7} \tag{6.5}$$

式中，σ为最大主应力(包括施加应力与残留应力)。

(3) 组织结构。

显微组织的晶界碳化物有重要影响，Inconel 600 的晶界碳化物薄层覆盖越多，则对一次侧应力腐蚀开裂的抗力越大，碳化物薄层晶界全覆盖时较之无覆盖时的一次侧应力腐蚀开裂产生时间增大 5 倍。欲增多晶界碳化物薄层的覆盖，可提高热处理的固溶温度和延长固溶时间，使奥氏体基体中固溶入更多的碳化物，也可粗化晶粒以减少晶界面积，或者选用合金成分的碳含量较高者，均可使合金时效后获得高的晶界碳化物覆盖层。为提高制品的抗一次侧应力腐蚀开裂能力，当前已采用 Cr 含量更高的 Inconel 690 合金取代了 Inconel 600 合金。

6.2.2　应力腐蚀开裂机制

1. 应力腐蚀开裂的氢机制

应力腐蚀开裂常常是低应力与环境介质作用下的氢脆问题。其基本机制是，受拉应力的金属制品在电解质溶液作用下于表面生成钝性氧化膜，拉应力作用使位错滑移到表面出现滑移台阶，滑移台阶使钝性氧化膜局部破裂而暴露出新的金属成为电偶阳极，侧旁的钝性氧化膜区域则是电偶阴极，发生电化学腐蚀而使钝化膜破裂处暴露的阳极溶解而形成点蚀凹坑。同时有 H 渗入，渗入的 H 偏聚于位错上形成 Cottrell 气团结构而使位错滑移困难，并使合金变脆。接着，凹坑腐蚀表面被电解质溶液介质钝化生成钝化膜使腐蚀停止。拉应力在凹坑处出现应力集中，凹坑底部因应力集中产生新的位错滑移台阶，而使钝化膜再局部破裂暴露出新的金属阳极，又与钝化膜阴极组成电偶，电解质溶液进一步腐蚀并在拉应力作用下形成 I 型(拉开)裂纹。

渗入的 H 在大多数金属中扩散很快，在体心立方金属中扩散更快，沿位错和晶界的扩散特别快(比点阵扩散快几个数量级)，H 沿裂纹尖端处的位错通道进入金属，并偏聚于位错、晶界、夹杂物、空洞、共格析出物、非共格析出物、溶质原子等处；H 的存在进一步使裂纹尖端基体金属变脆。裂纹新表面再被介质钝化，应力集中使位错滑移出现滑移台阶，使裂纹尖端钝化膜破裂。如此反复，裂纹得以在拉应力和电解质溶液介质的联合作用下萌生和生长。应力、电解质溶液、H 的共同作用使裂纹快速向纵深生长，当裂纹生长至临界尺寸后，便发生裂纹的瞬时快速扩展而使金属制品脆性破断。

腐蚀坑的形成和应力腐蚀裂纹的萌生与生长涉及应力腐蚀，最后的氢致开裂则不涉及应力腐蚀。应力腐蚀开裂是先期应力腐蚀氢脆裂纹引发与后期裂纹开裂的联合作用结果。

作为塑性损失的指标，以 Ψ_{io} 表征，这是拉伸试验时将活性介质(如 H)中的断面收缩率 Ψ_a 与惰性介质中的 Ψ 进行比较：$\Psi_{io}=(\Psi-\Psi_a)/\Psi$，断面收缩率是比总延伸率更为基本的塑性度量，因为断面收缩率易于转换为真破断应变 $\varepsilon_f=\ln[1/(1-\Psi)]$。

2. 应力腐蚀开裂门槛与裂纹生长速率

应力腐蚀开裂的裂纹生长速率 da/dt 与应力强度因子 K_I 在半对数坐标的直角

坐标系中的关系，呈现初始、恒速、加速 3 个阶段。这与疲劳的$(\mathrm{d}a/\mathrm{d}N)$-$\Delta K$ 关系极为相似，也与蠕变裂纹生长规律、缺口试样冲击的裂纹生长规律相似。

(1) 应力腐蚀开裂门槛。应力腐蚀开裂门槛 K_{ISCC} 是裂纹萌生与否的界限值。$K_{\mathrm{I}}=K_{\mathrm{ISCC}}$ 时出现裂纹在腐蚀的点损伤处可能萌生的胚芽，但裂纹并未萌生。

(2) 初始生长阶段。当 $K_{\mathrm{I}}>K_{\mathrm{ISCC}}$ 时裂纹 萌生，但尺寸很小，裂纹处于 K_{I} 增大可生长，K_{I} 减小可闭合的不稳定状态，随着 K_{I} 的增大裂纹开始剪切快速生长而处于稳定状态，此时由于裂纹长度增长速率超越 K_{I} 的增大速率而很快转化为裂纹生长减速。该阶段很短，裂纹生长量很少，是裂纹稳定形成(萌生)阶段。

(3) 恒速生长阶段。这是裂纹生长阶段，裂纹以恒速率呈$(\mathrm{d}a/\mathrm{d}t)$- K_{I} 线性生长，直至裂纹尺寸达到临界值 K_{IC} 。这是应力腐蚀开裂的主要阶段。

(4) 加速扩展阶段与解体。达到临界值尺寸 K_{IC} 的裂纹，在 $K_{\mathrm{I}}=K_{\mathrm{IC}}$ 起始进入裂纹的失稳快速扩展阶段，$\mathrm{d}a/\mathrm{d}t$ 随 K_{I} 的增大而急剧扩展，最终瞬间断开解体。

这就是说，以个别腐蚀敏感部位先出现点蚀起始，接着演变成裂纹，形成缝隙腐蚀，裂纹垂直于主拉应力方向快速生长，直至临界状态，出现裂纹的失稳扩展而破断。

3. 应力腐蚀开裂的破断形式与影响因素

1) 破断形式

应力腐蚀开裂的裂纹通常萌生于制件表面，其破断可能是沿晶断，也可能是穿晶断，或者是两者的混合断，取决于冶金、环境及力学因素的综合作用。当裂纹尖端以阳极溶解发展时大多形成晶间裂纹，这是晶间腐蚀造成的。当裂纹尖端以氢脆发展时则形成穿晶裂纹。其破断形式大体有如下规律：经敏化热处理的钢易产生沿晶断，腐蚀电位处于钝化区时产生沿晶断，而当腐蚀电位处于活化-钝化区时则产生穿晶断，介质中加入缓蚀剂可改变破断的形式。当应力强度因子 K_{I} 大时可发生微孔聚合韧断，K_{I} 中等时可发生穿晶准解理脆断，而当 K_{I} 值小则出现沿晶冰糖块状脆断。影响破断形式的一些因素常见的有：屈服强度在低于 700MPa 时大多表现为穿晶断，而高于时则多为沿晶断；应力强度因子 K_{I} 在 $50\mathrm{MPa}\cdot\mathrm{m}^{1/2}$ 以下抗拉强度在 1200MPa 以上多为沿晶断，而反之 K_{I} 在 $50\mathrm{MPa}\cdot\mathrm{m}^{1/2}$ 以上抗拉强度在 1200MPa 以下多为穿晶断。贝氏体组织穿晶断和沿晶断皆可发生，而马氏体则表现为沿晶断。

应力腐蚀开裂总是在比没有电解质溶液介质作用时低得多的低应力下发生，这种脆裂具有显著的突发性，并且没有预兆。结构材料的这种行为是灾难性技术事故的潜在原因，具有很大的危害性。控制制品强度和消除制品表面的拉应力(如退火热处理等)，或使制品表面产生压应力(如表面喷丸、辊压等)，或对制品表面实施防腐蚀的保护，或控制介质，是预防应力腐蚀开裂的有效原则与方法。

2) 影响因素

金属材料的应力腐蚀开裂受各方面因素的影响，应力与应力强度因子 K、介质、氢浓度、温度、时间是影响制品应力腐蚀开裂的服役环境因素。成分、杂质在晶界的集聚、组织结构、强度、加工等是影响应力腐蚀开裂的冶金材料因素。

(1) 合金成分。

合金成分影响的典型例子是钢中的 C 元素，C 在强度较高时促进水溶液介质中的氢致应力腐蚀开裂。C 明显降低裂纹开始生长的临界应力强度因子，同时对钢的韧性和可焊性是有害的元素。元素 N 与 C 的作用相似，同样应引起注意。

钢中的 Mn 元素对抵抗应力腐蚀开裂是有害的，结构钢中 Mn 的加入(通常加入中强度和低强度钢中)提高了铁素体的强度令人注意，但却导致腐蚀介质引起的塑性损失和氢的阈值 K_{th} (此时即 K_{ISCC})降低，特别是在产氢的水溶液中这是最严重的。建议在管道钢中限制 Mn 和 C，可加入 V 和 Ti 来提高强度。

结构钢中的 Si 元素对抵抗应力腐蚀开裂是有益处的，它降低氢致裂的速率。正因为人们发现了 Si 的这个优点，才将著名的 4340 钢改造成为更加著名的 300M 钢，加入的 1.5%Si 提高了钢对含 H 介质的抗力。Si 同时也显著强化铁素体，因此用 Si 代替部分 Mn 可以降低钢在含 H 介质中的危险。遗憾的是 Si 降低钢的韧性，含 Si 钢的加工性也会差些，可焊性也受到不良影响。因此，结构钢中 Si 元素的使用应当权衡利弊。考虑到结构钢淬透性和韧性的需要，钢中通常还加入 Cr、Ni、Mo 元素，并对 C 和 Mn 予以限制。加入 Ti 和 V 不仅可以改善强度和韧性，晶粒细化，也同时改善对含 H 介质的应力腐蚀开裂抗力。

钢成分中的微量杂质 P、S 等更是不可小视的会产生应力腐蚀开裂的有害元素。研究了微量有害杂质元素 Sn、Sb 的高、中、低三种含量对不同屈服强度的 AISI4340 钢 K_{ISCC} 的影响，表明在低强度范围杂质含量的影响显著，但当屈服强度达到 1200MPa 时这些杂质的影响已不明显。

(2) 显微组织。

显微组织(与强度有关)的应力腐蚀开裂敏感程度对结构钢而言自弱至强的顺序可以排列为：淬火回火的马氏体或贝氏体→碳化物球化的回火索氏体或粒状珠光体→正火的珠光体+铁素体→未回火的淬火马氏体。当压力容器和管道是用正火热处理的热轧钢板焊接制成时，组织结构常呈现为带状组织，这种 C 和 Mn 较高地带常常是应力腐蚀容易开裂的地方。当结构钢淬火成马氏体状态时应力腐蚀开裂随钢中碳含量的增加而恶化，但在双相区不完全退火状态应力腐蚀开裂却随钢中碳含量的增加而改善，更有意义的是经冷塑性变形由于改变了组织、夹杂物、杂质等的分布状态而使钢对应力腐蚀开裂变得不敏感。

(3) 强度。

强度影响的总规律是随着强度的增加应力腐蚀开裂加剧，并且当抗拉强度低于 700MPa 时对应力腐蚀开裂在大多数情况下是不敏感的。某装备零件经淬火回火热处理成中强度，并于部件装配后在碱性氧化液($NaOH + NaNO_2 + H_2O$)中进行发黑氧化处理，氧化液的腐蚀使带装配应力的零件产生了应力腐蚀开裂。热处理硬度低于 HRC46 时不发生应力腐蚀开裂，高于 HRC46 时出现应力腐蚀开裂，微量杂质 P 以 $P^{1.5}$ 的因子显著促进应力腐蚀开裂(图 6.16)，发生应力腐蚀开裂的临界氧化时间 t_k (min) 与磷含量 w(P)的关系：

$$t_k = 0.204([w(P)]^{1.5})^{-1} \tag{6.6}$$

发生应力腐蚀开裂的破断频率峰值时间 t_{fmax} (min)与磷含量 w(P)的关系：

$$t_{fmax} = 0.333([w(P)]^{1.5})^{-1} \tag{6.7}$$

发生应力腐蚀开裂的破断频率峰值 f_{max} /(%/ min)与磷含量 w(P)的关系：

$$f_{max} = 235[w(P)]^{1.5} \tag{6.8}$$

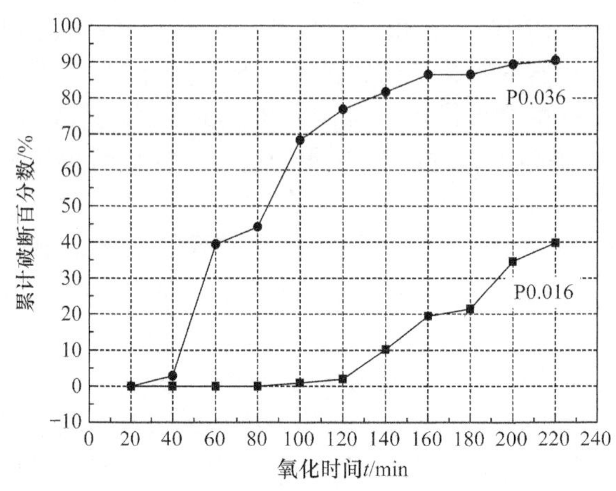

图 6.16　某装备零件氧化处理中累计破断百分数与氧化时间的关系(HRC47～49)

(4) 奥氏体不锈钢。

奥氏体不锈钢在核电站装备中得到广泛使用，有必要研讨它对应力腐蚀开裂的抗力。这类钢对介质中的 Cl^- 很敏感，易于出现应力腐蚀开裂。但仍随成分的不同其敏感程度有所区别，降低层错能的元素增大钢对应力腐蚀开裂的敏感程度，当层错能大于 $40mJ/m^2$ 时钢对应力腐蚀开裂的敏感性较低。这与氢脆极为相似，其原因在于低的层错能易于位错的长距离平面滑移，这就增大了氢的传输，Cl^- 破断实质上包含了阳极溶解和氢致脆两个过程。

当奥氏体不锈钢中出现δ铁素体时，无论是对抵抗应力腐蚀开裂还是对抵抗氢脆都是有益的，元素 Si 和 Ti 有利于增多δ铁素体量。人们总是在奥氏体不锈钢的焊缝中造就一定量的δ铁素体，以抵抗应力腐蚀开裂和氢脆，从而使奥氏体不锈钢具有高的强度和良好的耐蚀性。

(5) 马氏体沉淀强化不锈热强钢(时效强化不锈钢)。

这类钢在核电站装备的核级泵中广泛用于制造泵轴和叶轮，泵轴和叶轮要求有高的强度，又服役于水基介质中，需长期服役但难于检修，因而所用材料必须对应力腐蚀开裂和氢脆有良好的抵抗力。这类钢的沉淀强化相是γ'，即$Ni_3(Al, Ti)$相，这是有序相，与基体共格，位错对它以切过机制进行平面滑移，这就增强了输氢机制使钢发生氢脆。为了改善抗氢脆能力，发挥钢抗蚀性的优点，必须改变位错切过沉淀强化相γ'的机制为绕过机制；于是采取了增大基体与γ'相之间的点阵常数的差别，也就是增大相界面的点阵错配度，这可以由微调钢的成分来实现。位错对γ'相滑移机制的改变显著降低了位错的输氢能力，从而使氢引起的塑性损失Ψ_{io}显著降低。

4. 晶间应力腐蚀开裂

金属发生应力腐蚀时，仅在局部地区出现由表及里的腐蚀裂纹，裂纹同时受到多种因素的综合作用而呈现不同的形式，如裂纹的形态(包括沿晶、穿晶)、环境影响因素(包括辐照、压水堆一回路水环境)等。

晶间应力腐蚀开裂(IGSCC)主要发生于沸水堆的奥氏体不锈钢(图 6.17)与镍基合金的焊缝中。晶间应力腐蚀开裂的缓解主要集中于改变沸水堆系统中的冷却剂化学成分以及降低杂质的溶入，有时候会涉及部件表面改性。例如，敏化后的 304 不锈钢材料在 288℃水环境下的裂纹生长与扩展速率随腐蚀电位的升高而急剧增大。如此，通过对材料机制的研究以及相关性能数据的收集，便可对沸水堆水环境化学成分的选择提供依据。

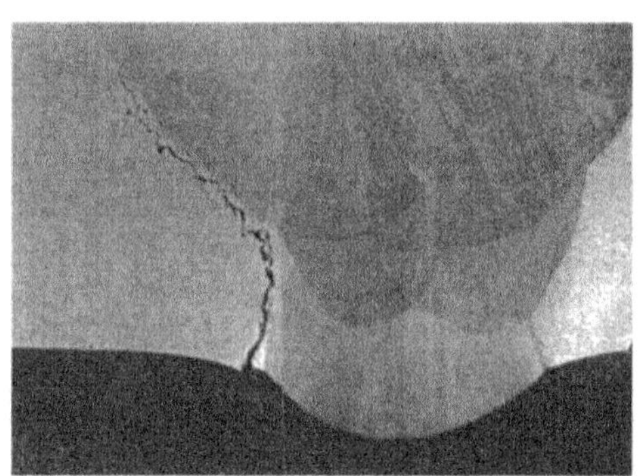

图 6.17　发生于沸水堆的 288℃含氧水中镍合金与 304 不锈钢 400mm 大管焊接热影响区的晶间应力腐蚀开裂

IGSCC 在轻水堆的碳钢、低合金钢中并不普遍，但在 CANDU 堆型中出现了部分事例，因此在含硼酸环境中需将其作为一个潜在的老化机制对待，若压水堆一回路发生泄漏，则可能形成外表面腐蚀源。

5. 穿晶应力腐蚀开裂

经固溶处理的不锈钢材料容易诱发穿晶应力腐蚀开裂(TGSCC)，这是因为不锈钢在晶界上没有集聚和析出等冶金特性，裂纹发展程度主要取决于滑移特性。

与晶间应力腐蚀开裂相比，穿晶应力腐蚀开裂受制于材料的敏化特性、滑移特性、溶解氧或氯的含量。在 250～350℃水环境中，氧和氯离子浓度分别达到 0.0001%和 0.00002%以上时必会发生穿晶应力腐蚀开裂。通常穿晶应力腐蚀开裂现象在沸水堆与压水堆的水化学环境中似乎不易发生，但有一些分析报告指出，穿晶应力腐蚀开裂可能成为不锈钢的重要老化机制，特别是对于表面受过冷塑性变形加工处理的钢材，或外表面受到氯化物污染的钢材；另外，对于死管段也可能由于杂质无法排出而出现此类情况。

对碳钢和低合金钢而言，尽管其在轻水堆运行环境下具备一定的抗应力腐蚀开裂能力，但仍有部分穿晶应力腐蚀开裂事故发生。例如，当蒸汽发生器外壳在故障型二次侧水环境下，或在运行环境下，承受高强度局部载荷的沸水堆部件就有可能发生穿晶应力腐蚀开裂问题。最近的研究结果显示，这种偶发现象也可能是氯化物在变形过程中发生转移或改变的结果，此类情况特别容易发生于具有 2.3.3 节讨论过的动态应变时效效应的低合金材料。

6. 辐照促进应力腐蚀开裂

当应力和腐蚀环境与辐照同时存在时，辐照促进应力腐蚀开裂的发生(图 6.18)，这三个因素的共存才是更应引以注意的。

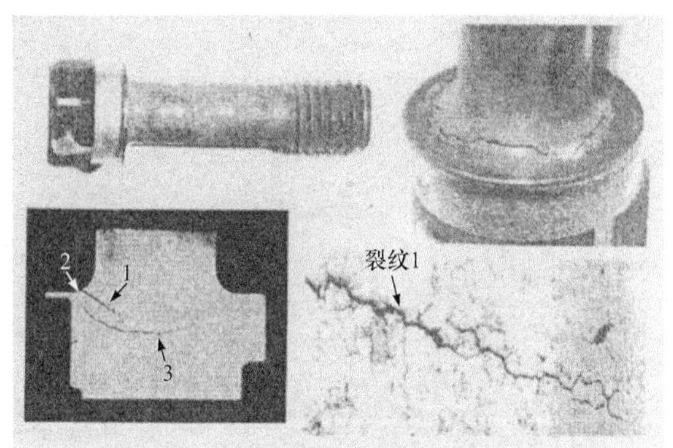

图 6.18 压水反应堆中辐照促进挡板螺栓的应力腐蚀开裂

6.3 机械作用促进腐蚀

6.3.1 磨损、微动、冲蚀中的电化学腐蚀

1. 磨损腐蚀

磨损腐蚀是金属摩擦副表面，在滑动摩擦的机械作用表面磨损损失的同时，还发生了摩擦副表面与环境介质的化学或电化学腐蚀作用所出现的金属加速损失

现象。化学作用常见的是在空气中的磨损氧化，电化学作用常见的是在水介质中的磨损电偶腐蚀。

1) 磨损电偶腐蚀机制

在核电站装备中，磨损电偶腐蚀具有特别重要的地位，磨损电偶腐蚀机制的要点是机械作用损失与电化学作用损失叠加及两者的交互作用。这里的交互作用是磨损加速腐蚀和腐蚀促进磨损。磨损加速腐蚀的作用在于磨损使钝化膜减薄、破裂、剥落及液流传质输走剥落物和电化学反应物而裸露金属新表面于腐蚀液中。腐蚀促进磨损的作用在于腐蚀产物疏松并使金属表面粗糙和组织破坏(如晶界腐蚀、相间腐蚀等)而易于被机械损伤。然而，弱腐蚀介质时也会由于介质的润滑作用与冷却作用而出现负交互作用，使磨损小于无电偶腐蚀的干摩擦。

2) 影响因素与缓解

主要的影响因素有腐蚀介质的 pH、介质成分、介质浓度、介质温度、缓蚀剂等，以及机械力学的液流速率、液流冲角、正压力、压力频率等，材料的成分、组织、硬度、耐磨性、耐蚀性等。

选择适宜的材料、合理设计工况参量(降低流速、增加材料厚度等)、改善服役环境(添加缓蚀剂、降低温度、清除腐蚀沉积物等)、材料表面改性处理(表面渗层、镀膜等)、电化学保护(适宜采用阴极保护，由于磨损中会发生钝化膜的破裂和剥落而不宜采用阳极保护)均是可行的缓解措施。

2. 微动腐蚀

在电化学腐蚀作用下的微动(振动和滑动)磨损，即电化学腐蚀与微动磨损的叠加称为微动磨损腐蚀，简称微动腐蚀。按照 ASTM G40 的定义，微动腐蚀是腐蚀起重要作用的一种微动磨损形式。微动腐蚀是微动磨损加速了的腐蚀，也是腐蚀促进了的微动磨损。微动腐蚀与缝隙腐蚀有些相近。

核电站装备的微动腐蚀典型案例是眼镜蛇 1 号沸水反应堆汽水分离器组件的失效，冷凝器失效于严重腐蚀，但腐蚀却是开始于微动磨损产生的微裂纹，振动使水溶液进入微裂纹而发生严重腐蚀所致。反应器 X-750 合金连杆失效于穿晶应力腐蚀开裂，但其根源却是密封连杆缝隙的焊缝缺陷使反应器中的水渗入缝隙引起腐蚀。

切尔诺贝利核电站 RBMK-1000 反应堆乏燃料的长期干燥储存泄漏事件也是由微动腐蚀导致的另一案例。这些乏燃料仅储存 25 年便有近半装置发生核泄漏，原因主要在于连杆表面的保护膜微动腐蚀失效。不仅如此，这里还有核辐照脆化、热致蠕变、氢致脆化等诸多复杂问题。

1) 微动腐蚀机制

电解液介质中的微动磨损，形成以损伤区为阳极，以周围未损伤区为阴极的腐蚀电偶而发生电化学腐蚀。阳极区由于缝隙极小以致氧进入缝隙内的溶液中就十分困难，只有通过缝隙的窄口进行扩散，这就造成阳极区缺氧；阴极区的介质中氧可通过对流和扩散而富氧，缝隙内外氧浓度的不均匀而形成氧的浓差电池。阳极面积显著小于阴极面积，阳极溶解反应($Fe = Fe^{2+} + 2e^-$)的速率受控于阳极状况和阴极反应速率，如微动条件使连续地撕破或去除阳极上的钝化膜而显露出金属新表面的速率，或阳极的金属离子离开阳极扩散到阴极与氧离子化合去极化的阴极反应速率：

$$2H_2O + O_2 + 4e^- = 4OH^-$$

$$2Fe^{2+} + 4OH^- = 2Fe(OH)_2$$

这与氧浓差的氧化型缝隙浓差腐蚀相似，缝内金属阳离子难以扩散迁移，随着Fe^{3+}、Fe^{2+}的积累，缝内造成正电荷过剩，促使缝外阴离子，如最常见的Cl^-迁移入阳极内以保持电荷平衡。金属氯化物的水解使缝内介质酸化，pH下降，加速阳极的溶解。而阳极的溶解又引起更多Cl^-迁入，氯化物浓度又增加，氯化物的水解又促使介质更为酸化，如此便形成了一个自催化过程，使金属的溶解加速进行。

2) 腐蚀与磨损的交互作用

(1) 磨损加速腐蚀。

这是由于：①磨损破坏钝化膜，迁移磨屑，使新的金属表面裸露于电解质中而去除腐蚀的机械障碍；②液体介质的搅动迁移腐蚀产物(离子)，促进去极化反应而去除腐蚀的电化学反应障碍；③金属表面层和次表面层的塑性变形、形变强化、位错、空位、裂纹、表面粗糙等使金属表面层和次表面层自由能升高而促使金属本性处于电化学腐蚀敏感状态。

(2) 腐蚀促进磨损。

这是由于：①表面腐蚀产物疏松多孔易在微动中被机械迁移和流体迁移而去除磨损的机械阻隔；②金属表面层和次表面层的形变强化层被腐蚀，晶界被腐蚀，裂纹形成，表面粗糙度增大等，使其抗磨损的能力降低；③钢基体被腐蚀使硬的碳化物粒子剥落成磨料而加速磨损。

(3) 腐蚀与磨损的负交互作用。

电化学腐蚀反应依赖于电解质液体介质，而大多数液体介质在摩擦副中具有减摩作用，若介质对金属的腐蚀性弱，而金属的钝化性又强，介质的减摩作用便相对强地显露出来，结果即可造成腐蚀与磨损的负交互作用。通常，腐蚀与磨损的负交互作用是相互促进的，但并非全然如此。

(4) 第三体表面膜的特性。

在两个主体摩擦副的表面，于微动腐蚀的双重作用中会形成第三体表面膜，它可以是金属钝化膜，也可以是微动腐蚀产物膜及其演化物。钝化膜可以是主体摩擦副金属自身的金属化合物(如 Cr_2O_3、Al_2O_3)致密保护膜，也可以是液体介质中的缓蚀剂膜，还可以是液体介质中的润滑剂膜。腐蚀产物膜是疏松、多孔且不具有保护基体金属功能的附着膜，并且是容易脱落而发生演化的(如转化为加速磨损的磨料)。钝化膜具有保护主体摩擦副金属抵抗腐蚀的主要功能，从而减小微动腐蚀，因此受到人们的关注。

钝化膜是在微动腐蚀中产生的，也会在微动腐蚀中破损，还能在微动腐蚀中修复，这与钝化膜的组成和结构、物理电磁性、化学稳定性、尺寸厚度、力学承载能力、摩擦学特性(如减摩)等特性关系密切。人们特别关注的更是钝化膜的稳定性和破裂后承受 Cl^- 的点蚀特性以及破裂后的快速修复能力。人们希望的钝化膜具有良好的耐蚀性和稳定性与润滑性以及承载能力，这样的钝化膜可减少微动腐蚀中主体摩擦副金属的磨失损耗，减少钝化膜破裂的流失损耗，减少钝化膜的磨粒磨失损耗。

3) 微动腐蚀的研究进展

研究表明，不锈钢、铜合金、铝合金在微动磨损条件下的耐蚀性显著下降，其原因在于主摩擦副表面钝化保护膜受到的连续破坏，以及表面层塑性变形所导致的对电化学腐蚀敏感性的增加。大致的成果如下。

(1) Smallwood 研究了海水中钢缆索的微动腐蚀，它受控于阴极氧去极化反应的速率。Pearson 指出水溶液既有润滑而减缓磨损的作用，也有促进阳极反应而加速腐蚀的作用。

(2) Pearson 对高碳钢和不锈钢的研究指出，微动腐蚀与缝隙腐蚀雷同。

(3) Syrett 指出微动促进腐蚀的作用在于：搅拌(溶液)的去极化作用，磨损破坏钝化膜，黏合点变形剪切成磨屑，磨屑氧化并碎化成磨粒。

(4) Gonik 认为电力泵微动腐蚀的因素主要是 H_2S、摩擦、$FeSO_4 \cdot 7H_2O$、脱硫酸盐细菌、裂缝的腐蚀等综合性的作用结果。

(5) 任平弟、周仲荣研究了 45 钢、GCr5 钢、0Cr18Ni9 钢在水介质、油介质、油水混合介质中的微动腐蚀，并着重研究了阴极极化对微动腐蚀的影响。结果表明：①与干微动腐蚀相比，纯净水、酸雨和海水等水介质使微动运行区域外延的部分滑移区向小位移方向移动，使混合区和滑移区展宽，并对滑移区有明显的润滑和降低摩擦系数的作用，出现磨损与腐蚀的负交互作用而使材料流失量较少，在这些水介质中的微动腐蚀损伤机制为磨粒磨损、形变剥层及腐蚀的共同作用。②与水介质中的微动腐蚀相比，在油介质和油水混合介质中的微动腐蚀使微动运行区域外延的部分滑移区向大位移方向移动，从而使部分滑移区展宽，并对滑移区有更好的润滑和降低摩擦系数及减少磨损率的作用，其微动腐蚀损伤机制与水介质雷同。③与干微动腐蚀比较，阴极极化使酸雨和海水介质中微动腐蚀的摩擦系数上升，磨损率减小，材料流失量减小，腐蚀电位负移，金属的表面活性增大，磨损与腐蚀的交互作用为负值。

6.3.2　冲蚀

冲蚀(冲蚀磨损)为气体流或液体流或固体微粒流或它们组合的混合流，以一定的方向和流速冲击固体金属材料表面所造成的材料表面氧化膜与金属的机械力学剥落损伤。例如，在核电站装备中常见的汽轮机末级叶片受水滴的冲蚀，泵的叶片受水流中气泡的空爆冲蚀，泵的叶片受水流中泥沙粒的冲蚀，流体输送管内的物料冲蚀，以及在其他工业中常见的喷沙嘴受砂粒的冲蚀，锅炉管道被燃烧粉尘冲蚀，直升机桨叶受雨滴和灰尘的冲蚀，还有大自然的风雨沙尘对地形地貌以及对建筑物的风蚀等。

需要区分的是冲蚀与流体加速腐蚀的区别，流体加速腐蚀只发生在有液相流体存在的电化学腐蚀的管道内(如水管道和湿蒸汽管道)，而在干蒸汽和过热蒸汽中则不会发生流体加速腐蚀。流体加速腐蚀是纯电化学腐蚀过程，必定发生在有电化学腐蚀的电解质液体流的地方。它以电化学腐蚀为基本机制，流体只是加速了这一过程。

这种概念模糊的情况如核电站的蒸汽冷凝回流管弯头(图 6.2)，管内液体靠外弯道壁处的流速高于内弯道壁处，使与外弯道管壁接触的电解液浓度较低而成为阳极受腐蚀，液体的冲刷又除去了外弯道管壁上的表面保护层和腐蚀产物而加速了腐蚀，空爆效应也是加速腐蚀的因素，这些多因素的联合作用，使外弯道壁因这种流体的冲刷所引发的电化学腐蚀而早早失效。对于这种情况，现在普遍认为弯头的损坏是电化学腐蚀造成的，应归之于流体加速腐蚀。但早先认为腐蚀是流体冲刷的结果，以及损坏部位正处于冲蚀的最严酷冲击角处为理由而将其归之于冲蚀。

1. 冲蚀机制

冲蚀磨损以机械力学剥离氧化膜为基本机制，视流体介质和被冲蚀材料及冲蚀条件而有所差异。

(1) 微切削机制。当流体中存在多角硬质粒子(磨粒)时，硬质粒子以足够的动能和较小的冲击角冲击塑性材料表面以微切削机制而使材料表面受损。被冲蚀材料的损失量与磨粒的动能成正比，也与被冲蚀材料的屈服强度和形变强化指数成反比，还与冲击角关系密切，15°～20°是冲蚀最严重之处。而脆性材料在大冲击角时才有严重的损伤。

(2) 形变强化薄片剥落机制。球形硬质粒子冲击塑性材料表面时，以形变强化薄片剥落机制使材料表面受损伤。受冲击材料表面冲击坑边缘出现挤出唇，在随后的粒子冲击中被锤锻成薄片，继而剥落为磨屑。

(3) 形变强化薄片绝热剪切剥落机制。球形硬质粒子冲击塑性材料表面时，以形变强化薄片绝热剪切剥落机制使材料表面受损伤。此机制与形变强化薄片剥落机制相近，只是薄片在随后的粒子冲击中变形，局部化的绝热加热软化而剪切剥落。

(4) 低周疲劳机制。球形磨粒法向冲击金属时以低周疲劳机制使其损伤。认为冲蚀磨损是低周疲劳过程，冲蚀损失可以用低周疲劳进行计算。

(5) 变形局部化绝热剪切低周疲劳机制。球形磨粒法向或近法向冲击金属时以变形局部化绝热剪切低周疲劳机制产生冲击磨损。

(6) 脆性材料破断机制。脆性材料受冲击时在冲击点或材料缺陷处出现裂纹以碎片剥落的破断机制受损。脆性材料(如玻璃)的冲蚀损失与冲击角的关系在法向冲击时冲蚀损失达到最大。

2. 影响因素与缓解

影响冲蚀磨损的因素大体上说有流体的冲击参数，如冲速、冲角、时间、温度等；有磨粒的特性，如硬度、形状、粒度等；有受冲材料的特性，如组织、硬度、强度、塑性，以及物理性能等。在明确了影响因素及程度之后，自然也就知晓了缓解措施。

陈学群和曲敬信对奥氏体钢的研究表明，形变强化可提高低冲角时的耐冲蚀性，但降低高冲角时的耐冲蚀性。低冲角时碳钢的马氏体组织比回火索氏体组织更耐冲蚀，同类组织硬度高者耐冲蚀，同类组织碳含量高者耐冲蚀，碳化物提高耐冲蚀性。高冲角时硬度高者比低者耐冲蚀性差，碳化物是有害的。

从一些先行者辛劳的研究数据中可以找到基本的动力学规律：冲蚀损失率(mg/g)随冲蚀速度(m/s)的增大而线性增大，无论是软的塑性材料，还是硬的脆性材料，也无论是金属合金还是钢，或是高分子材料或非金属材料，其线性关系的斜率几乎保持不变，也就是说各材料的线性关系呈现为平行直线的列线，只是线性方程的常数项有所不同。但冲蚀损失率却与冲蚀粒直径密切相关，当冲蚀粒直径小于 100μm 时，冲蚀损失率随冲蚀速率的增大而线性增大，但当冲蚀粒直径大于 100μm 时，冲蚀损失率却保持恒定而不再增大。

6.4　电化学腐蚀的缓解

6.4.1　电化学腐蚀的缓解原则

腐蚀是难以完全避免的，人们要做的是尽可能地缓解腐蚀，并将腐蚀控制在许可的范围内，使制品在设计寿命终结前不因腐蚀而意外失效。常见的腐蚀主要是电化、氧化、脱溶等，腐蚀类型如此多，而发生腐蚀的环境条件又多种多样，因此人们采用了多种相对应的方法以应对腐蚀。采用何种方法取决于经济因素和安全因素，在安全特别重要又难于更换的场合，通常既要选用昂贵的耐腐蚀材料，还要以较大投资采取数种防护措施以控制腐蚀；而在不重要又易于更换的场合，使用价廉材料和较少投资的简单防护措施是适宜的，这时只要间隔一段时间将腐蚀受损严重的构件换新就可以了。

总之，以较少的总投资(并非只是花在防腐蚀上的经费，还包括因腐蚀失效而花费的次生资金)获取较多的总收益(并非只是资金的，还包括社会的与安全的)是人们应对腐蚀的原则。

缓解与控制腐蚀的措施主要有结构设计、材料选择、覆盖保护、电化学保护、环境控制等多种。

1. 结构设计

良好的结构设计是控制腐蚀的首要选择，设计决定了结构抵御腐蚀的基本能力。良好设计的基本准则如下。

1) 明确结构状态

明确制件结构的服役环境和介质、可能发生的主要腐蚀类型、构件承载的应力状态、安全等级、服役寿命要求、抵御腐蚀的要求等。

2) 避免局部深度腐蚀

局部深度腐蚀的危害远远大于全面的均匀腐蚀，因此结构设计应保证在任何腐蚀速率下，尽可能地发生全面的均匀腐蚀，而不致由于强烈的局部的深度腐蚀引起构件的过早意外失效。

在有腐蚀溶液存在的电化学腐蚀环境中，避免不同的金属相互接触，是避免局部深度腐蚀的首选措施。例如，黄铜螺栓与钢垫圈组合的设计一定要避免。又如，钢制管道与铜制浴槽相接，钢制管道便会很快被腐蚀失效；而当反过来时，铜制管道与钢制浴槽相接，虽然仍有钢槽的局部腐蚀问题，但危险程度被缓解了。前者作为阳极的钢管面积远小于阴极铜槽的面积，钢管上的腐蚀电流密度远远大于阴极铜槽的，钢管便会发生快速的局部深度腐蚀；后者是前者的改进，作为阳极的钢槽上腐蚀电流密度便大大减小了，局部腐蚀问题也就缓解了。在这里，进一步的设计改进措施是，将管道与浴槽采用同一金属。若必须是钢管与铜槽，且不是必须直接连接，便可将它们之间用电绝缘材料中介相接。

电化学腐蚀环境中局部深度腐蚀还发生在不均匀性之处。因此，无论是金属内的不均匀性，或是环境介质中的不均匀性，都要尽可能避免。例如，有缝隙就会有局部深度腐蚀发生，避免缝隙就是避免不均匀性。制件采用螺栓或铆钉的连接是不当的，改用焊接就避免了缝隙。当设计中无法避免缝隙时，可设法使溶液不进入缝隙，例如，用不导电不透水的高分子材料填满缝隙，这可以在装配时实现。不均匀性还包括溶液流动的不均匀，溶液不流动的局部区域或高速冲刷的局部区域都是被快速腐蚀的地方。

2. 材料选择

核电站的服役寿命长达 40(二代技术)～60 年(三代技术)，装备的更换与维修相当艰难，核岛中的有些装备甚至在核电站的整个服役寿命期内也不更换，因而核电站装备金属材料的抗环境腐蚀，就成为材料选择的重要问题。

1) 大气中服役的不锈钢

大气中的水气溶解了污染物会形成具有腐蚀性的水介质，对暴露在大气中的装备表面造成电化学腐蚀。

乡村的大气污染物较少，Cr13 型马氏体不锈热强钢和 Cr13 型与 Cr17 型铁素体不锈钢在这样的环境中具有良好的耐蚀性。

城市居民区的大气污染物较多，如成分复杂的灰尘、H_2S、NH_3、NO_2、CO_2 等，304 奥氏体不锈钢足以适应这种环境。

城市工业区大气中的污染物较城市大气污染物更为严重，会有较多的 SO_2、Cl_2 等，这时可能会出现点蚀和缝隙腐蚀，常常需要含 Mo 元素的 316 奥氏体不锈钢才能抵抗其腐蚀。

2) 核电站水介质中服役的不锈钢

核电站核岛中使用的冷却水有除氧除氯的高纯水($w(Cl^-) \leqslant 0.0001\%$，$w(O^-) \leqslant 0.00001\%$)，304 和 316 奥氏体不锈钢以及它们的发展品种大多都能适应。也有加入硼以控制辐射外泄的冷却水，但含硼水的腐蚀性并不算强，所以 304 和 316 奥氏体不锈钢以及它们的发展品种大多也都能适应。重要的是，这些高端装备服役的时间很长，维护与修理极为困难，有些高端装备还是 60 年寿期内不能修理的，而核辐射的安全又是全人类特别关切的大事，因此在材料的使用上必须留有充足的安全裕量，以确保万无一失，甚至百万和千万无一失。

核电站汽机岛中使用的冷却水便没有核岛中那么干净，但无核辐射，装备的维修条件较为方便，可以使用工业水，有的还使用了海水。对于工业水，一般铁素体不锈钢和奥氏体不锈钢均可使用。然而，对于海水，Cl^- 造成的点蚀和缝隙腐蚀以及应力腐蚀常常是危险的，只有超低 C 和高 Cr、Ni、Mo 的超级奥氏体不锈钢和超级 A-F 双相不锈钢或超级铁素体不锈钢才能抵御海水的浸蚀。

3) 耐局部腐蚀的不锈钢

局部腐蚀，如点蚀、缝隙腐蚀、晶间腐蚀、应力腐蚀以及腐蚀疲劳等对装备造成的伤害远大于一般的全面腐蚀。局部腐蚀常常导致装备的突然失效或安全事故，在安全至上的核电站，必须特别警惕材料受到的局部腐蚀，因为它常常是隐蔽的、不起眼的和易于被人们忽略的，而它所造成的破坏却常常具有无预兆的突发性。

不锈钢局部腐蚀破坏中，有一半以上是应力腐蚀造成的，点蚀、缝隙腐蚀、晶间腐蚀、腐蚀疲劳各约占 10%。

3. 覆盖保护

腐蚀问题虽然严重且重要，但人们不一定要使用昂贵的耐蚀合金，而是可以使用廉价的钢，并同时采取保护措施使其免受环境侵蚀，以延长使用寿命或改进外观。最重要、最有效、使用最多的保护措施就是将金属表面与环境介质相隔离的覆盖层。

1) 非金属覆盖层

首先是高分子覆盖层，应用最广的是油漆和喷塑粉(烘烤熔融即成覆盖层)。沥青涂层对于保护地下管道和槽罐等是价廉而又很有效的。

其次是化学覆盖层，这是用化学物质与金属表面发生化学反应而形成陶瓷覆盖层。例如，钢表面常用化学氧化法生成厚 0.5～1.5μm 的 Fe_3O_4 氧化膜覆盖，工艺上有采用含氧的 NaOH、$NaNO_2$、$NaNO_3$、$K_2Cr_2O_7$ 等溶液的碱性化学氧化法(膜呈蓝黑色，俗称发蓝)，或采用含氧的 KH_2PO_4、$CuSO_4$、SeO_2、$K_3C_6H_5O_7$、$KNaC_4H_4O_6$ 等溶液的酸性化学氧化法(膜呈黑色，俗称发黑)，或是将钢件浸入 Zn、Mn、Fe、Ca 等的酸式磷酸盐溶液中，使其和 Fe 化学反应形成磷酸盐覆盖层的磷化处理。铝的阳极氧化 Al_2O_3 覆盖层具有良好的耐蚀性、耐磨性和装饰性，是在含氧的酸性溶液(如 H_2SO_4、CrO_3、$C_2H_2O_4$、H_3PO_4 等)中将铝作为阳极而发生人为的电化学腐蚀，可得厚达 10～200μm 的 Al_2O_3 覆盖层(铝在空气中自然形成的氧化膜仅厚 0.01～0.1μm)。

最后是陶瓷覆盖层，如搪瓷，它是将一些氧化物涂覆于金属表面，然后烧结熔融成釉质的表面层。

2) 金属覆盖层

用金属覆盖层做基体金属的保护涉及两种，一是隔离性保护，二是阳极性保护。Zn、Cd 等覆盖层两者兼具，Sn、Cr、Ni 等覆盖层仅为隔离性保护(覆盖层必须完整无损才有保护作用)。Zn、Sn 等常用热浸镀法，Zn、Cd、Cr、Ni、Cu 等常用电镀法，Al 常用等离子喷涂法，Al、Si、Cr、Zn 等也常用化学热处理渗入法。

4. 电化学保护

1) 避免电偶

结构钢淬火马氏体回火后为回火马氏体组织，碳化物呈粒状析出量少，因而电偶数少，电化学腐蚀少；屈氏体回火后碳化物呈粒状大量析出，致使电偶大量形成，这就使电化学腐蚀成为严重的问题；索氏体回火使碳化物粒子熟化，粒子尺寸增大而个数减少，电偶数减少，电化学腐蚀又有改善。

18-8 不锈钢的晶间腐蚀问题也是人们所关注的，工程上应对奥氏体不锈钢晶间腐蚀的主要措施如下。

(1) 对钢施以 1050～1100℃淬火，以保证 Cr 的固溶。

(2) 向钢中加入 Ti、Nb 等强碳化物形成元素，$0.7\% \leqslant w(\mathrm{Ti}) \leqslant 5(w(\mathrm{C})-0.02\%)$，$w(\mathrm{Nb}) \geqslant 8(w(\mathrm{C})-0.02\%)$，TiC、NbC 在钢中是均匀析出的，这就保护了 Cr 不进入碳化物中，也使电偶不集中于晶界上。

(3) 尽量降低钢中的碳含量，使其低于 0.03%，但这在工艺上较为困难，费用也较为昂贵。

(4) 提高钢中的铬含量，使晶界析出碳化铬后的奥氏体中仍有足够的 Cr，从而保持对奥氏体的电位钝化作用，但这在费用上也较为昂贵。

(5) 在碳化铬的析出温度进行长时间的退火热处理，一则使碳化铬粒子熟化，尺寸增大，个数减少；二则 Cr 的浓度均匀性得到改善，晶界区域奥氏体中的贫 Cr 程度得到改善，然而这个办法改善晶间腐蚀的效果是有限的。

2) 阳极保护

使阳极区表面转入钝化状态并维持的措施是，使其形成具有足够承载能力且不易在磨损中破裂脱落(维持功能)的抗蚀致密钝化膜(形成功能)，只有钝化状态的形成功能与维持功能同时具备，阳极保护才能实现。这可以采用化学的方法，如形成 Cr_2O_3 膜，也可以使用电位控制的方法以减小阴阳极间的电位差，还可以采用牺牲外加廉价阳极的方法，如 Zn 覆盖层的镀锌钢板，沿地下钢管道埋设的 Mg 板，在水下钢甲板上安装的 Zn 板，在钢热水箱中安装的 Mg 棒等，在这里所消耗的阳极可以很容易地更换，其费用远低于被保护者。在钢管道上外加一个小的直流电压，以提供足够的电子使管道成为阴极而免受腐蚀也是方法之一。

3) 阴极保护

可以采用控制阴极反应来抑制阳极反应，从而缓解阳极区的损伤。例如，在主摩擦副金属上外加阴极电流，或接入电位更低的阳极损耗金属，使主摩擦副金属成为阴极即可实现阴极保护。但必须小心谨慎地依据材料和具体工况等选择电流等参数，使主摩擦副金属在外加阴极电流时，不可因阴极反应出现 H_2 的析出而引发主摩擦副金属的氢脆。

6.4.2　环境控制

环境因素主要有腐蚀介质的成分、温度、流速等，控制这些环境因素延缓腐蚀速率是很有意义的。例如，钢在强酸溶液中会迅速被腐蚀，在弱酸溶液中则慢得多，而在强碱溶液中更是相当缓慢。又如，使用除去溶解氧的纯净无氧水便能使水与水蒸气对蒸汽管道的腐蚀大为减轻。在许多情况下，在腐蚀液中加入少量的缓蚀剂则更为有效。

在室温下，控制空气中的湿度不致过大，也常是人们采用的保护仪器设备免受腐蚀的措施之一。

6.5 钢的高温水蒸气氧化腐蚀老化

氧化腐蚀是化学腐蚀的一个大类。氧化腐蚀是指由于金属材料与氧化合而发生的损伤，氧的来源通常是金属材料外部的气体与液体介质如空气、水蒸气、燃烧废气、熔盐等，或者是金属材料内部的含氧化合物夹杂等。按氧化腐蚀部位的不同，有三种形态的氧化腐蚀，一是表面氧化，在金属表面生成氧化膜，含氧气氛是氧的来源；二是晶界氧化，在与表面相连通的晶界生成氧化物，含氧气氛是氧的来源；三是内氧化，在金属内部形成的晶界氧化，金属内部含氧化合物夹杂是氧的来源。

钢制件在高温氧化气氛中服役常常会因氧化等过程而出现两种表面氧化腐蚀：①表面产生氧化皮；②表面脱碳或脱某种合金元素。

氧化腐蚀可能对核电站造成的影响包括：①部件壁厚减薄导致压力边界部件功能丧失；②腐蚀产物沉积导致传热效率降低；③腐蚀产物沉积导致管道阻塞使功能丧失；④腐蚀污垢在燃料包壳沉淀、活化后在化学和容积控制系统内增大辐射风险；⑤金属材料脆化导致装备构件破裂引起安全事件。

6.5.1 钢的高温氧化

与环境氧化气氛接触的是钢铁制品的表面和与表面相连通的晶界，也就是钢铁制品这些地方首先受到环境氧化气氛中氧的化学腐蚀。

1. 晶界氧化

钢在高温氧化气氛环境中长期服役所发生的晶界区域氧化腐蚀，以及铸锭扩散退火等热处理高温加热时的晶界氧化，热压力加工前的高温加热等所发生的晶界氧化等，其结果是使晶界失去了强度，钢因此而脆化，对制品服役的安全性威胁极大。

化学的晶界氧化腐蚀与电化学的晶间腐蚀不同，晶界氧化是由于晶界既处于高能状态，又是原子短路扩散的良好通道，因而含氧气氛中的氧易于沿晶界入侵与铁化合形成铁的氧化物而使钢的晶界崩溃。

2. 钢的表面氧化

由 Fe-O 相图可知，铁和钢的氧化腐蚀在钢铁表面生成 FeO 、Fe_3O_4 、Fe_2O_3 氧化物。这些腐蚀产物膜如果致密且与钢铁基体结合牢固，便会使保护膜下的钢铁次表面不再受氧化腐蚀或使钢铁的氧化腐蚀减慢，Fe_3O_4 膜便有这种作用，但效果尚不那么好。这些腐蚀产物膜如果疏松、与钢铁基体结合松散且极易剥落，膜下的钢铁表面便受不到保护而会继续受氧化腐蚀，如 Fe_2O_3 膜。

1) 氧化物结构

Fe 的各种氧化物的 Gibbs 自由能以 Fe_2O_3 最高，Fe_3O_4 次之，570℃以上时 FeO 的 Gibbs 自由能又低于 Fe_3O_4，570℃以下 FeO 则不能稳定存在。这些氧化物的 Gibbs 自由能均较 Fe 自身为低，故 Fe 在有氧环境中能自发地被氧化腐蚀。氧化过程和产物以及氧化层结构随温度与供氧量而变化，570℃以上氧化物的出现顺序是 $FeO \rightarrow Fe_3O_4 \rightarrow Fe_2O_3$，570℃以下则是 $Fe_3O_4 \rightarrow Fe_2O_3$。

当钢表面被氧化时，通常氧化层自内向外由 $FeO + Fe_3O_4 + Fe_2O_3$ 三层构成。从能量的观点来考察这些氧化物 FeO 、Fe_3O_4 、Fe_2O_3 的结构，化合物 FeO 是立方点阵的岩石富氏体，为阳离子空位的 P 型半导体结构。由于 Fe^{2+} 与 Fe^{3+} 总是同时存在，为了达到电荷平衡，每 2 个 Fe^{3+} 必须有 3 个 O^{2-} 与其平衡，因此 O^{2-} 的个数必须超过一半，这样当出现 2 个 Fe^{3+} 时便必然存在 1 个阳离子空位。先形成的 FeO 氧化层是阳离子空位的，它阻止 O^{2-} 通过，却使 Fe^{2+} 与 Fe^{3+} 容易穿透 FeO 层而继续氧化。进一步氧化形成立方点阵的反尖晶石磁铁体，由 32 个 O^{2-} 构成面心立方点阵，8 个 Fe^{2+} 和 8 个 Fe^{3+} 位于 32 个八面体间隙位置，8 个 Fe^{3+} 位于 64 个四面体间隙位置的具有阳离子空位的 Fe_3O_4 氧化层。最后形成的氧化层 Fe_2O_3 则是阴离子空位的 N 型半导体结构。

氧化物中空位的存在增大了氧化合物的稳定性。普遍地说，固溶体和金属化合物中空位的存在保持了晶胞的电子浓度不变，使焓 H 基本不变，熵 S 增加，这就使 Gibbs 自由能达到最小值，使具有一定空位的固溶体和金属化合物在热力学上更为稳定。

2) 570～912℃ α -Fe 表面氧化层的形成

(1) 首先在 α-Fe 表面生成 FeO，并侧向生长而布满表面，形成对 α-Fe 表面的 FeO 覆盖层而将 α-Fe 表面与氧隔开。但 FeO 是阳离子空位的 P 型半导体结构，它阻止 O^{2-} 通过，却可以使 α-Fe 表面的 Fe^{2+} 借助阳离子空位而顺利地通过 FeO 层，所以在 α-Fe 与 FeO 界面的 Fe^{2+} 扩散穿过 FeO 层至该层表面并在此与 O^{2-} 结合成 FeO 而使该层不断增厚，这便是 FeO 内层。

(2) 随着氧化过程的继续进行，α-Fe 基体表面的 Fe^{2+} 和 Fe^{3+} 继续通过内层

FeO 的阳离子空位扩散至 FeO 内层的外表面，并在 FeO 内层的外表面与 O^{2-} 结合生成 Fe_3O_4，在侧向生长完成对 FeO 内层表面的覆盖后，垂直于表面向外增厚生长而形成 Fe_3O_4 层。Fe_3O_4 为 Fe^{2+} 和 Fe^{3+} 空位的 P 型半导体，它同样阻止 O^{2-} 通过，而 Fe^{2+}、Fe^{3+} 可以顺利地通过，因此 Fe_3O_4 氧化反应的前沿保持在 Fe_3O_4 层外表面，即 Fe_3O_4 与 O_2 界面。此时 FeO 内层的生长，则是靠穿透 FeO 内层扩散而来的 Fe^{2+} 在 FeO 与 Fe_3O_4 界面将 Fe_3O_4 还原成 FeO。

(3) 在随后的氧化过程中，在 Fe_3O_4 层(中层)表面生成 Fe_2O_3，并侧向生长完成对 Fe_3O_4 层表面的覆盖后，Fe_2O_3 薄层隔开了氧与 Fe_3O_4 层表面的接触，Fe_2O_3 薄层的增厚生长便取决于 Fe_2O_3 的结构和性质。Fe_2O_3 是阴离子空位(阳离子间隙)的 N 型半导体，Fe 原子(Fe^{2+} 和 Fe^{3+})可以扩散通过，O^{2-} 也容易借助其阴离子空位扩散。于是 Fe_2O_3 层的生长有两个前沿，一是在 Fe_3O_4 与 Fe_2O_3 层的界面上，依靠通过 FeO 内层和 Fe_3O_4 中层扩散而来的 Fe^{3+}，与通过 Fe_2O_3 层扩散而来的 O^{2-}，在 Fe_3O_4 与 Fe_2O_3 界面反应生成 Fe_2O_3 而长厚；二是 Fe^{3+} 扩散穿过 Fe_2O_3 层至表面，与 O^{2-} 反应成 Fe_2O_3 而长厚；就这样长成了 Fe_2O_3 外层。此时 Fe_3O_4 中层的生长，是由 FeO 内层和 Fe_3O_4 中层扩散而来的 Fe^{3+} 和 Fe^{2+} 在 Fe_3O_4 与 Fe_2O_3 界面与 Fe_2O_3 反应生成 Fe_3O_4。

上述三层氧化物依 Fe 含量自高至低(依 O 含量自低至高)的顺序出现。三层氧化物 FeO 内层：Fe_3O_4 中层：Fe_2O_3 外层厚度比值通常约为 95：4：1。

由 Fe-O 相图可知，FeO 在 570℃会发生共析分解而生成 α-Fe 和 Fe_3O_4，因此当上述氧化层平衡冷却至 570℃以下时，FeO 便不复存在。

应当指明的是，FeO 为立方点阵的岩石富氏体，氧化层疏松。Fe_3O_4(或写成 $FeFe_2O_4$)是立方点阵的反尖晶石磁铁体，由 32 个 O^{2-} 构成面心立方点阵，8 个 Fe^{2+} 和 8 个 Fe^{3+} 位于 32 个八面体间隙位置，8 个 Fe^{3+} 位于 64 个四面体间隙位置，氧化层较致密。Fe_2O_3 在 400℃以上为菱形点阵的六面体刚玉赤铁体，400℃以下为立方点阵，Fe_2O_3 氧化层疏松。

3) 570℃以下 α-Fe 表面氧化层的形成

(1) α-Fe 表面首先生成 Fe_3O_4 晶核，继而堆成簇丛，并在侧向堆积而布满表面形成 Fe_3O_4 薄层膜，α-Fe 基体表面的 Fe^{2+} 和 Fe^{3+} 通过 Fe_3O_4 层扩散至 Fe_3O_4 层的表面，在 Fe_3O_4 层表面与 O^{2-} 结合成 Fe_3O_4 而使 Fe_3O_4 层不断增厚，这便是 Fe_3O_4 内层。

(2) 随着氧化过程的继续进行，α-Fe 基体表面的 Fe 原子(Fe^{3+})继续通过内层 Fe_3O_4 的阳离子空位扩散至 Fe_3O_4 内层表面，在 Fe_3O_4 层表面与 O^{2-} 结合生成 Fe_2O_3 晶核，堆成簇丛，进而 Fe_2O_3 覆盖 Fe_3O_4 内层表面，形成 Fe_2O_3 薄层膜。

Fe_2O_3 层的生长前沿可以是在 Fe_3O_4 层与 Fe_2O_3 层的界面上，依靠通过 Fe_3O_4 层扩散而来的 Fe^{3+} 与通过 Fe_2O_3 层扩散而来的 O^{2-} 在 Fe_3O_4 与 Fe_2O_3 界面反应生成 Fe_2O_3 而长厚；也可以是 Fe^{3+} 通过 Fe_2O_3 层扩散至 Fe_2O_3 层的表面与 O^{2-} 结合成 Fe_2O_3 而长厚成 Fe_2O_3 外层。与此同时，Fe_3O_4 内层的长厚，是由 Fe_3O_4 内层扩散而来的 Fe^{3+} 和 Fe^{2+} 在 Fe_3O_4 与 Fe_2O_3 界面与 Fe_2O_3 反应生成 Fe_3O_4。

4) α-Fe 表面氧化物形成中元素 Cr 的作用

钢中的合金元素如 Cr、Si、Al 等，能先于 Fe 而生成 Cr_2O_3、SiO_2、Al_2O_3 氧化膜，它们自身的熔点高，原子间键合力强，既致密又稳定，且与 Fe 基体附着牢固，其中 Al_2O_3 和 SiO_2 优于 Cr_2O_3。这些 Cr_2O_3、SiO_2、Al_2O_3 氧化膜阻挡了环境气氛中 O^{2-}、S^{2-} 等腐蚀性离子与 Fe 的直接接触，改善了 Fe 的抗氧化腐蚀性。

尽管 Al 和 Si 提高钢的抗氧化性优于 Cr,但前两者在含量稍多时便使钢变脆，并且 Al 和 Si 对利用马氏体强化的热处理工艺不表现良好影响，Al 还对钢的冶炼带来困难。因此，在核电站装备用合金热强钢中，普遍采用 Cr 合金化。

合金热强钢中的合金元素 Cr 的氧化物还可与 α-Fe 的氧化物固溶，生成尖晶石结构的复合氧化物 $CrFe_2O_4$ [也可写为 $FeO\cdot Cr_2O_3$ 或 $CrO\cdot Fe_2O_3$ 或 $(Cr, Fe)_3O_4$]，这是阳离子空位的 P 型半导体，具有负电场，能阻挡运行气氛中 O^{2-}、S^{2-} 等腐蚀性阴离子扩散通过，因而改善了 α-Fe 的抗氧化腐蚀性。Cr 对钢的氧化过程会产生如下明显影响。

(1) Cr 升高 FeO 的形成温度。

1.5%Cr 就能使 FeO 的形成温度由 570℃升高到 650℃以上，因此钢在热工条件下工作时所发生的氧化，一般不会出现 FeO。

(2) Cr 的选择性氧化。

Cr 的电位低于 Fe，这决定了 Cr_2O_3 较之 Fe_3O_4 更易于生成，也更为稳定，但由于通常钢中铬含量还不够多，Cr_2O_3 尚不足以形成完整的覆盖层(在 600℃的热工条件下，形成完整的覆盖层需要 12%以上的 Cr，而 1000℃时需要 18%以上的 Cr)，所以一般的氧化层仍是以 $CrFe_2O_4$ 为主的复合氧化物固溶体。

(3) Cr 提高 $CrFe_2O_4$ 氧化层的致密度。

Cr 固溶入 Fe_3O_4 提高了 $CrFe_2O_4$ 氧化层的致密度，并且显著减慢氧化层的增厚速率。

(4) Cr 增强 $CrFe_2O_4$ 氧化层在基体上的附着力。

Fe 与 O 结合成 Fe_3O_4 时体积膨胀近 1 倍，过大的体积差会在热振时因氧化层中热应力过大而破裂甚至剥落，Cr 的离子半径小于 Fe，减小了体积差与应力，因此 Cr 的固溶提高了 $CrFe_2O_4$ 层的致密度和强度，增强了 $CrFe_2O_4$ 氧化层在基体上的附着力。

(5) Cr 提高钢基体的电极电位。

提高钢基体的电极电位可提高钢的抗氧化性。

6.5.2 铁素体热强钢在高压高温水蒸气中的氧化

铁素体热强钢以 Cr-Mo 为主加合金元素，再辅以 V、Nb 等元素。其中，Cr 为抗氧化与热强性元素，Mo 为热强性元素，V、Nb 为细化晶粒和弥散强化元素。

铁素体合金热强钢在核电站装备中用以制造输送高温水蒸气的输送管道，承受高压、高温和水蒸气氧化腐蚀的联合作用。其压力和温度目前仍处于亚临界状态。但一些先进国家和我国正在试验超临界状态的核电站。

合金热强钢中的 Cr 元素的电位低于 Fe，因而 Cr 原子会积极地参与氧化层的形成，其结果是使氧化层更为致密而具有一定程度的保护作用，从而提高钢的抗氧化腐蚀性：①首先是 Cr 升高 FeO 的形成温度。1.5%Cr 就能使 FeO 的形成温度由 570℃升高到 650℃以上，因此在核电站当今的热工条件下蒸汽管道内壁所发生的氧化，不会出现 FeO。②其次是 Cr 的选择性氧化。正如此前指出的，由于合金热强钢中的铬含量还不够高，Cr_2O_3 尚不足以形成完整的覆盖层，在约 600℃时形成完整的覆盖层需要 12%以上的 Cr，而 1000℃时需要 18%以上的 Cr，所以通常的合金热强钢氧化层仍是以 $(Cr, Fe)_2O_4$ 为主的复合氧化物固溶体。③Cr 选择性氧化时固溶入 Fe_3O_4 形成 $(Cr, Fe)_2O_4$ 复合氧化物固溶体，提高了 $(Cr, Fe)_2O_4$ 氧化层的致密度，显著减慢氧化层的增厚速率。④Cr 的固溶强化，增强了 $(Cr, Fe)_2O_4$ 氧化层与基体的附着力。Fe 与 O 结合成 Fe_3O_4 时体积膨胀近 1 倍，过大的体积差会在热振时因氧化层中热应力过大而破裂甚至剥落，Cr 的离子半径小于 Fe，减小了体积差与应力，提高 $(Cr, Fe)_2O_4$ 层的致密度和强度，以及与钢基体的附着力。⑤Cr 提高钢基体的电极电位，提高钢的抗氧化性。⑥铁素体合金热强钢中的铬含量为 1%～12%不等，随铬含量的升高钢的抗氧化性增强。美国橡树岭国家实验室对 T91(约含 9%Cr)和 T22(约含 2.25%Cr)抗空气氧化的对比试验表明，593℃ 20000h 时，T22 的氧化速率是 T91 的 10 倍。T91、T22、TP304H 在 600℃ 2000h 的水蒸气氧化对比试验表明，T91 和 TP304H 的抗水蒸气氧化能力几乎相等，而 T22 管内壁的氧化层厚度为 T91 和 TP304H 的 7 倍。TP91 是将来临界和超临界状态核电技术装备用以制造高温高压水蒸气输送管道的最佳材料选择，也是美国为未来反应堆压力容器研发的备用钢种。

1. 水蒸气氧化

铁素体热强钢高温下在空气、水蒸气中发生氧化腐蚀时，必在表面生成氧化膜。在表面形成完整的表面膜之前，氧化的速率是很快的线性规律。当完整的表面膜形成之后，氧化腐蚀的速率与表面膜的性质密切相关，致密、完整、强韧、与金属基体结合力强、膨胀系数与金属相近的表面膜，有利于保护金属而减慢氧化腐蚀速率，氧化速率减慢。此时，在较低的高温下氧化时的动力学大多服从对数规律，而在较高的高温下氧化时的动力学大多服从抛物线规律。在此对数规律或抛物线规律之后，氧化动力学可能转为近似的线性规律，或者在很高的温度下氧化时的动力学在完整的表面膜形成之后就直接转为近似的线性规律。

水蒸气氧化的增重-时间曲线与氧化方程研究了铁素体热强钢在高压高温水蒸气中的氧化规律，氧化动力学试验自变量为三因素：温度、时间、水蒸气流量，以提高温度和缩短时间的加速试验方案选择各参量，氧化温度为 550～750℃，时间小于等于 160h，氧化介质为常压水蒸气，水蒸气流量为 187～692L/h(水蒸气流量折算成 0℃、101kPa 标准状态时的流量)。因变量为单位面积氧化增重，采用热分析天平连续称重法。试样为马氏体组织的 T91 钢管切割的薄板片。表 6.1 为常压氧化时单位面积增重 y 与氧化时间 t 的拟合方程，图 6.19 为氧化的单位面积增重 y 与氧化时间 t 之间的关系曲线，图中还给出了一些常压干热空气氧化曲线(B0 、C0 、F0 、J0)作为比较。

表 6.1　T91 钢氧化的单位面积增重 y 与氧化时间 t 关系的拟合方程

温度/℃	编号	水蒸气流量/ (L/h)	初始线性快速氧化阶段方程	中期抛物线氧化阶段方程	后期线性慢速氧化阶段方程
550	A1	253	y=0.0952+6.80t	$y^{2.49}$ =16.5t	—
	A2	404	同上	同上	—
600	B0	0	—	—	—
	B1	292	y=0.0464+8.47t	$y^{2.43}$ =47.5t	—
	B2	380	同上	同上	—
	B3	657	同上	同上	—
650	C0	0	—	$y^{2.75}$ =3.10t	—
	C1	249	y=0.0765+14.4t	$y^{2.21}$ =126t	y=52.0+0.0862t
	C2	380	同上	同上	—

续表

温度/℃	编号	水蒸气流量/ (L/h)	初始线性快速氧化阶段方程	中期抛物线氧化阶段方程	后期线性慢速氧化阶段方程
660	D1	251	y=0.210+15.0t	$y^{2.50}$ =519t	y=47.0+0.153t
	D2	368	同上	同上	—
668	E1	327	y=0.742+16.0t	$y^{2.48}$ =591t	y=52.1+0.124t
	E2	377	同上	同上	—
674	F0	0	—	$y^{3.12}$ =26.5t	—
	F1	345	y=0.509+17.5t	$y^{2.41}$ =591t	y=50.7+0.0959t
	F2	382	同上	同上	y=59.0+0.141t
680	G1	342	y=0.380+18.9t	$y^{2.29}$ =396t	y=45.6+0.103t
	G2	374	同上	同上	y=60.3+0.189t
	G3	622	同上	$y^{2.73}$ =2161t	—
690	H2	373	y=1.41+23.0t	$y^{2.52}$ =1600t	y=58.1+0.243t
700	J0	0	y=0.34+0.837t	—	y=0.965+0.099t
	J2	360	y=0.698+24.1t	—	y=38.6+0.269t
750	K1	187	y=0.546+41.5t	—	y=29.0+0.315t
	K2	474	同上	—	y=34.1+0.414t
	K3	692	同上	$y^{4.02}$ =1134872t	y=57.9+0.403t

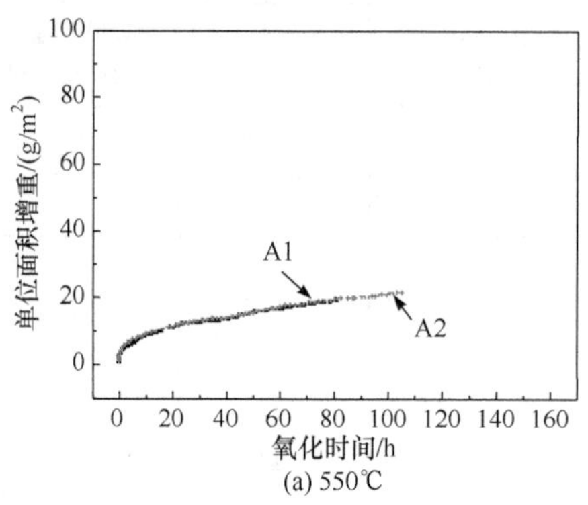

(a) 550℃

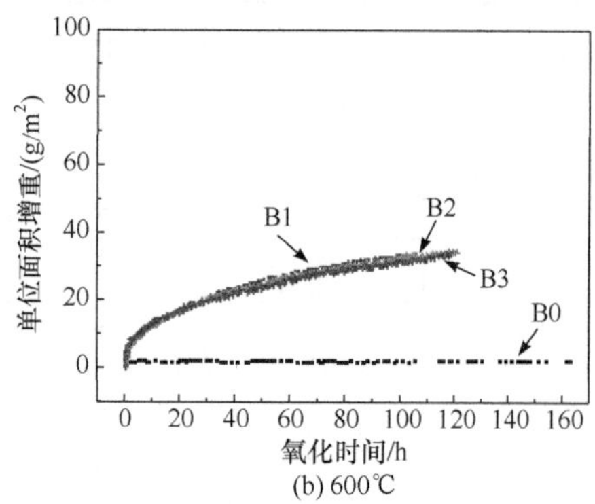

(b) 600℃

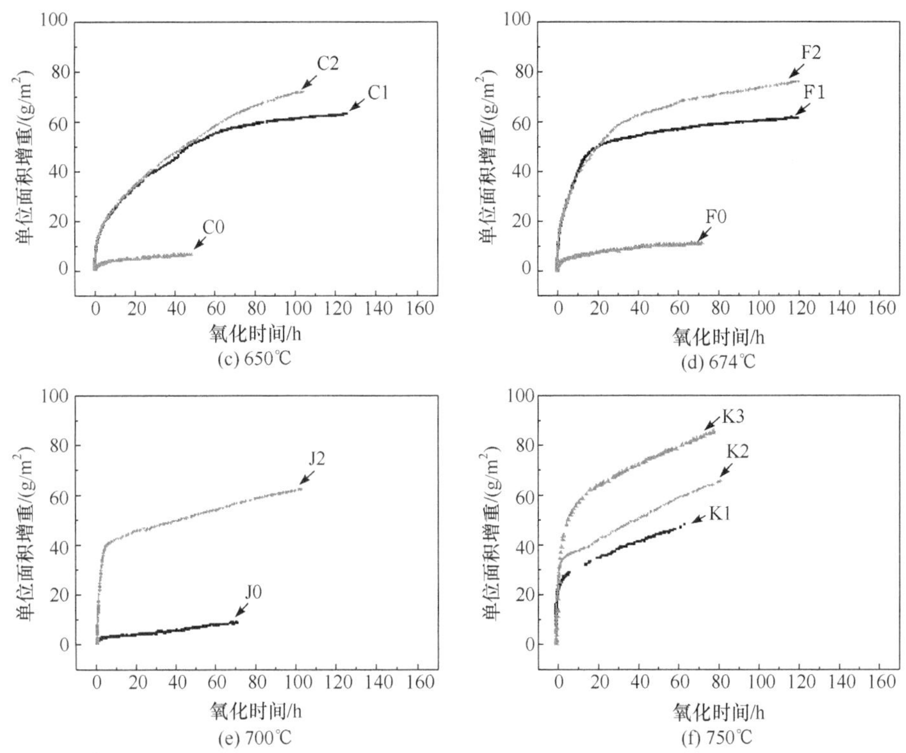

图 6.19　T91 钢水蒸气氧化单位面积增重 y 与氧化时间 t 之间关系的氧化曲线

2. 温度和水蒸气流量对水蒸气氧化的影响

1) 温度对初始线性快速氧化阶段的影响

考察温度因素的影响，由表 6.1 和图 6.19 可以看到，在表面形成完整的表面膜之前，氧化腐蚀的速率是很快的，在此初始线性快速氧化阶段，随着温度的升高，直线段的高度不断增高，也就是说，初始线性快速氧化阶段延续的时间或单位面积增重的最大值随温度的升高而单调增大(图 6.20)，氧化加剧。单位面积增重 y 的最大值 Y 以指数方程(6.9)的关系随温度 T(℃)的升高而增大。

$$Y = 8.559\times10^{-4}\times1.0138^{T}, \quad r = 0.999 \tag{6.9}$$

2) 温度对中期抛物线氧化阶段的影响

中期抛物线氧化阶段的抛物线规律主要取决于温度，随着温度 T(℃)的升高，抛物线在单位面积增重 y 坐标轴上的高度增大(图 6.21)，其氧化时间 t 随氧化温度 T 的升高而缩短。

3) 温度对后期慢速氧化阶段的影响

在 650～690℃的较高温度和 382L/h 以下较小的水蒸气流量时，中期抛物线氧化阶段缩短，随后转化为后期线性慢速氧化阶段(图 6.22(a))。在 700～750℃的高温和 474L/h 以下较小的水蒸气流量时，中期抛物线氧化阶段缩短至可以忽略，后期线性慢速氧化阶段可以直接在初始线性快速氧化阶段结束时转化为后期线性慢速氧化阶段(图 6.22(b))。温度越高，这种转化越快。

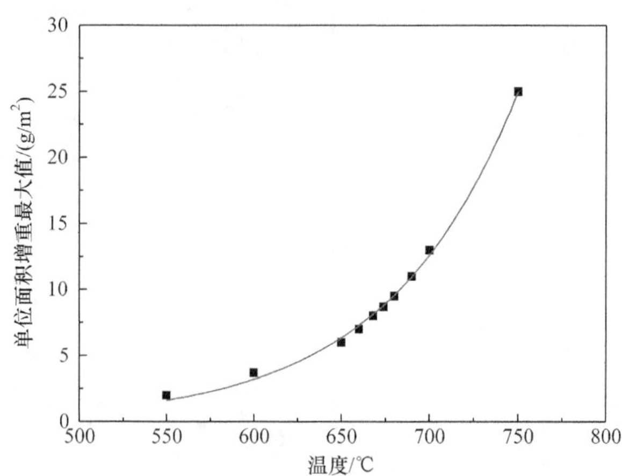

图 6.20　温度对 T91 钢初始线性快速氧化阶段单位面积增重最大值的影响
水蒸气流量 187～692L/h

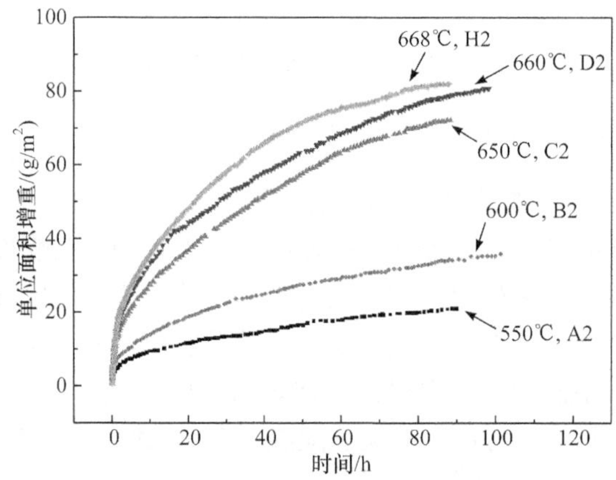

图 6.21　温度对 T91 钢中期抛物线氧化阶段 y-t 抛物线关系氧化曲线的影响
水蒸气流量 368～404L/h

4) 水蒸气流量对初始线性快速氧化阶段的影响

由图 6.19 和表 6.1 可以看到，水蒸气流量对初始线性快速氧化阶段 y-t 关系的影响，随着水蒸气流量的增大，氧化加剧。也就是说，随着水蒸气流量 q 的增大，初始线性快速氧化阶段的氧化层最大厚度 b_m 单调增大，两者呈现线性相关。

$$680℃：b_m = 6.178 + 0.00774q \tag{6.10}$$

$$750℃：b_m=3.266+0.0376q \tag{6.11}$$

随温度的升高最大厚度的增厚加快。

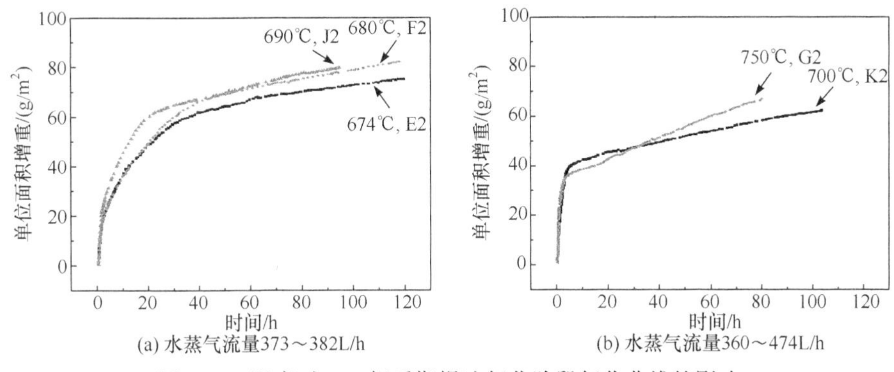

图 6.22　温度对 T91 钢后期慢速氧化阶段氧化曲线的影响

5) 水蒸气流量对中期抛物线氧化阶段的影响

在图 6.19 和表 6.1 中的 550℃时，水蒸气流量对中期抛物线氧化阶段没有影响。600℃时的影响可以忽略。在 650～750℃同温度下的不同水蒸气流量时，*y-t* 抛物线在较短时间时总是重合的，只有在较长的氧化时间时才会分离，随着水蒸气流量的增大，抛物线曲线在 *y* 轴上升高，且抛物线幂次增大，抛物线阶段的持续时间延长。750℃时中期抛物线氧化阶段的持续时间或单位面积增重的最大值均随水蒸气流量的增大而单调增大。显然，水蒸气加剧 T91 钢的高温氧化，且随水蒸气流量的增大，氧化加剧程度增大。例如，750℃时当水蒸气流量分别为约180L/h 、470L/h、700L/h 时，达到抛物线氧化阶段的时间分别约为 0.5h、1.5h、2h，这时所达到的单位面积增重的最大值分别约为 $29g/m^2$、$35g/m^2$、$55g/m^2$ 。

6) 水蒸气流量对后期氧化阶段的影响

图 6.19(f)明显地给出了水蒸气流量对后期线性慢速氧化阶段的影响，水蒸气加剧了该阶段的氧化腐蚀，随着水蒸气流量的增大，单位面积增重显著增大。随着水蒸气流量由约 200 L/h 增大到约 700 L/h ，单位面积增重 $80\,g/m^2$时 的氧化时间由约 160h 单调缩短至约 50h。随着水蒸气流量由约 200 L/h 增大到约 700 L/h ，氧化时间 80h 时氧化的单位面积增重由约$55g/m^2$ 单调增大至约$90g/m^2$ 。例如，750℃时当水蒸气流量分别为约180L/h 、470L/h 、700L/h 时，单位面积增重$80g/m^2$ 时的氧化时间分别约为 165h、110h、55h。而氧化时间为 80h 时的单位面积增重分别约为 $54g/m^2$ 、$67g/m^2$ 、$90g/m^2$ 。

3. 水蒸气氧化速率

1) 初始线性快速氧化阶段

初始线性快速氧化阶段的方程斜率(氧化速率 *v*)随温度 *T* 的升高而呈一阶衰

减指数函数方程(6.12)增大(图 6.23)，水蒸气流量不改变初始线性快速氧化阶段的氧化速率。

$$v = 3.313 + 0.0039\ \exp(0.0122\ T), \quad r = 1 \tag{6.12}$$

2) 中期抛物线氧化阶段

中期抛物线氧化阶段遵从抛物线规律，氧化速率 v 为抛物线方程的导数，是个变数，与温度和单位面积增重(或时间)双重变量有关。取单位面积增重为 $30g/m^2$、$40g/m^2$、$50g/m^2$、$60g/m^2$ 各值的氧化速率，可得中期抛物线氧化阶段的氧化速率随温度的升高而增大，如图 6.24 所示，如其氧化速率方程：

$$30g/m^2：v = 1.448 \times 10^{-10} \times 1.0354^T, \quad r = 0.993 \tag{6.13}$$

$$40g/m^2：v = 1.907 \times 10^{-10} \times 1.0342^T, \quad r = 0.987 \tag{6.14}$$

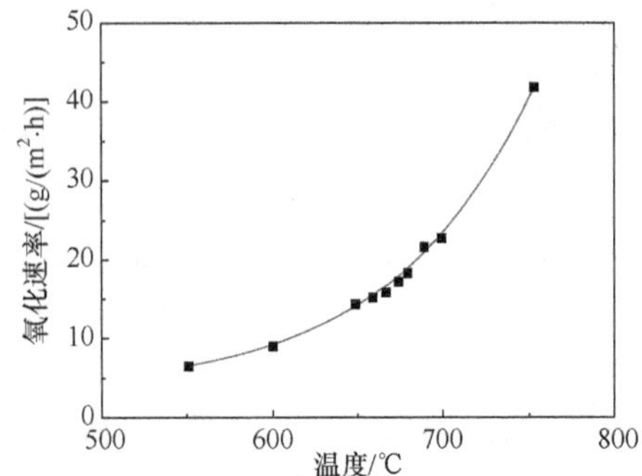

图 6.23 T91 钢初始线性快速氧化阶段氧化速率与温度的关系

水蒸气流量 187～692L/h

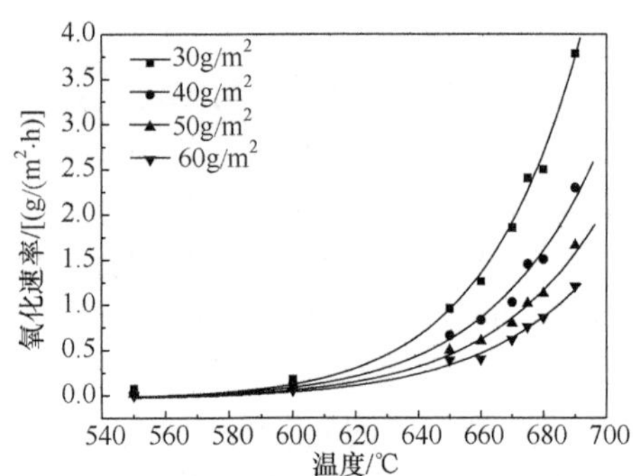

图 6.24 T91 钢中期抛物线氧化阶段氧化速率与温度的关系

水蒸气流量 253～657L/h

氧化速率还随单位面积增重(或时间)的增大而减小。

3) 后期慢速氧化阶段

后期线性慢速氧化阶段的水蒸气氧化速率 v 随温度 T 的升高而线性增大，见方程(6.15)。由于水蒸气流量的范围较宽，氧化速率较为分散，如图 6.25 所示。

$$v = -2.05923 + 0.00331T, \quad r = 0.952 \tag{6.15}$$

4. 水蒸气氧化激活能

温度升高时，氧化的动力学参量，如氧化速率增大。这显然是温度升高时，原子获得额外能量使自身活动能力增大的结果。氧化速率 v 与温度 T 的关系，可以由 Arrhenius 方程 $v = A\exp[-Q/(RT)]$ 的线性形式 $\ln v = \ln A - [Q/(RT)]$ 求得水蒸气氧化激活能 Q。

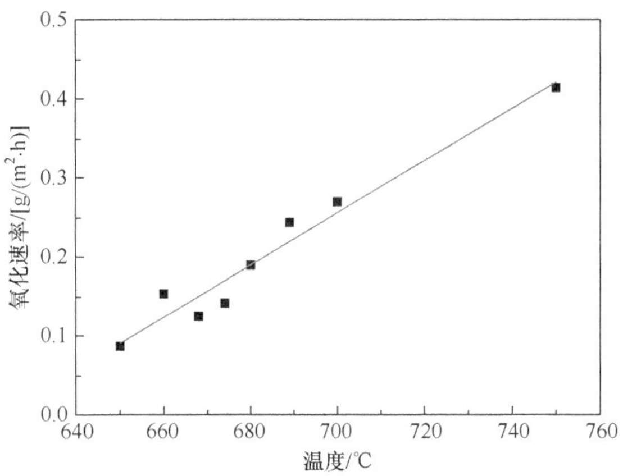

图 6.25　T91 钢后期线性慢速氧化阶段氧化速率 v 与温度 T 的线性关系
水蒸气流量 187～692L/h

1) 初始线性快速氧化阶段

依据图 6.23 的数据，由方程(6.12)和 Arrhenius 方程可求得初始线性快速氧化阶段的氧化激活能 $Q = 63\text{kJ/mol}$，频率因子 A=57575 $\text{g/(m}^2\cdot\text{h)}$，相关系数 r=0.973，如图 6.26 所示。由此就可以再依据 Arrhenius 方程求得各温度初始线性快速氧化阶段的氧化速率。

2) 中期抛物线氧化阶段

依据图 6.24 的数据，取单位面积增重为 30g/m^2、40g/m^2、50g/m^2、60g/m^2 各值的氧化速率，由 Arrhenius 方程可得中期抛物线氧化阶段的氧化激活能平均值为 Q=212kJ/mol，标准误差 s=1.7kJ/mol，相关系数 r=0.995，如图 6.27 所示。

由于氧化层的阻隔，中期抛物线氧化阶段氧化激活能已较初始线性快速氧化阶段的氧化激活能显著增大，为初始线性快速氧化阶段氧化激活能的 3 倍有余。

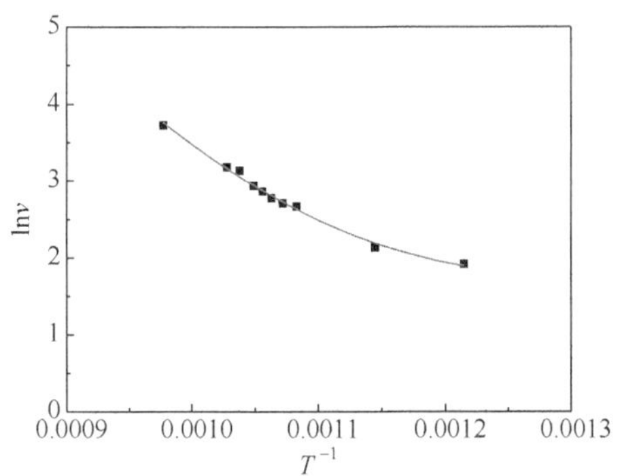

图 6.26　T91 钢初始线性快速氧化阶段的 $\ln v$-T^{-1} 关系
水蒸气流量 187～692L/h

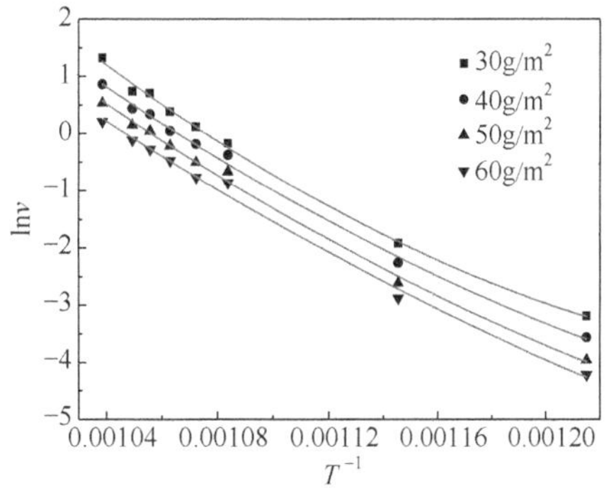

图 6.27　T91 钢中期抛物线氧化阶段的 $\ln v$-T^{-1} 关系
水蒸气流量 253～657L/h

3) 后期线性慢速氧化阶段

依据图 6.25 的数据，可得后期线性慢速氧化阶段的氧化激活能 Q=109kJ/mol，频率因子 A=143×10^3 g/(m^2·h)，相关系数 r=0.893。该阶段的氧化激活能较中期抛物线氧化阶段氧化激活能减小了一半。

6.5.3　空气氧化

1. 空气氧化动力学曲线

空气氧化曲线也像水蒸气氧化曲线那样，分为初始线性快速氧化阶段、中期抛物线氧化阶段、后期线性慢速氧化阶段三个阶段。初始线性快速氧化阶段遵从线性规律，中期抛物线氧化阶段遵从抛物线规律，后期线性慢速氧化阶段遵从近似线性规律。

在 600℃及以下，空气氧化量甚小，几乎可以忽略。随着温度的升高，氧化加剧，650℃和 674℃的氧化 y-t 关系均为抛物线规律。当温度为 700℃时，y-t 关系则转化为后期线性慢速氧化阶段的线性规律。

由图 6.19(b)、(c)、(d)、(e)可以看到，初始线性快速氧化阶段的 y-t 氧化曲线空气与水蒸气基本重合，但空气曲线高度比水蒸气低得多，即单位面积增重最大值空气比水蒸气氧化低很多。中期抛物线氧化阶段和后期线性慢速氧化阶段的 y-t 氧化曲线也显著低于水蒸气。

空气氧化的 y-t 关系方程已列入表 6.1。空气氧化的 y-t 关系方程的指数总是高于同温度水蒸气氧化，这表明空气对钢的氧化腐蚀弱于水蒸气。

图 6.28 是图 6.19 中四条空气氧化曲线的比较。700℃时氧化曲线的中期抛物线氧化阶段极短，曲线由初始线性快速氧化阶段很快就转入后期线性慢速氧化阶段。由于没有抛物线阶段使曲线上扬，在图 6.28 中看到的 700℃氧化曲线后期线性慢速氧化阶段的前期曲线，甚至低于 650℃和 674℃的氧化曲线。但由于 700℃氧化曲线后期线性慢速氧化阶段的斜率较大，它很快就会在较长的氧化时间时超过 650℃和 674℃的氧化曲线。

2. 空气氧化速率与氧化激活能

空气氧化的初始线性快速氧化阶段的氧化速率，与水蒸气氧化的初始线性快速氧化阶段的氧化速率基本相当。空气氧化的中期抛物线氧化阶段的氧化速率显著小于水蒸气氧化相应阶段的氧化速率。可见，空气氧化速率较水蒸气氧化速率小。

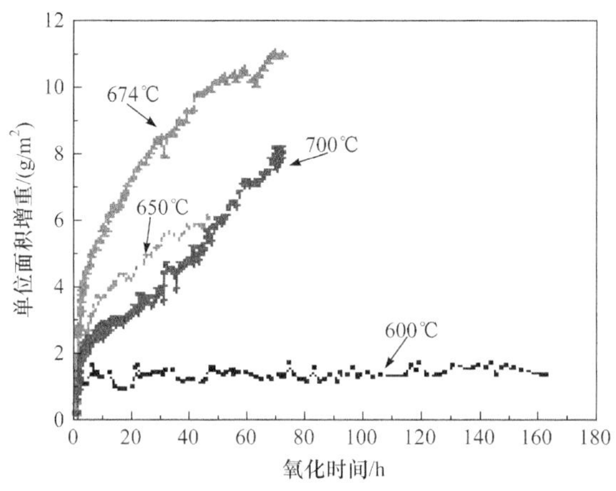

图 6.28　T91 钢不同温度的空气氧化 y-t 曲线

取单位面积增重为 4g/m^2 、5g/m^2 、6g/m^2 ，考察 650℃和 674℃的氧化速率可看出，随着温度的升高，氧化速率增大；随着单位面积增重增大，氧化速率减小。并由此可求取空气氧化中期抛物线氧化阶段的氧化激活能，其平均值为 $Q = 448\text{kJ/mol}$ ，标准误差 $s = 41\text{kJ/mol}$ 。空气氧化中期抛物线氧化阶段的氧化激活能比水蒸气氧化中期抛物线氧化阶段的氧化激活能高出一倍之多，这就是空气对 T91 钢的氧化腐蚀比水蒸气氧化腐蚀弱的原因。

6.6　水蒸气氧化层结构与剥落

6.6.1　水蒸气氧化层表面形态

图 6.29 是 T91 钢样品表面氧化物层的表面图像。氧化层外表面结构的基本特征是：成簇的胞状结构，胞中布满了许多小空洞；当温度较低时，胞的尺寸较小，氧化层外表面较平坦，随着温度的升高，胞的尺寸增大，氧化层外表面变得粗糙；当温度较低时，胞的表面为橘皮状，当温度升高到 680℃及以上时，胞的表面成为花瓣状；胞的表面常常长有晶芽，当温度较低时晶芽为薄片状，当温度较高时晶芽成棒柱状；随着水蒸气流量的增大，晶芽数量减少。显然，薄片晶芽揭示的是氧化层形成时的二维晶核形成机制，而棒柱晶芽揭示的是氧化层形成时的螺旋晶核形成机制，这是离子晶体晶核形成的特点。同时也观察到了晶体表面的胞结构，这则表征了晶体生长的前沿形态。

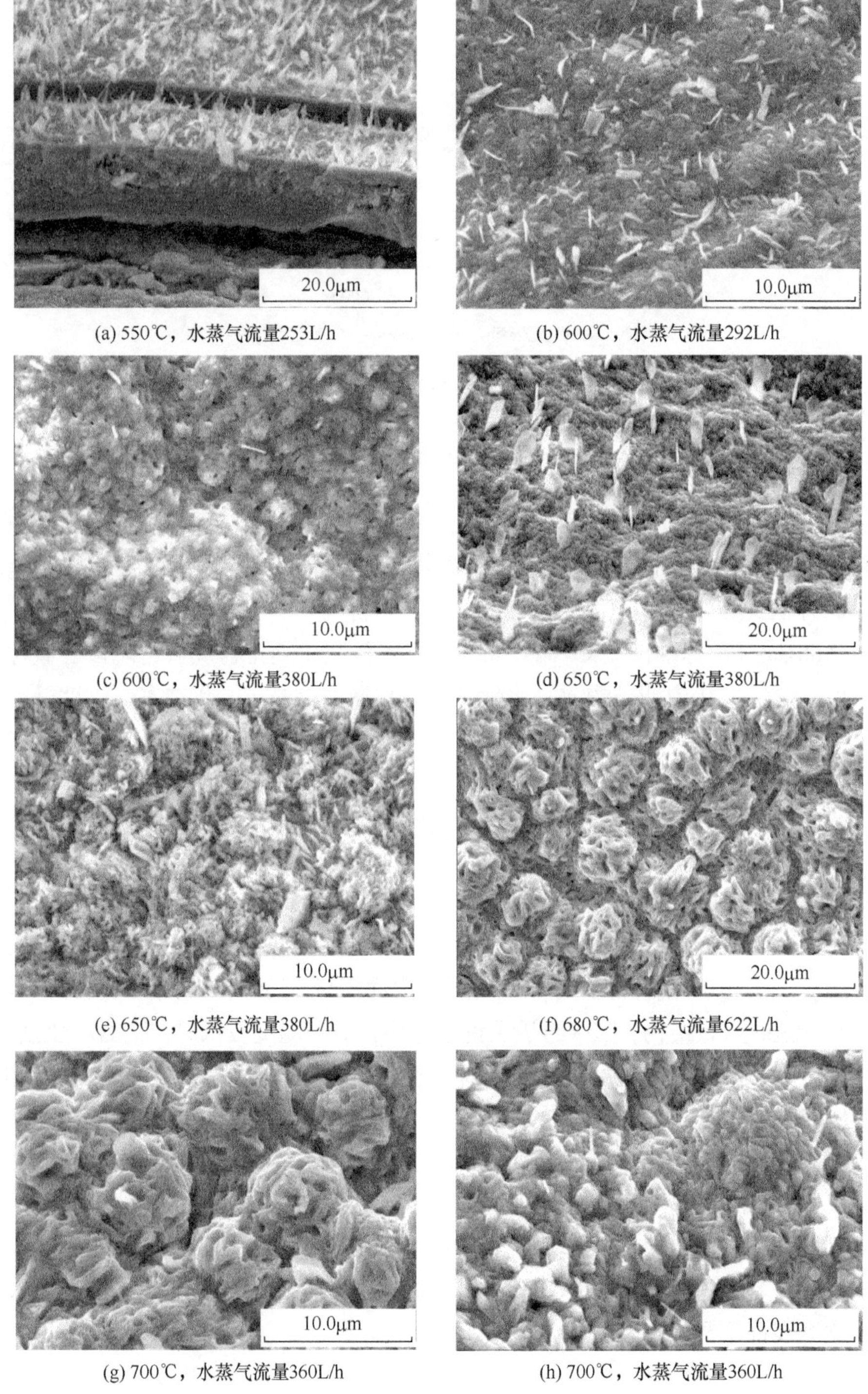

(a) 550℃，水蒸气流量253L/h

(b) 600℃，水蒸气流量292L/h

(c) 600℃，水蒸气流量380L/h

(d) 650℃，水蒸气流量380L/h

(e) 650℃，水蒸气流量380L/h

(f) 680℃，水蒸气流量622L/h

(g) 700℃，水蒸气流量360L/h

(h) 700℃，水蒸气流量360L/h

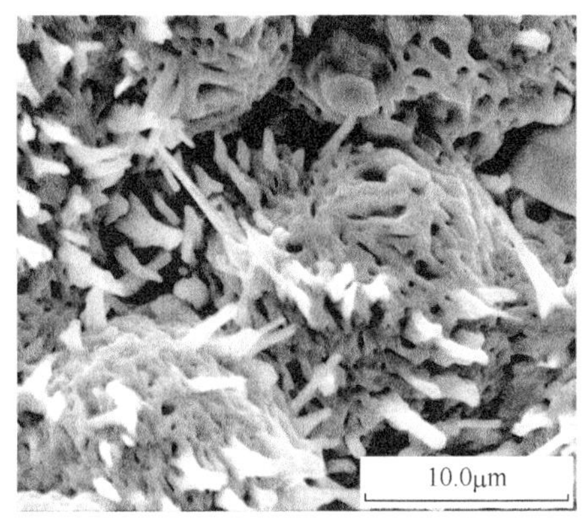

(i) 750℃，水蒸气流量474L/h

(j) 750℃，水蒸气流量692L/h

图 6.29　T91 钢水蒸气氧化层的表面结构形态的 SEM 形貌

温度 550～750℃，水蒸气流量 253～692L/h

6.6.2　水蒸气氧化层结构

1. 内层的结构和物相

T91 钢样品在水蒸气压力 16.70～16.88MPa、温度 500℃、时间 72h 时，水蒸气自上而下闭路循环流动的高压釜中氧化的 T91 钢样品上，观察到的氧化层金相磨面与氧化层表面的 SEM 形貌如图 6.30 所示，观察到了均匀内层和在其上刚开始生长的细等轴晶粒，均匀内层厚约 2.8μm，致密完好，无晶界，在基体上附着良好。图中显示细等轴晶多空缺，未生长成完全覆盖层。

图 6.31 为氧化物层的断口 SEM 像，显示出均匀内层是直径为 100～200nm 的纳米级小粒子团的堆积。

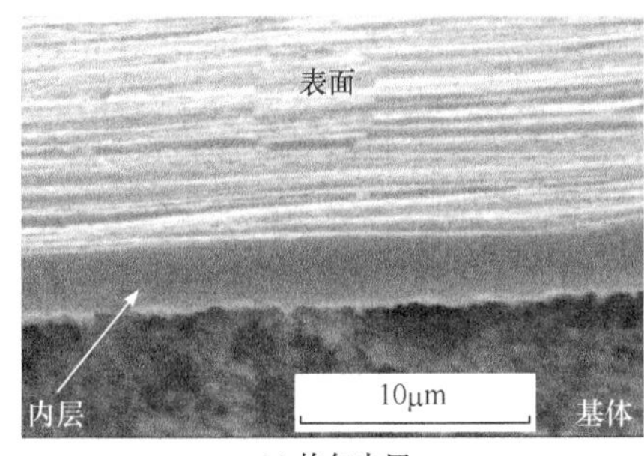

(a) 均匀内层

(b) 均匀内层上的初生细等轴晶

图 6.30　T91 钢氧化层均匀内层与其上初生细等轴晶粒的 SEM 形貌

近部与表面正交的试样磨面经 $FeCl_3$ 浸蚀

对图 6.30(a)氧化层进行成分分析，检测位置和谱线图与检测结果如图 6.32 所示。4 个不同位置共 4 次测量原子分数(%)的平均值/标准误差分别为：Cr 9.69/0.79，

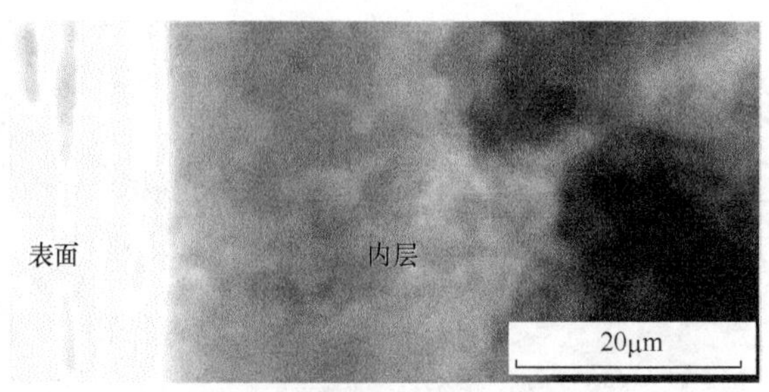

图 6.31　T91 钢氧化层均匀内层的断口的 SEM 像

Fe 21.58/0.52，O 64.23/2.13。Cr：Fe 比约为 1：2。(CrFe₂)：O 比约为 1：2。若推算与 Fe^{3+} 和 Fe^{2+} 以 $FeFe_2O_4$ 配比化合的 O^{2-} 应有 30%(原子分数)以上，所余约 30%(原子分数)的 O^{2-} 与 9.69%(原子分数)的 Cr 离子化合，Cr 离子显然不是 Cr_2O_3 配比的 Cr^{3+}，而更可能是 CrO_3 配比的 Cr^{6+}，但不排除 CrO_2 配比的 Cr^{4+} 的存在。钢表面初始被氧化时，Cr 的电位低于 Fe，Cr 先于 Fe 与 O 化合，在 Cr 与 O 的供应相对较充足的环境中，以 Cr^{6+} 或 Cr^{4+} 形成 CrO_3 或 CrO_2 显然比形成 Cr_2O_3 在动力学上更为有利。暂且将该氧化物层(均匀内层)取名纳米粒氧化物层，记为 $CrFe_2O_6$。

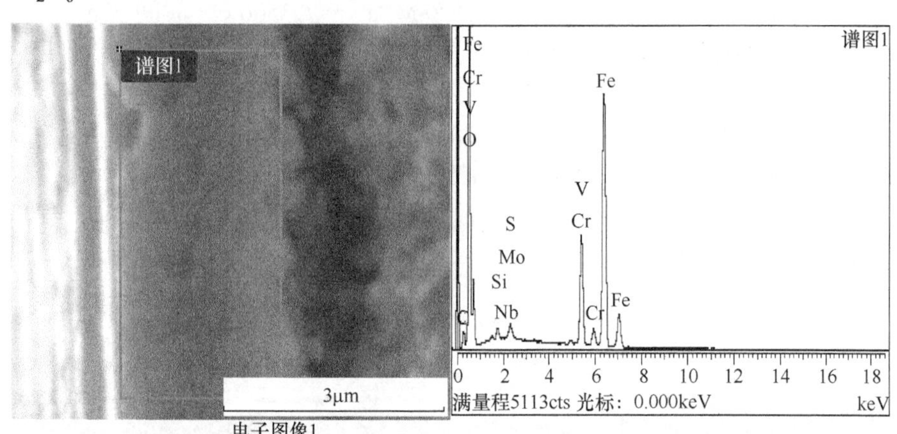

图 6.32　T91 钢氧化层均匀内层磨面的 X 射线能谱分析图

检测了图 6.30(b)正在生长中的细等轴晶体的成分，检测位置和谱线图与检测结果如图 6.33 所示。3 个不同位置共 3 次测量原子分数(%)的平均值/标准误差分别为：Cr 4.45/4.07，Fe 26.59/6.50，O 65.72/3.43。3 次测量 Cr 的含量在 9.09%～1.50%范围大幅度变化，但(Fe、Cr)：O 比仍约为 1：2。这表明晶体在刚刚生长时，其成分与微粒氧化物均匀内层并无多大差别。这些初生细等轴晶体虽然从成分上仍有(Fe、Cr)：O=1：2 的特征，但从晶体结构和热力学上推论，应当是有大量 Fe、Cr 离子缺位的 $CrFe_2O_4$。在这里，Fe、Cr 离子缺位约 37%。

2. 中层的结构和物相

样品(图 6.34)是服役 1 年的 T91 蒸汽管内表面看到的氧化物层图像，服役压力 16.7MPa，温度 590～540℃，水蒸气由氧含量 0.007～0.030 mg/L 的深度脱氧软化水生成。图 6.34 清晰地显示了氧化层中层的结构，它是由细等轴晶与其上生长的粗柱状晶共同组成的。物相分析谱图(图 6.35)显示，中层是由 Cr_2O_3 和 Fe_3O_4 构成的，两者的质量比约为 1∶7。

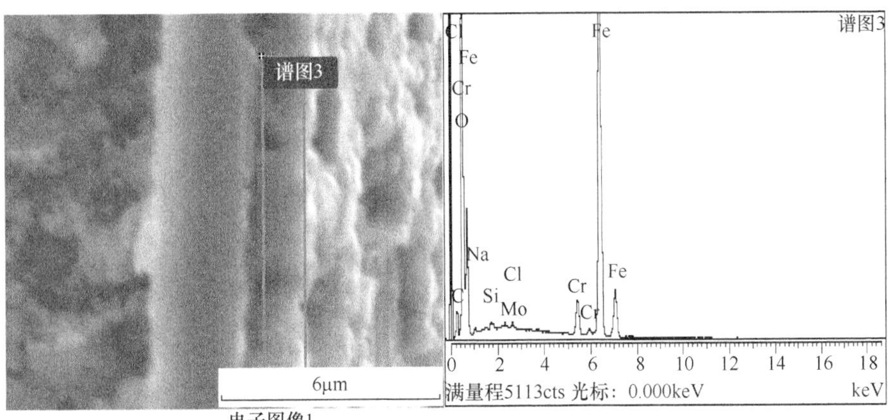

图 6.33　T91 钢氧化层均匀内层上初生的中层细等轴晶粒磨面的 X 射线能谱分析图

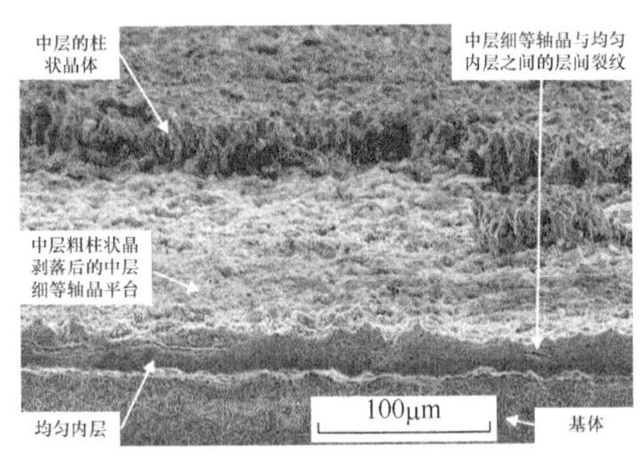

(a) 内层和中层磨面与中层剥落断口

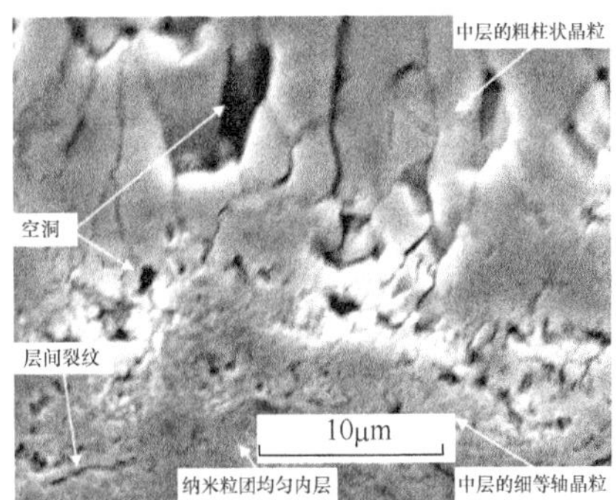

(b) 中层磨面(试样磨面经 $FeCl_3$ 浸蚀)

图 6.34　T91 钢氧化层中层断口与磨面的 SEM 像

3. 外层的结构和物相

这也是服役 1 年的 T91 蒸汽管内表面看到的氧化物层图像。外层由细等轴晶和其上生长的粗柱状晶构成，多空洞(图 6.36 和图 6.37)。物相分析的谱图(图 6.38)显示，外层是由 Fe_3O_4 和 Fe_2O_3 构成的，两者的质量比约为 11∶1。

氧化层内层为纳米粒结构，中层和外层均为细等轴晶与其上的粗柱状晶结构。内层富 Cr，中层贫 Cr，外层几乎无 Cr。同时检测到内层含 Si(Si 较 Fe 电位低)，

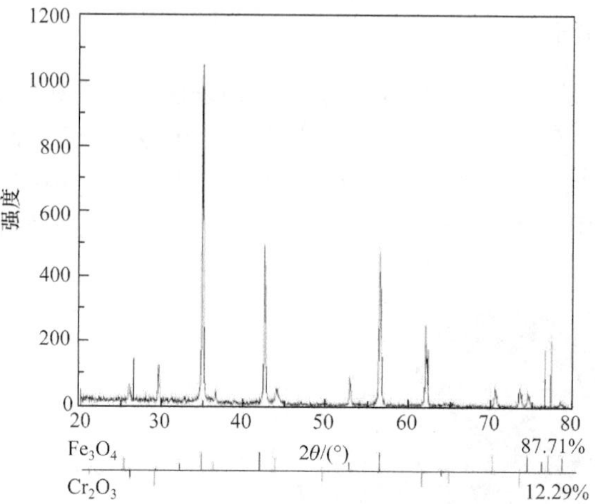

图 6.35 T91 钢氧化层中层的物相 XRD 谱图

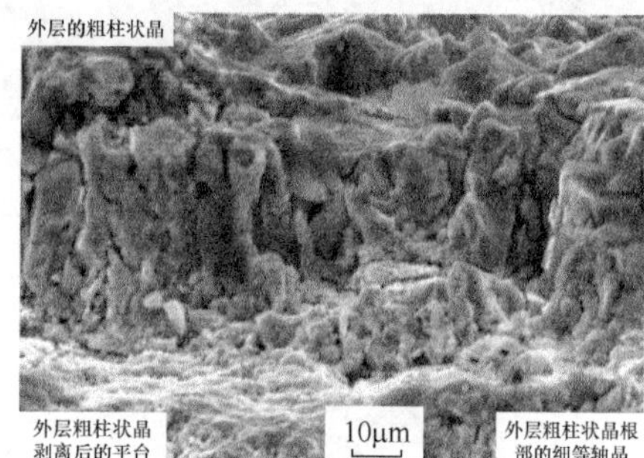

图 6.36 T91 钢氧化层外层剥落断口的 SEM 像

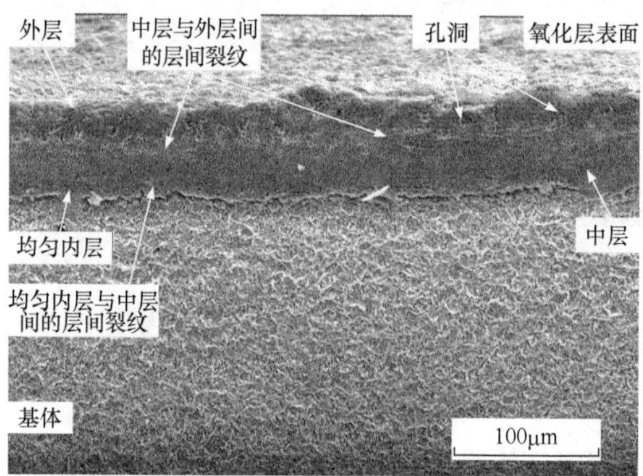

图 6.37 T91 钢氧化层的内层、中层与外层全磨面的 SEM 像

磨面全貌，试样磨面经 $FeCl_3$ 浸蚀

中层的粗柱状晶晶界铬含量较高(晶界扩散通道最畅)。三层结构之间有层间裂纹。

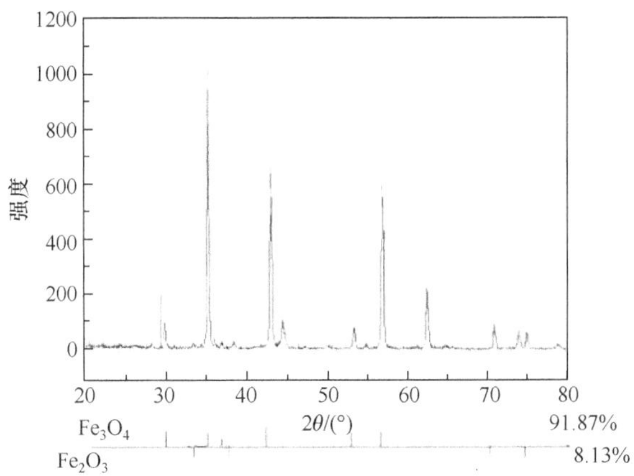

图 6.38　T91 钢氧化层外层的物相 XRD 谱图

4. 氧化层结构与氧化动力学阶段的对应

氧化动力学有三个阶段，氧化层也有三层结构，它们是顺序对应的。

氧化初始时，钢样表面完全暴露在水蒸气中，金属离子与氧离子的无阻挡接触形成了快速氧化，氧化激活能小到63kJ/mol。当氧化物层覆盖满金属表面，并达一定厚度时，就形成了氧化层组织结构中的内层，这个内层是比较致密的，由 $CrFe_2O_6$ 构成，铬含量较多。

由于内层的隔阻作用，氧化的继续进行必须依靠原子的扩散，并受 Cr 从基体通过内层传输的扩散控制，从而氧化速率显著减慢，氧化激活能增至212kJ/mol，这就是抛物线氧化阶段。该抛物线阶段形成的氧化物层就是氧化层组织结构中的中层，这个中层是有空洞的，由 $CrFe_2O_4$ 构成，铬含量较少。

当 Cr 不能再由基体经内层和中层的扩散传输供应时，便出现近似线性的慢速氧化阶段，由于 Fe 的扩散传输快于 Cr，故氧化激活能减小至109kJ/mol，便形成了氧化层组织结构中的外层，这一层是比较疏松的，由 $Fe_2O_3 + Fe_3O_4$ 构成，无 Cr。

6.6.3　水蒸气氧化层的形成机制

合金热强钢表面氧化层的形成机制可描述为两种，一为覆盖机制，二为增厚机制。覆盖是指氧化层铺展面积的增大；增厚是指氧化层厚度的增长。增厚到一定程度的氧化层会在热应力的作用下剥落。

1. 氧化层形成的覆盖与生长增厚机制概要

由氧化动力学的研究可知，氧化动力学具有阶段性，分为三个阶段，即初始直线型快速氧化阶段、中期抛物线型氧化阶段、后期近似直线型慢速氧化阶段。

三个阶段可以依次出现，也可以只出现初始直线型快速氧化阶段和中期抛物线型氧化阶段，还可以只出现初始直线型快速氧化阶段和后期近似直线型慢速氧化阶段。这依赖于氧化温度和水蒸气流量。当温度较低(≤600℃)时，仅出现初始直线型快速氧化阶段和中期抛物线型氧化阶段。随着温度的升高和水蒸气流量的减小，常出现完整的三个阶段。在高温(≥700℃)和较小的水蒸气流量时，则会出现初始直线型快速氧化阶段和后期近似直线型慢速氧化阶段。水蒸气流量的增大会抑制后期近似直线型慢速氧化阶段出现的可能，而延长中期抛物线型氧化阶段。

氧化物层覆盖、生长、增厚机制模型(图 6.39)描述为：内层纳米粒堆积→中层细等轴晶→中层粗柱状晶→外层细等轴晶→外层粗柱状晶。

依据上述对氧化层的结构、成分、物相等的分析，T91 合金热强钢表面氧化层的三层氧化层结构为 $CrFe_2O_6$ 纳米粒氧化物内层、$CrFe_2O_4$ 氧化物中层、Fe_3O_4 + Fe_2O_3 氧化物外层。$CrFe_2O_4$ 氧化物中层和 $Fe_3O_4+Fe_2O_3$ 氧化物外层都是由细等轴晶粒上生长的粗柱状晶粒组成的。这三层中的 $CrFe_2O_4$ 氧化物层和 Fe_3O_4 + Fe_2O_3 氧化物层可部分出现，也可全部出现。

纳米粒氧化物 $CrFe_2O_6$ 内层的致密度、强度、对钢基体的附着力和抗氧化的保护能力最为良好，这时钢的抗氧化性也是最好的。$CrFe_2O_4$ 粗柱状晶层次之。$Fe_3O_4+Fe_2O_3$ 氧化物层对钢几乎无保护作用。

由于氧化物的晶体是离子晶体，其氧化物的晶核形态便是薄片状(二维晶核)或针状(一维晶核)的，而不是像金属那样为团状的。氧化物晶核在温度较低和水蒸气浓度较低时为二维薄片状晶核或一维针状晶核，如图 6.29 所示。当氧化物的成分、结构发生改变时，也必定会在原氧化物层上重新形成新氧化物的晶核。二维或一维晶核的生长以位错的平面台阶(薄片状晶核)或螺旋台阶(针状晶核)式生长。当温度较高和水蒸气浓度较高时，晶体便以棒状形核和胞状(如花瓣形胞状)生长。

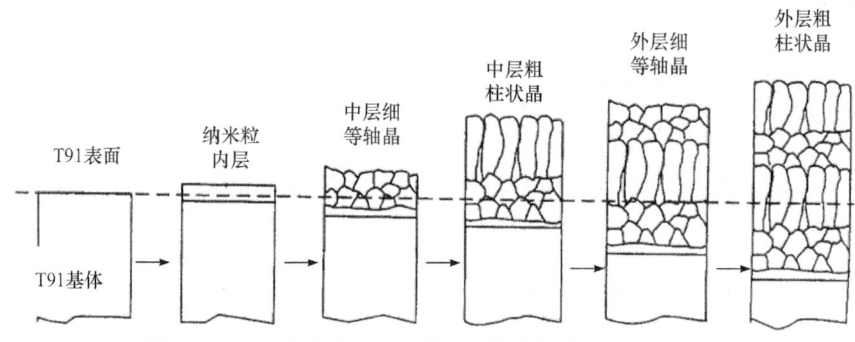

图 6.39　T91 管在高温高压蒸汽环境中氧化层的形成过程

2. $CrFe_2O_6$层(内层)的形成机制

氧化初始时，钢表面完全暴露在水蒸气中，金属离子与氧离子的无阻挡接触形成了快速氧化。首先在钢表面上形成散乱分布的$Cr_2O_3 \cdot CrFe_2O_6$氧化物纳米粒，继而该氧化物纳米粒以该微粒数量增多的机制快速聚集和铺展成许多岛状簇团，这些簇团状孤岛进一步铺展延伸搭桥相连，进而填满剩下的“湖泊”形空档，整个钢表面便被极细等轴$Cr_2O_3 \cdot CrFe_2O_6$纳米粒氧化物迅速覆盖。接下来的增厚生长由$CrFe_2O_6$的生成实现，增厚生长(氧化反应)前沿在$Cr_2O_3 \cdot CrFe_2O_6$层的内界面和外表面。内界面所需的 O 原子(离子，以下同)由外环境气氛中通过$Cr_2O_3 \cdot CrFe_2O_6$层扩散进来，与钢基体表面的 Cr、Fe 原子氧化反应，向$Cr_2O_3 \cdot CrFe_2O_6$层的钢基体表面掺入$CrFe_2O_6$。外表面所需的 Fe 和 Cr 原子(离子)则由钢基体通过$Cr_2O_3 \cdot CrFe_2O_6$层扩散出去，与外环境气氛中的 O 原子氧化反应，向$Cr_2O_3 \cdot CrFe_2O_6$层的外表面添加$CrFe_2O_6$而增厚成纳米粒氧化物层。这就是纳米粒氧化物薄内层，该层与钢基体相接的表面Cr_2O_3份额较多，而靠外处则是$CrFe_2O_6$。增厚生长由于受原子扩散的控制而速率减慢。该内层薄而致密，与钢基体表面结合牢固。层内铬含量较高，对钢的抗氧化性有利。这个内层与动力学的初始直线型快速氧化阶段所对应。

纳米粒氧化物$CrFe_2O_6$内层尚因无直接证据而难以确定其是晶体还是非晶体，理由在于：①试样磨面(经$FeCl_3$浸蚀)的 SEM 像未见晶界和相界，SEM 视野扫描整个试样磨面内层均未见晶界和相界，图像均匀。②氧化层断口的 SEM 像显示其为纳米级微粒的无规堆积。③各试样表面不可能形成一个单晶体氧化物内层；④第二层$CrFe_2O_4$为尖晶石结构，Cr_2O_3高温时也为尖晶石结构，与$CrFe_2O_6$相互固溶，$CrFe_2O_6$也应为尖晶石结构。生长时先形核长出与内层成分几乎相同的细等轴晶，若内层为晶体则无重新形核的必要，只有内层是非晶体时，才有必要形成晶核以生长第二层(晶体)。⑤T91 表面与氧接触时，有众多的 Fe 原子和 Cr 原子与众多的 O 原子化合成氧化物的机会，在横向堆积中覆盖整个 T91 表面，这样的快速生长方式形成离子键晶核，晶核再二维或一维长大而覆盖整个 T91 表面要迅速且容易。⑥纳米粒氧化物$CrFe_2O_6$内层很薄，薄层能为表面氧化物的生成反应提供足够多的 Fe 原子和 Cr 原子。当层增厚而使 Fe 原子和 Cr 原子依靠通过增厚了的内层扩散至表面，与 O 原子化合成氧化物时的机会便大大减少，这对以较慢的晶体方式生长会更为有利，所以纳米粒氧化物$CrFe_2O_6$内层必定很薄。

3. $CrFe_2O_4$层的形成与生长机制

$CrFe_2O_6$纳米粒氧化物内层形成后，由于环境条件的改变，随即在$CrFe_2O_6$纳米粒氧化物内层表面生成众多的尖晶石结构的$CrFe_2O_4$新晶核(晶型的改变必定引发重新形核)，该晶核通常是片或针状晶芽形态(图 6.29)，由覆盖机制长成 $CrFe_2O_4$ 细等轴晶粒层，细等轴晶粒层通常较薄，接着 $CrFe_2O_4$ 细等轴晶粒作为基层以增厚生长机制使位向适宜的 $CrFe_2O_4$ 细等轴晶粒定向生长成 $CrFe_2O_4$ 粗柱状晶粒。这些细等轴晶粒基础和其上的粗柱状晶粒共同组成氧化层的 $CrFe_2O_4$ 层(中层)。$CrFe_2O_4$ 层的增厚生长如 α-Fe 氧化时 Fe_3O_4 层的生长那样，$CrFe_2O_4$ 为阳离子空位的 P 型半导体，它阻止 O^{2-} 通过，而 Cr^{2+} 、Cr^{3+} 、Fe^{2+} 、Fe^{3+} 可以顺利通过，因此 $CrFe_2O_4$ 氧化反应的生长前沿保持在 $CrFe_2O_4$ 层外表面，即 $CrFe_2O_4$ 与 O_2 界面，并受控于 Fe、Cr 原子(离子)的扩散。$CrFe_2O_4$ 层中铬含量较 $CrFe_2O_6$ 纳米粒氧化物内层要少，也有较好的致密度，能较好地保护钢免受氧的侵害。该层的形成对应于 y-t 曲线的中期抛物线型氧化阶段。

4. Fe_3O_4+Fe_2O_3 层的形成与生长机制

继续氧化或氧化温度较高时，成分和晶型进一步改变成 $Fe_3O_4+Fe_2O_3$，由于晶体结构原因，Fe_3O_4 和 Fe_2O_3 为混合相存在。$Fe_3O_4+Fe_2O_3$ 层的生成是在 $CrFe_2O_4$ 粗柱状晶层(中层)表面生成 Fe_2O_3 针状晶芽晶核(图 6.31)，并以覆盖机制长成 $Fe_3O_4+Fe_2O_3$ 混合的细等轴晶粒覆盖层。细等轴晶粒层通常较薄。接着又以增厚生长机制使 $Fe_3O_4+Fe_2O_3$ 层增厚生长，在细等轴晶粒层基上位向适宜的 $Fe_3O_4+Fe_2O_3$ 细等轴晶粒定向生长成 $Fe_3O_4+Fe_2O_3$ 粗柱状晶粒，这些细等轴晶粒和粗柱状晶粒共同组成氧化层的 $Fe_3O_4+Fe_2O_3$ 层(外层)。$Fe_3O_4+Fe_2O_3$ 层的增厚也如 α-Fe 氧化时 Fe_2O_3 层的生长那样，有两个生长前沿，即 $CrFe_2O_4$ 与 $(Fe_3O_4+Fe_2O_3)$ 界面和 $(Fe_3O_4+Fe_2O_3)$ 与 O_2 界面双向生长。由于生长条件的改变和层厚的增长，Fe 离子供应困难，Cr 离子不能供应，$Fe_3O_4+Fe_2O_3$ 层生长缓慢，并且无 Cr。$Fe_3O_4+Fe_2O_3$ 层疏松，几乎不能保护钢被继续氧化。该层的形成对应于 y-t 曲线的后期近似直线型慢速氧化阶段。随着层厚的增长，Fe_3O_4的份额渐减而 Fe_2O_3的份额渐增。可以推想而知，在足够层厚时的层外部将由 Fe_2O_3 组成。

由于氧化物的晶体是离子晶体，生长前沿便为花瓣形胞状结构，而与金属的半球形胞状结构不同。

6.6.4 水蒸气氧化层的剥落机制

由氧化物层的磨面图像和断口图像可见，氧化层的中层和外层存在层间裂纹，柱状晶粒之间也存在空洞。在热胀冷缩的应力作用下，这些裂纹和空洞会演变为氧化层的剥落，图 6.40 显示出氧化物层局部的剥落过程，氧化物层先出现局部分层裂纹，分层处再局部弓起，而后弓起处局部破裂，当破裂连通时氧化物层便剥落了。氧化物层的破裂与剥落由于分层部位不同，可以有两种剥落机制，既可以是层间裂纹不穿透破裂剥落，也可以是界面裂纹穿透破裂剥落。

氧化物层的剥落会损害设备的正常运行，应有效地控制氧化过程的速率，确保其工程应用的安全正常运行。热强钢在高温高压水蒸气介质中的氧化层的破裂与剥落，是其运行监控的重要问题。依据氧化动力学曲线的变化，能容易地判断氧化物层的破裂与剥落。氧化物层在破裂剥落时，氧化速率会加快。当继续氧化使氧化物层破裂剥落处被新的氧化物层填补修复时，氧化速率又会减慢。从氧化动力学曲线的波动变化，便可判断氧化物层的破裂剥落。

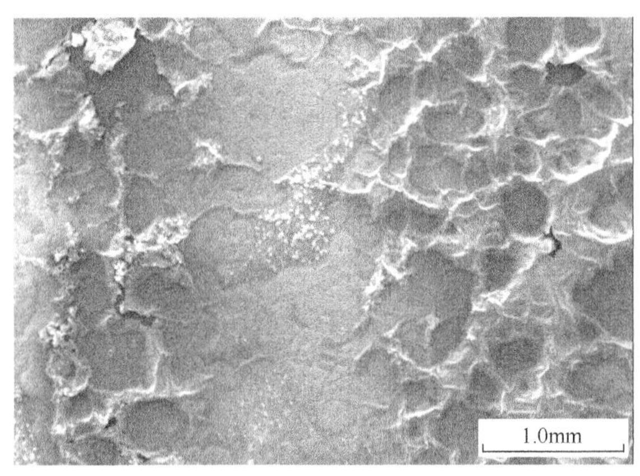

图 6.40 氧化物层局部剥落的 SEM 像

680℃，水蒸气流量 622L/h

美国橡树岭国家实验室的研究结果证实了马氏体热强钢良好的抗氧化性。对 T91 和 T22 抗空气氧化的对比试验表明，593℃ 20000h 时，T22 的氧化速率是 T91 的 10 倍。而 T91、T22、TP304H 在 600℃ 2000h 的水蒸气氧化对比试验表明，T91 和 TP304H 的抗水蒸气氧化能力相当，而 T22 管内壁的氧化层厚度为 T91 和 TP304H 的 7 倍。

1. 层间裂纹不穿透破裂剥落机制

当氧化物层对钢基体的附着力相对强于氧化物层自身的强度时，氧化物层的破裂与剥落便以层间裂纹不穿透破裂剥落机制发生，如图 6.41 所示。平行于氧化物层的层间裂纹产生的原因，是氧化物层内压应力引发的剪应力。在氧化物层强度的薄弱处通常是粗柱状晶与细等轴晶的结合处(此处最为疏松，空洞最多)，在此剪应力作用下产生平行于氧化层的层间裂纹。这种剪应力的产生，也与氧化物层内层间的比容变化及热胀冷缩的不同步有关。这时，在氧化物层的层间首先产生平行于氧化物层的层间裂纹，在层间裂纹处当氧化物层外层会因热胀而弓出弯曲并产生垂直于界面的拉应力时，足够的拉应力在柱状晶间的空洞集中，导致该处空洞形成垂直于氧化物层的横向裂纹，横向裂纹发展至穿透整个弓出的氧化物层时，这部分弓出的氧化物层便会剥落。T91 等高铬含量钢由于 Cr_2O_3 和 $CrFe_2O_6$ 与钢基体结合牢固，氧化物层内层对钢基体的附着力强于氧化物层自身的强度，这种氧化物层的剥落，通常不是穿透性的剥落，它常常是剥落外层，或中层与外层。

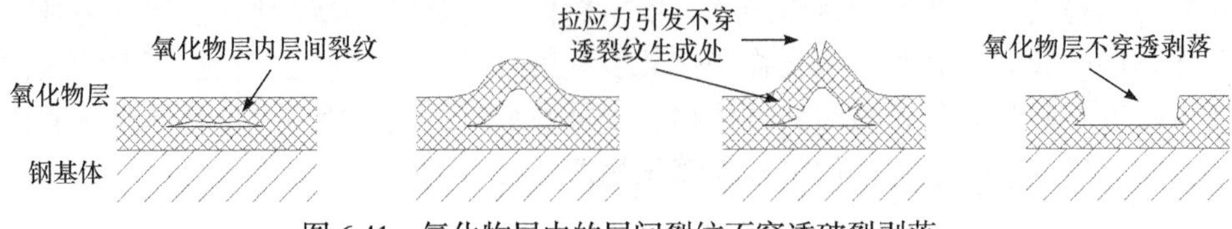

图 6.41　氧化物层内的层间裂纹不穿透破裂剥落

2. 界面裂纹穿透破裂剥落机制

当氧化物层对钢基体的附着力相对弱于氧化物层自身的强度时，氧化物层的破裂与剥落便以界面裂纹穿透破裂剥落机制发生。碳钢甚至低合金热强钢在高温水蒸气中的氧化物层的破裂与剥落机制，就是以钢基体与氧化物层之间界面裂纹导致的界面裂纹穿透破裂剥落机制进行的，如图 6.42 所示。

氧化物层是脆性的，拉应力易引起裂纹的形成和扩展。因此，拉应力应当是氧化物层破裂和剥落的主要驱动力。T22 钢完整的氧化物层中存在压应力，阻止裂纹的生成和扩展，它不是氧化物层破裂和剥落的驱动力。在温度变化时，钢基体与氧化物层比容变化(热胀冷缩)的不同步，会在降温时因钢基体的收缩，在钢基体与氧化物层的界面上引发沿界面的裂纹，这就使氧化物层与钢基体间出现了微区剥离。微区剥离的出现，会使氧化物层在其自身中平行于界面的压应力的作用下产生弓出的弯曲。氧化物层的弓出弯曲也可能因钢基体表面的起伏不平而产生。氧化物层一旦出现这种微区弓出弯曲，氧化物层内的应力状态就会发生改变，当氧化物层的弓出弯曲足够大时，便会在弓出弯曲最大处的氧化物层外表面产生垂直于界面的拉应力，或氧化物层与钢基体剥离与联结的交汇处的氧化物层内表面产生垂直于界面的拉应力。足够的拉应力在柱状晶间的空洞集中，导致该处空洞形成垂直于氧化物层的横向裂纹，横向裂纹的长大，增大和加剧氧化物层的弓出弯曲，如图 6.42 所示。当裂纹穿透氧化物层时，此处的氧化物层最终就会剥落。这就是氧化物层的界面裂纹穿透破裂剥落机制。

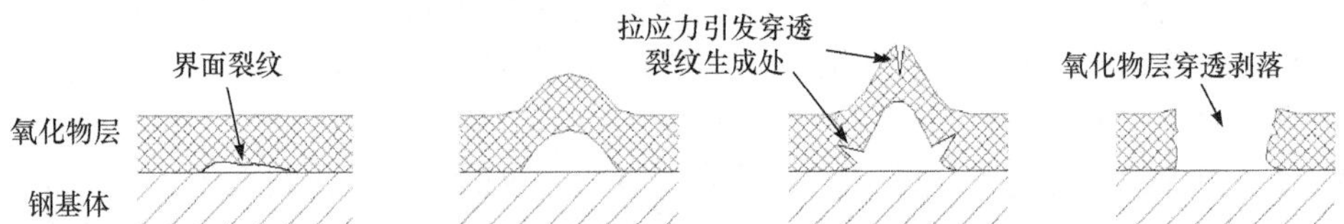

图 6.42　氧化物层与基体之间的界面裂纹穿透破裂剥落

第 7 章　材料使用中的组织结构老化

核电站装备的服役环境，概要地讲，就是腐蚀、辐照、热、力。这就是长期服役中发生材料老化的主因。环境介质的化学作用造成的腐蚀老化已在第 6 章研讨，本章则论述辐照和热等物理因素作用所造成的材料组织结构老化劣化。这些老化源自对核裂变的应对，并由此几乎波及整个核电站装备。

材料组织结构的老化通常使材料的脆性增大，服役能力降低，安全性和可靠性降低，服役寿命缩短，是装备潜在的隐患。研究材料老化，掌握材料在服役过程中发生的性能劣化规律，认识其组织结构机制，了解它的影响因素，并予以缓解和预防，对于核电站的安全运行具有重要意义。本章的重点在于探讨材料在服役中性能劣化的组织结构机制。

7.1　辐照损伤老化

压水堆中的金属材料包括核燃料包覆材料、结构材料、控制材料等，这些材料以及核燃料自身均受到核反应物的轰击和辐照作用，并因此受到损伤而老化衰退。

7.1.1　核燃料芯块的自损伤

1. 燃料芯块的损伤机制

陶瓷型 UO_2 燃料芯块所受损伤的机制有多种，但主要为如下 3 种。

(1) 气泡。氙(Xe)和氪(Kr)是核燃料的重要裂变产物，它们不溶于核燃料，而是在结构无序处(位错和晶界)聚集成气泡，从而使核燃料元件体积膨胀。

(2) 填隙原子与空位。高能裂变碎片的轰击使核燃料中一群群有序原子脱离了点阵中的有序位置而窜动，从而形成填隙原子和空位等无序结构，填隙原子湮没于刃型位错和晶界，空位则聚集而形成空洞并使核燃料元件体积膨胀。

(3) 额外裂变产物。核燃料裂变得到的一些金属同位素原子同样引起核燃料元件的体积膨胀。

2. 燃料芯块的损伤形式

UO_2 燃料芯块在堆芯内经核裂变辐照而产生自损伤，其形状和成分及组织的主要变化有热膨胀、裂纹、再结晶、密实化、熔点降低、肿胀、气体释放等。

1) UO_2燃料芯块的变形开裂

UO_2燃料在反应堆内的链式裂变反应产生了大量热能，由于氧化物导热性能差，UO_2燃料芯块内沿径向的内外温差很大，形成了大的温度梯度，UO_2燃料芯块的中心温度高达约2000℃，而UO_2燃料芯块的外缘温度只有500～600℃。UO_2燃料芯块内温度梯度高达近 100℃/mm，而UO_2燃料芯块能耐受的温度梯度仅约10℃/mm，这必然在芯块内产生大的热应力，使UO_2燃料芯块心部承受压应力而外部承受拉应力，但陶瓷芯块性脆，于是拉应力导致UO_2燃料芯块表面出现裂纹。并且随着燃耗的加深，表面裂纹也不断加深而引起芯块变形开裂。

芯块在运行初期的开裂使芯块外径增加，芯块与包壳间隙减小。随着燃耗的增加，芯块与包壳相接触并发生相互机械作用而产生接触应力。这种接触应力引起芯块内产生新的裂纹，并波及包壳而使包壳承受应力，使包壳外径局部增大，导致包壳的竹节样变形(图 7.1(b))。芯块开裂部位往往是包壳管内应力集中部位，也是造成燃料棒破损的原因。图 7.1(c)的芯块崩溃是极端情况，在正常情况下仅出现外层开裂。

(a) 燃料芯块

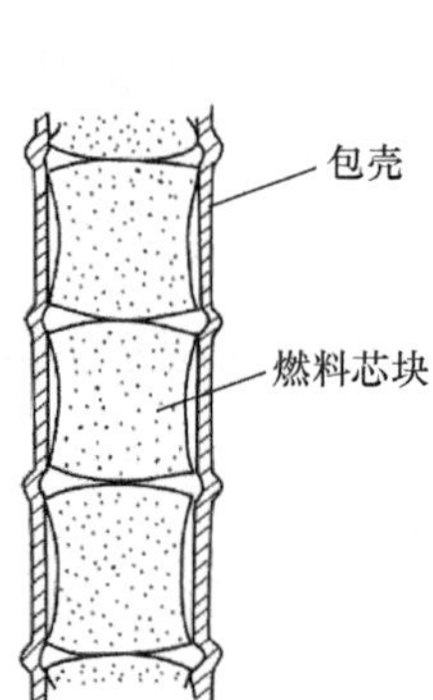

(b) UO_2燃料芯块变形并波及包壳出现竹节样变形

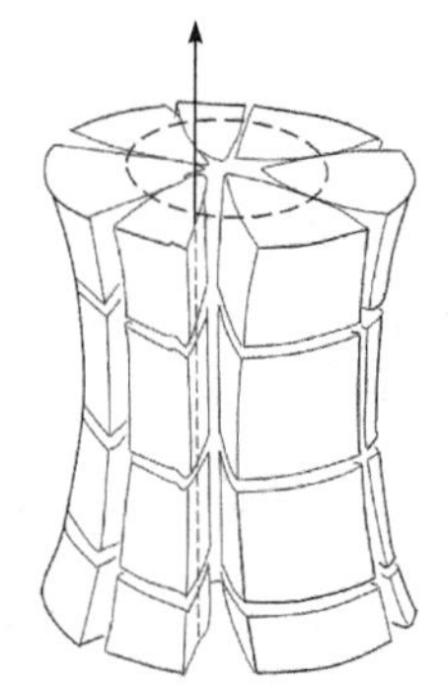
(c) UO_2燃料芯块表面破裂并逐渐加深至完全崩溃

图 7.1　热应力导致UO_2燃料芯块的变形开裂图解

2) UO_2燃料芯块的组织结构变化

UO_2燃料链式裂变反应的大量热能，引起了粉末冶金烧结制成的UO_2燃料芯块原始组织结构发生了再结晶。由于芯块内外温度的不同，也就形成了不同的组织结构，可将其自外而内分为4个区：芯块外层原始组织区、中层环形等轴晶区、内部柱状晶区、中心空洞区(图 7.2)。外层原始组织为未变化的粉末冶金烧结组织。中层环形等轴晶发生了再结晶，使小于 1μm 的粉末冶金烧结微孔消失，而大于5μm 的粉末冶金烧结小孔保留。内部柱状晶为再结晶晶粒沿温度梯度径向由内向外长大所形成的，并且使小于 1μm 的粉末冶金烧结微孔消失，而大于 5μm 的粉末冶金烧结微孔则沿径向反再结晶晶粒长大的方向聚集于 UO_2 燃料芯块中心。芯块中心空洞便是内部柱状晶区的粉末冶金烧结小孔在芯块中心聚集的结果。可见，正常情况下芯块破裂只能发生在外层原始组织区。

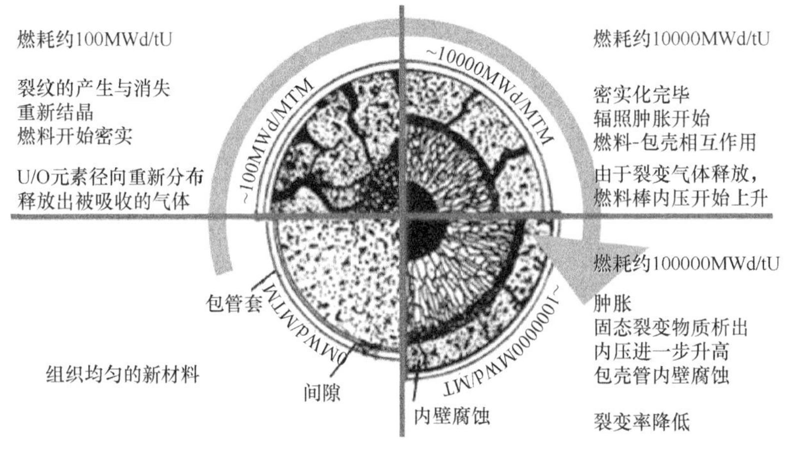

(a) 随燃耗的加深UO_2燃料芯块组织的变化

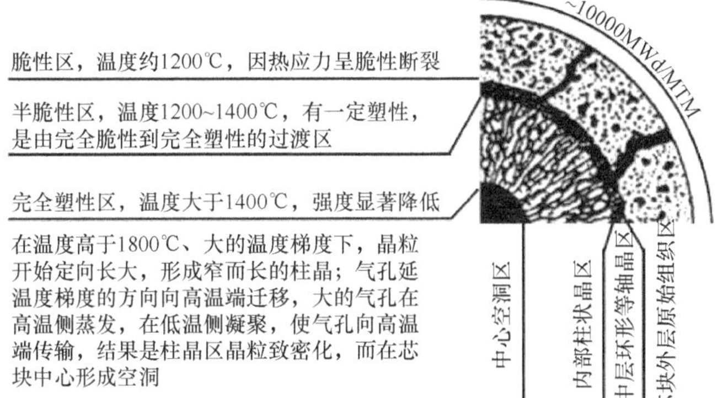

(b) 具有典型3个区的UO_2燃料芯块组织

图 7.2　燃料裂变放出的热引起燃料芯块组织结构的变化示意图

3) UO_2 燃料芯块的密实化

UO_2 燃料芯块再结晶的发生提高了芯块的密度，这就是 UO_2 燃料芯块的密实化。芯块密实化的原因在于再结晶时小于 1μm 的粉末冶金烧结微孔消失。密实化使芯块的长度和直径减小。

芯块的密实化致使包壳管局部失去内部芯块的支撑，而可能被包壳管外部的高压冷却水压扁坍塌。为避免包壳管的局部坍塌，可提高 UO_2 燃料芯块粉末冶金制造时的压制密度，使其达到理论密度的 94%以上，并且在燃料组件制造时，向燃料元件的包壳中充入 2～3MPa 的氦气以充盈包壳管内的支撑力。

4) UO_2燃料芯块的熔点降低

UO_2的熔点约为2800℃，但熔点会随裂变放热过程的高温作用所引发的O/U比、微量杂质、氧析出的变化而变化。

辐照后，随着固相裂变产物的积累和O/U比的变化，UO_2燃料的熔点会有所下降，燃耗每增加10^4 MWd/tU，熔点下降32℃。通常，未经辐照的UO_2的熔点可以取2800℃±15℃，如美国西屋电气公司生产的UO_2燃料芯块，其密度为95%，熔点为2804℃。这样，当UO_2燃料燃耗达50000MWd/tU时其熔点便降为2640℃。

尽管UO_2燃料熔点会随燃耗的增大而不断降低，在设计许可的正常工况下UO_2燃料芯块的心部是不会发生熔化的，燃料芯块最高工作温度设计为2590℃。但在极端情况下可能发生UO_2燃料芯块心部(通常是柱状晶区)的熔化(图7.3)。

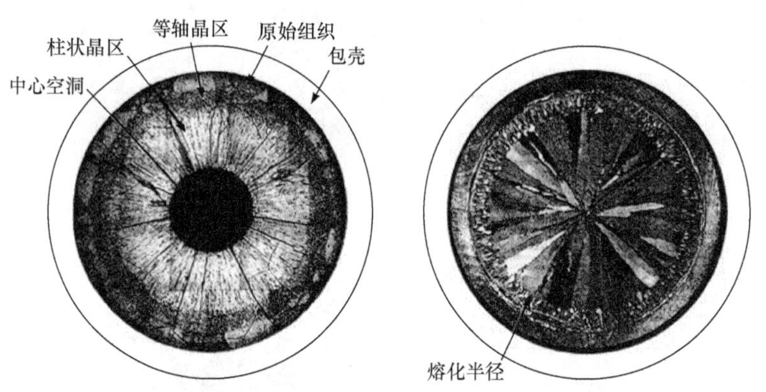

(a) 正常工况下再结晶的UO_2燃料芯块组织　(b) 异常工况下熔化后凝固的UO_2燃料芯块组织

图7.3　UO_2燃料芯块心部熔化组织及与正常组织的比较照片

5) UO_2燃料芯块的体积肿胀

(1) 燃料芯块辐照肿胀的发生。

随着燃耗的加深，UO_2燃料芯块裂变产物中有氙(Xe)、氪(Kr)惰性气体逸出，总产额达25%～30%，它们是稳定同位素，在UO_2燃料芯块中完全不溶解，几乎总是聚集成气泡，致使UO_2燃料芯块体积显著肿胀。同时，固体裂变产物如Cs、Rb、I、Y、Re、Zr、Nb、Mo、Ru、Tc、Rh、Pd等的产生也增大了燃料芯块体积的肿胀量，每原子百分比燃耗导致的肿胀量约为0.32%。这种铀裂变时铀原子被裂变产物原子取代而产生的辐照肿胀使芯块与包壳贴紧，甚至发生芯块与包壳的相互作用效应而使包壳被胀大。固体裂变产物还会腐蚀包壳。因此，辐照肿胀是燃料寿命的限制因素之一。

(2) 影响燃料辐照肿胀的因素。

① 辐照肿胀随燃耗的加深而增加。

② 芯块原始压制烧结密度小，孔隙度大，大部分肿胀被原始压制孔隙所抵消，肿胀也小；芯块开口气孔多，裂变气体易释放，肿胀也会减小。

③ 温度与不同的再结晶组织区的辐照肿胀不同，外层原始组织为未变化的粉末冶金烧结组织，而且温度较低，裂变气体以原子状态固溶于基体组织内，肿胀很小，可以忽略。中层的环形等轴晶区内，大量气泡被晶界和缺陷捕获，肿胀明显。内部的柱状晶区内，当温度低于 1000℃时，空隙在温度梯度作用下迁移至中心空洞，组织致密，无明显肿胀；但柱状晶区在 1200～1600℃温度区间则肿胀明显；在更高温度时肿胀更是很快达到饱和。

(3) 防止肿胀的措施。

① 降低芯块的压制烧结密度，提高内部孔隙率，利用内部孔隙容纳气体裂变产物，但这又会带来芯块密实化的增强和包壳坍塌的危险。增加表面开口气孔率，容易使裂变气体释放到包壳中。

② 芯块外形设计使端面凹进成窝，可容纳肿胀，有效减小芯块的尺寸变化。

6) 裂变气体的释放

^{235}U 核裂变产物有惰性气体 Xe、Kr 等，当燃耗达 40000MWd/tU 时，每 $1cm^3$ 的 UO_2 可产生 $16cm^3$ (换算到标准状态)的 Xe、Kr 惰性气体，它们会引起燃料芯块的肿胀，也会逐渐从燃料芯块中释放出来，释放到燃料棒的储气腔中，释放到燃料棒的氦气中。裂变气体的释放会使燃料棒的内压升高，也会降低燃料棒内氦气的浓度，从而降低间隙热导率。

(1) 裂变气体的释放机制。

裂变气体 Xe、Kr 几乎不固溶于 UO_2 燃料晶体中，而是聚集成气泡，气泡在 Xe、Kr 的不断聚集中渐渐长大，并向 UO_2 晶体结构的晶界迁移，气泡在晶界上集聚长大、聚合、连网，形成释放通道，使晶界开裂，从而使裂变气体释放到燃料棒壳内。

(2) 影响裂变气体释放的因素。

① 温度对裂变气体释放有显著的影响，低于 1000℃时，原子的可动性太低，不能释放或释放量很小。在 1200～1600℃温度范围内，裂变气体原子有一定的可动性，气泡能够形成，可迁移，但迁移距离很短，晶间气泡密度明显增加，并使晶界变脆和部分开裂，使聚集在晶界附近的气泡释放出来。大于 1600℃时，气泡和闭口气孔具有较大的可动性，在温度梯度的驱动下，气泡迁移到晶界及裂纹处，使裂变气体几乎全部释放出来。

② 随着燃耗增加，裂变气体释放率也增加，并且燃耗与温度有交互作用。当芯块温度低于 1250℃时，燃耗的影响不太明显，裂变气体释放率较低。当芯块温度高于 1250℃时，燃耗的影响明显增大。

③ 原始组织的晶粒尺寸在 1000～1600℃的温度范围内对裂变气体的释放有影响，此时若晶粒尺寸较粗，裂变气体气泡迁移到晶界的距离远，释放率相应也小；反之，则释放率相应较大。但是，在温度低于 1000℃时，由于原子的可动性太低，不能释放或释放量很小，晶粒尺寸的影响也就微乎其微了。当温度高于1600℃时，气泡向晶界的迁移速率很快，晶粒尺寸所表现的影响也就很小了。此外，特别是芯块制备中有明显的颗粒边界时，它可成为气体释放的通道。

④ 反应堆运行中当堆功率变化时，能显著改变燃料芯块的温度，引起热应力而使聚有气泡的晶界脆化开裂，使裂变气体释放出来。伴随每次功率变化，气泡释放以台阶式增加。

7) 氧的再分布

UO_2芯块的许多性质都和 O/M 质量比有关，这些性质如UO_2的熔点、O 的化学位、燃料芯块径向的温度分布、裂变产物的扩散系数、燃料的蠕变特性与力学性能等。

随着裂变反应的进行和燃耗的加深，燃料芯块内部存在温度梯度，越靠近芯块中心，其温度也越高，相应的与固相UO_2燃料芯块相平衡的气相氧分压也越高，便形成与温度梯度同向的气相氧分压梯度。在气相氧分压梯度驱动下，氧以气相或固相的形式从燃料芯块中心向燃料芯块周边迁移扩散。其结果是燃料芯块表面的 O/M 质量比高于燃料芯块中心的 O/M 质量比。

8) 可挥发性裂变产物的再分布

裂变产物中 Cs、Rb、I 等元素具有挥发性，其中低密度、高产额的 Cs 最为重要。这些挥发性元素自燃料芯块温度较高的内部向温度较低的外部迁移。这些挥发性元素的迁移是简单的蒸馏过程，挥发性元素在燃料芯块温度较高的内部挥发成气态，迁移至温度较低的外部时便冷凝在冷的表面上，特别是冷凝在包壳内壁上，使包壳内壁受到腐蚀或应力腐蚀。

7.1.2　包覆金属和结构件金属的辐照损伤

反应堆中核燃料的包覆材料必须具备中子吸收截面小、抗腐蚀、导热性好、强度与塑性足够的性能。常用的包装(壳)材料有铝合金、镁合金、锆合金及不锈钢等。铝合金和镁合金用于温度低于 300℃的气冷堆，高于 300℃的压水堆则用锆合金，而不锈钢则可用于对中子吸收截面要求不严格的快中子钠冷堆。

调节核反应强弱的控制棒要求中子吸收截面大，满足要求的是 Ag、B、Cd 等，最常用的是 Ag、B，分别以 Ag-In-Cd 合金或高 B 不锈钢的材料使用。

结构件材料也要求热中子的吸收截面小，以减少辐照损伤引起的性能劣化，钢能满足这些要求。当然，小的吸收截面也减少了核燃料的无谓消耗。

固体材料在中子、α粒子、离子、电子以及γ射线辐照下，材料内部微观结构会发生改变，导致宏观尺寸和多种性能发生变化，由此产生的各种缺陷一般称为辐照损伤，辐照损伤对核能技术或空间技术中使用的材料是个重要问题。

这些辐照损伤均导致金属的严重脆化。此外，中子的轰击还会使材料发生蜕变而可能产生次生放射性，这对装备的维修和环境保护都是不利的。

1. 损伤机制

辐射性能包括材料对中子的吸收能力(以中子吸收截面表征)、承受辐照后的膨胀特性、脆化特性、次生放射性等。材料受中子辐照后所产生的贫原子区(空位聚集区)、微空洞、层错四面体和位错环等损伤行为，统称为辐照损伤。

高能中子的轰击使包覆金属和结构件金属中一群群原子脱离了点阵中的正常位置而窜动，从而形成间隙原子和空位，间隙原子聚集形成位错环，空位则聚集但并不崩塌成棱柱位错环，而是形成空洞并随辐照的增加而长大，而且往往排列成立方的空洞点阵，当空洞半径达 30nm 时将能使包覆金属和结构件金属体积膨胀超过 10%。高温辐照还在产生 α 粒子时放出氦(He)，氦在晶界和位错处聚集形成氦气泡。

2. 损伤效应

辐照损伤效应主要如下。

(1) 体积膨胀。高能中子的轰击使受辐照的包覆金属和结构件金属中形成空洞，并在产生 α 粒子时形成氦气泡，从而使包覆金属和结构件金属出现体积膨胀的辐照损伤。

(2) 辐照腐蚀。辐照可引起不平常的化学反应，如辐照腐蚀。这种腐蚀在无辐照时是不会发生的。

(3) 感生辐照。裂变反应使被轰击和辐照的金属中生成放射性同位素，这些放射性同位素是不稳定和长寿命的，这不仅使反应堆中曾经使用过的机件本身在离开反应堆后还继续受到自身的感生辐照损伤，而且使该机件的维修、保养、再使用和废弃处理等构成对使用人和环境的感生辐照危害。最知名的实例就是 Co 被辐照后所产生的 ^{60}Co，Mn 也与 Co 相似。所以核工程用钢不含 Co，而且常存元素 Mn 也要限制在最低量，且不以 Mn 作为合金元素。当然，这种放射性同位素的感生辐射也大有用处，如生物医学、示踪原子等。

3. 老化脆化

辐照损伤效应的总趋势是使材料强度升高，塑性和韧性下降，尤其是屈服强度升高较快，伸长率下降较大，从而导致金属严重脆化，即辐照脆化。主要脆化机制是辐照产生的上述原子无序和空洞等，如钢因辐照而产生的晶粒内富 Cu 聚集沉淀、晶界磷偏聚沉淀、晶粒内空位聚集等，都是重要的脆化机制，它们阻碍位错的滑移运动。

压水堆压力容器目前多数采用 A508-3 钢制造。该钢的特点是对堆焊层下再热裂纹不敏感，锰含量较高(增大淬透性，但同时增大钢中偏析)，磷、硫含量低。厚截面 A508-3 钢淬火后基体组织为贝氏体，这种贝氏体粗大，对提高强度和韧性不利，所以标准要求采用调质热处理工艺。辐照一方面会导致材料的韧脆转变温度上升，另一方面会导致材料的破断韧性下降。一旦辐照效应等老化机制导致材料最终的脆性破断温度低于运行温度，则可能发生脆断的危险。因此，国内外均把预防反应堆压力容器脆断作为研究的重点。

辐照对金属材料的损伤除脆化之外，还有物理性能的改变，例如，使材料的电阻率和热阻率增加。辐照损伤可以用退火消除，其消除机制与形变后退火时的回复再结晶类似。

7.2 热作用下的 Fe-Cr 固溶体调幅分解老化

7.2.1 Fe-Cr 固溶体的调幅分解

调幅分解是无经典形核过程的亚稳过饱和固溶体的不稳定自动分离脱溶现象，调幅分解无形核、无势垒、原子扩散距离短，依靠溶质原子的上坡扩散形成周期性排布的溶质偏聚区结构。在高温环境中长期服役的 Fe-Cr 固溶体合金便可能在热激活下以调幅分解实现脱溶，分离成点阵类型相同、点阵常数差异的溶质富集区和溶质贫化区，富集区和贫化区之间没有界面，但存在共格点阵畸变。分离的发生是由于 Cr — Cr 键合力强于 Cr — Fe 键合力。

不锈钢中总是以元素 Cr 为主加合金元素，Cr 和 Fe 点阵类型相同，均为体心立方，Cr 原子半径为 0.1267nm，Fe 原子半径为 0.1260nm。当组织中出现铁素体(体心立方)相时便有可能发生 Cr 元素的调幅分解。例如，在 Cr 含量大于 15%的铁素体中即可出现分离成富 Cr 和贫 Cr 两个铁素体相的调幅分解，此时，调幅分解发生在 300～550℃的温度区间。

1. 调幅结构

1) 调幅结构的形态

调幅分解形成三维调幅结构，溶质原子富集区和贫化区相间周期性排布，其周期波长仅数十至数纳米尺寸，所以只有用高倍的电子显微镜才能观察到。图 7.4 示出了现今观察到的调幅结构的三种形态：布纹状、斑点状、条纹状，溶质原子富集区和贫化区之间晶体结构相同，仅成分存在差异，且成分渐变。这种周期性排布能够减小弹性应变能，并缩短原子扩散距离，有利于分离过程的进行。

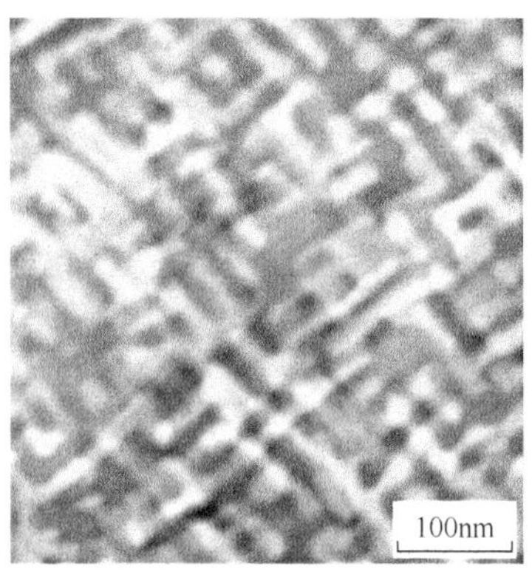

(a) Cu-Ni-Fe合金，600℃时效50h，面心立方固溶体中的布纹状调幅结构

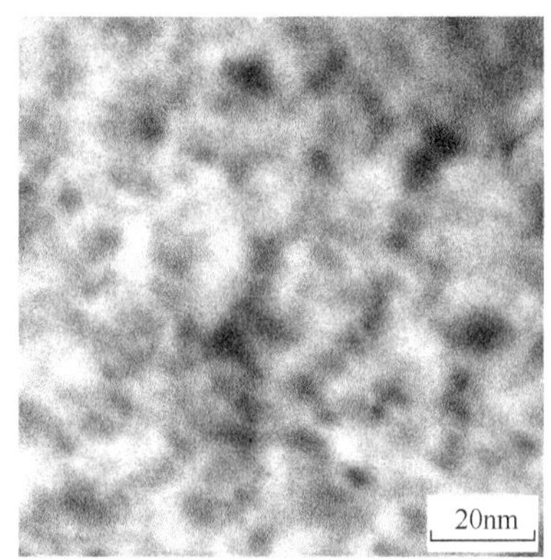

(b) Z3CN20-09M双相不锈铸钢，400℃热老化10000h铁素体中的斑点状调幅结构

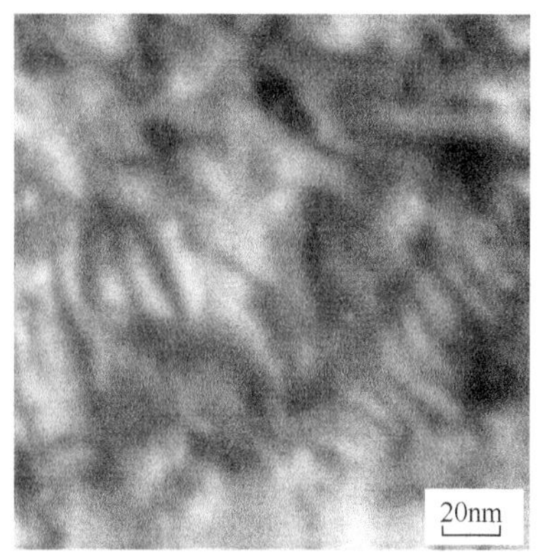

(c) 17-4PH马氏体不锈热强钢，350℃热老化10000h，板条马氏体中的条纹状调幅结构

图 7.4 调幅结构三种形态的 TEM 像

2) 调幅结构的形成

调幅分解这种无形核的不稳定的自动分离成溶质原子富集区和贫化区的过程，其驱动力是分离的发生使体系的自由能下降，分离过程没有势垒。满足如下条件时调幅分解才会发生：①在比化学拐点还小的共格互存间隙内，才有依靠溶质原子的上坡扩散自动分离成点阵类型相同而成分不同的两个相的可能。②溶质原子具有很强的聚集倾向(即溶质原子之间的键合强度显著大于溶质原子与溶剂原子之间的键合强度)，且溶质原子与溶剂原子的尺寸差小。③原子扩散距离必须是很短的(纳米级的)，只有在共格拐点范围内的固溶体才会发生溶质原子依靠上坡扩散自动分离成点阵类型相同而成分不同的两个相。

正因为无形核、无势垒、原子短距离扩散，所以调幅分解进行的速率受互扩

散系数 D 的控制，在拐点内部 $D<0$，因此成分起伏将随时间呈指数增加，其特征时间常数 $t=-\lambda^2/(4\pi^2 d)$。

例如，A-F 双相不锈钢由含 18%Cr 的奥氏体基体相与含 25%Cr 的铁素体相共同组成，在热激活的长时间作用下，于铁素体相中发生调幅分解，铁素体调幅分解初始时出现微小的 Cr 成分波动，通过溶质原子 Cr 的上坡扩散使成分波动加强，出现三维溶质原子 Cr 的富集区和贫化区相间周期性排布的 Cr 贫富分离形态。富集区和贫化区点阵类型相同，但其点阵常数有差异。富集区和贫化区之间没有界面，但存在共格点阵畸变。上坡扩散的继续进行最终形成三维调幅结构，溶质原子 Cr 富集区的 Cr 含量峰值可高达 70%～80%，贫 Cr 区的 Cr 含量低于 18%。富集区尺寸通常为 1～10nm，周期性间距小于 100nm。富集区和贫化区相间排布，或为布纹状，或为斑点状，或为条纹状等。

调幅分解不仅仅限于含有稳定溶解度间隙的合金，有 GP 区形成的所有系统都具有亚稳定的共格溶解度间隙，即 GP 区固溶线，只是在相图上并未明显标出。这样，在高过饱和度时，GP 区有可能以调幅机制形成，但必须是在 GP 区固溶线以内的共格拐点线范围内。如果时效是在共格固溶线以下，但是在拐点线的外面进行，GP 区则只能以形核和长大的过程形成。这就是说，GP 有无核和有核之分，在拐点线之内为无核 GP 调幅分解，在拐点线之外为有核 GP 分解。而在非共格和共格溶解度间隙之间 $(\Delta G_{\mathrm{V}}-\Delta G_{\mathrm{S}})<0$，只有非共格无应变的晶核能够形成。

2. 调幅结构的性能

调幅结构能使合金强化，使合金强度和硬度升高，但塑性降低，脆性增大。调幅结构能恶化结构合金制品的服役能力和服役寿命，A-F 双相不锈钢即是如此。但调幅结构也能提高永磁合金的磁性，Fe-Ni-Co 永磁合金就利用这一特性获得高的硬磁性能。

调幅分解老化的出现，在于核电站装备大多是服役于热环境中，且其服役温度接近材料的调幅分解温度，再加上服役时间长久，就酿成了调幅分解老化。

在压水堆运行温度下，长期服役的铸造 A-F 双相不锈钢部件中只有铁素体相才发生强化和脆化现象，所以铸造 A-F 双相不锈钢部件的脆性依赖铁素体存在的数量和形态。对于铸造 A-F 双相不锈钢部件，当前的指导方针是只有当铁素体含量超过约 15%(体积分数)时调幅脆化才成为关注的重点。因为当铁素体含量小于等于 15%(体积分数)时，铁素体相趋向于形成一个个孤立的小岛，这时即使铁素体相发生脆化，也不会对不锈钢铸件的整体韧性有太大影响，但是若铁素体体积含量大于 15%，则趋向于形成铁素体的连续通路，这一通路会穿透铸件的整个壁厚，这时如果铁素体发生脆化，会大大降低铸件的韧性。

对于厚壁大于 100mm 的铸造 A-F 双相不锈钢铸件，当铁素体含量为 10%～15%(体积分数)时也有可能发生调幅脆化。这是因为厚壁铸件中的晶粒尺寸较大，铁素体岛的平均间距也变大，当铁素体含量一定时，随着铁素体岛平均间距的增加，更趋向于形成穿壁铁素体的通路，即使铁素体含量很低，也可能形成连续通路，使得发生老化的不锈钢铸件破断。

7.2.2　Z3CN20-09M 钢的调幅分解

压水堆一回路压力边界使用铸造 A-F 双相不锈钢铸件，铁素体相的体积分数为 10%～20%。铸造 A-F 双相不锈钢有良好的抗热裂特性、耐蚀性，耐应力腐蚀开裂。此外，铸造 A-F 双相不锈钢还具有良好的力学性能，这也有利于部件的制造加工：复杂形状的部件(如泵壳、阀体和附件等)可静态铸造，圆柱状的空心部件(如管道)可离心铸造。在压水堆中使用铸造 A-F 双相不锈钢的部件主要有反应堆冷却剂主泵泵壳、反应堆冷却剂主管道、反应堆冷却剂主管道附件、连接稳压器和主管热腿的波动管、稳压器喷淋头、止回阀、控制棒驱动机构承压罩套、堆内构件等。

1. 调幅分解对钢性能的损伤

一回路管道钢 Z3CN20-09M 为法国牌号，与美国牌号 CF-8 和 CF-8m 相近，通常大多为约含 15%(体积分数)铁素体的 F+A 双相组织，主要化学成分标准为 0.040%C、8.00%～11.00%Ni、19.00%～21.00%Cr。作为一回路管道在铸造状态使用，用离心铸造成管。服役温度为 288～300℃。该钢可归属 A-F 双相不锈钢，也可归属为奥氏体不锈钢。

长时间在服役温度下运行的热老化，使富 Cr 的铁素体相发生了调幅分解而形成贫 Cr 区和富 Cr 区，贫 Cr 区虽然保持了良好的塑性，但富 Cr 区却出现了塑性的损失而脆化，使位错滑移方式出现平面化，合金总体表现出塑性的降低和强度的升高及韧性的损失，使脆性增大，韧脆转变温度上升，临界裂纹尺寸减小，脆性破断的概率增大。还由于调幅结构中贫 Cr 区的形成而使钢在腐蚀介质中优先在贫 Cr 区出现微型蚀坑，导致钢的抗蚀性降低。

1) 拉伸的强度升高和塑性降低

考察我国产与法国产离心铸造状态一回路管道钢 Z3CN20-09M 的抗拉强度与加速老化时间的关系，为了一目了然地了解热老化的影响，以曲线图的形式表示出性能的变化，如图 7.5 所示。可以看到，随着老化时间的延长，抗拉强度明显升高。同时查明屈服强度也随老化时间的延长而升高，但升高幅度较抗拉强度小。

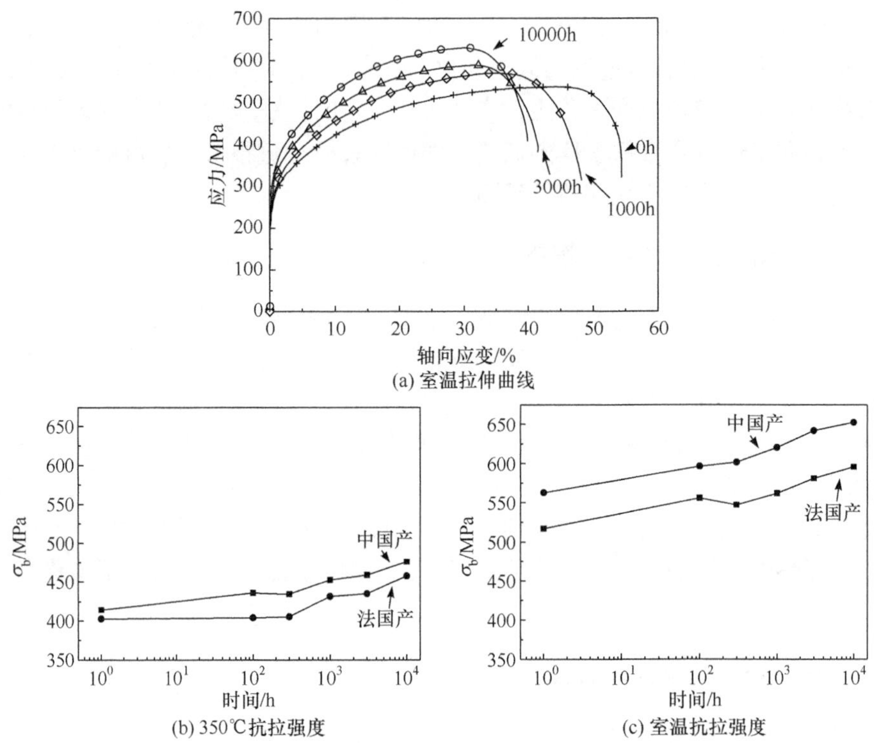

图 7.5 400℃热老化时间对 Z3CN20-09M 钢抗拉强度的影响

由图 7.6 可知，抗拉强度与热老化时间之间有较好的相关规律，室温时大致为线性关系，350℃时大致为对数关系，均可外推至热老化 15000h 前的抗拉强度预测值。但过多地外推是有危险的。

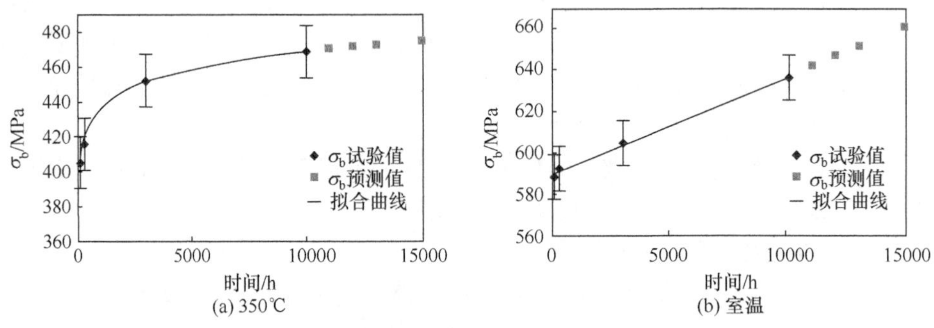

图 7.6 Z3CN20-09M 钢抗拉强度的热老化外推预测

热老化对拉伸塑性(断面收缩率和伸长率)的影响示于图 7.5(a)、图 7.7 和图 7.8。总的变化规律是随着老化时间的延长，拉伸塑性持续降低。这表明热老化使钢变脆。

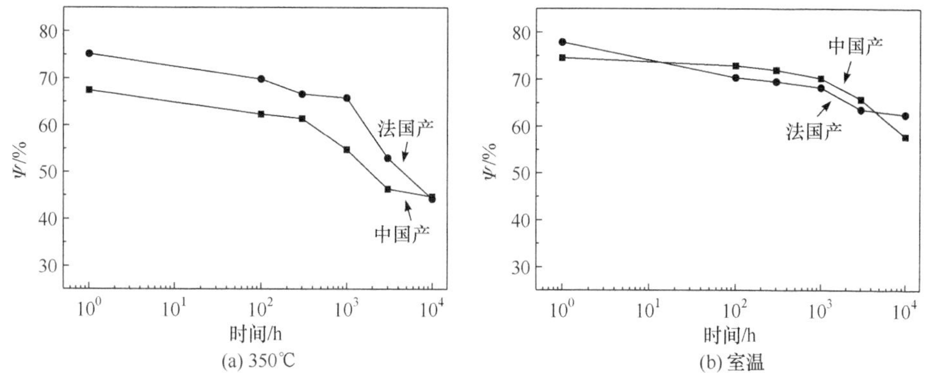

图 7.7　老化时间对离心铸造一回路管道 Z3CN20-09M 钢拉伸面缩率的影响

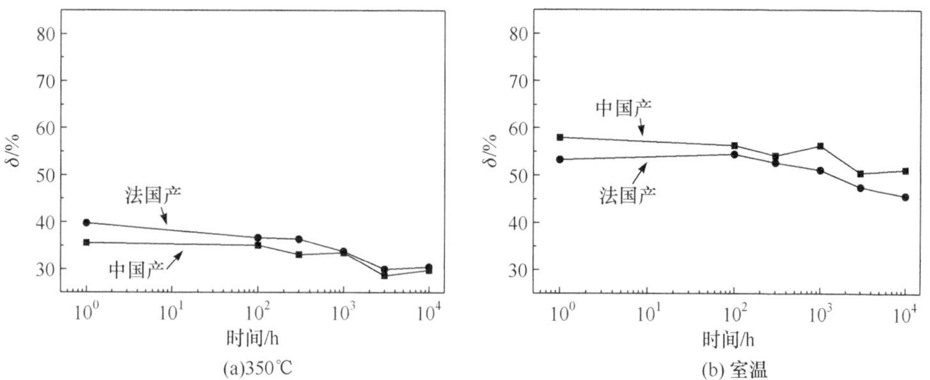

图 7.8　老化时间对离心铸造一回路管道 Z3CN20-09M 钢拉伸伸长率的影响

2) 形变强化

铸造双相不锈钢 Z3CN20-09M 拉伸颈缩前的室温、高温形变强化可分为 3 个阶段，即屈服形变强化阶段(形变强化指数为 n_1)、前均匀形变强化阶段(n_2)、后均匀形变强化阶段(n_3)。它们均随形变量的增大而升高，即 $n_1<n_2<n_3$，并且随着热老化时间的延长，n_1 值持续增大，n_2 值无明显变化，n_3 值则趋于减小。检测结果示于图 7.9。

3) 硬度升高

分别观测离心铸造状态 Z3CN20-09M 钢热老化后铁素体相和奥氏体相的显微硬度(HV)，铁素体相的硬度原本就比奥氏体相的硬度高，热老化后铁素体相的硬度升高程度要比奥氏体相高得多。热老化对双相不锈钢力学性能的影响主要是由铁素体相的变化引起的，铁素体相这时发生的调幅分解及一些相的析出使钢硬度升高，如图 7.10 所示。显微纳米压痕硬度显示出奥氏体相的硬度也有所升高，这将在 7.2.1 节中研讨。

4) 冲击韧性降低

表 7.1 和表 7.2 给出了冲击能量的具体值及标准误差。W_{iu} 是冲击力-位移曲线

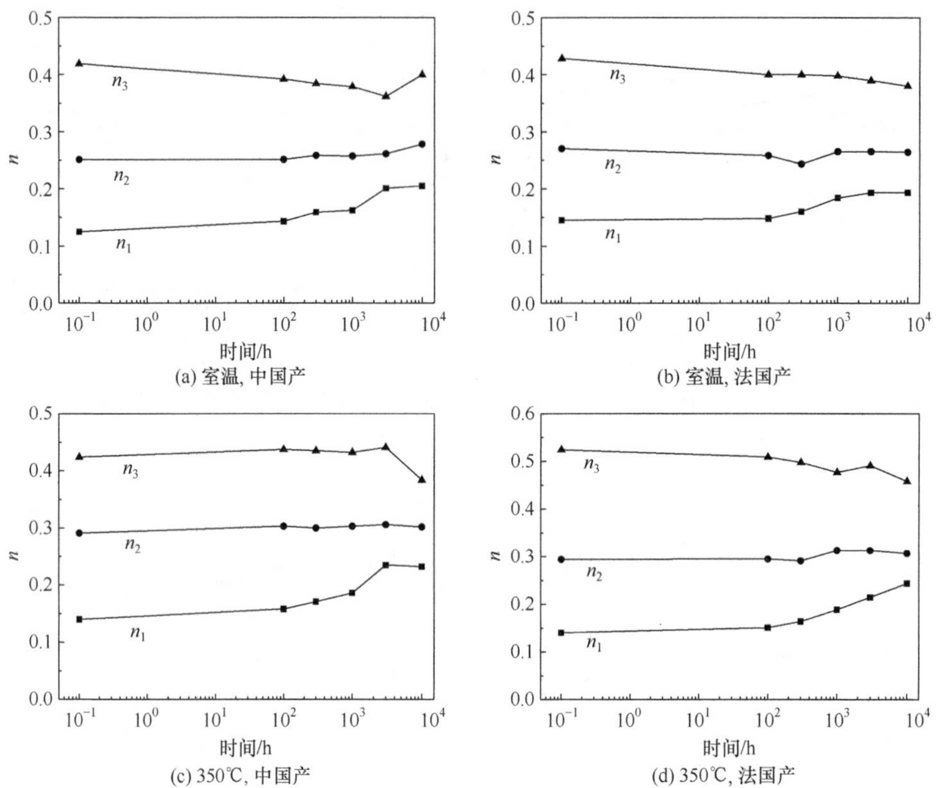

(a) 室温, 中国产 (b) 室温, 法国产

(c) 350℃, 中国产 (d) 350℃, 法国产

图 7.9 离心铸造一回路管道 Z3CN20-09M 钢拉伸颈缩前形变强化指数随老化时间的变化

iu 点前吸收的能量，也就是裂纹生长的能量(包括屈服和裂纹生成吸收的能量)，这个能量随老化时间的延长而持续减少。*iu* 点后吸收的能量为裂纹扩展能量，也随老化时间的延长而持续地减少。裂纹扩展的冲击力-位移曲线随老化时间的延长而持续地变陡，表明材料破断特性由韧性逐渐向脆性过渡。

图 7.11 和图 7.12 示出了冲击能量随热老化时间的变化。图 7.13 为 Z3CN20-09M 钢热老化不同时间后摆锤冲击的冲击力-位移曲线，可以看到总冲击能量(曲线下面积)随热老化时间的延长而降低，最大冲击力出现的位移量减小，裂纹生成位移量减小，裂纹生长阶段的时间缩短(能量减低)，裂纹扩展速率增大(曲线下降陡度增大)。这一切表明，材料随热老化时间的延长在持续不断地脆化。图 7.14 和图 7.15 则是冲击能量的有限范围预测。

热老化初期冲击吸收能量有些微升高，这是钢管在离心铸造时的铸造应力及加工应力被消除所导致的结果。

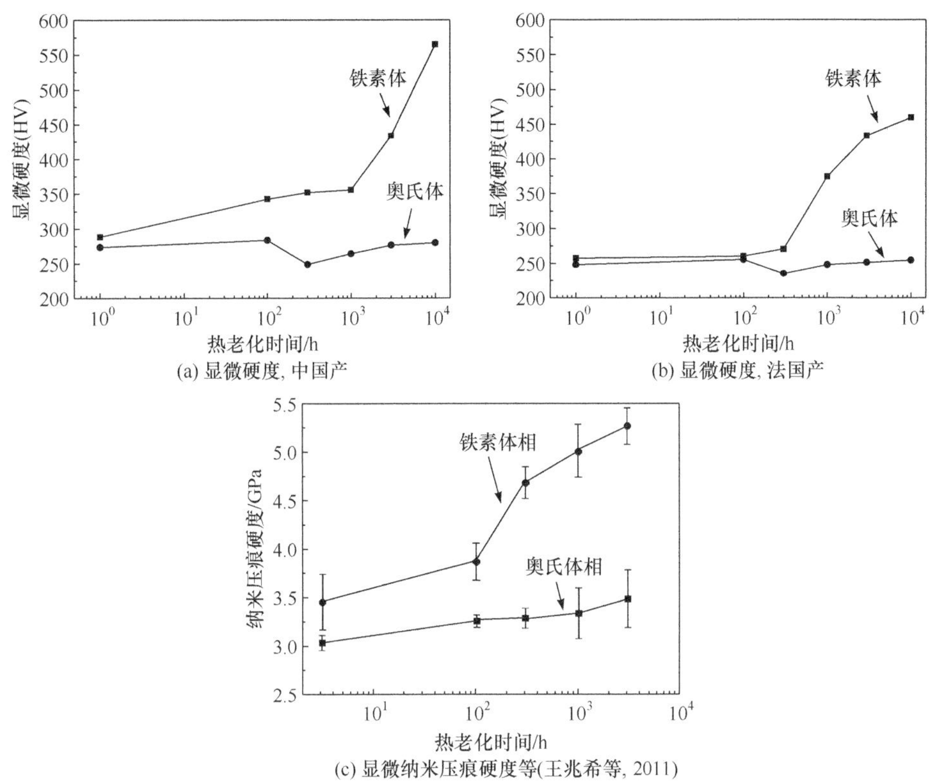

(a) 显微硬度, 中国产
(b) 显微硬度, 法国产
(c) 显微纳米压痕硬度等(王兆希等, 2011)

图 7.10　Z3CN20-09M 钢中铁素体相和奥氏体相的硬度随 400℃热老化时间的变化

表 7.1　Z3CN20-09M 钢 350℃冲击能量值(多个试样的平均值 x 和标准误差 s)

材料	热老化时间/h	W_{iu} 平均值 x/J	W_{iu} 标准误差 s/J	W_t 平均值 x/J	W_t 标准误差 s/J
国产离心	0	169.61	10.93	230.3	6.62
	100	184.595	7.03	242.145	2.22
	300	174.605	3.93	225.945	6.13
	1000	153.325	4.46	203.14	2.26
	3000	141.75	10.14	180.155	9.09
	10000	99.64	1.75	152.6	6.54
法产离心	0	181.105	15.31	281.19	16.24
	100	196.365	18.84	309.58	8.41
	300	192.27	19.34	303.835	4.44
	1000	198.055	11.76	301.16	12.87
	3000	180.92	7.77	270.155	18.15
	10000	153.85	4.51	204.07	3.65

表 7.2　Z3CN20-09M 钢室温冲击能量值(多个试样的平均值 x 和标准误差 s)

材料	热老化时间/h	W_{iu} 平均值 x/J	W_{iu} 标准误差 s/J	W_t 平均值 x/J	W_t 标准误差 s/J
国产离心	0	178.825	9.95	236.945	15.47
	100	157.22	14.41	205.945	7.04
	300	136.194	18.41	186.355	17.88
	1000	122.96	8.43	167.9	4.66
	3000	89.465	9.17	136.325	11.62
	10000	74.795	9.61	112.74	11.07
法产离心	0	254.41	12.81	348.6	8.5
	100	260.115	11.59	358.025	10.87
	300	219.4	16.33	299.145	16.37
	1000	158.065	13.83	203.285	20.32
	3000	94.15	15.4	143.82	19.02
	10000	78.35	21.7	114.145	21.77

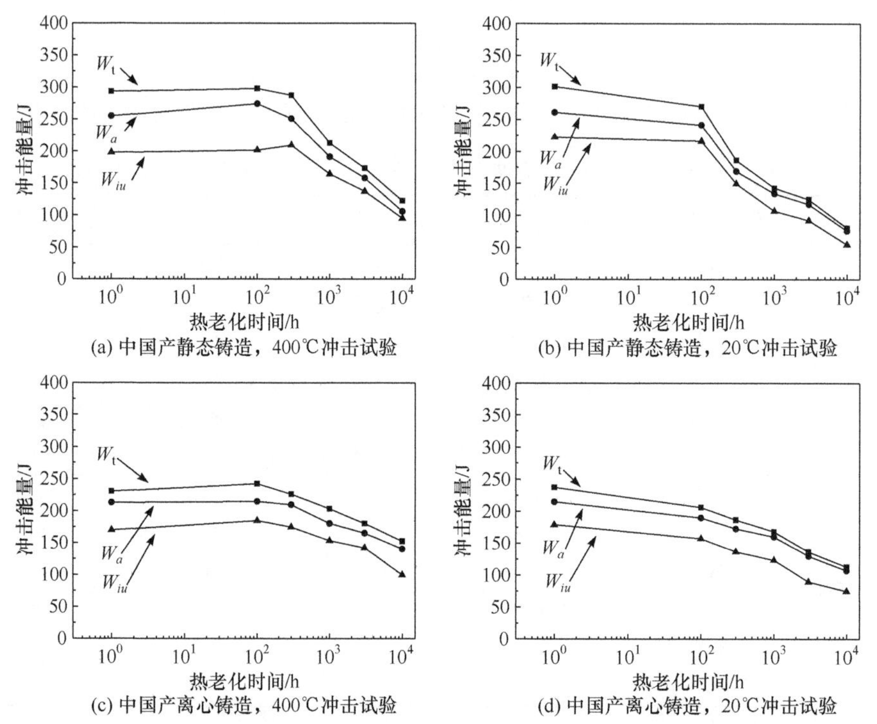

图 7.11　Z3CN20-09M 钢不同铸造方法冲击能量随 400℃热老化时间的变化

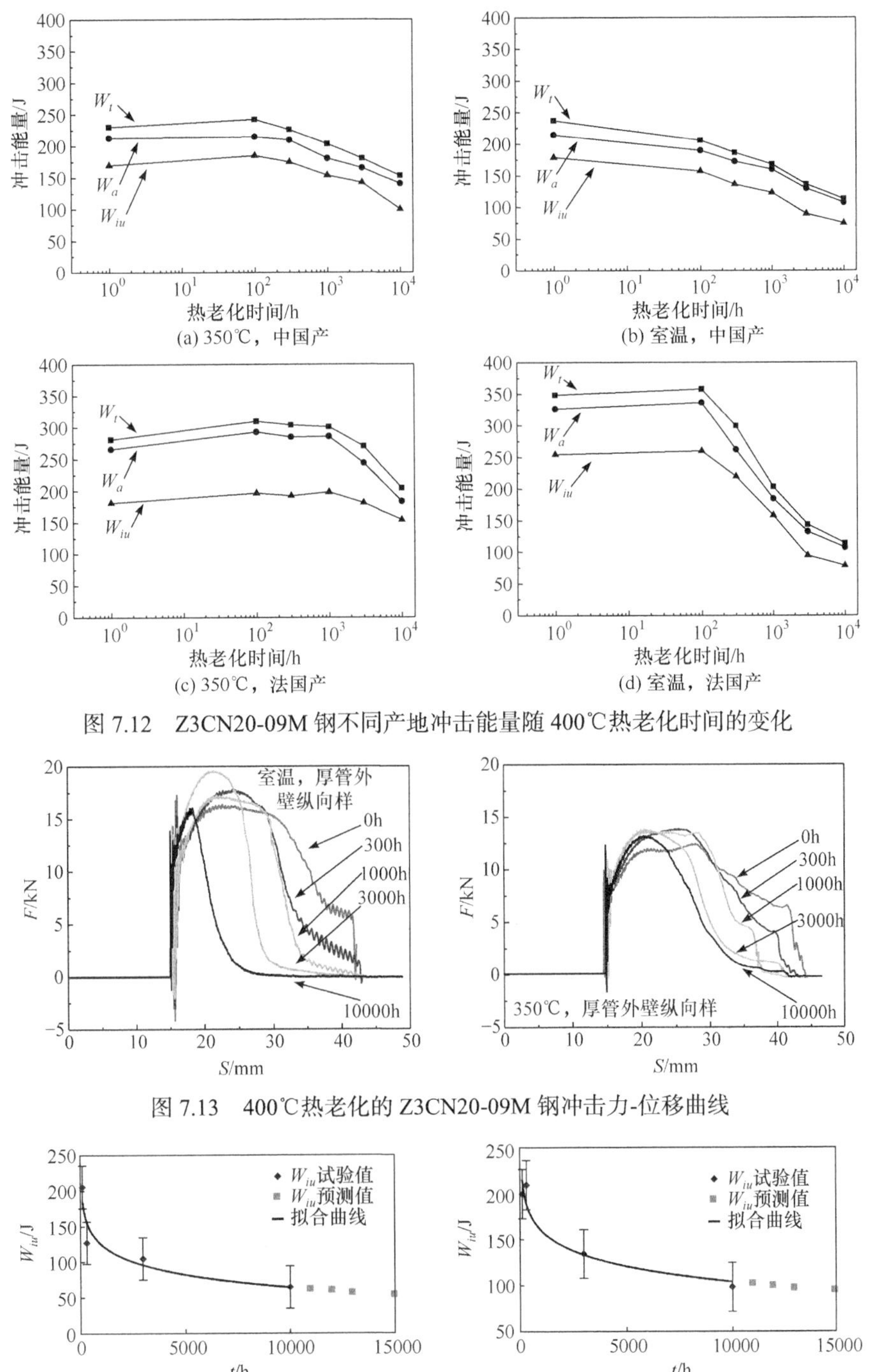

图 7.12　Z3CN20-09M 钢不同产地冲击能量随 400℃热老化时间的变化

图 7.13　400℃热老化的 Z3CN20-09M 钢冲击力-位移曲线

图 7.14　W_{iu} 与热老化时间之间的对数关系及外推预测

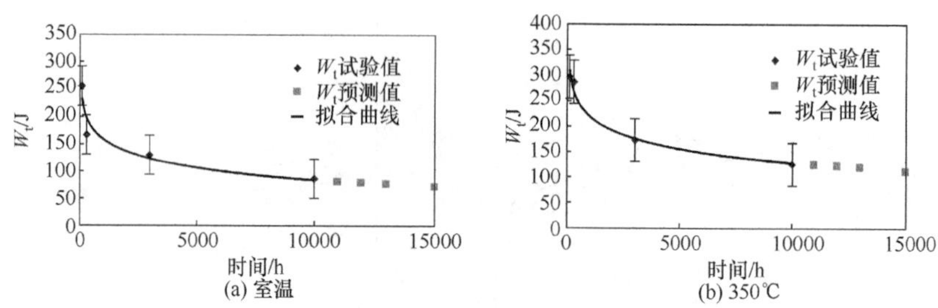

图 7.15 W_t 与热老化时间之间的对数关系及外推预测

5) 韧脆转变温度升高

热老化导致铸造双相不锈钢的脆化，表 7.3 示出了铸造双相不锈钢 Z3CN20-09M 的系列摆锤冲击试验结果。350～400℃的热老化导致铸造 A-F 双相不锈钢的 F 相显著硬化，F 相的硬化使材料的伸长率随着热老化时间的延长而明显降低，这可从图 7.8 的拉伸性能曲线上看出。热老化对材料拉伸性能的影响并不突出。相比之下，热老化对材料冲击破断性能的影响更为严重，350～400℃热老化 10000h 的材料冲击性能比原始材料性能下降幅度高达 70%～80%，对应冲击曲线表现为面积的收缩(图 7.13)。

图 7.11 和图 7.12 为冲击能量随热老化时间的变化图。利用示波冲击试验系统研究核电主管道 Z3CN20-09M 奥氏体-铁素体不锈钢铸件材料在老化温度(350～400℃)下时效 10000h 过程中冲击破断性能随时效时间的变化规律。根据动态破断的裂纹扩展过程，可以由冲击力-位移曲线上的最大力点 m，裂纹扩展起始点 iu 和裂纹不稳定扩展终点 a，求得相应的总冲击能量(W_t)、裂纹形成能量(W_{iu})、裂纹不稳定扩展终止能量(W_a)。由图 7.13 中的力-位移曲线可以看出，随着老化时间的延长，屈服载荷不断上升，整个曲线的力峰有降低的趋势，下降段变陡，冲击的位移也不断减小。与无调幅结构的状态相比，在热老化 10000h 时，其最大力点 m，裂纹扩展起始点 iu 和裂纹不稳定扩展终点 a 之间的横坐标距离非常小，这些都表明材料的韧性随热老化时间的延长而不断降低。热老化后的冲击能量呈下降趋势，热老化导致了材料的脆化。随着热老化时间的延长，W_t、W_a、W_{iu} 总体是在热老化 100h 后不断显著降低，1000h 材料会有显著的脆化，并随热作用时间的延续，脆化加剧。

表 7.3 铸造双相不锈钢 Z3CN20-09M 的韧脆转变温度(±5℃)

热老化时间/h	韧脆转变温度/℃(中国产)	韧脆转变温度/℃(法国产)
0	−120	−110
100	−60	−70
300	−50	−50
1000	−20	−40
3000	−20	−30
10000	0	0

6) 断裂韧性降低

Z3CN20-09M 钢的塑性好，因此要用大尺寸试样 J 积分法测其 J_{IC}，再换算为断裂韧度 K_{IC} (称具体的性能指标为度)。试验测得 Z3CN20-09M 钢的 J_{IC} 和 K_{IC} 值列于表 7.4 和表 7.5，可见热老化使断裂韧度显著减小，表明该钢因热老化而严重脆化。由表 7.4 和表 7.5 可见，欲知 J_{IC} 和 K_{IC}，必先求知 J-R 阻力曲线方程 J_d：

$$J_d = 57{C_V}^{0.52} \cdot (\Delta a)^n \tag{7.1}$$

式中，$n = 0.15 + 0.16\lg C_V$。

表 7.4　中国产 Z3CN20-09M 钢 J 积分值

老化时间/h	J-R 阻力曲线方程	J_{IC} /(kJ/ m^2)	K_{IC} /(MPa· m$^{1/2}$)
0	J=27.252+908.854 $\Delta a^{0.971}$	378	285
3000	J=40.546+713.904 $\Delta a^{0.883}$	291	250
10000	J=49.744+497.907 $\Delta a^{0.835}$	234	224

表 7.5　法国产 Z3CN20-09M 钢 J 积分值

老化时间/h	J-R 阻力曲线方程	J_{IC} /(kJ/m^2)	K_{IC} /(MPa· m$^{1/2}$)
0	J=45.234+813.987 $\Delta a^{0.633}$	484	322
3000	J=66.492+583.601 $\Delta a^{0.647}$	367	280
10000	J=78.398+647.984 $\Delta a^{0.842}$	313	259

而 J-R 阻力曲线方程取决于钢的室温夏比冲击能 C_V，因此材料的脆化程度可用其室温夏比冲击能 C_V 来定量描述。于是，只要知其材料的室温夏比冲击能 C_V，便可估算求取和预测表征该类钢热老化脆化程度的断裂韧度 J_{IC} 和 K_{IC} 值。这就是钢的脆化动力学研究。已有研究获取了 CF-3 和 CF-8 钢(与 Z3CN20-09M 钢类似)的一些 J-R 阻力曲线方程(表 7.6)。

表 7.6　铸造 CF-3、CF-8、CF-8m 钢不同服役状态下 J-R 曲线方程

温度	铸造方式	材料	饱和 J-R 曲线方程	指数 n 方程
室温	静态	CF-3	$J_d = 49 \cdot C_V^{0.52}(\Delta a)^n$	$n = 0.15 + 0.16\lg C_V$
	静态	CF-8		$n = 0.20 + 0.12\lg C_V$

续表

温度	铸造方式	材料	饱和 J-R 曲线方程	指数 n 方程
室温	离心	CF-3	$J_d=57\cdot C_V^{0.52}(\Delta a)^n$	$n=0.15+0.16\lg C_V$
	离心	CF-8		$n=0.20+0.12\lg C_V$
	静态	CF-8m	$J_d=16\cdot C_V^{0.67}(\Delta a)^n$	$n=0.23+0.08\lg C_V$
	离心	CF-8m	$J_d=20\cdot C_V^{0.67}(\Delta a)^n$	$n=0.23+0.08\lg C_V$
290℃	静态	CF-3	$J_d=102\cdot C_V^{0.28}(\Delta a)^n$	$n=0.17+0.12\lg C_V$
	静态	CF-8		$n=0.21+0.09\lg C_V$
	离心	CF-3	$J_d=134\cdot C_V^{0.28}(\Delta a)^n$	$n=0.17+0.12\lg C_V$
	离心	CF-8		$n=0.21+0.09\lg C_V$
	静态	CF-8m	$J_d=49\cdot C_V^{0.41}(\Delta a)^n$	$n=0.23+0.06\lg C_V$
	离心	CF-8m	$J_d=57\cdot C_V^{0.41}(\Delta a)^n$	$n=0.23+0.06\lg C_V$

现在的问题就成为如何能由一些现成的钢材数据计算获取其室温夏比冲击能(室温夏比冲击试验消耗的总能量) C_V，如钢的化学成分和铁素体含量等。于是有

$$\lg C_V=\lg C_{Vsat}+\beta\{1-\tanh[(P-\theta)/\alpha]\} \tag{7.2}$$

式中，C_{Vsat} 为室温饱和冲击吸收能(饱和冲击能)，其表达式为

$$\lg C_{Vsat}=1.15+1.36\exp(-0.035\phi) \tag{7.3a}$$

其中，$\phi=\delta_c[w(\mathrm{Cr})+w(\mathrm{Si})][w(\mathrm{C})+0.4w(\mathrm{N})]$。

C_{Vsat} 的另一表达式为

$$\begin{aligned}\lg C_{Vsat}=&5.64-0.006\delta_c-0.185w(\mathrm{Cr})+0.273w(\mathrm{Mo})\\&-0.204w(\mathrm{Si})+0.044w(\mathrm{Ni})-2.12(w(\mathrm{C})+0.4w(\mathrm{N}))\end{aligned} \tag{7.3b}$$

方程(7.3a)和方程(7.3b)中的铁素体含量 δ_c 计算式为

$$\delta_c=100.3\left(\frac{\mathrm{Cr_{eq}}}{\mathrm{Ni_{eq}}}\right)^2-170.7\left(\frac{\mathrm{Cr_{eq}}}{\mathrm{Ni_{eq}}}\right)+74.22 \tag{7.4}$$

钢的成分当量因子为

$$\mathrm{Cr_{eq}}=w(\mathrm{Cr})+1.21w(\mathrm{Mo})+0.48w(\mathrm{Si})-4.99 \tag{7.5}$$

$$\mathrm{Ni_{eq}}=w(\mathrm{Ni})+0.11w(\mathrm{Mn})-0.0086w(\mathrm{Mn})^2+18.4w(\mathrm{N})+24.5w(\mathrm{C})+2.77 \tag{7.6}$$

式(7.2)中，P 为老化参数，其表达式为

$$P=\lg t\frac{1000Q}{19.143}\left(\frac{1}{T_s+273}-\frac{1}{673}\right) \tag{7.7}$$

式(7.2)中的常数 α 和 β 可以由室温初始夏比冲击吸收能(初始冲击能) C_{Vint} 和饱和冲击能 C_{Vsat} 确定：

$$\alpha = -0.585 + 0.795 \lg C_{\mathrm{Vsat}} \tag{7.8}$$

$$\beta = (\lg C_{\mathrm{Vint}} - \lg C_{\mathrm{Vsat}})/2 \tag{7.9}$$

当 C_{Vint} 的值未知时，可以近似地用 $200\mathrm{J/cm^2}$ 代替。

θ 值随着运行温度变化而变化，在温度小于 280℃时，θ 值为 3.3；温度为 280～330℃时，θ 值为 2.9；温度在 330～360℃时，θ 值为 2.5。热脆的激活能可以通过材料化学成分和常量 θ 来计算，激活能 Q 的定义如下：

$$\begin{aligned} Q = 10[&74.52 - 7.20\theta - 3.46w(\mathrm{Si}) - 1.78w(\mathrm{Cr}) - 4.35I_1 w(\mathrm{Mn}) \\ &+ (148 - 125I_1)w(\mathrm{N}) - 61I_2 w(\mathrm{C})] \end{aligned} \tag{7.10}$$

对于 CF-3 钢，系数 I_1=0、I_2=1；激活能 Q 值要求为 65～250kJ/mol，预测值低于 65kJ/mol 则取 65kJ/mol，高于 250kJ/mol 则取 250kJ/mol。

于是，在知道材料化学成分的前提下，根据钢的脆化程度和脆化动力学方程，在饱和状态可以预测夏比冲击能和断裂韧度 *J-R* 曲线，得到长期老化后的最小夏比冲击能和断裂韧度。

在掌握材料服役期内室温夏比冲击能信息的基础上，可以对服役状态下材料的断裂韧度 *J-R* 曲线进行预测，*J-R* 阻力曲线可以通过室温夏比冲击能来推算，此时，*J-R* 曲线表达式为关于室温夏比冲击能的函数。

本书中的中国产 Z3CN20-09M 钢化学成分为：0.027%C、20.19%Cr、8.92%Ni、1.27%Si、1.13%Mn、0.014%S、0.023%P、0.031%N。对钢中铁素体含量 δ_{c} 的计算值为 16.13%，检测值为 16.5%，检测值和计算相当吻合。

一回路主管道钢服役温度为 288～330℃，θ 值取 2.9，初始冲击能用 $200\mathrm{J/cm^2}$ 代替，计算可得脆化动力学参数：$\lg C_{\mathrm{Vint}}$=2.301，$\lg C_{\mathrm{Vsat}}$=1.915，α=0.937，β=0.193，Q=162.486。不同老化时间对应的老化参数 P、参数 $\lg C_{\mathrm{V}}$、夏比冲击能 C_{V}(kJ)分别为：老化时间为 3000h 时，老化参数 P=1.093，$\lg C_{\mathrm{V}}$=2.293，C_{V}=196.336kJ；老化时间为 10000 时，老化参数 P=1.616，$\lg C_{\mathrm{V}}$=2.278，C_{V}=189.671。计算得 Z3CN20-09M 钢热老化各个状态下的室温夏比冲击能 C_{V} 及 *J-R* 曲线方程，即可作出 *J-R* 阻力曲线并预测断裂韧度。未老化材料断裂韧度 *J-R* 曲线可以用初始冲击能 C_{Vint} 代替方程式中的 C_{V} 来获得，本节取 C_{Vint}=$200\mathrm{J/cm^2}$ 替代 C_{V}，获得断裂韧度的计算值见表 7.7。表中同时列出了在 MTS 810 试验机上正弦波加载(R=0.1)时 Z3CN20-09M 钢的实测断裂韧度 J_{IC} 值(表 7.4)，误差在 5%之内。

断裂韧度 J 值与热老化时间 t 之间可以拟合为幂指数下降曲线(图 7.16)，由此外推预测热老化 15000h 的 J 值为 $223.76\mathrm{kJ/m^2} \pm 11.89\mathrm{kJ/m^2}$，置信概率 95%。

表 7.7　中国产离心铸造 Z3CN20-09M 钢的断裂韧度估算值与实测值

老化时间/ h	估算 *J-R* 曲线方程	估算断裂韧度/(kJ/ m²)	实测断裂韧度/(kJ/ m²)	误差/%
0	$J_d = 896.211\Delta a^{0.518}$	382	378	1.06
3000	$J_d = 889.763\Delta a^{0.517}$	282	291	3.19
10000	$J_d = 878.122\Delta a^{0.515}$	239	234	2.14

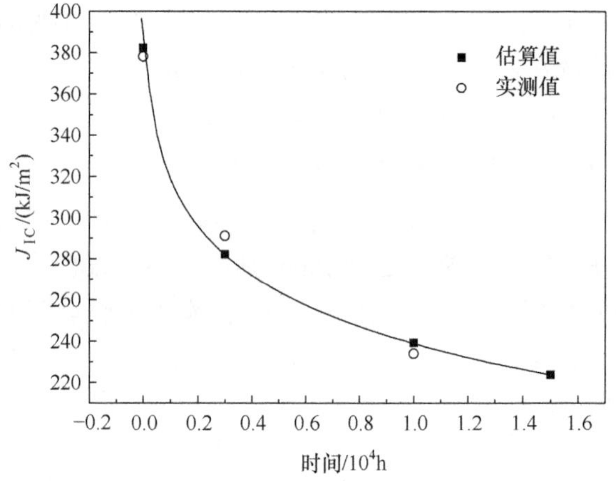

图 7.16　中国产离心铸造 Z3CN20-09M 钢的断裂韧度估算值与实测值及外推预测

7) 疲劳裂纹扩展速率加快

检测了热老化的 Z3CN20-09M 钢离心铸管疲劳裂纹扩展速率，得到热老化 10000h 以及未热老化的数据，其 *a-N* 关系曲线见图 7.17。计算所得 d*a*/d*N*-Δ*K* 关系方程及在双对数坐标中的曲线如图 7.18 所示。可见，热老化导致疲劳裂纹扩展速率加快，材料脆化。因此，控制长期热老化后核电站装备主管道材料裂纹尖

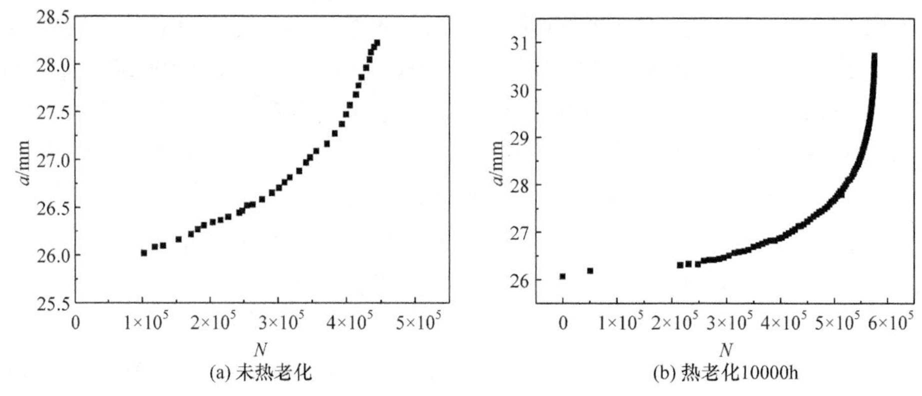

图 7.17　Z3CN20-09M 钢未热老化和热老化 10000h 的 *a-N* 曲线

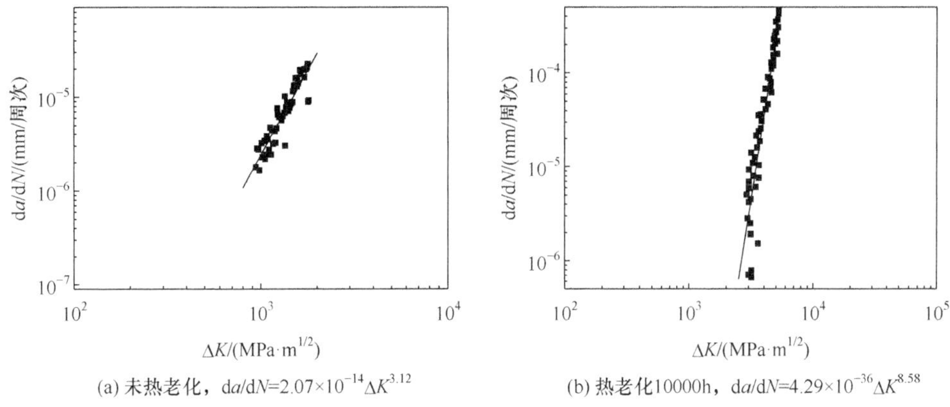

(a) 未热老化，$da/dN=2.07\times10^{-14}\Delta K^{3.12}$　(b) 热老化10000h，$da/dN=4.29\times10^{-36}\Delta K^{8.58}$

图 7.18　Z3CN20-09M 钢未热老化和热老化 10000h 的(da/dN)- ΔK 曲线

端的应力强度因子范围使其保持在安全范围内，对于防止裂纹快速扩展进而延长一回路管道服役年限具有重大意义。

2. 调幅分解的组织结构

1) 调幅结构与相伴的析出相

铸造 A-F 双相不锈钢在高温环境中的调幅分解，出现组织结构的如下变化：①铁素体中富 Cr 的α'相调幅分离；②奥氏体晶界或奥氏体与铁素体相界处碳化物析出；③铁素体中位错上富 Ni 与 Si 的 G 相沉淀；④奥氏体与铁素体相界的χ相析出；⑤位错滑移组态的位向化等。图 7.19 和图 7.20 即为铁素体含量约 15%的铸造 A-F 双相不锈钢 Z3CN20-09M 在 400℃热老化后的组织结构。

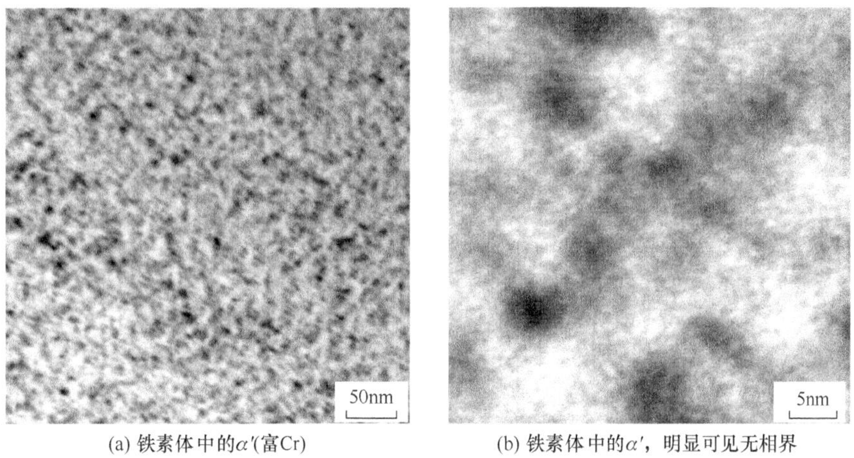

(a) 铁素体中的α'(富Cr)　(b) 铁素体中的α'，明显可见无相界

图 7.19　铸造 A-F 双相不锈钢在 400℃热老化 10000h 铁素体无相界调幅分解的 TEM 像

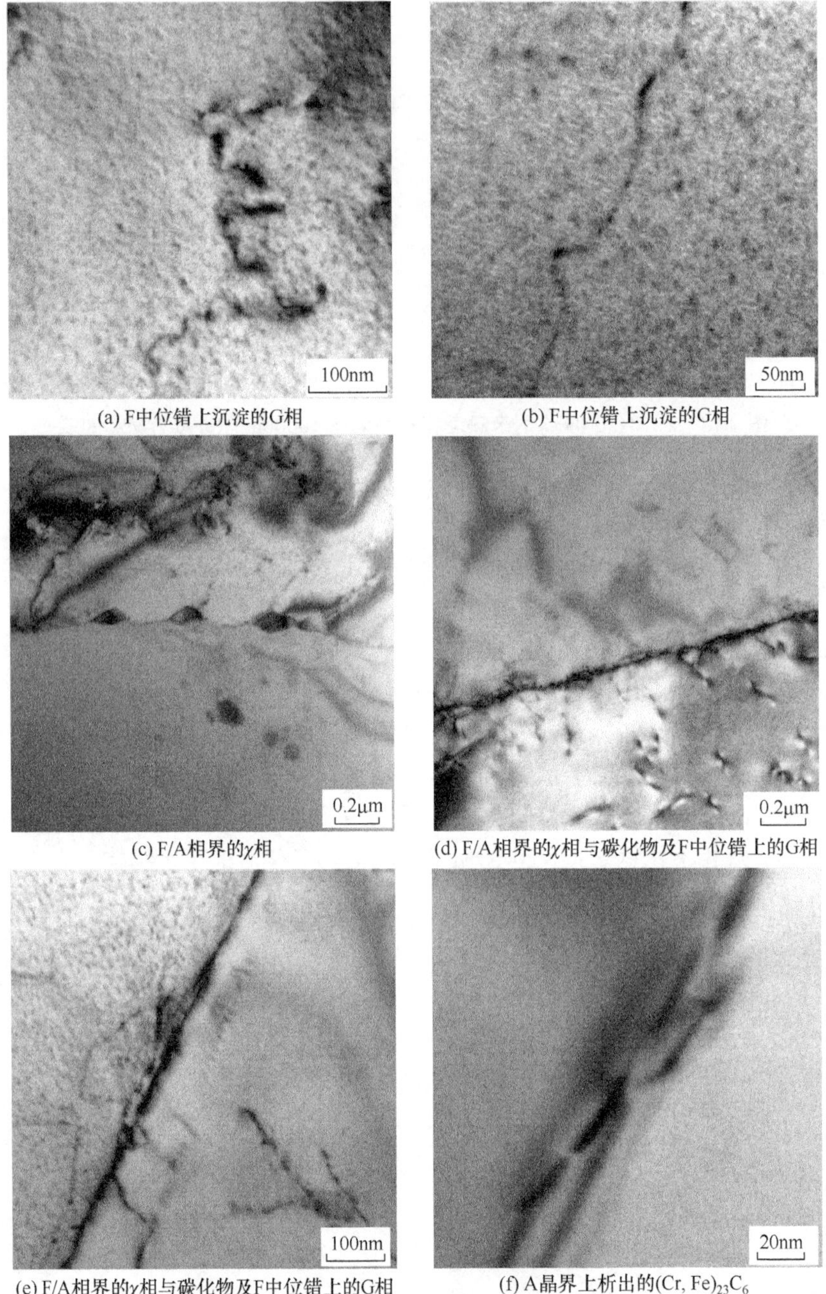

(a) F中位错上沉淀的G相　(b) F中位错上沉淀的G相

(c) F/A相界的χ相　(d) F/A相界的χ相与碳化物及F中位错上的G相

(e) F/A相界的χ相与碳化物及F中位错上的G相　(f) A晶界上析出的$(Cr, Fe)_{23}C_6$

图 7.20　Z3CN20-09M 不锈钢在 400℃热老化 10000h 铁素体调幅分解时 G 相沉淀和碳化物析出的 TEM 像

但富 Cr 铁素体在调幅分解发生温区内的 400～550℃，有碳氮铬铁复合化合物在奥氏体与铁素体相界上有核析出，使铸造 A-F 双相不锈钢脆化，称为 475℃脆。475℃脆与富 Cr 铁素体相的无核调幅分解脆相叠加，这就使问题变得更为复杂。在 400℃以上以 475℃脆为主，400℃以下以调幅分解脆为主，400℃以上和以下这些相的形成动力学不一样，形成和析出方式也不同。475℃脆对运行温度在 400℃以上的制件影响比较大，但对 400℃以下的部件影响就很小。在压水堆运行温度(小于 350℃)，铁素体相中富 Cr 的 α' 初始相的形成是引起铸造 A-F 双相不锈钢调幅分解脆的主要因素。铁素体区中 G 相的形成是形核长大的过程，并且比较容易在位错处沉淀。C 和 Mo 的含量增加，会使得 G 相形成的速率增快，但是 G 相不直接影响脆化的程度。

铁素体不锈钢也会在热环境中长期服役时产生 Cr 的调幅分解，并使钢脆化。

2) 相伴的位错组态

在未发生调幅分解时，溶质原子随机固溶在基体中，对位错的滑移并不产生取向性的影响，即在塑性变形时，固溶体晶体内发生各向的多系滑移。调幅强化的机制在于当调幅分解发生以后，溶质原子优先在某一晶面富集形成富溶质原子相，这就限制了该晶面上滑移系的启动，造成位错运动的滑移系数目减少。随着调幅分解时间的延长，富溶质原子相的数量和尺寸增加，位错运动由多系多维滑移逐渐变成平面滑移(图 7.21 和图 7.22)和在局部地区形成滑移带，从而使合金因调幅分解形成调幅结构组织而强化，塑性受损。

图 7.20(c)的精细观测表明，不仅铁素体相显著硬化，奥氏体相也有少许硬化，这与图 7.21、图 7.22 相符合，调幅结构不仅使铁素体相中的位错滑移出现位向化，也由于铁素体相中位错滑移的塑性变形挤压奥氏体相而使奥氏体相产生微量的硬化，同时影响奥氏体相中的位错滑移出现少量位向化，只是由于奥氏体相 fcc 晶体结构的滑移系多，易于由螺型位错交滑移而使奥氏体相受影响较少。

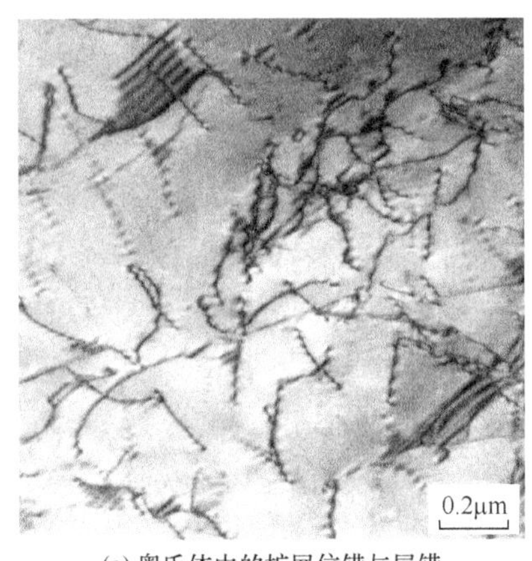

(a) 奥氏体中的扩展位错与层错

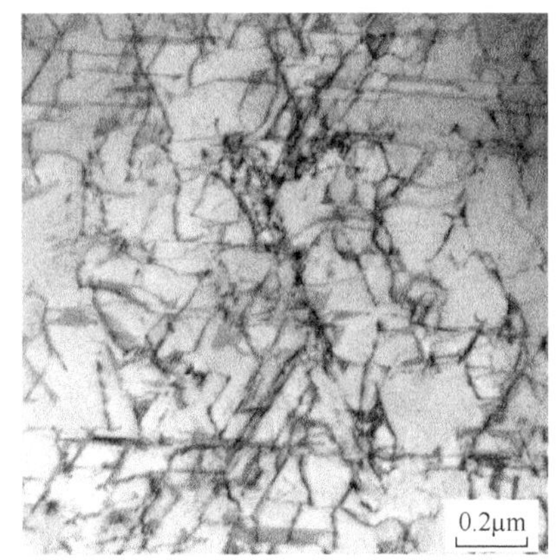

(b) 奥氏体中位向化的位错与层错，使奥氏体强化

图 7.21　Z3CN20-09M 钢热老化 10000h 位错组态的 TEM 像

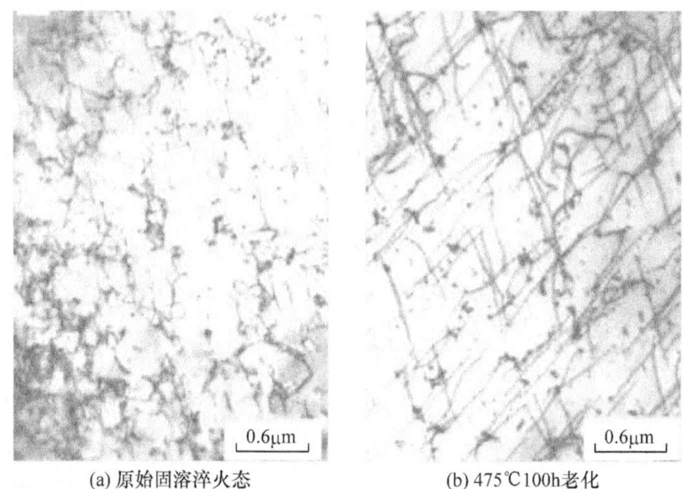

(a) 原始固溶淬火态　(b) 475℃100h老化

图 7.22　00Cr30Mo2 钢中铁素体的调幅分解导致形变时位错滑移组态位向化的 TEM 像

3) 脆化的断口

铁素体塑性丧失的结果就是解理破断。当位错以平面滑移方式运动到晶界附近时，易于在晶界处产生位错塞积，因而裂纹往往始于晶界附近，并在解理面上向晶内扩展，造成沿{001}面的脆性解理破断(图 7.23)。位错运动能力的下降还可能促使合金发生孪生变形，在应力-应变曲线的塑性变形区出现小锯齿(图 2.28 和图 2.38)。

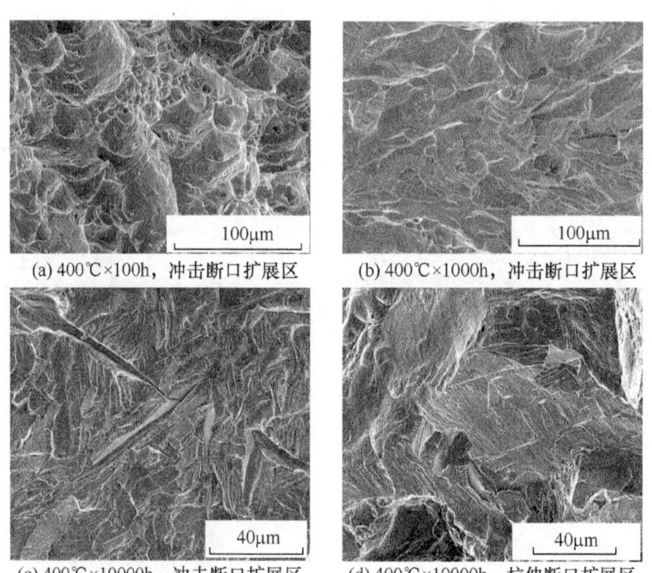

(a) 400℃×100h，冲击断口扩展区　(b) 400℃×1000h，冲击断口扩展区

(c) 400℃×10000h，冲击断口扩展区　(d) 400℃×10000h，拉伸断口扩展区

图 7.23　A+15%F(体积分数)的 Z3CN20-09M 钢中铁素体相的调幅分解导致的脆性解理破断断口的 SEM 像

7.2.3　热老化试验的加速

加速热老化试验可以在较短时间预估长期服役的状况(请参阅 9.2.3 节)，前提是加速热老化试验的老化机制必须与服役时的热老化机制相同。本节在 400℃进行加速热老化试验的时间，所大致对应的 300℃实际服役时间见表 7.8。

表 7.8　400℃进行热老化试验时间所大致对应的 300℃实际服役时间

400℃加速时间/h	100	300	1000	3000	10000	11000	12000	13000	15000
对应 300℃服役时间	5 个月	1 年 3 个月	4 年 4 个月	12 年 11 个月	43 年 1 个月	47 年 5 个月	51 年 9 个月	56 年	64 年 8 个月

之所以是大致对应，是因为这里没有考虑应力的作用和冷却液腐蚀的作用以及管道振动的影响，再就是对老化过程中原子活动激活能估值的误差影响。这个对应时间是按式(7.11)估算的(以 400℃热老化的激活能为 100kJ/mol 估算)：

$$t_1/t_2 = \exp[(-Q/R)(T_2^{-1} - T_1^{-1})] \tag{7.11}$$

400℃时的热老化机制与实际服役 300℃时的热老化机制相同，在 300℃的长期服役中由于热的作用，离心铸造一回路管道钢 Z3CN20-09M 发生了调幅分解以及 G 相、碳化物相与其他相的析出，还有铸造和加工应力的消除，正是组织结构的这些变化导致力学性能的退化。400℃的加速热老化促进了钢组织结构的加速变化，使得用较短时间的试验可以预知长期服役的老化行为。这种估算虽是近似的，但仍给予人们一个良好的数值概念。

7.2.4　装备热老化的缓解

缓解和预防热老化过程的主要思路是使热老化机制的过程推进缓慢或停止。无论是由于化学自由能、应变自由能，还是界面自由能等所驱动的热老化过程，当原子迁移过程缓慢时，热老化过程也是缓慢的，因此扩散系数 D 的低值具有最基本的决定性意义。当有其他协同因素相助时会有更佳效果。例如，由弥散粒子熟化动力学可知，弥散粒子熟化速率正比于表面张力(γ)、扩散系数(D)、平衡浓度(C)三者的乘积γCD，因此欲减小熟化速率，至少在γ、C、D 中有一个数是小的，当三者均小时其因素间的协同效应会使缓解和预防热老化过程的效果更佳。关于γCD 效应将在 7.4.3 节论述。因此，尽可能降低装备的服役环境温度是首选，如对制件的特殊冷却措施，还可以改换材料等。

铁素体初始相导致的脆化可通过在中温(550℃)下短时(1h)退火热处理消除，退火处理可用来消除铁素体初始相引起的脆化，但是对于实际的制件，不推荐使用这一方法，因为现场应用这一方法会遇到很多实际不可预知的问题。

7.3　固溶体脱溶老化

7.3.1　连续脱溶

亚稳过饱和固溶体的连续脱溶是在固溶体基体上全面进行的，固溶体中溶质浓度连续下降至平衡值，并连续生成溶质原子偏聚区或亚稳过渡相或第二相，产生强化效应。沉淀型连续脱溶生成的第二相(或溶质原子偏聚区或亚稳过渡相)与基体间为共格或半共格界面，产生沉淀强化。析出型连续脱溶生成的第二相与基体间为非共格界面，产生析出强化。析出强化效应较沉淀强化效应弱，两者合称弥散强化。

凡是固溶度随温度降低而显著降低的合金，经固溶化后快冷至较低温度形成的亚稳相或亚稳过饱和固溶体，再在适当温度下加热一定时间的热处理，便会发生这种连续脱溶的沉淀或析出。

由于脱溶序列的复杂性，以及同时发生的不同过程交织在一起，对整个脱溶过程动力学的定量描述是极其困难的。每个新生相都具有某些特殊性，但尚可以找到适用于所有脱溶过程的某些定性的普遍规律作为指导。

(1) 温度越高，脱溶速率越快，最大强化效果可能减弱。

(2) 在一定温度下，熔点低的合金的脱溶速率比熔点高的合金快。

(3) 辐照或冷变形使基体点阵发生损伤，可加速脱溶过程。

(4) 由性质差别很大的金属融合成的合金，脱溶速率较快。

(5) 杂质加速脱溶。

原则上说，凡有固溶度变化的合金都可能发生脱溶，由脱溶序列的特征大致可将过饱和固溶体的沉淀或析出微粒相的脱溶归为三种类型：①有亚稳中间相，以相转化为主的阶段性，如 Al-Cu 合金的硬铝合金，脱溶特征是以相转化为主，发生脱溶相的不断形成与溶解，脱溶序列大体为共格 GP 区→共格或半共格中间脱溶相→非共格平衡相；②无亚稳中间相，以粒子粗化为主的共格界面平衡相，如 Ni-Cr 高温合金脱溶相为有序相 $\gamma'[Ni_3(Al,Ti)]$，脱溶形成调幅组织以减小共格弹性应变能；③无亚稳中间相，以弹性应变和孪生为主的平衡有序相，如 Nb-O 合金，与基体的界面是共格的。

7.3.2　脱溶老化

亚稳过饱和固溶体的脱溶具有阶段性，人们的设计目标往往是使脱溶停止在所需要的最佳阶段。合金的高力学性能通常处于脱溶的弥散微粒为共格或半共格相界面时的中间阶段，这也是工程上乐于使用的状态。但合金在服役过程中，在高温高压环境中的长期运行，可能因热激活和应变激活的作用，使已停止在某中间阶段的弥散脱溶的后继阶段继续进行，直至粒子粗化的平衡相析出，这就是显微组织结构的退化现象，并由此引发了合金力学性能脱离设计需要的劣化，威胁材料的使用可靠性和安全性，这就是脱溶老化。

作为核燃料包壳材料的硬铝合金,在热作用下会发生严重过时效而降低强度,这就是时效热老化。

7.3.3　碳化物石墨化老化

高温状态服役的热强钢中的碳化物，在热的长期作用下分解出石墨，以石墨态脱溶析出。石墨化是碳素钢、较高锰含量碳素钢和仅含少量钼的热强钢在高温长期服役中，钢中的 Fe_3C 或 $(Fe,Mo)_3C$ 在热激活下分解，脱离亚稳 Fe-C 系，按稳定 $Fe\text{-}C_G$ 系相转变而形成石墨。石墨化对钢力学性能和服役安全构成巨大危害。

早先，石墨化是 15Mo 钢热稳定性的大问题，现今 15Mo 已广泛地被 15CrMo 或 12Cr1MoV 取代，石墨化问题已经罕见。但仍需警戒 20g、20G 等碳素钢可能出现的石墨化危害，也要警惕 15CrMo 中出现石墨化的可能，因为核电站装备是需要在热作用下长期服役的。

促成石墨化出现的因素有高温度+长时间的服役环境、应力与变形的高能状态、不稳定的碳化物 Fe_3C 或 $(Fe,Mo)_3C$ 、铁素体+珠光体组织(正火热处理)、钢中含有一定量的促进石墨化元素，如 Al、Si、Ni 等。

阻止石墨化的重要措施是钢成分中加入适量形成并稳定碳化物的元素，如 Ti、V、Nb、Cr 等。

7.4　弥散相熟化老化

7.4.1　钢中碳化物熟化老化

钢中碳化物析出相的位置，随碳化物的结构和析出条件及热力学势而不同，可能的位置是晶粒内、晶界面、相界面。碳化物相在晶粒内析出多为弥散粒，在晶界析出多为适应晶界的薄片。

在热的激活下,碳化物析出粒子容易发生使粒子界面减小的聚集而改变形貌,称为熟化。基体相晶粒内的碳化物发生熟化时，粒子尺寸增大，间距增大，个数减少，弥散度降低，形貌取决于相界面张力与晶界面张力的平衡，由于曲率效应而多趋向卵圆形，此时钢的强度降低，但塑性可能改善。晶界面上的熟化相长宽缩短，厚度增大，也逐渐趋向卵圆形，此时不仅钢的强度降低，而且明显损害钢的塑性和韧性而出现脆化。

铁素体热强钢热老化的重要问题之一就是碳化物的熟化效应。这里以马氏体状态的 TP91 钢为例来研讨该问题。

1. 马氏体脱溶的碳化物转变

马氏体脱溶时，沉淀析出的碳氮化物相的类型与性态，与钢的碳含量，合金元素的类别及含量，温度、时间等诸因素有关。马氏体中填隙固溶的 C、N 原子的扩散能力强，C 在α-Fe 中的扩散激活能 Q 为 $80kJ/mol$，当温度在 80℃以上时，便有明显的扩散能力。而代位固溶的合金元素，如强碳化物形成元素，则要在 400℃以上才具有足够的扩散能力，Cr 在α-Fe 中的扩散激活能 Q 为 $343kJ/mol$。因此，较低温度时，从马氏体中沉淀、析出碳氮化物的过程，几乎不受合金元素的影响；只有在较高温度时，合金元素特别是强碳化物形成元素，才显著地参与或彻底地改变从马氏体中沉淀、析出碳氮化物的过程和碳氮化物的性态。

常用马氏体热强钢，如 TP91，较低温度回火时，马氏体的分解将按低碳马氏体的分解过程进行，首先形成 GP 偏聚区或调幅结构，进而形成共格沉淀相；中等温度回火时，合金元素进一步参与碳化物的形成；而在高温度区回火时，便形成特殊碳化物。马氏体热强钢中可能出现的特殊碳化物有间隙化合物和间隙相。θ-Fe_3C、Fe_3C、$(Fe,Cr,Mo)_3C$、Cr_7C_3、$(Fe,Cr,Mo)_{23}C_6$、$(Fe,Mo)_6C$、$(Fe,W)_6C$ 为间隙化合物，晶体结构复杂，熔点和硬度均比间隙相低。VC、NbC、TiC、Mo_2C、W_2C 为间隙相，VC、NbC、TiC 中 C 原子填满了面心立方点阵的全部八面体间隙，Mo_2C、W_2C 中 C 原子只填了密排六方点阵的半数八面体间隙，间隙相的成分可在一定范围变动，晶体结构相同的间隙相可相互固溶，间隙相的主价键是金属键和共价键的混合，具有显著的金属特性及很高的熔点和极高的硬度。

低碳的马氏体脱溶时，沉淀或析出碳化物的序列，400℃以下是按低碳碳素钢的序列进行的，这时在 80℃以上便出现碳的 GP 偏聚区(或调幅结构)，这个偏聚区可以亚稳定地存在至 200℃。约自 200℃开始，θ-Fe_3C 相在位错上形核，并与低碳马氏体基体间保持共格相界面，随着θ-Fe_3C 的生长，共格界面的弹性应变增大，共格界面经半共格而消失，形成 Fe_3C 相。自约 400℃开始，合金元素参与碳化物的沉淀与析出。合金元素的参与顺序，取决于合金元素形成碳化物的键合强度、扩散、含量等因素，熔点和生成热焓越低的元素越容易参与，在α-Fe 中扩散激活能越低的元素越容易参与，含量越多的元素越容易参与。间隙化合物的形成在先，间隙相的形成在后。间隙化合物的形成以熔点和生成热焓由低至高的排列顺序为Fe_3C、$Cr_{23}C_6$、Cr_7C_3。Cr 首先固溶入Fe_3C中形成合金渗碳体$(Fe,Cr)_3C$，再原位转变成$(Cr,Fe,Mo)_7C_3$，然后异位转变成$(Cr,Fe,Mo)_{23}C_6$，后者在原奥氏体晶界或马氏体板条界形核并长大。Mo 促进该转变，V 阻滞该转变。

在间隙化合物的形成与转变之后，间隙相以熔点和生成热焓由低至高的排列顺序Mo_2C、W_2C、VC、NbC、TaC、TiC、ZrC 依次沉淀，间隙相是独立沉淀的，它们在位错上形核沉淀，与马氏体板条基体保持共格或半共格关系，沉淀相细小，弥散度极大，且分布较为均匀。由于共格相界面弹性应变显著，间隙相沉淀诱生位错使位错密度增大，细小弥散沉淀相引起马氏体板条基体的碳固溶饱和量增大(毛细管效应)，再加上沉淀相对位错运动的钉轧，出现强烈的沉淀强化，形成钢的二次硬化现象。

通常，回火后的马氏体热强钢中的碳化物颗粒大体上有两种类型。

一类为多分布于马氏体板条界且尺寸多为(20～80)nm×(40～300)nm 的粗条状，衍射斑点标定为$M_{23}C_6$型间隙化合物，多为$(Cr,Fe,Mo)_{23}C_6$，如图 7.24 所示。$M_{23}C_6$型碳化物具有复杂的面心立方结构，点阵常数为 1.050～1.070nm，单位晶胞有 92 个金属原子，24 个碳原子，一个碳原子周围有 8 个金属原子，金属原子 M 主要是 Cr，可溶有 Fe 和 Mo。

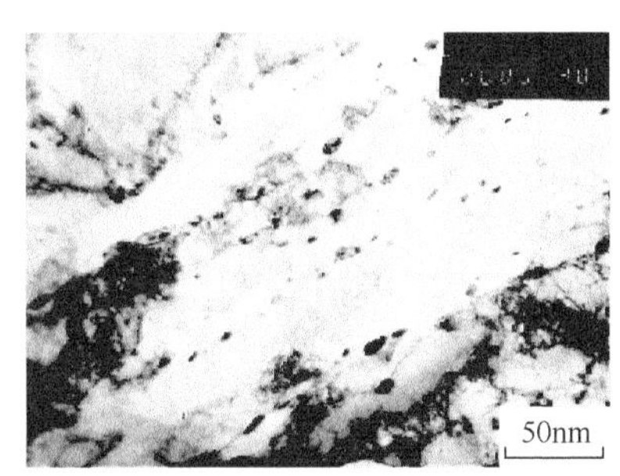

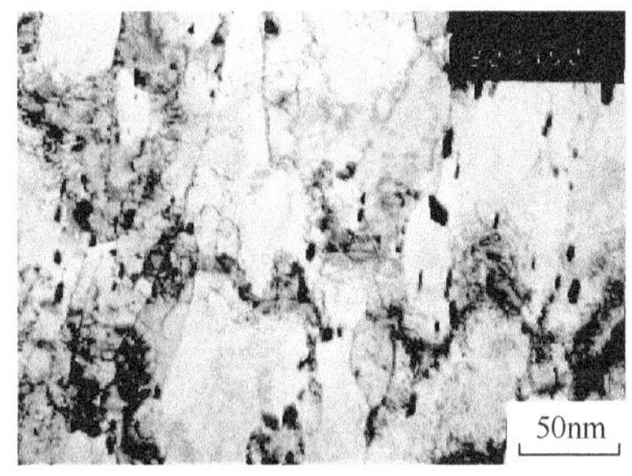

图 7.24　马氏体热强钢中的$M_{23}C_6$型碳化物的 TEM 像

另一类为多分布于马氏体板条内且尺寸多为 6～20nm 的细粒状，衍射斑点标定为面心立方的 MC 型间隙相，多为(V, Nb)C，点阵常数为 0.418～0.468nm。由于钢中含有的 N 可替代部分 C 而形成(V, Nb)(C, N)，析出尺寸更细小(图 2.46)，弥散强化效果会更佳。MC 型碳化物中金属原子为 V、Nb 等强碳化物形成元素。MC 型碳化物的热稳定性高，沉淀于马氏体板条内的位错上，是钢二次强化的重要沉淀物，所以获得尽可能多的 MC 型沉淀粒子是提高钢的力学性能，如蠕变破断强度的重要措施之一。此外，TP91 钢中还存在 AlN，以及 VN、NbN，但其量甚少。

2. 马氏体中碳化物的熟化

马氏体热强钢在淬火加热温度时是大体均一的奥氏体，各合金元素大体完全固溶于奥氏体中，淬火冷却时奥氏体转变成板条马氏体。回火热处理时，板条马氏体完成中高温回复，这时钢能获得最令人满意的显微组织结构和力学性能。位错组态规整成胞界结构和网结构，马氏体板条分裂成细小的亚晶块，沉淀和析出界面能高的短条形碳化物(图 7.25)，碳化物成分是组成元素在基体和碳化物中的非平衡分布，所有这些都使得有优良综合力学性能的中高温回复板条马氏体处于高能的亚稳状态。然而，这些构件常常是在高温高压条件下长期工作的，工作温度虽然显著低于回火热处理的温度，但运行时间却是极长的。于是，在运行条件下的热激活和应变激活，就可能为碳化物的形状和尺寸在界面能的驱动下出现弥散度降低的微小粒子消溶而大粒子长大，以及形状逐渐向卵球形转化的过程。同时，碳化物的成分也会出现其组成元素在基体和碳化物中键合能平衡分布的转化过程，如 Mo、Cr 等碳化物形成元素由基体中的固溶态向碳化物中化合态转移，并且基体中固溶态合金元素量减少，这就是碳化物颗粒的熟化(图 7.26)。

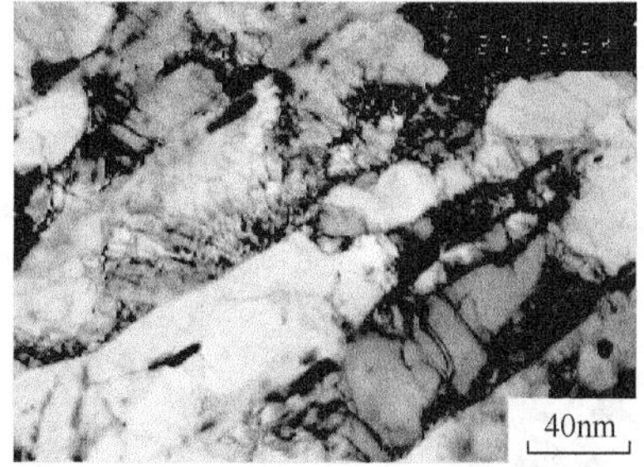

图 7.25　马氏体热强钢中尚未明显熟化的 $M_{23}C_6$ 型碳化物的 TEM 像

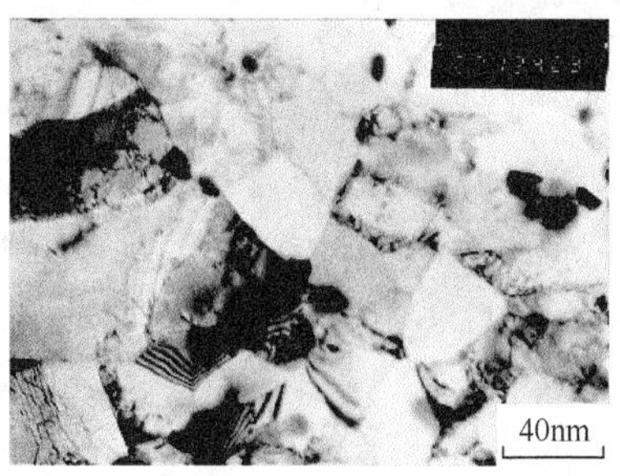

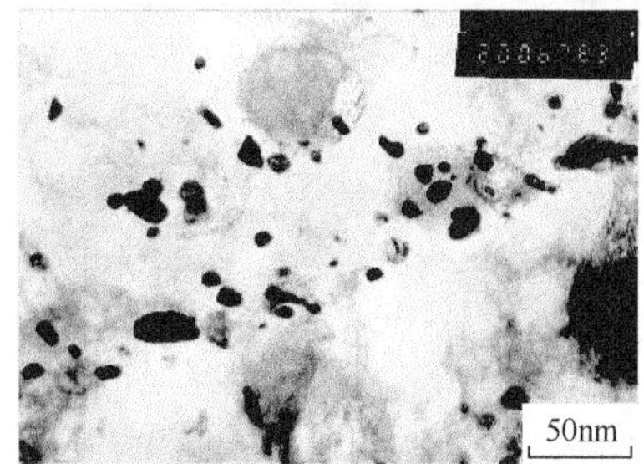

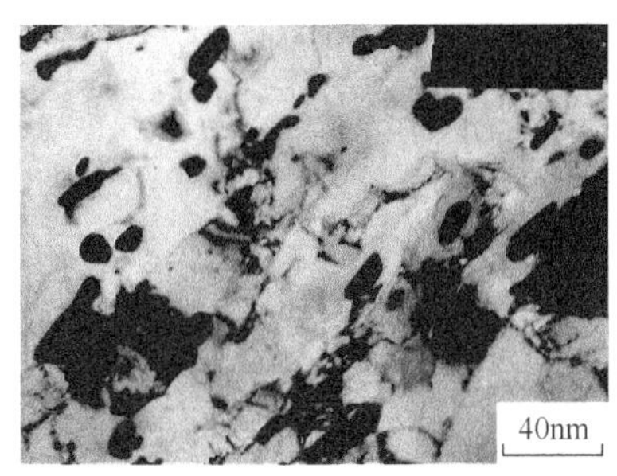

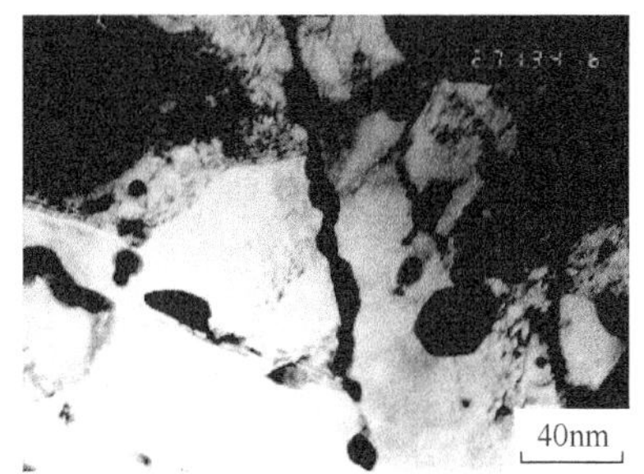

图 7.26　马氏体热强钢中熟化的 $M_{23}C_6$ 型碳化物的 TEM 像

在碳化物颗粒熟化的同时组织中还发生了如下变化：①多边化亚晶块以 Y 过程机制长大，部分板条界消失而导致板条变宽等亚晶结构的改变，界面强化减弱；②中高温回复形成的位错网络重组为多边化亚晶界，位错密度降低，位错网络更趋典型但数量减少等位错强化减弱；③碳化物形态熟化所导致的弥散强化减弱；④碳化物成分熟化引发基体固溶强化减弱。显然，组织结构的这些变化，必然会导致力学性能的退化。

碳化物颗粒熟化主要是 $M_{23}C_6$ 型碳化物发生的熟化。$M_{23}C_6$ 型碳化物的熟化包括形态的熟化和成分的熟化两部分，前者是经典理论，后者却是经典的熟化理论所忽略的，也正是本书作者所提出的。

$M_{23}C_6$ 型碳化物大多以条形分布于马氏体板条界上，熟化时 $M_{23}C_6$ 型碳化物条的端部曲率最大，因而最不稳定，便会发生 $M_{23}C_6$ 型碳化物条的端部表面的解晶，越过相界面固溶入与 $M_{23}C_6$ 型碳化物条的端部相接处的马氏体基体中，造成与 $M_{23}C_6$ 条的端部相接处马氏体基体中的 Mo、Cr、C 合金元素浓度高于与 $M_{23}C_6$ 型碳化物条的中部相邻的马氏体基体中的 Mo、Cr、C 元素浓度，Mo、Cr、C 元素便经由 $M_{23}C_6$ 相与基体相的相界面层通道，自 $M_{23}C_6$ 型碳化物条的端部相接处的相界面层，输运至与 $M_{23}C_6$ 条的中部相接处的相界面层，结晶于 $M_{23}C_6$ 型碳化物条的中部表面。这样，$M_{23}C_6$ 型碳化物条便会变得越来越粗短，并趋于卵圆形。这是 $M_{23}C_6$ 型碳化物形态的熟化。

在上述碳化物颗粒熟化的同时，马氏体基体中的 Mo、Cr 元素，特别是 Mo 元素，由于与 C 等元素结合形成 $M_{23}C_6$ 型碳化物的键合强度，高于在马氏体固溶体中的键合强度，于是在热激活作用下，便发生 Mo、Cr 元素从基体向 $M_{23}C_6$ 型碳化物中的转移，引发碳化物颗粒成分(组成元素组分)的熟化。在弥散相组成元素组分熟化的同时，基体固溶元素量的减少引发了基体固溶强化的减弱。

已经证实，容易发生熟化的碳化物是 $M_{23}C_6$ 型，而 MC 型碳化物则不易发生熟化，因此向马氏体热强钢中加入适量的强碳化物形成元素 V 和 Nb，进行固碳合金化以稳定碳化物，并且阻止 Mo、Cr 由基体向 $M_{23}C_6$ 型碳化物中转移，从而延缓碳化物颗粒熟化过程是适当的。

TP91 钢正常淬火回火后，基体中 Cr、Mo 的固溶量分别约为 90%、85%，V 和 Nb 的固溶量约为 40%，所余 10%Cr、15%Mo、60%的 V 和 Nb 皆与 C 相结合。TP91 钢的名义碳含量为 0.1%，则与 C 结合所需的 V+Nb 总量为 0.44%，而现今钢中 V 和 Nb 的名义总量为 0.20%V+0.08%Nb，V 和 Nb 只能结合 0.06%C。于是可知，钢中 MC 型碳化物(V, Nb)C 含量为 0.34%。钢中尚有 0.04%C 与 Cr、Fe、Mo 结合成 $M_{23}C_6$ 型碳化物，计算可知若正常回火钢中的 Cr 有约自身量的 10%和 Mo 有约自身量的 15%与 C 结合，则与 C 结合的铬含量为 0.9%、钼含量为 0.15%、铁含量为 0.96%，于是可知 $(Cr, Fe, Mo)_{23}C_6$ 的量约为 2.05%，其中 Cr：Fe：Mo 的原子数比约为 11：11：1。当发生碳化物颗粒熟化时，基体中的 Cr 和 Mo 向 $M_{23}C_6$ 型碳化物中转移，碳化物的这个原子数比就会发生变化，Cr 和 Mo 原子数就会增多。

对宝山钢厂电厂运行一年后的 T91 钢管进行取样检测的碳化物萃取 X 射线衍射分析证明，发生了 Mo、Cr 从基体向 $M_{23}C_6$ 型碳化物中转移的碳化物颗粒熟化，$M_{23}C_6$ 型碳化物中的铬含量由运行前的 1.06%增加到 1.37%(占总铬含量的 12.4%)，增加了 29%；而尤以 Mo 的转移最为显著，其含量由运行前的 0.135%增加到 0.303%(占总钼含量的 35.6%)，增加了 124%；而碳化物中钒含量的变化仅由运行前的 0.12%增加到运行后的 0.14%。这与由碳化物形成热的理论预计相符合。

碳化物熟化过程主要受控于碳化物组成原子在基体与碳化物之间的迁移。也就是说，主要受控于碳化物组成原子在基体中的扩散系数。众所周知，碳原子在α-Fe 中的扩散是很快的，因此必须尽可能降低钢的碳含量(这正好满足了管用热强钢弯管的塑性成型性和可焊性的工艺性需要)，并且尽可能将碳原子牢牢地固定在碳化物中，于是加入强碳化物形成元素 V、Nb、Zr、Ti 等进行补充合金化形成 MC 型碳化物，它们的形成热很高，因而热稳定性高。因此，向马氏体热强钢中加入适量的强碳化物形成元素 V 和 Nb 等，进行固碳合金化以稳定碳化物，延滞 Mo、Cr 向 $M_{23}C_6$ 型碳化物中转移而延缓熟化过程是适当的。

7.4.2 T91 钢的运行老化实例

主蒸汽管道在服役运行时承受热、应力、腐蚀、振动等的联合作用，钢的老化进程会有所加快。

1. 运行前 T91 钢管的组织性能

T91 钢管的金相组织为回火板条马氏体(图 7.27)，可估计出奥氏体晶粒直径约 20μm。TEM 下可见其高温回复的回火马氏体板条和亚晶块，也可见位错网络，这些尚属正常。但是 $M_{23}C_6$ 型碳化物的颗粒大，形状为卵圆形，显然发生了明显的熟化，这是不良的。组织结构的 TEM 像表明，原始钢管的回火温度高了，处于过回火状态，所幸马氏体板条尚未粗化。

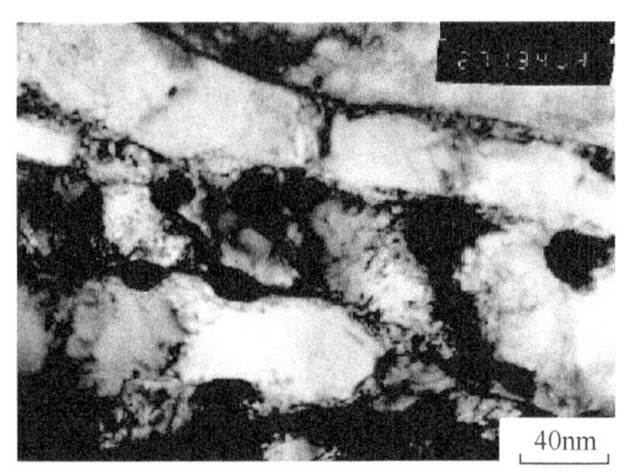

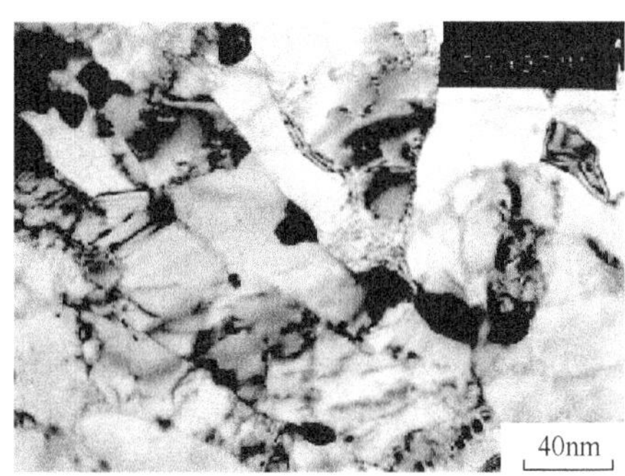

图 7.27　原始 T91 钢管组织结构的 TEM 像

原始 T91 钢管的拉伸强度和塑性及硬度列于表 7.9。明显可见，各性能值的标准误差较大，这是薄管试样保留原始轧制表面的原因。T91 钢管的室温冲击性能列于表 7.10。由于试样尺寸减小了一半(5mm×10mm，V 型缺口)，冲击能量也就减小了一半。

表 7.9　原始 T91 钢管的强塑性(8 个试样平均值 x 及标准误差 s)

温度	平均值 x/标准误差 s			
	$\sigma_{0.2}$ / MPa	σ_b / MPa	δ /%	硬度(HB)
室温	522.50/28.16	683.13/15.57	24.25/1.75	217.75/3.72
600℃	316.88/14.13	350.00/10.35	21.38/1.30	
650℃	240.00/10.00	274.38/4.17	24.25/1.91	

表 7.10　原始 T91 钢管室温冲击性能(12 个试样平均值 x 及标准误差 s)

冲击性能	A_m /J	a_m /(J/cm^2)	A_t /J	a_t /(J/cm^2)
平均值 x/标准误差 s	16.56/0.58	41.40/1.45	85.55/5.95	213.88/14.88

运行前 T91 钢管为韧性破断，其断口如图 7.28 所示，启裂区宽且起伏大，纤维扩展区为微孔聚合型韧性破断。启裂区宽且起伏大，表明裂纹形成能量大；无放射扩展区，纤维扩展区为微孔聚合韧窝型，钢管的强韧性较好。

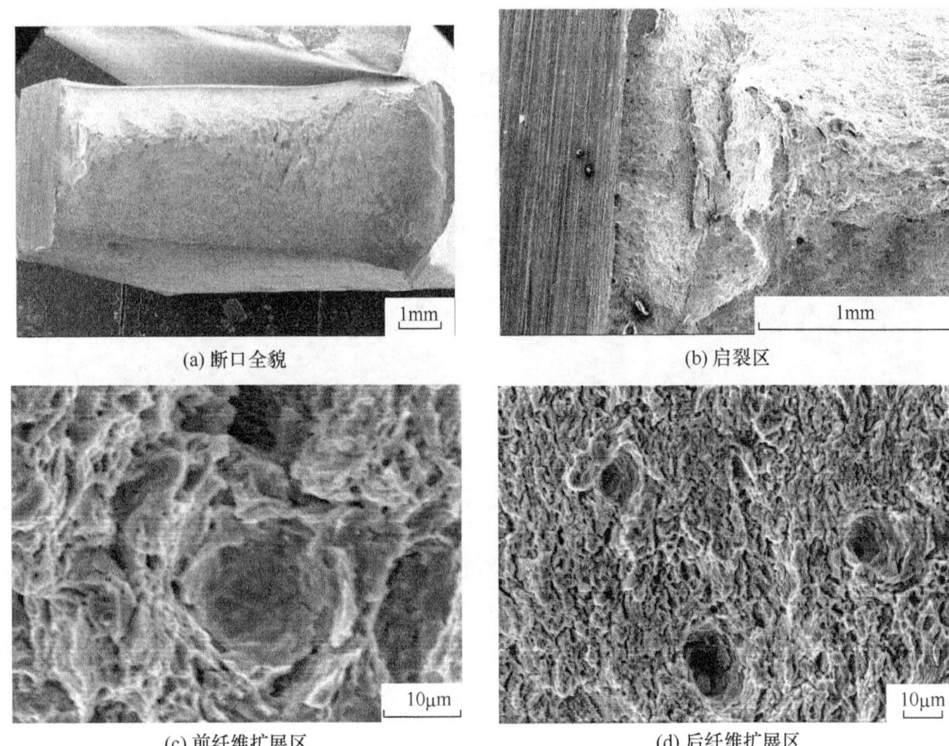

(a) 断口全貌 (b) 启裂区

(c) 前纤维扩展区 (d) 后纤维扩展区

图 7.28 T91 钢管冲击断口的 SEM 像

2. 运行一年 T91 钢管的组织性能退化

对用上述 T91 钢管部分替代 SUS321HTB-S 钢管和 STBA24 钢管改造的过热器，在运行一年后，进行强塑性和硬度检测的结果列于表 7.11。将表 7.11 的拉伸性能和硬度与表 7.9 原始钢管性能进行比较发现，运行一年的 T91 钢管与未运行的原始钢管相比，高温 600℃时的伸长率显著增大 9.9%，650℃时显著增大 7.8%，其余各项性能皆与原始管无显著差异(600℃的强度虽有降低，但不显著)，以表 7.12 的 t 检验为证。

表 7.11 T91 钢管运行一年的强塑性(4 个试样平均值 x 及标准误差 s)

温度	平均值 x/标准误差 s			
	$\sigma_{0.2}$ /MPa	σ_b /MPa	δ /%	硬度(HB)
室温	508.00/9.75	676.00/9.62	23.60/1.08	216.83/0.75
600℃	303.75/14.36	336.25/18.87	23.50/2.12	
650℃	241.25/16.01	270.00/24.50	26.13/0.75	

表 7.12　T91 钢管运行一年和运行前拉伸性能和硬度差异的 t 检验

(n_1=8，n_2=4，N=10，$t_{0.10}$=1.81，$t_{0.05}$=2.23，$t_{0.02}$=2.76，$t_{0.01}$=3.17，$t_{0.001}$=4.59)

指标	室温			600℃			650℃			室温
	$\sigma_{0.2}$	σ_b	δ	$\sigma_{0.2}$	σ_b	δ	$\sigma_{0.2}$	σ_b	δ	硬度(HB)
t	−0.98	−0.83	−0.67	−1.51	−1.67	+2.18	+0.17	−0.52	+1.86	−0.48
显著差异※						※			※	

然而，冲击性能则不同，运行一年的室温强韧性(表 7.13，4mm×10mm 的 V 型缺口试样)除最大冲击力能量 W_m 增大 5.9%之外，总冲击能量 W_t 显著减小 33%。其显著性差异的 t 检验值达－7.83(n_1=12，n_2=3，N=13，$t_{0.10}$=1.77，$t_{0.05}$=2.16，$t_{0.02}$=2.65，$t_{0.01}$=3.01，$t_{0.001}$=4.221)。这就是说，一年运行中所发生的各种变化，用冲击破断含有裂纹扩展的能量(W_t-W_m)可以灵敏地反映出来(更确切地说是能量 W_t-W_{iu})。显然，T91 钢管在高温高压环境中服役一年后，力学性能发生了脆化退化现象。

$M_{23}C_6$ 型碳化物的熟化不仅表现在其尺寸、形态、分布的变化，而且表现在成分的变化，这种变化是碳化物形成元素 Mo、Cr、V 等从基体中的固溶态向碳化物中的化合态的转移。对碳化物进行电解萃取碳化物粉的 XRD 分析的结果见表 7.14，表中括号中的百分数为其相对的变化量。碳化物类型 90%以上是 $M_{23}C_6$ 型，仅有少量的 MC 型。

表 7.13　T91 钢管运行一年的室温冲击性能(3 个试样平均值 x 及标准误差 s)

冲击性能	W_m /J	w_m /(J/cm²)	W_t /J	w_t /(J/cm²)
平均值 x/标准误差 s	14.03/0.81	43.84/2.53	45.53/3.00	142.28/9.38

表 7.14　T91 钢管运行一年的碳化物成分变化

元素与含量		碳化物		基体	
		原始管	运行一年管	原始管	运行一年管
Cr	含量/%	1.06	1.37(增加 29%)	7.51	7.20
	占 Cr 总量的质量分数/%	12.4	16.0(增加 29%)	87.6	84.0
Mo	含量/%	0.135	0.303(增加 124%)	0.715	0.547
	占 Mo 总量的质量分数/%	15.9	35.6(增加 124%)	84.1	64.4
V	含量/%	0.12	0.14(增加 17%)	0.09	0.07
	占 V 总量的质量分数/%	57.0	66.7(增加 17%)	43.0	33.3

合金元素 Cr、Mo、V 等原本大量地固溶在基体中，产生了显著的固溶强化效果，特别是提高了钢的热强性。由表 7.14 可见，T91 钢管服役一年后，合金元素 Cr、Mo、V 等由固溶态的基体向化合态的碳化物迁移，迁移至碳化物中的相对量以 Mo 最多，为 124%；Cr 次之，为 29%；V 最少，为 17%。这和它们与 C 化合的生成热一致。但是这种迁移降低了基体的固溶强化效果，增大了基体固溶体的塑性。这就是拉伸塑性和最大冲击力能量在运行一年后有所增大的原因之一，另一原因则是难以直观判别的碳化物粒子的熟化，这也就损害了钢的热强性和热稳定性。元素 V 和 Nb 的加入就是要稳定和减缓 Mo 与 Cr 的这种迁移，由表 7.14 可见 V 的迁移量是少的，正是由于 V 和 Nb 的这种固 C 作用，才使得 Cr 和 Mo 能够在高温时还大量地固溶在基体中而保持钢的热强性。

图 7.29 为 T91 钢管运行一年组织结构的 TEM 像，与运行前相比，碳化物等组织结构数量、尺寸、形态、分布的变化难以定量确定，这是由于原回火态已发生碳化物的显著熟化。

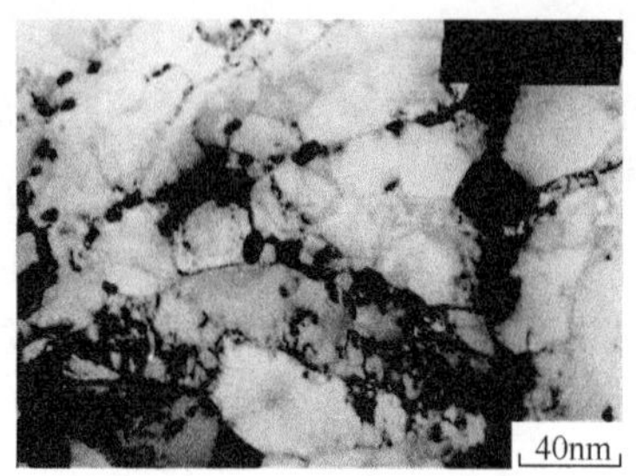

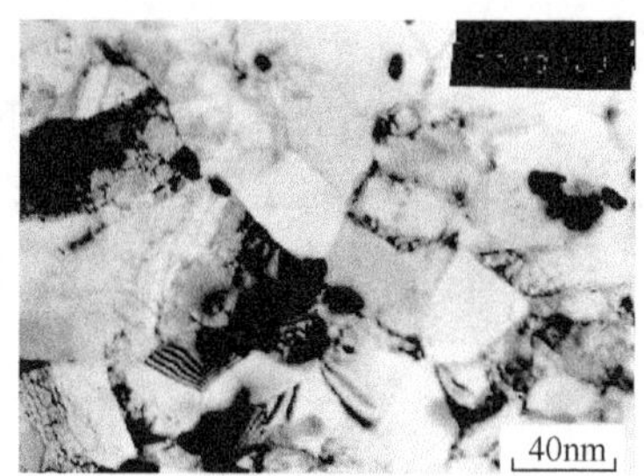

图 7.29　T91 钢管运行一年组织结构的 TEM 像

7.4.3　弥散相熟化老化的解析

过饱和固溶体脱溶沉淀与析出的弥散相在晶内呈弥散粒分布时，其形貌主要取决于相界能，它总有使相界总能量γs(γ为相界面张力，s 为相界面积)尽可能减小的趋势。最初脱溶的弥散相粒子微小，且与固溶体基体之间以低相界能的共格或准共格相界面相容，这时两相的比容差引起的点阵弹性应变，可能成为系统总能量变化的主要项，为降低系统总能量，弥散相的最初沉淀，往往成为低点阵弹性应变形态的片状、盘状、针状、棒状等。

随着脱溶过程的进行，弥散相粒子长大，共格或准共格界面不能维持，相界面往往转化为高能的小平面化界面。于是相界能就成为系统总能量变化的主要项，弥散相在长大时为使γs 减小，对于各晶面能差别不大的弥散相，往往向接近球形(如十四面体)或卵形的以低能的密排晶面围成的多面体转化，又由于毛细管曲率效应而形成球形或卵形粒子。

$$\gamma_{\alpha\alpha} = 2\gamma_{\alpha\beta}[\cos(\delta/2)] \tag{7.12}$$

利用弥散相粒子进行合金强化时，通常是希望弥散粒保持较小的粒子尺寸和较大的分散度，这时合金具有好的性能。用这样的合金制成的装备在热环境中使用时，热激活可能引起弥散相粒子的熟化(粗化)，导致材料的性能衰退，此即弥散相熟化老化。

公认的弥散相粒子熟化理论认为，弥散相粒子熟化概念包括小粒子的消溶、溶质原子在基体中的扩散、大粒子的长大等三个重要过程。本书作者研究认为，熟化概念还应包括熟化过程中弥散相组成元素从基体固溶态向弥散相化合态转移的第四个重要过程，也就是弥散相的组成结构形态和组成元素浓度，在弥散相粗化的过程中，是逐渐向平衡结构和饱和浓度演变的。例如，以 Cr、Mo、V 合金化的铁素体热强钢中的弥散碳化物粒子，在熟化过程中，发生小粒子消融于铁素体中而使大粒子原位长大，碳化物粒子在保持总体积分数基本不变的同时，使碳化物的总粒子数减少和粒子间距增大的弥散度降低，并使大粒子由长条形向卵形演变。同时还发生了固溶于铁素体中的 Mo 与 Cr 元素向碳化物粒子中的转移，致使铁素体中固溶的 Mo 与 Cr 减少，而碳化物中的 Mo 与 Cr 则增多。

1. 熟化驱动力

由毛细管效应可知，固溶体基体中的弥散小粒子的界面处与固溶体基体间的平衡浓度取决于小粒子的界面曲率，在弯曲界面边上，与小粒子平衡的固溶体相中的溶质浓度，大于平直界面边上的平衡浓度，也就是说弥散粒子在固溶体中的溶解浓度随粒子的尺寸大小不同而异，较小粒子附近溶质原子的浓度高于较大粒子，这种溶解度的差别会建立起浓度梯度。于是便引起了弥散相组织结构的不稳定，其变化的趋势是使浓度梯度减小，相界面积减小，系统的界面能减小，自由能降低。显然，相界面能就是弥散粒组织结构不稳定的驱动力。然而，粒子尺寸的影响只有当其曲率半径小到纳米级才是重要的。例如，粒子 r=10nm 时溶解度增大约 10%。

弥散相粒子熟化的驱动力，公认是弥散相粒子的界面自由能。本书作者认为，弥散相组成元素在基体和弥散相中分布的化学位，是弥散相颗粒熟化的第二个驱动力。这就是说，弥散相粒子熟化的驱动力为：①较小弥散相粒子的界面自由能引起自由能增加的效应；②弥散相组成元素在基体固溶态和弥散相化合态中分布的化学位差。

由此导致弥散相粒子熟化的结果是：①较小的弥散相粒子消融，较大的弥散相粒子长大，并趋向卵圆形；②弥散相组成元素由基体固溶态向弥散相化合态转移，导致该元素在基体中的固溶浓度降低，在弥散相中的浓度增高；③有些弥散相如碳化物，在从固溶体中脱溶而形成以及随后的成长过程中，还会发生弥散相结构的改变以及组成元素组分和浓度的改变。

2. 熟化机制

与小粒子析出物紧邻的周围固溶体基体中的溶质浓度，必大于与较大粒子析出物紧邻的周围固溶体基体中的溶质浓度。在较小粒子和较大粒子之间，由于在固溶体中溶解度的差别，会在固溶体中建立起溶质的浓度梯度。因此，在析出物之间的周围固溶体基体中，溶质原子便沿着这个浓度梯度，有从与较小析出物粒子紧邻的周围固溶体基体中向与较大析出物粒子紧邻的周围固溶体基体中的扩散流。其结果是，较小的析出物粒子不断溶解，溶质原子扩散至较大析出物粒子的周围，越过大粒子的相界面在大粒子上沉积，使大粒子不断长大。形成弥散相的溶质原子从一些小粒子表面解晶，穿过相界面，固溶入基体，在浓度梯度作用下向大粒子处扩散，再穿过相界，在大粒子表面结晶，出现了小粒子缩小和大粒子长大的相界面迁移。对具体的粒子而言，过程随着小粒子尺寸的缩小和大粒子尺寸的增大而加速进行，直到小粒子消失。这种小粒子表面解晶和大粒子表面结晶，需要溶质原子的远程扩散，因此其控制因素是溶质原子在固溶体中的扩散过程。

由扩散的浓度分布微分方程误差函数解的引数$\{x/[2(Dt)^{1/2}]\}$很容易得出结论，弥散相长大的线性尺寸随$(Dt)^{1/2}$增大，即只要界面移动是由体扩散控制的，均为抛物线规律。

然而，对于短路扩散值得在此特别指明，当弥散相形核于晶界上时，通常晶界析出物并不形成沿着晶界的连续膜，而是孤立的颗粒，沿晶界的短路扩散，使它们的生长快得多，这时晶界犹如一个片状的溶质收集器和输送器。这种晶界析出物的长大分三步进行：溶质向晶界的体扩散，溶质沿晶界扩散到析出物相界面上，溶质通过界面过程使析出物生长。当有置换式溶质原子的扩散存在时，这一机制非常重要。在填隙固溶体中，因为填隙原子的体扩散速率也大，这种短路扩散相对来说就不是太重要了。

3. 熟化动力学

熟化时，析出相的体积分数保持不变，Greenwood(马丁和多尔蒂，1984)由质量平衡分析获得析出相的瞬时长大速率方程为

$$\mathrm{d}r/\mathrm{d}t=\frac{2\gamma V^2DC}{kT}\frac{1}{R^2}\left(\frac{r}{R}-1\right) \tag{7.13}$$

式中，r为颗粒半径；R为平均颗粒半径；γ为表面张力；V为原子体积；D为基体中的扩散系数；C为平直界面平衡浓度。方程表明，半径$r<R$的颗粒将溶解，

并且以不断加快的速度溶解。同时 $r>R$ 的大颗粒长大，且长大中的大颗粒一旦达到 $r>2R$，则相对于其他较小颗粒，长大速率将减缓。因此，系统中不会持续地存在 $r>2R$ 的颗粒。

Лившиц 和 Wagner 对系统中存在的颗粒尺寸的分布进行了统计分析。结果指出，颗粒尺寸的分布可以达到准稳定状态，且与原始的尺寸分布无关。求得的分布具有很有限的范围，并指出大于 1.5R 的颗粒不能存在。所得颗粒平均半径与时间的关系为

$$R^3 - R_0^3 = \frac{8}{9}\frac{V^2\gamma CD}{kT}t \tag{7.14}$$

式中，R_0 为熟化前的原始平均颗粒尺寸。

熟化速率正比于乘积γCD，因此欲减小熟化速率，至少在γ、C、D 中有一个数是低的，这对于那些强度取决于析出强化的在高温中服役的合金具有重要的指导意义。

低γ，如 Ni-Cr 合金中加入 Al 和 Ti，依靠有序面心立方相 $Ni_3(Al, Ti)\gamma'$ 弥散分布而强化，相界面完全共格，γ=10～30 mJ/m^2，共格失配度δ=0%～0.2%(具体数值取决于成分)。δ=0%的总蠕变破断寿命比δ=0.2%高约 50 倍。

低 C，如用 ThO_2 弥散强化 Ni 或 W 获得高温时的高强度，是由于氧化物在金属中不溶解。

低 D，如 9%～12%Cr 系管道用热强钢，含有强碳化物形成元素 Mo 和 V，是为了稳定碳化物，降低碳的扩散，而强碳化物形成元素 Mo 和 V 是代位原子，自身的扩散很慢。并且降低了碳化物的溶解度，使基体中的碳含量也低。

由此可对弥散粒的熟化得出如下规律：

(1) 小于平均粒子半径 R 的所有粒子均收缩，当小粒子半径与平均粒子半径比 r/R 接近零时，收缩速率迅速增加。

(2) 大于平均粒子半径 R 的所有粒子都长大，长大速率 $\mathrm{d}r/\mathrm{d}t$ 在 $r=R$ 时为零，随着 $r>R$ 长大速率增大，$r=2R$ 时长大速率达到最大值，$r>2R$ 时长大速率降低。

(3) 随着熟化过程的进行，R 增大时，所有析出物尺寸的长大速率均降低，并且 $r>2R$ 粒子的长大速率小于 $r\approx 2R$ 的粒子。这样，弥散粒的熟化常常不会有远大于 2R 的粒子。

(4) 熟化过程受扩散控制。

(5) 低相界面能、低溶解度和低扩散系数是阻止弥散粒熟化的因素。

(6) 某些具有一定弹性失配度的准共格相界面的盘形析出物的合金，在发生析出物的稳定分布时能够阻止熟化。

(7) 随着弥散粒体积分数的增大，熟化速率大大增高。

(8) 熟化速率具有指数动力学规律：

$$R^n = kt \tag{7.15}$$

(9) 组织结构加速熟化过程，并可能导致较高次的指数 n 动力学规律。

(10) 随着温度的升高，熟化过程加速。

(11) 基体的热力学不平衡加速熟化过程，随着基体热力学平衡程度的增大，熟化过程减缓。

(12) 本书认为，弥散相的结构形态和组成元素浓度，在固溶体脱溶和弥散相形成与成长的过程中是逐渐趋于平衡态的，因而在熟化过程中弥散相的组成元素会由基体中向弥散相中扩散，以取得在基体和弥散相之间的化学位平衡。

7.4.4　M5 孪晶马氏体的热老化抗力

核燃料包壳管多用锆合金 M5 制成，是在近 400℃的高温、胀管力、腐蚀及辐照的恶劣环境中服役的，其力学破坏失效形式主要是周向应力引发的胀管鼓包及轴向裂纹破裂。

1. 强度和塑性

研究所用材料为中国产 M5 包壳管，原状态为冷轧再结晶退火，组织结构为多晶粒固溶体上弥散分布的微粒，强化方法主要为细晶强化、弥散强化及固溶强化，如图 7.30(a)所示。锆合金 M5 包壳管淬火和回火状态最优化的回火温度为 610℃，回火时间为 8h。其组织结构为孪晶马氏体，如图 7.30(b)所示。

(a) 原服役的退火态

(b) 淬火回火态

图 7.30　M5 包壳管组织结构的 TEM 像

原轧制退火服役态和淬火回火试验态的拉伸曲线如图 7.31 所示，其拉伸力学性能列于表 7.15 和表 7.16。锆合金 M5 包壳管在服役过程中的主要失效形式为周向应力引发的胀管鼓包及轴向裂纹破裂，显然包壳管的周向强度不足以应对服役要求，故主要研究周向拉伸性能。周向强度和周向静力韧度为考量 M5 锆合金包壳管工程应用最重要的指标。

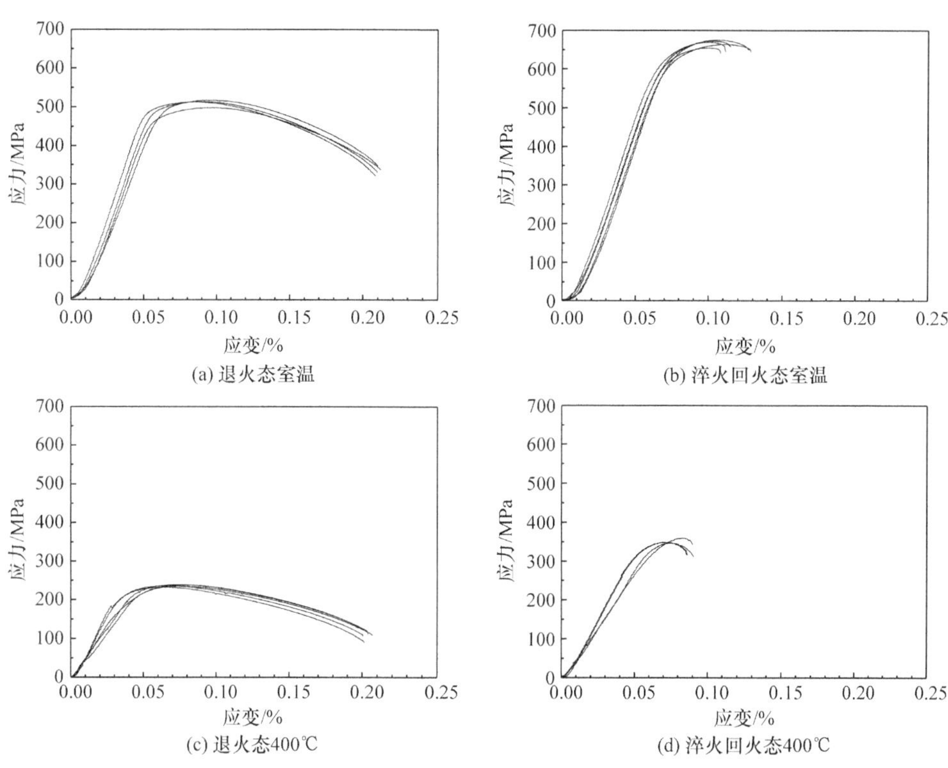

(a) 退火态室温

(b) 淬火回火态室温

(c) 退火态400℃

(d) 淬火回火态400℃

图 7.31　M5 包壳管退火态及淬火回火态的周向拉伸应力-应变曲线

表 7.15　M5 包壳管周向拉伸性能

材料状态	试验温度	抗拉强度/MPa		屈服强度/MPa		断后伸长率/%	
		平均值	标准误差	平均值	标准误差	平均值	标准误差
退火	室温	510.34	7.52	475.09	11.57	18.02	0.58
退火	400℃	236.20	2.50	188.21	5.88	19.93	0.88
淬火回火	室温	666.95	7.43	507.48	9.60	5.87	0.13
淬火回火	400℃	348.02	0.92	286.70	5.07	4.20	0.58
退火	室温	18.20	1.15	5.15	0.31	28.97	0.44
退火	400℃	25.16	0.27	1.63	0.04	11.28	1.10
淬火回火	室温	6.25	0.84	5.18	0.45	40.66	2.93
淬火回火	400℃	6.23	0.60	0.96	0.04	14.19	0.16

表 7.16　M5 包壳管室温轴向拉伸性能

材料状态	抗拉强度/MPa	屈服强度/MPa	伸长率/%	静力韧度/(MJ/ m^3)	均匀静力韧度/(MJ/ m^3)
退火	523.32	379.96	32.31	25476.71	9037.91
淬火回火	645.33	560.77	12.42	9191.91	4943.39

由表 7.15 和图 7.31 可见，周向拉伸时，M5 包壳管淬火回火态的强度在室温时和高温 400℃时均高于退火态；均匀静力韧度在室温时和高温 400℃时也均大于退火态；均匀塑性变形能力在室温时高于退火态，但高温 400℃时低于退火态；局部塑性变形能力在室温时和高温 400℃时均明显小于退火态。

于是，就包壳管的拉伸强度和拉伸颈缩前的均匀静力韧度(表征了拉伸颈缩前均匀塑性变形所消耗的能量)这两项最重要的力学性能指标而言，M5 淬火回火态的孪晶马氏体组织的性能均高于原退火态的细晶强化和弥散强化的固溶体组织。

2. 热老化

400℃热老化 600～1700h，用以考察孪晶马氏体的热稳定性，其结果见表 7.17 和图 7.32～图 7.34。由此可知，400℃×1700h 之内的热老化对淬火回火态 M5 的孪晶马氏体的组织和力学性能无明显影响，拉伸断口均为微孔聚合，孪晶马氏体组织(图 7.32)和性能具有良好的热稳定性。

表 7.17　淬火回火态 M5 包壳管热老化 1000h 后的室温轴向拉伸性能(平均值)

材料状态	抗拉强度/MPa	屈服强度/MPa	伸长率/%	静力韧度/(MJ/ m^3)	均匀静力韧度/(MJ/ m^3)
淬火回火态	645.33	560.77	12.42	9191.91	4943.39
热老化 1000h	645.46	552.27	12.43	10629.27	5271.61

图 7.32　M5 包壳管淬火回火态热老化 1700h 孪晶马氏体组织结构的 TEM 像

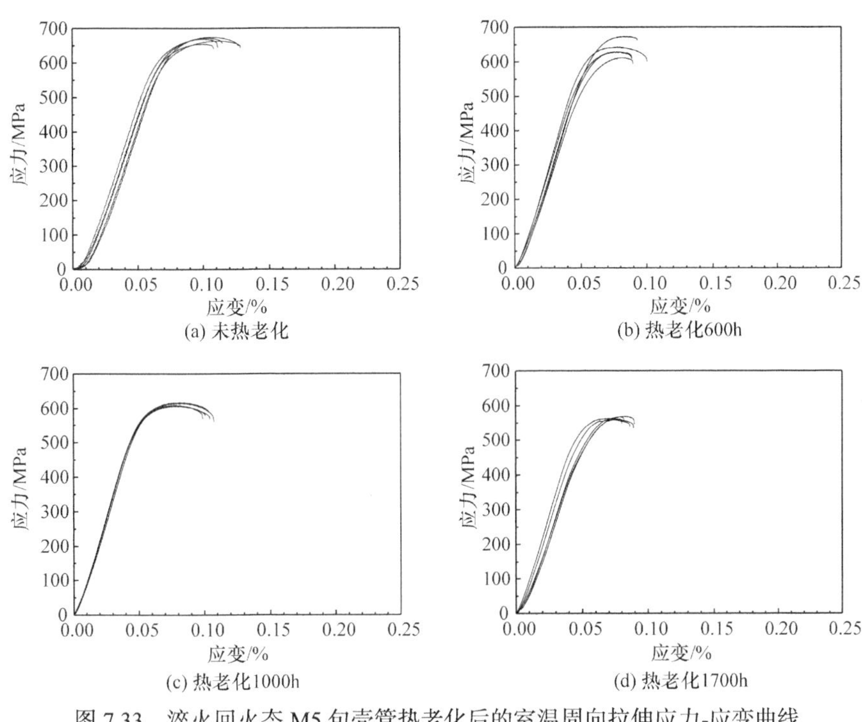

图 7.33　淬火回火态 M5 包壳管热老化后的室温周向拉伸应力-应变曲线

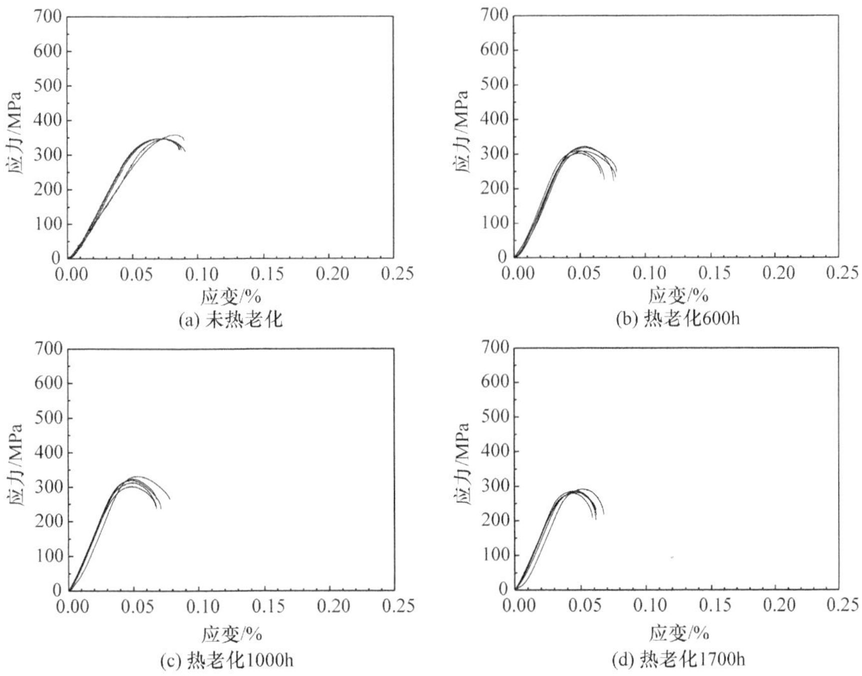

图 7.34　淬火回火态 M5 包壳管热老化后的 400℃周向拉伸应力-应变曲线

7.5 晶界效应引发的老化

工程金属合金中的晶界，与位错同等地影响金属合金的性能。在热环境中的长期服役将引发诸如晶界平衡集聚、晶界面扩散传质等晶界面物理效应的改变，并由此导致晶界出现脆化老化。

7.5.1 元素晶界集聚脆化

1. 晶界平衡集聚

表面吸附引发了晶体表面自由能的降低，这是热力学的平衡过程，而且可逆。平衡集聚定义为:固溶的异质原子在热力学平衡状态向晶界地带集聚并保持固溶。试验结果显示，引起钢脆化的杂质元素 P 几乎全部平衡集聚在晶界上，P22 钢的晶界磷含量约达 20%。本书作者检测到硼钢中的脆化杂质 Sn 在晶界的含量也高达 20%(图 7.35)。这种异质原子向晶界的平衡集聚是钢脆化的根源。

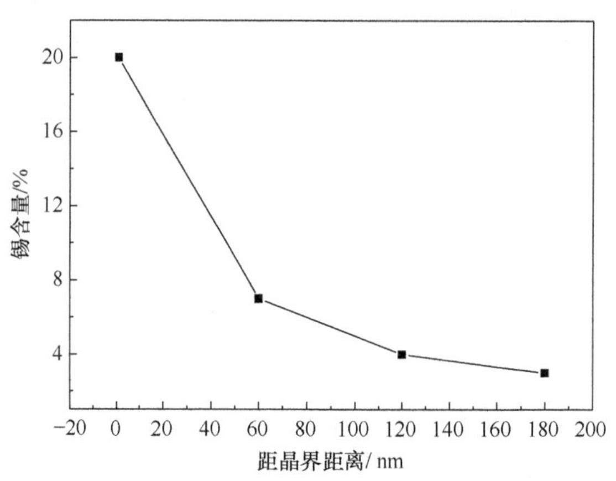

图 7.35 钢中锡含量沿晶界厚度的变化

平衡集聚的发生是因为异质原子在点阵固溶时引起较大的点阵畸变，而在晶界则较小，这种点阵固溶畸变能的差异就是平衡集聚的驱动能。平衡集聚是热力学稳定的可逆过程。平衡集聚仅局限于晶界的数个原子间距层。平衡集聚使晶界能降低，并使晶界扩散过程减慢。

平衡集聚造成了异质原子在晶内和晶界的分布严重不均匀，晶界浓度 C_g 显著高于晶内的点阵浓度 C_l，可根据如下的 McLean 关系式得出(麦克林，1965)。

$$C_g = AC_l\exp\left(\frac{E}{RT}\right) \tag{7.16}$$

式中，E 为异质原子固溶于点阵及晶界所引起的畸变能的差值，可视为异质原子与晶界的结合能；A 为系数，与振动熵有关。显然可知：①C_g 是 E、T、C_l 的函数；②不同元素的 E 值不同，所表现的平衡集聚行为也就不同；③当 E 和 C_l 一定时，C_g 取决于 T，随着 T 的升高，C_g 按指数规律下降，在足够高的温度下，平衡集聚消失；④对于 T，有与之对应的平衡集聚度 $C_g/C_l=\beta$，随着 T 的降低，平衡集聚度呈指数增大，有时甚至高达 10^4 数量级。随 C_l 的增大或减少，C_g 也增大或减小，即 C_g 和 C_l 保持一定的平衡关系。

平衡集聚度还与二元系异质元素的最大固溶度 C_m 呈反比的线性关系：

$$\ln(C_g/C_l)=a+b\ln C_m^{-1} \tag{7.17}$$

式中，a、b 为常数。

本书作者研究发现，异质原子平衡集聚须有热激活以进行长距离的扩散，因此当温度 T 过低，以致异质原子不能显著扩散时，平衡集聚会被快冷(淬火)所冻结。被冻结后的平衡集聚在重新加热至一定温度时又会解冻。平衡集聚度因为 T 的升高而减小，扩散却随 T 的升高而增大，结果使平衡集聚在动力学上表现出 C 曲线的特征。钢中的硼就是一个典型的平衡集聚元素，结构钢在奥氏体状态时硼的平衡集聚大约发生在 500～1000℃，等温 C 曲线的鼻尖温度约为 700℃。

晶界面积密度 s(单位体积所含晶界面积的量)与平衡集聚度成反比，故将方程(7.16)修正为

$$C_g=AC_l d\exp\left(\frac{E}{RT}\right),\quad d=2/s,\quad s=8[(2^{N-1})^{1/2}] \tag{7.18}$$

式中，d 为晶粒直径(mm)；A 为系数；N 为晶粒度号数。这是容易理解的，平衡集聚本来就是发生在晶界上的现象，所以晶粒越细，晶界异质原子浓度便越低。结构硼钢中 B 平衡集聚的 A=431 mm^{-1}，E=40kJ/mol。

异质原子在晶界的富集除热力学稳定的可逆过程平衡集聚之外，还有一种热力学不稳定的不可逆过程：不平衡偏聚。不平衡偏聚在晶界的富集宽度远大于平衡偏聚，这就是图 7.35 中 Sn 富集浓度甚宽的原因。不平衡偏聚是在异质原子的扩散跟不上温度变化的平衡态时出现的。

2. 晶界脆化

平衡集聚常常使得一些点阵固溶的微量及痕量元素本来似乎对影响金属的性能无能为力，却由于它们在晶界上的大量富集而对金属的性能产生严重的实际后果。它们对金属的性能、相变、晶界迁移、晶间腐蚀、晶界破断、回火脆性、淬透性等都有决定性的影响。影响之大有时甚至令人吃惊，钢中的 B、P、C、N、

Sn、Sb、As 等就是这样的一些元素，0.0005%～0.0030%B 就能使结构钢的淬透性成倍地提高，微量 Sn 也能使结构钢出现严重的脆化。

合金结构钢淬火回火成回火索氏体组织，杂质元素 Sb、Sn、As、P 等在晶界的平衡集聚导致的第二类回火脆，可以在回火后的快速冷却中避免。然而，当装备是在热环境中长时间服役时，即便是服役温度低于第二类回火脆的温度，但由于服役时间很长，这些能使钢产生沿晶界脆性破断的杂质元素，仍然能够在长期日积月累中向晶界平衡集聚而使钢变脆，使韧脆转变温度升高，甚至发生沿晶界脆性破断进而危及安全性和可靠性的热老化事故。

汽轮机转子轴和发电机转子轴就是以回火索氏体组织状态使用的。在汽轮机转子轴和发电机转子轴等直径 1200mm 大锻件中碳 NiCrMoV 钢的加工制造中，由于制品尺寸庞大，第二类回火脆是个特别重要的问题；以及在后来它们的服役中，也会在低热的长久作用下发生服役老化脆，这种老化脆其实是第二类回火脆的延续，回火热处理的时间较短，杂质元素在晶界的平衡集聚尚不充分，在热环境中的服役使杂质元素在晶界的平衡集聚得以延续进行而产生老化脆。

为了缓解汽轮机转子轴和发电机转子轴等大锻件中碳 NiCrMoV 钢的回火脆和服役老化脆，人们进行了大量研究，主要技术在于：①严格控制钢中的杂质元素，特别是 Sb、Sn、As、P 等，使用清洁钢；②合理配比 Cr 与 Ni 的含量，这两个元素不可同时多用，应当 Cr 多则 Ni 少或者 Ni 多则 Cr 少，例如，美国采用 3.5%Ni-0.5%Cr，欧洲德国采用 3%Ni-1.5%Cr；③Mo 的添加以 0.5%为宜，不可过多，过多时 Mo 以 Mo_2C 沉淀反使脆性增大，适得其反；④使钢晶粒细化。

这种杂质元素在晶界的集聚并非依赖组织类别，因而即便不是马氏体回火解体的回火索氏体组织，无论何种组织，只要在能够发生杂质原子向晶界的平衡集聚，均可出现沿晶界的脆化老化。

热环境中杂质原子的平衡集聚会引发晶界脆化老化，回火屈氏体组织的中碳结构钢制品，在热环境的长期服役中多次发生的脆断事故，经查明是由晶界集聚的杂质 P 或 Sn 所致。但是有人发现 Cr-Mo 系热强钢 P22 中 P、Si、Mn 的联合存在，由于 P 的晶界集聚降低了晶界扩散，阻滞了晶界微空洞的形成，却提高了钢的 500℃持久强度。这就是说，微量和痕量元素对金属性质的影响是一把双刃剑，既有有害的一面，也有有利的另一面。于是，微量和痕量元素这些放在过去甚至是不足挂齿的问题，现在正越来越引起人们的关注和研究兴趣。

7.5.2 晶界析出脆化

钢中的 Sb、Sn、As、P、C、N、B 等杂质或异质原子在晶界面的富集通常会使晶界脆化，这些杂质或异质原子富集达一定程度后，在晶界析出杂质或异质相，更加重晶界的脆化。例如，结构硼钢当硼含量达 0.0030%及以上时，晶界可能出

现 $(Fe,B)_{23}C_6$ 或 Fe_2B 而使钢变脆。

铁素体不锈钢制品在热环境中的长期服役，会激发合金元素，如 C、N、Si、Mn、Mo、Ti、Cr 等元素的迁移运动，从而引发碳化物、σ 相在晶界的析出与聚集而导致性能劣化。

7.6　形变金属的回复与再结晶老化

使金属产生形变与应变而强化，是金属强化的重要途径之一。常见的形变与应变金属的强化，如冷变形强化：冷轧型材、冷轧薄板材、冷拉线材、喷丸、滚压等，以及形变热处理强化与热处理形变强化。广义的马氏体相变强化也引起形变与应变强化。这时金属中的无序结构密度，特别是位错密度大增，并以点阵畸变能的形式储存在无序结构中。同时，弹性应变能也以内应力的形式储存在金属体中。

热能是常用的三个有关核电站的重要词汇(核能、热能、电能)之一，就是这种热能激活了材料老化演变速率的加快，因此热作用下的材料性能劣化(核电行业内称为热老化)就成为核电站装备材料服役中的重要问题之一。

在核电站，其装备大多是在热能影响的环境中服役的。构件中储存于无序结构中的大量点阵畸变能使构件金属处于高能的不稳定状态，这种高能的不稳定状态在热的作用下会因原子的活动能力被激活，并趋于释放点阵畸变能使其降低，结果是随着装备服役时间的延续，材料中位错等无序结构的组态进行缓慢的重新组合，结构的改变导致形变与应变强化效果降低，这就是老化。其老化程度取决于热能所造成的温度高低，温度越高，对形变与应变强化造成的损害越大，构件的安全性和可靠性便越受损，也就是老化越严重。当形变与应变强化效果降低到低于设计值时，构件便老化得不能再使用了，构件的寿命也就终结了。

7.6.1　冷形变金属的回复老化

冷塑性变形强(硬)化是金属的一种很有效的强化加工方法，在冷变形强化后再经 160～260℃低温回复消减内应力之后，便可在形变强化状态使用，如导电输电铜线、冷拉高强度钢丝、冷绕弹簧、钢丝绳、冷轧薄钢板、冷轧型材、表面喷丸强化等皆是如此。

1. 回复老化中的位错组态

形变与应变强化金属处于热力学的不稳定状态，其所储存的无序结构点阵畸变能大多存在于滑移面和晶界的位错胞壁中，由位错等无序结构在热激活状态释放其点阵畸变能而进行的位错等无序组态重组即为回复。形变金属回复过程中其结构的主要变化是位错组态的改变。回复的结果是金属的形变与应变强化程度减弱，即回复老化。

回复动力学具有弛豫过程的特点，等温回复过程中回复的程度在开始时变化很快，而随时间的延续则变化越来越小。一定的回复温度只能达到一定的回复程度。温度越高，回复程度越大，所需时间越短，回复速率越快。故控制和调整装备服役环境的温度与服役时间(也就是控制和调整材料的回复温度与时间)就可以控制回复程度。回复程度随回复温度的升高和回复时间的延长而增大，而温度的影响又大于时间。在装备服役环境的温度与服役时间不许可调整时，就应更换材料以确保控制回复程度。

回复过程中可能有数个机制在发挥作用。这主要取决于回复温度。低温回复是空位的运动，不平衡的空位消失；中温回复是位错的滑移和交滑移及位错反应等运动，位错胞壁规整化而形成亚晶块；高温回复是位错的攀移和滑移及交滑移以及位错反应等运动，使亚晶块长大，转动合并，以多边化的形式形成新的亚晶块。

很明显，回复过程中的位错组态具有举足轻重的作用，位错组态向低能状态的演化引发了形变强化金属的回复老化。

2. 回复老化案例

1) 输电线的热老化

输电线是核电站随处可见的装备。导、输电用的无氧纯 Cu，工程上常用冷拉拔加工成型并提高其强度，又以低温回复退火消减内应力和保证其电导能力。塑性变形在使金属强化的同时也使电阻升高，低温回复退火就能非常显著地使电阻降低，高温回复退火后电阻值基本恢复到塑性变形前的水平。退火制度的选择取决于对强度和电导率的要求。冷拉拔并低温回复退火后，输电线的强度由于形变强化而与完全退火状态相比有显著升高，电导率由于低温回复退火而与完全退火状态相比只相差些微。这就是输电线采用冷拉拔并低温回复退火加工制造的原因。

然而，输电线在服役过程中，由于自身电阻的存在，必然在电流通过时产生焦耳热。在输电线产生焦耳热的同时，输电线也向周围空间中散热。当产热与散热相平衡时，输电线便不会产生温度的过分升高；若产热大于散热，输电线便会由于产热剩余的累积而使自身温度升高，太阳的暴晒也会使电线升温。当温升较低而稳定在低温回复状态，且不激发回复过程继续进行的状态时，输电线便能可靠安全地服役。若温升较高且激发了回复过程的继续进行，便会发生中温回复或高温回复，甚至出现再结晶，这时输电线的强度便会显著降低，有发生输电线垂断的危险，这就是老化。

2) 冷绕弹簧的热老化

弹簧是机械装置中常见的储能与放能制件。用冷拉弹簧钢丝冷绕制作的弹簧，不能在热环境中使用也是同样的道理。共析成分的珠光体组织的钢条经索氏体等温分解并冷拉成丝后，在 250℃左右热浸油防锈处理(实际上也同时发生了低温回复退火)，这时钢丝的变形组织结构不仅进行了低温回复和消减内应力，同时也发生了碳氮化物的静态应变时效沉淀强化。这种钢丝再冷绕成弹簧后，在 260℃左右低温回复退火。若这种弹簧在热环境中长期服役，尽管环境温度较回复退火温度稍低，但因服役时间长，再加上服役中弹簧自身的功-热转化，也可能会使自身温度升高而热激活回复过程，使回复过程继续进行，就可能出现中温回复甚至高温回复，从而使冷绕弹簧发生弹力减退的退化老化。

3) 钣金成型件的热老化

除冷绕弹簧利用静态应变时效增强弹力外，核电站装备中有大量冷轧薄钢板经冷冲压成型的制品，也可使其发生低温回复消减内应力和碳氮化物的静态应变时效沉淀强化，提高其抗凹痕能力。但在使用中，热环境的烘烤则可能发生热老化而使抗凹痕能力降低。

7.6.2　冷形变金属的再结晶老化

在高于回复温度时所发生的变形金属合金显微组织结构的变化就是再结晶，这时由无畸变的等轴新晶粒取代了变形晶粒组织，同时其强度等性能也随之改变。这是位错被晶界吞噬引发的形变金属再结晶老化。

1. 再结晶老化

这里是一个可怕的发生在装备制造加工中的例子，某工厂在钢液的冶炼浇注时使用了高强度钢丝绳索起吊浇注钢包，虽然该钢丝绳索的承载能力远远高于注满钢液的钢包，但还是发生了惨烈的事故：钢丝绳索在吊运途中断了，钢包中的钢液倾翻飞溅，导致惨痛的人身伤亡事故。这是一个极端的再结晶老化事故，且发生过不止一次。

钢丝绳是用冷拉强化的高强度钢丝多股绞结制成，并经消减内应力的低温回复退火的产品，绝不可使用于温度过高的热环境中。但这里钢丝绳却受到钢液极高温度的烘烤，不仅热激活了高温回复，而且进一步激活了再结晶，从而发生了再结晶及随后的晶粒长大，致使钢丝绳的强度严重劣化而导致破断。显然，冷拉强化的钢丝绳是不适宜在高热环境中服役的。

影响再结晶的因素主要有温度、时间、合金元素、弥散粒组织、弥散显微空洞组织、脱溶的干扰、双相组织、原始晶粒尺寸、变形量、回复等。很显然，温度也就是热，是造成再结晶老化的首要驱动要素，因而要牢记形变强化金属材料不能在高热环境中使用。

2. 临界再结晶的危害

这是发生在核电站高加换热器装备中换热管制造加工不当的例子。采购来自美国的铁素体不锈钢 TP439 换热管(由轧制薄板经卷管焊接而制成)，其冷卷管的变形量正好使内、外表面层处于临界变形度的范围，在随后的热处理中便发生了临界再结晶而获得内、外表面层的异常粗大薄片层晶粒，其后果是严重损害了所制造的换热管的性能和使用寿命。在奥氏体不锈钢的冷轧薄板的冷变形制件上，也会出现表面层临界再结晶的异常粗大薄片层晶粒，这应引起注意。

结构钢冷轧薄板冲压件，也常常在成型时弯曲变形处的内、外表面层出现临界变形度，这对于质量良好的冷轧薄板钢所制的冷冲压件，并无什么影响。但若冷轧薄板在供货前的退火加工质量不良，出现了冷轧薄板表面薄层的全脱碳而使其表面薄层成为铁素体组织，则无论该冷冲压件随后是进行退火还是淬火回火，都会在冲压件的内、外表面层形成异常不均的粗大薄片晶粒，这将会严重恶化冲压件的力学性能。显然，形成这种不良状况的条件是：①钢冷轧薄板的表面薄层全脱碳的单相组织；②冷冲压件表面层的临界变形度；③能使发生临界再结晶与晶粒异常长大的热处理或使用中的热环境。三个条件缺一不可。钢冷轧薄板冷冲压件的这种粗大晶粒也会在切边处出现，这也符合上述三个条件。

想要使临界再结晶形成的异常粗大晶粒不出现，只要保证在其形成的三个条件(单相组织、临界变形度、临界再结晶和晶粒异常长大的热激活)中有一个条件不满足即可。

7.7　梯度场中的原子迁移老化

粒子输运包含浓度梯度、电位梯度、温度梯度等引起的粒子迁移，众所熟知的原子扩散便是输运的一种。

这里的处理适用于原子及结构粒子(包括电子、空穴、空位等)。如果将电场中的电位梯度和热场中的温度梯度与浓度场中的浓度梯度相似看待，认为在样品中的某一区域，第 i 种粒子的全部输运过程和产生过程是相互独立的，并产生一个总的浓度变化率 $\mathrm{d}C_i/\mathrm{d}t$，则一般输运方程的一维形式为(Guy，1971)

$$\frac{\partial C_i}{\partial t}=D_i\left(\frac{\partial^2 C_i}{\partial x^2}\right)+C_iM_i\left(\frac{\partial^2 V}{\partial x^2}\right)+D_i^{\mathrm{T}}\left(\frac{\partial^2 T}{\partial x^2}\right)+G_{\mathrm{L}}+\frac{1}{\tau_i}(C_{i0}-C_i) \tag{7.19}$$

方程的五项中，第 1 项是浓度梯度引起的粒子迁移，第 2 项是电位梯度引起的粒子迁移，第 3 项是温度梯度引起的粒子迁移，第 4 项是粒子的生成速率，第 5 项是粒子生成或湮没的速率，且与第 4 项粒子的生成机制不同，此处$1/\tau_i$是速率常数，C_{i0}是粒子的平衡浓度，C_i是某一时刻粒子的实际浓度，$(C_{i0}-C_i)>0$为粒子产生，$(C_{i0}-C_i)<0$为粒子湮没。原则上这个方程可用于描述给定材料中各种原子和结构粒子的输运行为。对某些复杂事项(如电子过程)的完整描述需要所有这五项，但许多简单问题(如溶质扩散)可以只用一项或两项来处理。

7.7.1　浓度梯度场中的溶质迁移老化

1. 溶质分布的均匀化

基体相中溶质的非均匀分布，是普遍的现象。最典型的例子是铸造组织中的枝晶偏析，熔体凝固时的温度差和时间差及浓度差与位置差，造成了溶质不均匀分布的枝晶偏析。从表象来看，溶质原子的浓度梯度引发了溶质原子从浓度高处向浓度低处的迁移，这就是溶质原子的均匀化扩散。可将枝晶偏析中的浓度分布看成正弦波形。当波长为λ时，扩散元素 A 的浓度 C 分布的一维形式为

$$C = a\exp[-4\pi^2 Dt/\lambda^2]\sin(2\pi X/\lambda) + C_0 \tag{7.20}$$

式中，$a\exp[-4\pi^2 Dt/\lambda^2]$为正弦波振幅；$\lambda$为枝晶间距；$x=\lambda/2$处为枝晶中心，$x=0$，1 或$\lambda=0$，1 处为枝晶边界(反之亦可)。初始幅值为$a_0$，衰减幅值 $C-C_0=a$，原子平均迁移距离为$\lambda/2$，当$x=\lambda/2$时的$(C-C_0)/a_0$值表示偏析的衰减程度，此时

$$a/a_0 = (C-C_0)/a = \exp[-4\pi^2 Dt/\lambda^2] \tag{7.21}$$

该方程表示，均匀化退火的效果(浓度峰的衰减程度)与 D 和 t 成正比，与λ^2成反比。当给定衰减程度后，t 与λ^2成正比，而与 D 成反比。例如，衰减 99%所需时间为

$$t_{(99\%衰减)} = [\ln(a/a_0)/(-4\pi^2)]\cdot(\lambda^2/D) = 0.1167(\lambda^2/D) \tag{7.22}$$

偏析的最大成分差值为

$$C_{max} - C_{min} = 2C_0\exp[-4\pi^2 Dt/\lambda^2] \tag{7.23}$$

欲使$C_{max}-C_{min}=0$，需有$t=\infty$，实不可能。

2. 滑动轴承的性能劣化

一般工程合金中的溶质分布总有程度不等的不均匀。合金在高温高压条件下的长期服役，可以使溶质均匀化的过程被激活而继续进行，其结果是合金的组织更趋均匀，这通常使塑性改善。

在许多情况下人们希望消除枝晶偏析，从而使用高温均匀化退火得到均匀的固溶体，如钢铸锭。但是，事物都是两面的，枝晶偏析的存在对滑动轴承的减摩性是有利的，如低锡青铜滑动轴承。其枝晶偏析的富 Cu 枝干与富 Sn 枝间的硬软差异正符合滑动轴承的减摩组织需要，热激活(例如服役时的摩擦热，或者热环境)对枝晶偏析的均匀化老化反而降低了滑动轴承的减摩性，这对有滑动轴承装置的核电站装备运行是不利的。

7.7.2 电梯度场中的原子迁移老化

1. 电输运

电输运发生在直流电场中，直流强电系统对电输运的危害应有足够的警觉。电输运时正离子在阴极聚集，这是常见情况，但并非全然如此，这取决于合金是电子导电还是空穴导电。对直流电系统中某原子 C 的电输运行为可建立如下一维浓度分布方程(Guy，1971)：

$$\frac{\partial C_c}{\partial t}=D\left(\frac{\partial^2 C_c}{\partial x^2}\right)+C_c M_c\left(\frac{\partial^2 V}{\partial x^2}\right) \tag{7.24}$$

某原子 C 在直流电场作用下由高电位端流向低电位端，产生某原子 C 的浓度梯度，如若电输运持续足够长的时间 $5\tau_D$ ，达到扩散流和电输运流互相抵消的稳态条件 $\partial C_c/\partial t=0$，则可以解微分方程(7.24)得(Guy，1971)

$$C_c=\frac{C_c^0 L}{\dfrac{D_c}{M_c E}\left(e^{\frac{M_c EL}{D_c}}-1\right)}e^{\frac{M_c Ex}{D_c}} \tag{7.25}$$

即可预见电输运在直流强电系统中的巨大危害作用。

在交流电的动力输电线中可以避免电输运的危害。

2. 电输运的制品失效

点阵原子的扩散机制主要是空位机制，因而在电输运中，当输运粒子是点阵原子时，点阵空位常常在电输运过程中起主要作用。输电导线多用纯净金属制造，电导率高，如纯 Au、纯 Cu、纯 Al。对于纯金属，在电场中当制品一端空位浓度下降到平衡浓度以下时，便会在这区域中产生空位，晶体局部增大，过多的空位会聚集成微孔；在制品的另一端，空位浓度超过平衡值，过剩的空位在位错等显微结构处湮没，并引起制品局部收缩。这种电输运生成的空位会因聚集成微孔而最终破坏设备。例如，在微电子电路的导线中，电流密度可达10^9 A/m^{2}以上，电输运生成的空位会聚集成微孔，最终破坏导线。现代的核电站操控系统是由众多复杂的微电子电路构成的，电输运的危害不容忽视。

7.7.3 热梯度场中的原子迁移老化

1. 热输运

热梯度对均匀系的影响与电场类似。热梯度驱动力作用于系统中所有原子，并产生空位浓度梯度与空位流，引发反向的原子流，这就是热输运。这里以点阵原子(如纯金属)的热输运为例，纯金属虽不产生原子的浓度梯度，但却形成空位梯度。适合这种情况的浓度分布方程的一维形式是(Guy，1971)

$$\frac{\partial C_{\mathrm{v}}}{\partial t}=D\left(\frac{\partial^2 C_{\mathrm{v}}}{\partial x^2}\right)+D_{\mathrm{v}}^{\mathrm{T}}\left(\frac{\partial^2 T}{\partial x^2}\right)+\frac{1}{\tau_{\mathrm{v}}}(C_{\mathrm{v0}}-C_{\mathrm{v}}) \tag{7.26}$$

Kirkendall 界面漂移便是由净空位流引发的，空位在制品中的一个区域产生而在另一区域湮没，并造成标记面漂移。

2. 热输运的危害

热输运时空位在制品中的高温区域产生，而在低温区域湮没，并造成制品损坏。存在高温和高热流的热交换装置等，是核电站装备发生热输运失效的重要设备。热梯度场和热交换器在核电站随处可见，这些设备的热输运，可能有潜在的安全隐患。

热输运另一严重危害材料服役安全的例子是，核反应堆中核燃料锆合金包壳管中氢原子的热输运，氢原子沿管壁从温度低处向温度高处迁移，并以化合物氢化锆的形式析出，使锆合金包壳管出现危害安全的氢脆。

第 8 章　材料使用中的机械力学老化

装备在服役中由本身所承担的机械载荷力引起材料的老化问题是本章研讨的主题，它有因高温下应力场中物质迁移引起的持久强度衰减与蠕变脆及寿命缩短，还有循环应力场对材料服役寿命的损害，更有磨损、咬蚀、接触疲劳及微动的表面损害等。

8.1　蒸汽管道钢的持久与蠕变损伤老化

核电站装备大多是在温度比较高的热环境中服役的，热的作用不仅引发第 7 章所讨论的组织结构老化，随着组织结构老化而来的，便是力学性能的衰退，如持久抗力不足、蠕变变形、疲劳损伤、表面损伤等力学性能的退化。

8.1.1　热强钢的高温持久强度估算

考察金属的高温强度时，温度和载荷力的持续时间是两个最重要的因素。

1. 持久强度曲线的转折

当装备运行温度还不是很高时，虽然材料原子间的键合力较室温减弱了，但晶界和相界仍然是位错运动的障碍，塑性变形仍保持了以位错在晶粒内沿滑移带序贯滑移的运动方式。这时，金属合金拉伸时的失效抗力指标即高温持久强度为试样在一定温度 T 和持续时间 t 发生断裂的应力值σ。持久强度的破断应力σ与破断时间 t_r 之间可描述为统计回归关系：

$$t_r = k\sigma^{-n} \tag{8.1a}$$

式(8.1a)的对数形式是线性方程：

$$\lg t_r = \lg k - n\lg\sigma \tag{8.1b}$$

在比上述温度高的温度持久保持时，塑性变形机制成为晶界位错沿晶界的滑移和攀移，在剪应力作用下相邻晶粒沿晶界相对滑动是晶界两侧薄层内的塑性变形。晶界滑动沿着最大剪应力的方向进行，并不造成晶粒的明显变形，而是相邻晶粒之间的相对位移。方程(8.1a)的参数便会改变，使方程(8.1b)的直线发生下降的转折。

也就是说，高温持久时随温度和时间的不同，塑性变形有两种机制：一是较低高温持久曲线转折点前的晶粒内位错滑移；二是较高高温持久曲线转折点后的晶界位错滑移。晶界滑动速率 v 可表示为

$$v = A\tau \exp[-U/(RT)] \tag{8.2}$$

式中，τ 为沿晶界的剪应力；U 为晶界滑动激活能，其值接近原子沿晶界扩散的激活能。

这两种位错运动机制决定了高温持久的两种特性。以位错在晶粒内滑移为主的高温持久机制表现为简单的高温持久强度。以位错沿晶界的滑移和攀移为主的高温持久机制表现为发生转折的高温持久强度。

2. 持久强度寿命估算

1) 持久强度的外推评估

早期人们把这种高温承载问题看成简单的高温持久强度(试样在一定温度 T 和持续时间 t 发生破断的应力值σ)问题，因此用持久强度的性能试验结果作为外推的依据，这在当时工作温度还不高和应力也不大时确实是正确且实用的。在这时的高温作用下，持久强度的破断应力σ与破断时间t_r之间可描述为式(8.1a)的统计回归关系。在确定的温度下，提高应力，做出 5～8 个点的较大的不同应力下的破断时间，由回归分析做出式(8.1b)，即可用“保持工作温度，高应力，短时间”的试验观测值外推出较低应力、较长时间的持久强度值，从而实现对高温制件的寿命评估与预测及在役监控。

然而要注意的是，材料的持久强度寿命还与它的热服役履历有关，10CrMo910 钢主蒸汽管道的工程试验证明，在10^4h 以内的持久强度，未服役的原始材料高于有服役运行履历者，但在10^4h 以上却反之，这就为持久强度的外推预测带来了难以应对的干扰。

应当引起注意的是，方程(8.1b)的斜率 n 通常是小的，也就是说直线是相当平坦的；当将直线外推至所需的10^4h 时，t_r 的置信区间之大将是不能接受的。10CrMo910 和 12CrMoV 钢的试验结果均是如此。

还应当引起注意的是，外推的时间 t 和应力σ必须在方程(8.1b)的涵盖范围内。然而，对方程(8.1b)涵盖范围的估计是困难的，这取决于材料高温变形破断的机制。在单一晶内位错滑移变形机制的作用下，方程(8.1b)是成立的；当变形机制改变为晶界位错滑移时，方程(8.1b)的参数便会改变，使方程(8.1b)的直线发生向下的转折。这种使线性关系发生转折的非单一变形机制，常发生在更高的温度和应力以及更长的时间时。随着技术的发展，工作温度的升高和应力的增大是必然趋势(这时的热功转换效率更高)，装备服役寿命的增长也是人们的期待；因此人们在高温度和高应力时用持久强度性能对长期寿命的评估与预测应当注意其转折。

2) 持久强度评估的 L-M 法

Larson 和 Miller 提出，由“保持工作应力，高温度，短时间”的持久破断试验，估算较低温度的长期持久强度，可采用如下的 $P(\sigma)$ 破断应力参数式：

$$P(\sigma)=T(C+\lg t_r) \tag{8.3}$$

式中，C 为常数。

当应力 σ 固定时，参数 $P(\sigma)$ 为定值，方程(8.3)展开为

$$T_1(C+\lg t_{r1})=T_2(C+\lg t_{r2})=\cdots=T_n(C+\lg t_{rn}) \tag{8.4}$$

或拟合为多元线性回归方程(通常取为 4 次多项式)：

$$\lg t_r = C + T^{-1}(C_0 + C_1\lg\sigma + C_2\lg^2\sigma + C_3\lg^3\sigma + C_4\lg^4\sigma) \tag{8.5}$$

于是,可以在确定的应力 σ 下做一系列高温度的持久试验,解出 C 值,作出 σ-$P(\sigma)$ 和 σ-$\lg t_r$ 图，外推预估 10^5h 的长期持久强度寿命。

然而，精确的试验和数据处理表明，σ-$P(\sigma)$ 和 σ-$\lg t_r$ 关系并非线性，这就使长期外推受到限制。

3) TP91 钢的持久强度评估

由 Vallourec & Mannesmann 公司、Gebruder Sulzer AG 公司、美国橡树岭国家实验室,以及瑞士、法国、日本等一些钢管制造厂家的 32 种材料的试验数据研究,提出了持久强度评估法：L-M 参数法、平均值法、平滑曲线法、相互比较法。在相互比较法中，取前三者的最低值作为设计数据。研究了 TP91 钢的持久时间自 10000h 至 60000h，用内插法和允许范围内的外推法获得平滑曲线，所有试验数据都在平均值正负 20%的范围内，评估的结果为 600℃100000h 的持久强度为 84MPa。

8.1.2　蠕变评估

蠕变发生的塑性变形是晶界面的流动，蠕变机制与温度有关。位错蠕变机制是晶界位错沿晶界的滑移和攀移。而在更高温度时的扩散蠕变，其机制是空位和原子沿晶界的扩散。位错蠕变不出现晶界空洞，扩散蠕变形成晶界空洞。

1. 位错蠕变和扩散蠕变

1) 位错蠕变

蠕变与时间的关系呈现初始、恒速、加速三个阶段。在初始阶段有塑性变形量很小且先加速后减速的特点，其所以会减速，在于晶界位错的产生和滑移、相互交截及与沉淀析出物粒子的相互作用，致使位错密度增大，位错网胞状结构发展等所造成的位错强化，阻滞了蠕变的进展(图 8.1)。

当服役高温下的回复使位错网胞状结构规整成为亚晶结构，直到亚晶大小分布渐趋均匀的等轴亚晶结构，便进入恒速蠕变阶段(图 8.2)。蠕变过程中可以因服

役的高温而析出碳化物于亚晶界上，这些亚晶界上的碳化物粒子既能进一步生成位错，又能抑制刃型位错的攀移和螺型位错的交滑移，从而抑制蠕变的进程，提高材料的抗蠕变性能(图 8.3)。当形变强化与回复软化相平衡时，蠕变便以恒速进行，这就是ε-t 蠕变曲线的第二阶段。位错蠕变由回复过程所控制。

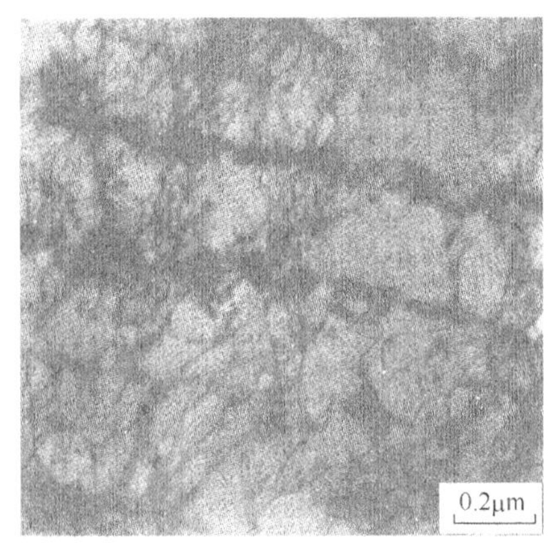

图 8.1　Cr18Ni9 奥氏体不锈钢在初始蠕变阶段位错间的相互作用及与 $M_{23}C_6$ 型碳化物的相互作用(皮克林，1999)

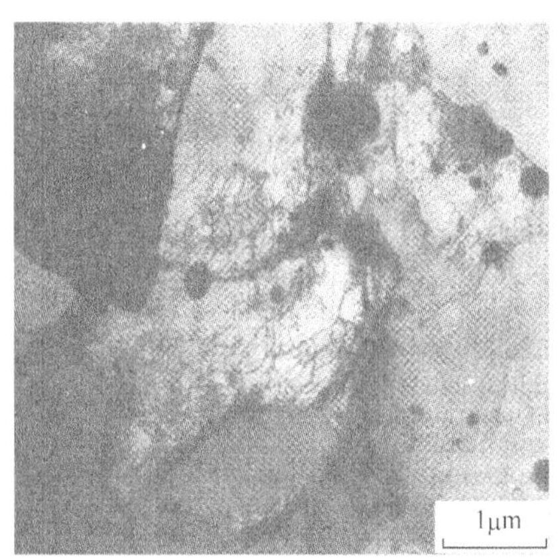

图 8.2　Cr18Ni9 奥氏体不锈钢在恒速蠕变阶段位错缠结在回复中形成亚晶界网状结构(皮克林，1999)

图 8.3　Cr18Ni9 奥氏体不锈钢在蠕变中析出于亚晶界的 $M_{23}C_6$ 型碳化物对位错的锁紧(皮克林，1999)

金属在以晶界滑动方式变形时，表现在组织结构上的主要特点是：①变形不伴随晶粒的大小和形状的明显改变；②变形主要靠协调性的晶粒间彼此大范围的滑动和转动来实现；③晶界位错的增殖和运动与回复过程同时进行，形成亚晶和位错网结构；④蠕变过程中的沉淀析出相抑制蠕变的进程，提高材料的抗蠕变性能；⑤晶界滑动量并不是各处均匀的，两晶粒相接的晶界面上的滑动量小，接近三晶粒相接的晶界棱时滑动量随之增大，晶界棱上的滑动量大，而晶界棱两端越靠近四晶粒角隅的滑动量也越大，且角隅的滑动量最大，由此而引起的应力集中可由回复过程弛豫；⑥晶界面上的滑动量与晶界位向和结构有关，小角晶界与大角晶界的位向影响不同。

2) 扩散蠕变

扩散蠕变是发生在温度高于 $0.5T_m$ 时的蠕变，这是以晶界上空位和原子的扩散为主要现象而导致的晶界流动与晶界滑动(晶界位错滑移)同时发生，此时晶粒内的点阵空位和原子的扩散也参与其中，但晶粒内位错滑移的影响由于回复和晶界原子热激活的增强及晶界强度的显著降低而减弱。温度越高由原子扩散引发的晶界流动所占份额越大。由原子扩散引发的晶界流动其蠕变速率与晶粒直径立方的倒数成正比。由晶界位错滑移引发的晶界滑动其蠕变速率与晶粒直径平方的倒数成正比。温度越高、晶粒越小，扩散蠕变速率便越大。扩散蠕变的ε-t蠕变曲线第二阶段斜率较大，持续时间较短。扩散蠕变受原子扩散控制。

2. 蠕变强度与蠕变破断塑性

材料蠕变的力学性能由蠕变强度表征，这是工程设计师直接关注的设计参数。蠕变强度由蠕变曲线的恒速段确定，有两种方法。

(1) 确定温度 T 和确定恒速段的蠕变速率 v_{II} 所对应的应力值σ。此时的应力(蠕变强度)σ与蠕变速率 v_{II} 之间有统计回归关系：

$$v_{\mathrm{II}} = A\sigma^m \tag{8.6}$$

式(8.6)的对数形式是线性方程：

$$\lg v_{\mathrm{II}} = \lg A + m\lg\sigma \tag{8.7}$$

(2) 确定温度 T 和确定时间 t 及确定应变量ε所对应的应力值σ。

然而，与蠕变强度具有同等重要地位的蠕变破断塑性并未引起关注。为获得热强钢和保证耐热钢高温服役的安全可靠，在确保钢蠕变强度的同时，还应确保钢具有适当水平的蠕变破断塑性。已经证明，控制蠕变强度的因素比起控制蠕变塑性的因素要简单得多。这部分原因是控制蠕变塑性的因素在于不易察知的钢的微观组织结构因素。导致蠕变塑性显著降低可能存在许多复杂的相互作用因素。例如，奥氏体不锈钢 AISI347 的厚截面焊接接头处的残留应力常常在 100MPa 以上，这个应力会引起钢中因含 Nb 而出现的析出粒子在蠕变中与位错相互作用所导致的空洞聚集，这样的空洞聚集能使蠕变破断塑性降低到很低的水平。一般地讲，大的晶粒尺寸，基体的沉淀强化与析出强化等，它们都会使晶界区域的形变加剧，从而严重损害蠕变破断塑性。

3. 蠕变破断

钢件必须有足够的性能安全裕度，以确保服役运行的安全可靠。例如，塑性必须有足够裕度以保证即使在意外超载的情况下也不会低于运行中所施加的应变。如果性能安全裕度不足，在达到设计给定的应变极限之前，就可能发生灾难性后果而提前破断。

1) 位错蠕变

破断起源于楔形裂纹的萌生，通常楔形裂纹形成于恒速蠕变的后期，但也不排除在恒速蠕变的中期就可能因晶界滑动而在四晶粒角隅处或三晶粒的界棱上形成晶界破裂，这些区域的滑动量大。晶界缺陷、气孔、晶界碳化物或 MnS 等夹杂物粒子的破裂、粒子与基体相界面的开裂、杂质元素(如硫和磷等)在晶界区域的聚集等，都是促成晶界破裂的成因。由于晶粒之间的彼此滑动和转动是协调的，位错蠕变也可沿晶界形成楔形空洞裂纹，并发展成沿晶破断，但沿晶断口面上并不出现大空洞。

位错蠕变可以是沿晶断，但更多是穿晶断。可能由于晶粒内碳化物或 MnS 等夹杂物粒子的破裂、粒子与基体相界面的开裂等形成晶内空洞，使裂纹萌生于晶粒内，此时位错蠕变便形成穿晶破断。

2) 扩散蠕变

高温下金属中的空位浓度高，而晶界又是空位的源和阱，在外力作用下，和拉应力垂直的晶界要放出空位，而平行的晶界则要吸收空位，才能顺应应力的作用。于是便发生了从垂直晶界向平行晶界的空位扩散流，这必然有与其反向的原子扩散流。扩散的结果不仅增加了拉应力方向的变形，而且过多的空位在平行晶界的沉积会形成空洞[图 8.4(c)]，产生蠕变脆。

扩散蠕变使晶界形成空洞是蠕变脆的主因。如下一些因素的存在会进一步恶化蠕变脆：①晶界脆化元素(ⅣA 族：C、Si、Ge、Sn、Pb；ⅤA 族：N、P、As、Sb、Bi；ⅥA 族：O、S、Se、Te、Po)在晶界的平衡集聚；②碳化物在晶界的沉淀与析出；③晶界上碳化物的沉淀与析出导致晶界地带碳化物形成元素如 Cr 的贫化而使晶界地带固溶强化减弱。

扩散蠕变破断起源于晶界空洞裂纹的形成，空洞是应变控制的。这些空洞随蠕变的进展而长大(图 8.4)，从而成为破断的源头。空洞的生长是原子的扩散过程。晶界上的空洞生长时，依靠原子从空洞表面扩散至晶界，又从晶界向外扩散。此时若空洞表面扩散快于晶界扩散，便会在空洞与晶界相交处出现原子堆积，从而长成圆形空洞，这时空洞的生长受控于晶界扩散。若空洞表面扩散慢于晶界扩散，便会在空洞与晶界相交处出现原子缺失，从而长成扁形空洞，这时空洞的生长受控于空洞表面扩散。扩散蠕变末期时，晶界空洞显著聚集长大，相互连通，致使蠕变加速，直至破断。因此，扩散蠕变破断总是沿晶界发生的，形成沿晶断口。在断口上可以看到在晶界面上形成的密集大空洞(图 8.4)。蠕变沿晶断裂受如下因素的促进：温度的升高、形变速率的减慢、应力的降低、晶粒的粗大等。

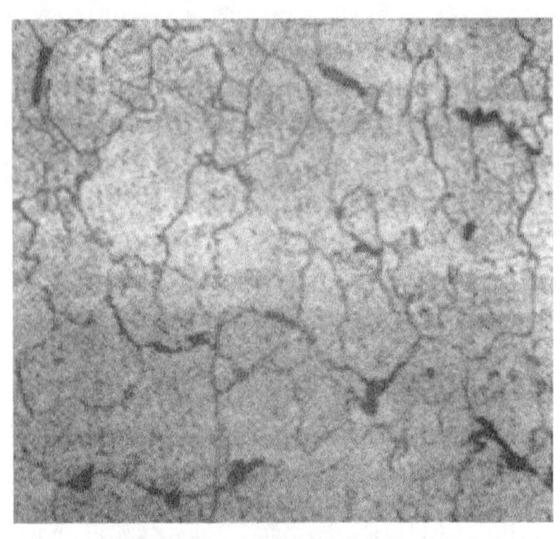

(a) 10CrMo钢，晶界空洞(皮克林，1999)

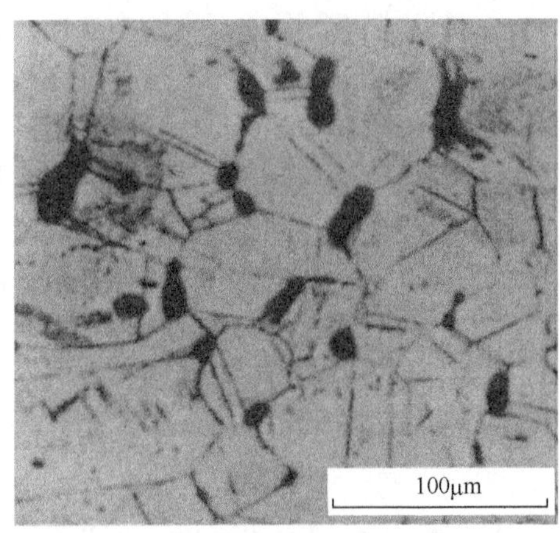

(b) 17Cr-14Ni-Ti钢，650℃ 80MPa 3383h，晶界空洞

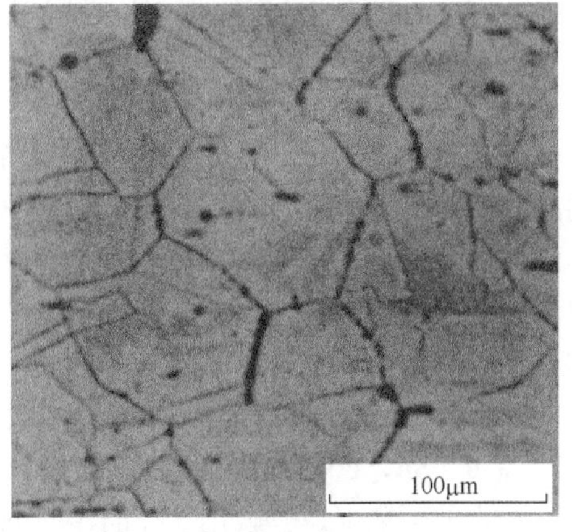

(c) 17Cr-14Ni-Ti-B钢，650℃ 130MPa 429h，晶界空洞连接

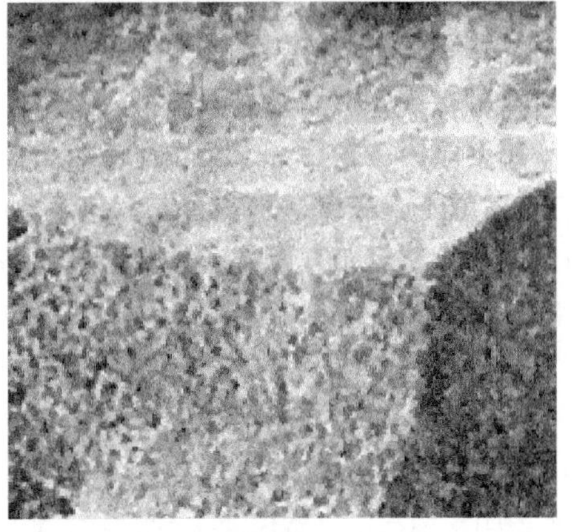

(d) P22钢，贝氏体组织，565℃139MPa，晶间断口

图 8.4 蠕变破断机制的晶界空洞和晶间断口

钢对沿晶破断是敏感的，铁素体钢比奥氏体钢更敏感。例如，晶界杂质的聚集、晶界高脆性的显微组织、晶界夹杂物、不良设计引起的应力集中、温度梯度造成的应力集中等因素的单独或复合作用，都有可能使钢件在小于 1%的应变时发生沿晶破断。

就组织而言，铁素体晶粒内或铁素体晶界及铁素体与珠光体团界面有良好的结合力。但贝氏体组织的出现就可能发生沿原奥氏体晶界的低应变沿晶破断，原奥氏体晶界的弱化常常是由于原奥氏体晶界处出现 1～2μm 宽的软化带。有些低合金热强钢在 500～550℃服役时，几乎所有的变形都发生在这种晶界软化带中，于是晶界空洞出现萌生、聚集长大，直至沿晶破断，这是塑性沿晶破断。而在另一种情况下，如钢被杂质元素 Sn、Sb、As 污染而聚集于晶界，则晶界的弱化将以脆性沿晶破断的方式出现。有时也可见到起始于晶界空洞而后脆性破裂的混合沿晶破断。可见，钢成分的净化是预防脆断的重要措施之一。细化晶粒(如降低奥氏体化温度等)也是减少钢高温服役时沿晶破断的重要措施之一。贝氏体组织蠕变塑性低的缺点可以通过 Cr 元素的加入而改善。铬含量 0.5%时的晶界剪应变 $\varepsilon_{界区}$ 占总蠕变剪应变 $\varepsilon_{总}$ 的份额高达 20%，对于铬含量 2.25%的 P22 钢的 $\varepsilon_{界区}/\varepsilon_{总}$ 份额仍高达 15%，Cr 的增多使所占份额 $\varepsilon_{界区}/\varepsilon_{总}$ 减少，5%Cr 时 $\varepsilon_{界区}/\varepsilon_{总}$ 减少为 8%，而对于含 9%Cr 的 TP91 钢，$\varepsilon_{界区}/\varepsilon_{总}$ 份额更降至 2%，足见 Cr 对晶界剪应变和空洞的抑制效果，也明显可见 TP91 钢的优良抗蠕变性能，它是蠕变强度和蠕变塑性的良好结合。

4. 扩散蠕变评估

当温度足够高时，界面流动引起的塑性变形就很明显，这时，金属合金的失效抗力指标主要表现为高温蠕变。高温蠕变以尺寸在拉应力方向的少量塑性伸长作为判据。

随着核电站高压蒸汽、汽轮机等动力机械的工作温度因技术的发展而不断提高，金属合金在高温下受力作用时的塑性变形机制和特性以及其失效抗力指标的判据，也在发生相应的变化，由温度还不是很高时的持久强度判据，变化为温度足够高时的蠕变寿命判据。蠕变的少量塑性伸长机制是扩散蠕变。

蠕变的微量塑性变形由于动态回复、动态再结晶与形变强化同时存在，仅在起始时出现短暂的形变强化现象，随后形变强化便被动态回复与动态再结晶的软化所化解。蠕变损伤是高温下无强化的微量塑性变形的积累，当这个积累的量达到相同高温静拉伸破断时的真应变 ε_f 时，蠕变寿命便耗尽了。

1) 蠕变列线图评估预测法

蠕变评估可以采用材料高温蠕变性能试验结果的蠕变强度为外推。蠕变强度由其蠕变曲线确定，可有两种方法：①确定温度 T 和确定恒速段的蠕变速率 v_{II} 所对应的应力值 σ；②确定温度 T、时间 t 和应变量 ε 所对应的应力值 σ。

以方法①为例，此时，需在一定温度 T 的较大不同应力 σ 下做一系列较短时间的蠕变试验，以获得 ε-t 蠕变曲线恒速段一系列不同应力的蠕变速率 v_{II}。此时的应力(蠕变强度) σ 与蠕变速率 v_{II} 之间有统计回归关系式(8.6)和关系式(8.7)，改变试验温度 T 做一系列蠕变试验，便可得到一组不同温度 T 值的 $\lg\sigma$-$\lg v_{\text{II}}$ 关系列线图。由此列线图可以派生出一组不同蠕变速率 v_{II} 值的 $\lg\sigma$-T 列线图，也可派生出一组不同蠕变强度 σ 值的 $\lg v_{\text{II}}$-T 列线图。由此 3 个列线图，即可用外推法对蠕变速率 v_{II}、蠕变强度 σ 或蠕变寿命 t 等做出评估与预测。

2) 蠕变损伤评估预测法

汽轮机与高温高压管道等的寿命评估与预测不仅是经济问题，还涉及国家与经济的能源安全问题，因此评估与预测的精确度和可靠性必须足够高。仅靠高温蠕变破断的性能试验结果做出外推还过于粗糙，不能令人满意。

于是，人们进一步研究了蠕变整个过程 3 个阶段的蠕变损伤机制，初始蠕变阶段的变形机制是位错滑移受阻的形变强化；恒速蠕变阶段的变形机制是形变强化与高温回复软化的平衡；加速蠕变阶段的变形机制是碳化物粒子熟化的软化与晶界空洞和裂纹的形成与聚集的损伤。当损伤分数 $\Omega=1$ (即 $t=t_{\text{r}}$)时便寿命终了。

$$\Omega=1-\frac{m-1}{mn}\left(1-\frac{t}{t_{\text{r}}}\right) \tag{8.8}$$

运行中的剩余寿命分数 $[1-(t/t_{\text{r}})]$ 与剩余损伤分数 $(1-\Omega)$ 之比为材料常数 $mn/(m-1)$：

$$1-(t/t_{\text{r}})=[mn/(m-1)](1-\Omega) \tag{8.9}$$

式中，m 和 n 为材料常数。例如，P22 钢 m=2.5，n=3。

这便产生了以蠕变破断机制为依据的评估和预测方法，如金相空洞裂纹法、金相碳化物熟化法、密度法、电阻法等，但机制表象的检测和量化及标准化是困难的，因而这种方法只能作为辅助。然而，这种方法的最大优点就是能个体化。

3) 蠕变参数 Φ 评估预测法

在进一步的发展中，人们将注意力聚焦到了蠕变的过程。描述蠕变过程的参量是温度、应力、应变、时间。蠕变过程的描述表征是应变-时间蠕变曲线，应变-时间蠕变曲线随钢种、温度、应力诸因素的影响而有显著变化，这就是以高温蠕变最后的破断性能为依据外推评估和预测寿命尚不精确的原因，必须考虑蠕变过程。

解析蠕变过程的应变-时间蠕变曲线，由于蠕变应变是温度、应力、时间的函数，可由蠕变的 3 阶段参数来解析描述：

$$\varepsilon_{\mathrm{w}}=\varepsilon_{\mathrm{t}}-\varepsilon_{\mathrm{e}}=\Phi_1[1-\exp(-\Phi_2 t)]+\Phi_3 t+\Phi_4\exp[(t-t_{\mathrm{b}})\Phi_5] \tag{8.10}$$

式中，ε_{w} 为蠕变应变；ε_{t} 为总应变；ε_{e} 为弹性应变；Φ_1、Φ_2 为蠕变初始段的特征参数量，方程右端第 1 项描述了蠕变初始段；Φ_3 为蠕变恒速段的特征参数量，方程右端第 2 项描述了蠕变恒速段；Φ_4、Φ_5 为蠕变加速段的特征参数量，方程右端第 3 项描述了蠕变加速段；t 为蠕变时间；t_{b} 为蠕变恒速段的起始时间。

当今工程界关注的焦点，正是以描述蠕变过程的特征参数量所做出的外推来进行蠕变的寿命评估、预测及在役监控的。

4) 蠕变参数 Θ 评估预测法

Evans 和 Wilshire 基于沉淀强化合金的蠕变变形是强化与弱化联合作用的物理模型，提出了描述并解析蠕变曲线特征参数的 Θ 评估预测法。强化是蠕变变形引起的形变强化，主要发生在蠕变过程的初始段；弱化是高温引起的碳化物由沉淀转为析出并熟化的软化，以及蠕变引起的晶界空洞的形成并聚合的损伤，主要发生在蠕变过程的加速段。恒速段的蠕变在整个蠕变过程中是次要的。依据这样的物理模型，略去方程(8.10)的 ε_{e} 和 $\Phi_3 t$，将蠕变过程用初始段和加速段的特征参数量描述，则应变-时间的 ε-t 蠕变曲线参数 Θ 方程为

$$\varepsilon=\Theta_1[1-\exp(-\Theta_2 t)]+\Theta_4[\exp(\Theta_5 t)-1] \tag{8.11}$$

式中，强化参数为 $\Theta_1[1-\exp(-\Theta_2 t)]$，$\Theta_1$ 为蠕变曲线初始段的蠕变变形量参数，Θ_2 为蠕变曲线初始段的蠕变速率参数；弱化参数为 $\Theta_4[\exp(\Theta_5 t)-1]$，$\Theta_4$ 为蠕变曲线加速段的蠕变变形量参数，Θ_5 为蠕变曲线加速段的蠕变速率参数。

对方程(8.11)的求解，就是对试验所得一定温度下不同应力的 ε-t 蠕变曲线做解析，用回归计算即可求得该温度下各应力时的各参数 Θ_1、Θ_2、Θ_4、Θ_5。

Θ_i 值与温度和应力有关。当蠕变机制唯一时，在温度 T 与应力 σ 的联合作用下，参数 Θ 的对数与温度 T 和应力 σ 呈线性关系：

$$\lg\Theta_i=a_i+b_iT+c_i\sigma+d_iT\sigma,\quad i=1,\ 2,\ 4,\ 5 \tag{8.12}$$

当应力 σ 恒定时，方程(8.12)蜕化为

$$\lg\Theta_i=a_i'+b_i'T,\quad i=1,\ 2,\ 4,\ 5 \tag{8.13}$$

同样，在温度 T 恒定时，方程(8.12)蜕化为

$$\lg\Theta_i=a_i'+c_i'\sigma,\quad i=1,\ 2,\ 4,\ 5 \tag{8.14}$$

应用二元线性回归分析即可由试验 ε-t 蠕变曲线解得材料各常数 a_i、b_i、c_i、d_i，常数中 i=1，2，4，5，它们仅取决于钢种，而与应力和温度无关。

于是，便可由方程(8.13)求得所需温度与应力时的各参数 Θ_i 值，由这些参数 Θ_i

描述的ε-t关系方程(8.11)便是已知的，由此即可作出所需的ε-t蠕变曲线，求得应变ε对应的时间t，实现用较短时间的蠕变试验评估和预测长期的蠕变寿命。

对方程(8.11)求导数即得蠕变曲线的蠕变速率v，当二阶导数为零时，可得蠕变曲线拐点(初始段与加速段的交点)的蠕变速率(这实质上就是恒速段的蠕变速率，也是蠕变曲线的最小蠕变速率)v_{II}：

$$v_{\text{II}} = \Theta_1\Theta_2 \exp(-\Theta_2 t_b) + \Theta_4\Theta_5 \exp(\Theta_5 t_b) \tag{8.15}$$

式中，t_b为蠕变曲线拐点(初始段与加速段的交点，也就是恒速段的开始点)的时间：

$$t_b = (\Theta_2+\Theta_5)^{-1}\ln\left[\Theta_1\Theta_2^2 / \left(\Theta_4\Theta_5^2\right)\right] \tag{8.16}$$

蠕变恒速段的结束时间t_c便应当是工程需要的安全蠕变寿命，尽管这时的应变量ε随钢种、温度、应力而异，但在t_c内的蠕变对制品的高温服役来说是安全的。

工程上蠕变寿命可以有3种取法：①取某应变量ε作为工程蠕变寿命，如1%或2%，这种取法能较好地控制制品应变量ε与整个系统的协调，适用于工程设计；②以t_c为工程蠕变寿命，这种取法能较好地发挥材料的潜力，但偏于保守和安全，适用于安全极为重要部位的服役过程中的监控、评估、延寿与寿命预测；③以方程(8.11)的蠕变曲线为基准，给蠕变破断寿命t_r以安全系数k，kt_r即为工程蠕变寿命，这种取法能更好地发挥材料的潜力，适用于普通部位服役过程中的监控、评估、延寿与寿命预测。

5) CrMoV型热强钢蠕变寿命评估的参数Θ法

Maruyama于1990年将Evans-Wilshire的Θ法做了简化，用于CrMoV型热强钢的寿命评估与预测，他定义$\Theta_2=\Theta_5=\Theta$时的蠕变量为工程计算蠕变寿命(约为蠕变破断寿命的90%)，于是ε-t蠕变曲线参数Θ方程简化为

$$\varepsilon = \varepsilon_0 + \Theta_1[1-\exp(-\Theta t)] + \Theta_4[\exp(\Theta t)-1] \tag{8.17}$$

式中，ε_0为与应力σ和弹性模量E之比值有关的常量，与温度无关：

$$\varepsilon_0 = 1.8(\sigma/E) \tag{8.18}$$

Θ_1为与应力σ和弹性模量E之比值有关而与温度无关的蠕变参数量，与式(8.12)中的概念不同：

$$\Theta_1 = f_1(\sigma/E) \tag{8.19}$$

Θ_4为不仅取决于应力σ和弹性模量E的比值，还取决于温度T的蠕变参数量，Θ_4也与式(8.11)中的概念不同，而且当钢的蠕变表观激活能为Q(取决于恒速段蠕变激活能Q_{II}和铁自扩散激活能$Q_{\alpha\text{-Fe}}$)时，Θ_4与温度T有Arrhenius关系：

$$\Theta_4 = f_4(\sigma/E)\exp[-Q/(RT)] \tag{8.20}$$

$$Q = 2(Q_{\text{II}} - Q_{\alpha\text{-Fe}}) \tag{8.21}$$

Θ 为取决于应力σ和弹性模量 E 的比值及温度 T 的蠕变速率参数量：

$$\Theta = f_2(\sigma/E) \cdot D_0 \exp[-Q_{\alpha\text{-Fe}}/(RT)] \tag{8.22}$$

$\Theta_2 = \Theta_5 = \Theta$ 的蠕变速率实质上是恒速段的蠕变速率，$\Theta_2 = \Theta_5$ 的蠕变量实质上就是恒速段结束加速段开始时的蠕变量，这就是工程计算寿命。

可见，当热力学参量确定之后，Θ_i 就仅与应力有关。于是，就可以采用“保持工作温度，高应力，短时间”的蠕变试验，用方程(8.17)来预测低应力长时间的蠕变曲线。

当方程(8.18)中的 $\exp(-\Theta t) \ll 1$，且 $\exp(\Theta t) \gg 1$ 时，可将破断参数 P 表述为 Θ_i 和破断应变 ε_{r} 的函数：

$$P = \Theta^{-1} \ln[(\varepsilon_{\text{r}} - \varepsilon_0 - \Theta_1)/\Theta_4] \tag{8.23}$$

于是，与 P 呈线性关系的破断寿命 t_{r} 可写成

$$t_{\text{r}} = CP = (C/\Theta) \ln[(\varepsilon_{\text{r}} - \varepsilon_0 - \Theta_1)/\Theta_4] \tag{8.24}$$

方程(8.24)就是蠕变破断寿命预测方程。

5. CrMoV 型热强钢蠕变寿命评估的修正 Θ 法

1) 修正的试验依据

不同的钢，蠕变曲线 3 个阶段的特性各不相同。本书作者的同事束国刚等的大量试验证明，低合金 CrMoV 型热强钢如 12Cr1MoV、10CrMo910 等的蠕变曲线与此前有所不同：①蠕变的初始段很短且不明显，几乎一开始就是蠕变的恒速段；②恒速段在整个蠕变过程中占有主要份额，必须以此为主来考察蠕变寿命；③在整个蠕变过程中，初始段所占份额少到几乎可以忽略，蠕变曲线可以被认为是由恒速段和加速段组成的。

2) 对参数 Θ 方程的修正

对于低合金 CrMoV 型热强钢，在上述的蠕变特性下，仍然采用方程(8.11)或方程(8.17)或方程(8.24)进行蠕变寿命预测评估，将面临如下困境：①初始段(过程)很短，其观测数据很难获取。②初始段蠕变量(烈度)很小，其观测精度不足而使观测误差较大。③初始段观测误差的传递将导致参数 Θ 的误差增大，并且导致蠕变寿命预测和评估的精度降低。④将过程和烈度都甚小的初始段纳入整个蠕变过程，不仅不会提高蠕变寿命评估的可靠性，反而会因误差的增大而损害可靠性。⑤缺少恒速段的蠕变模型将不具有低合金 CrMoV 型热强钢的蠕变特性，模型将从根本上失去意义。

在数据处理中舍去蠕变初始段是有价值的，加入恒速段更是有价值的，将整个蠕变曲线看成由恒速段和加速段组成是合理的。基于此，束国刚等依据蠕变曲线的描述方程(8.11)的思想，将蠕变曲线的描述方程(8.11)与方程(8.17)综合修正为

$$\varepsilon = \Theta_3 t + \Theta_4[\exp(\Theta_5 t) - 1] \tag{8.25}$$

式中，Θ_3 为蠕变恒速段的蠕变速率特征参数(也就是恒速段的蠕变速率 v_{II})；Θ_4 和 Θ_5 的定义与方程(8.11)相同，Θ_4 为蠕变曲线加速段的蠕变变形量参数，Θ_5 为蠕变曲线加速段的蠕变速率参数。

Θ_3、Θ_4、Θ_5 与 σ 和 T 有关。为利用较高温度、较大应力、较短时间的蠕变试验，评估和预测较低温度、较小应力、较长时间的蠕变寿命，需要求取与 Θ_i 有关的材料常数，以便由材料常数求得材料在工程服役条件(σ、T、ε)下的参数 Θ_i，从而获得符合工程服役条件的方程(8.25)，其方法如下：

Θ_i 值与温度和应力有关，当蠕变机制唯一时，在温度 T 与应力 σ 的联合作用下，参数 Θ 的对数与温度 T 和应力 σ 呈线性关系：

$$\lg\Theta_i = a_i + b_i T + c_i\sigma + d_i T\sigma, \quad i = 3，4，5 \tag{8.26}$$

当应力 σ 恒定时，方程(8.26)蜕化为

$$\lg\Theta_i = a_i' + b_i' T, \quad i = 3，4，5 \tag{8.27}$$

同样，在温度 T 恒定时，方程(8.26)蜕化为

$$\lg\Theta_i = a_i' + c_i'\sigma, \quad i = 3，4，5 \tag{8.28}$$

应用二元线性回归分析即可由试验 ε-t 蠕变曲线解得材料各常数 a_i、b_i、c_i、d_i (i=3，4，5)，它们仅取决于钢种，而与应力和温度无关。

于是，便可由方程(8.26)求得所需温度与应力时的各参数 Θ_i 值，由参数 Θ_i 描述的 ε-t 关系方程(8.25)便是已知，由此即可作出所需的 ε-t 蠕变曲线，求得应变 ε 对应的时间 t。对低合金 CrMoV 钢来说，修正方程(8.25)能更为精确地描述其蠕变特性，实现用较高温度、较短时间的蠕变试验，评估和预测工程服役中较低温度长期蠕变持久寿命。

3) 修正的验证

从 12Cr1MoV 钢制主蒸汽管(ϕ273mm×20mm，980℃正火，740℃回火)取样进行各项力学性能试验和蠕变试验。恒载荷蠕变破断试验结果列于表 8.1。将表 8.1 数据代入方程(8.25)求解，所得各参量也列入表 8.1 中。试验观测数据点与由方程(8.25)所做计算之间令人满意地良好吻合，足见方程(8.25)的精确度和修正成功。

表 8.1　12Cr1MoV 钢的恒载荷蠕变破断试验参量及修正 Θ 方程计算参量

温度 T/℃	应力 σ/MPa	破断 t_r /h	伸长率 δ_{10} /%	断面收缩率 Ψ / %	稳态蠕变速率 v_{II}		寿命/h	Θ_3 /(×10⁻⁴)	Θ_4 /(×10⁻⁴)	Θ_5 /(×10⁻⁴)
					$\times10^{-8}$ s^{-1}	$\times10^{-4}$ h^{-1}				
510	274.4	152.6	17.3	87.3	3.744	1.3479	152.58	1.3479	17.581	237.4623
	254.8	585.4	25.2	88.4	2.92	1.051	585.4	1.0507	9.8581	81.3609
	235.2	1495.2	29.8	87.0	71.2	25.62	1495.566	0.2562	7.581	35.6716
	215.6	3398.0	31.0	87.0	46.1	16.59	3398	0.1659	6.3819	15.8611
	196.0	4217.3	20.7	85.6	28.8	10.38	4217.3	0.1038	4.8398	12.169
	186.2	>6164			22.33	804	6164	0.0804	2.0521	7.7986
540	235.2	106.6	32.9	89.8	0.1348	4.855	104.65	4.8549	27.8117	381.9701
	215.6	25.1	27.0	89.8	0.1146	4.127	25.13	4.1269	9.4464	210.0712
	196.0	628.3	29.4	88.4	3.21	1.155	628.17	1.1545	6.4438	85.5196
	176.4	1273.4	23.4	86.6	1.036	58.89	1273.42	0.5889	1.8052	47.6546
	156.8	6007.4	32.6	79.2	52.2	18.78	6007.4	0.1878	0.2078	14.7084
570	196.0	41.2	40.2	91.0	0.011	0.396	41.25	39.602	9.981	1165.385
	176.4	108.8	24.6	89.8	0.2273	1.181	108.8	8.1811	7.581	405.422
	156.8	528.8	39.4	88.4	5.96	2.145	520.8	2.1453	4.6135	109.8997
	137.2	2055.2	22.5	80.5	1.353	48.72	2055.22	0.4872	1.6789	32.08
	127.4	4221.7	22.5	75.0	67.31	24.23	4221.65	0.2423	0.3725	18.9099
	117.6	>8422	26.3	62.5	22.3	803	8422	0.0803	0.1758	9.1646

4) 工程预测方程的求取

由方程(8.26)用多元线性回归解得的常数 a_i、b_i、c_i 值列于表 8.2。已知常数 a_i、b_i、c_i 值，便可由方程(8.26)计算 Θ_i 值。将蠕变试验数据拟合的 Θ_i 值与方程(8.26)计算的相应 Θ_i 值相比较，试验值和计算值良好地重合在等值线性关系上。

由计算的常数 a_i、b_i、c_i 及 d_i 值，即可方便地由方程(8.26)计算出所需应力 σ 和温度 T 下的 Θ_i 值，再依据方程(8.25)描绘出所需要的蠕变曲线，便可对工程服役的寿命进行预测和评估。

表 8.2　方程(8.26)中的常数 a_i、b_i、c_i

Θ	a_i	b_i	c_i	方差 s^2
Θ_3	−4.28793100	−1.07893000	−0.00719431	0.15231470
Θ_4	−0.03590294	−0.52670070	−0.01233870	0.29689730
Θ_5	−8.49785900	−0.57140060	0.00463447	0.09947232

5) 寿命预测比较

分别用持久强度外推法[方程(8.1)]、L-M 参数外推法[方程(8.11)]、蠕变强度外推法[方程(8.12)]与修正 Θ 外推法[方程(8.26)]做比较，预测 12Cr1MoV 钢在 540℃时于 68.6MPa、58.8MPa、49.0MPa 的蠕变破断寿命 t_r (表 8.3)，可见修正 Θ 外推法的价值和可靠性较其他外推法高。

表 8.3　各方法对 12Cr1MoV 钢 540℃蠕变破断寿命 t_r 预测的比较　　(单位：h)

外推法	条件	68.6MPa	58.8MPa	49.0MPa
持久强度外推法	应力安全系数 1	1486×10^4	6436×10^4	36414×10^4
	应力安全系数 1.5	31×10^4	136×10^4	772×10^4
L-M 参数外推法	中值	184×10^4	712×10^4	3528×10^4
	下限	56×10^4	144×10^4	712×10^4
蠕变强度外推法	应力安全系数 1	53×10^4	517×10^4	1209×10^4
	应力安全系数 1.2	54×10^4	125×10^4	293×10^4
修正 Θ 外推法	破断	42×10^4	72×10^4	114×10^4
	恒速段末	35×10^4	56×10^4	108×10^4

6. 修正 Θ 法的工程应用

采用修正 Θ 法对某电厂 10CrMo910 钢主蒸汽管道的剩余寿命进行评估和预测。管道尺寸为ϕ273mm×22mm，过热器出口蒸汽温度 540℃，压力 9.81MPa，割管取样时已运行 101557.4h，蠕变变形量 0.89%。

1) 试验ε-t 蠕变曲线

由蠕变试验获取ε-t 蠕变曲线。

2) 求解每一温度应力的参数量$v_{\rm II}$、Θ_3、Θ_4、Θ_5

由蠕变试验获取的ε-t 蠕变曲线用一元非线性回归分析计算所得方程(8.25)的诸参数列于表 8.4，每一温度应力的ε-t 蠕变曲线可得一组参数量$v_{\rm II}$、Θ_3、Θ_4、Θ_5。

表 8.4　10CrMo910 钢主蒸汽管道运行 101557.4h 后的方程(8.25)诸参数

温度 T/℃	试验值			计算值		
	σ/MPa	t_d/h	$v_{\rm II}$/(%/h)	Θ_3	Θ_4	Θ_5
540	88.2	10124(未断)	6.740×10^{-6}	8.220×10^{-6}	9.100×10^{-7}	9.270×10^{-4}
	98.0	6436.90	1.830×10^{-5}	2.437×10^{-5}	2.910×10^{-6}	1.756×10^{-3}
	107.8	2158.95	5.680×10^{-5}	7.212×10^{-5}	7.610×10^{-6}	4.512×10^{-3}
	117.6	981.67	1.440×10^{-4}	1.921×10^{-4}	9.810×10^{-6}	1.043×10^{-2}
	127.4	478.07	3.230×10^{-4}	3.827×10^{-4}	1.578×10^{-5}	2.001×10^{-2}
	137.2	199.00	7.210×10^{-4}	9.116×10^{-4}	1.890×10^{-5}	4.531×10^{-2}

续表

温度 T/℃	试验值			计算值		
	σ/MPa	t_d/h	v_{II}/(%/h)	Θ_3	Θ_4	Θ_5
560	78.4	9726(未断)	6.800×10^{-6}	8.100×10^{-6}	8.471×10^{-7}	1.084×10^{-3}
	88.2	4907.60	2.090×10^{-5}	2.808×10^{-5}	2.690×10^{-6}	2.300×10^{-3}
	98.0	1367.20	8.640×10^{-5}	10.93×10^{-5}	7.581×10^{-6}	7.215×10^{-3}
	107.8	516.50	2.410×10^{-4}	2.745×10^{-4}	3.829×10^{-5}	1.554×10^{-2}
	117.6	213.22	5.230×10^{-4}	5.940×10^{-4}	1.876×10^{-4}	2.941×10^{-2}
	127.4	111.92	1.210×10^{-3}	1.260×10^{-3}	2.792×10^{-3}	6.479×10^{-2}

注：t_d表示破断时间。

3) 求解材料常数a_i、b_i、c_i、d_i

(1) 将试验所得表 8.4 中的参数Θ_3、Θ_4、Θ_5代入方程(8.26)，用二元非线性回归分析，使与温度和应力无关的材料常数a_i、b_i、c_i、d_i(i=3，4，5)得以解出，见表 8.5。于是，可由此求得所需任一温度和应力下的参数Θ_3、Θ_4、Θ_5和ε-t蠕变曲线方程。

表 8.5 10CrMo910 钢的材料常数a_i、b_i、c_i、d_i

Θ	a_i	b_i	c_i	d_i	方差
Θ_3	−13.37	−0.4981	0.008701	0.001674	0.097
Θ_4	44.74	−7.349	−0.09955	0.01422	0.27
Θ_5	−16.30	0.2233	0.01914	0.0001941	0.11

(2) 若所需应力就是试验应力，方程(8.26)简化为方程(8.28)的一元线性回归分析，将试验所得表 8.4 中的参数Θ_3、Θ_4、Θ_5代入方程(8.26)，用一元线性回归分析，使该应力不同温度的材料常数a_i、c_i(i=3，4，5)得以解出。由此便可求得该应力下某一所需温度(非试验温度)的参数Θ_3、Θ_4、Θ_5和ε-t蠕变曲线方程。

(3) 若所需温度就是试验温度(这是常见的情况)，方程(8.26)简化为方程(8.27)的一元线性回归分析，将试验所得表 8.4 中的参数Θ_3、Θ_4、Θ_5代入，使该温度不同应力的材料常数a_i、b_i(i=3，4，5)得以解出，见表 8.6。由此可求得该温度下某一所需应力(非试验应力)的参数Θ_3、Θ_4、Θ_5和ε-t蠕变曲线。例如，求得该钢在 540℃、70MPa 时的参数Θ_3、Θ_4、Θ_5和ε-t蠕变曲线方程：

$$\varepsilon = 1.45\times10^{-6}\,t + 4.47\times10^{-7}\,[\exp(1.85\times10^{-4}\,t) - 1]$$

表 8.6 10CrMo910 钢 540℃和 560℃时的材料常数 a_i 、 b_i

Θ	540℃		560℃	
	a_i	b_i	a_i	b_i
Θ_3	−8.681	0.4068	−8.483	0.4382
Θ_4	−8.129	0.2543	−11.72	0.6807
Θ_5	−6.129	0.3423	−5.447	0.3196

4) 计算蠕变方程的验证

取与试验ε-t 蠕变曲线相同的温度和应力，用材料常数计算所得方程(8.25)并绘出ε-t蠕变曲线，与试验ε-t蠕变曲线相比较。两者吻合良好，表明方程(8.25)正确且精确度良好。

进一步比较由试验蠕变变形所得 $\lg\Theta_i$ 与方程(8.26)由材料常数a_i、b_i、c_i、d_i计算所得 $\lg\Theta_i$，两者在等值线上吻合良好，再次表明方程(8.26)正确且精确度良好。

5) 蠕变速率

表8.4中列出了蠕变试验所得恒速段的蠕变速率v_{II}，方程(8.25)的特征参数Θ_3也是恒速段的蠕变速率，蠕变速率的对数与应力之间呈方程(8.28)的线性关系。

试验蠕变速率v_{II}与计算蠕变速率Θ_3相比较，处于同一数量级，但计算值Θ_3较试验值v_{II}在 540℃时平均高出 26.7%(标准误差 5.9%)，560℃时平均高出 18.6%(标准误差 10.7%)。t检验判别表明，在置信水平 0.95 或 0.99 时，试验蠕变速率v_{II}与计算蠕变速率Θ_3之间并无显著差异。这表明试验值与计算值仍来自同一试验观测总体，两者之间的微小差异可能来自不同方法的微小系统误差，但该系统误差仍被较大的偶然误差所湮没。

在相同应力下，试验蠕变速率v_{II}值 560℃较 540℃高出 288.9%(标准误差 61.8%)；而计算蠕变速率Θ_3值 560℃较 540℃高出 261.8%(标准误差 55.1%)。t检验判别表明，在置信水平 0.95 或 0.99 时，试验蠕变速率v_{II}或计算蠕变速率Θ_3在温度由 540℃改变为 560℃时的蠕变速率改变量之间并无显著差异。这表明试验值与计算值随温度的变化是同步等幅的，蠕变速率的对数与温度之间遵守方程(8.26)。

6) 蠕变激活能

蠕变过程是高温时与原子振动和跃迁有关的热激活过程，因此蠕变过程的特征参数量Θ_3、Θ_4、Θ_5也必定与热激活过程有关。也就是说，蠕变过程进行的程度和快慢能够用 Arrhenius 方程描述：

$$\Theta_i = A_i \exp[-Q_i/(RT)], \quad i=3, 4, 5 \tag{8.29}$$

式中，A_i 为与应力 σ 有关的常数，与温度 T 无关，但随材料而异；Q_i 为蠕变表观激活能，与温度 T 无关，但随材料而异。其意义为蠕变过程进行时，为了克服能垒障碍所必须具备的额外能量。蠕变过程进行的程度(Θ_4)和快慢(Θ_3、Θ_5)取决于它达到激活态(Θ_3、Θ_4、Θ_5)的概率 $\exp[-Q_i/(RT)]$。

在同一应力不同温度下做蠕变试验，由方程(8.29)得

$$\begin{cases} (\Theta_{i1}/\Theta_{i2}) = \exp[-Q_i/(RT_1)]/\exp\left[-Q_i/(RT_2)\right] \\ \ln(\Theta_{i1}/\Theta_{i2}) = (Q_i/R)(T_2^{-1} - T_1^{-1}), \quad i = 3, 4, 5 \\ Q_i = [R \cdot \ln(\Theta_{i1}/\Theta_{i2})]/(T_2^{-1} - T_1^{-1}), \quad i = 3, 4, 5 \end{cases} \tag{8.30}$$

由表 8.1 数据可得：蠕变过程激活能 Q_3 =379kJ/mol，标准误差 41kJ/mol；蠕变表观激活能 Q_4 =266kJ/mol，标准误差 41kJ/mol；蠕变速率激活能 Q_5 =397kJ/mol，标准误差 54kJ/mol。

α-Fe 的自扩散激活能 $Q_{\alpha\text{-Fe}}$ =239kJ/mol，明显可见，除 α-Fe 的自扩散之外，蠕变过程还有其他机制参与，如位错的滑移、攀移、重组，析出相的熟化、回复、再结晶，亚晶界流动，晶界流动，晶界裂纹的形成与生长等，这些都与空位扩散机制密切相关。

7) 管道蠕变寿命的评估与预测

由材料常数 a、b、c、d 建立所需温度 T 和应力 σ 的材料 ε-t 蠕变曲线方程，是蠕变寿命评估与预测的基础。如 10CrMo910 钢制主管道在其工作温度 540℃与工作应力 70MPa 时的 ε-t 蠕变曲线方程：

$$\varepsilon = 1.45\times10^{-6}\, t + 4.47\times10^{-7}\, [\exp(1.85\times10^{-4}\, t)-1]$$

但在对主管道的运行寿命进行评估和预测时，还必须考虑整个管道系统的应力状况与其变化，做出对上述 ε-t 蠕变曲线方程的修正。

7. 修正 Θ 法的进一步改进

Θ 法可精确地描述蠕变曲线、预测蠕变曲线和预测蠕变寿命，应用前景令人鼓舞。但是，同钢种的不同批次，同批次的不同部位，都会显示出蠕变曲线和蠕变寿命的差异，从而干扰预测的精确度。因此，Θ 法需要辅助以个体化方法使其更为完善和可靠。

1) 修正损伤法

用覆膜的金相空洞裂纹法等无损检测方法对运行高温制件进行在线无损观测的蠕变损伤法，就是典型的基于损伤力学的个体化方法，其模型为方程(8.8)、方程(8.9)。

研究方程(8.8)、方程(8.9)的蠕变损伤模型，认为运行中的高温制件的剩余寿命分数$[1-(t/t_r)]$与剩余损伤分数$(1-\Omega)$之比为材料常数$mn/(m-1)$的设定，其精确度还可进一步提高。损伤发生在蠕变加速段，ε-t之间为加速的幂函数关系而非线性关系(尽管在不长的范围内可以近似地看成线性)。对材料常数简化，并将方程(8.8)、方程(8.9)的蠕变损伤模型做更高精确度的修正：

$$1-(t/t_r)=(1-\Omega)^{N+1} \tag{8.31}$$

或蠕变破断寿命

$$t_r=t/[1-(1-\Omega)^{N+1}] \tag{8.32}$$

需要进一步做的工作是，使确定损伤分数Ω值的覆膜金相空洞裂纹法等方法规范。

然而，由于材料热服役履历(如服役时间长短)的不同，对其后的蠕变特性将会产生不同的影响，或者试验误差的波动，使外推结果出现较大的变化或偏差，这就需要用阶段性的外推，以后者修正前者。这就是逐步外推法。

2) 三联法

蠕变寿命评估修正Θ法的进步在于：①对于不同的钢种，可以选择适宜的Θ法方程(8.12)或方程(8.18)或方程(8.25)进行处理，比归一化处理有更高的精确度；②Θ法能精确地计算蠕变试验的蠕变曲线；③Θ法能精确地预测工程服役的蠕变曲线；④Θ法能精确地预测工程服役的蠕变速率和蠕变寿命；⑤Θ法能精确地由破断参数P预测蠕变寿命；⑥Θ法能辅助以蠕变损伤法完善预测蠕变寿命；⑦Θ法能辅助以逐步外推法的修正使预测的精确度更高。

建议：以修正Θ法为基础，以动态的逐步外推法为辅助，以个体的损伤法为补充，将修正Θ法和逐步外推法及损伤法三法联合使用，将使蠕变曲线和蠕变寿命的预测与评估以及在线监控更为完善、精确和可靠。此即为三联法。

8.1.3　应力松弛损伤评估

松弛(或弛豫)是物质状态由非平衡态向平衡态的自发过渡。高温下承载的制件，如汽轮机组合转子或法兰的紧固螺栓、反应堆中的压紧弹簧等，在应变(尺寸)不改变的前提下它们的应力会随时间的延续而逐渐减小。

金属在高温下的应力松弛实则是弹性应力场作用下的蠕变现象，晶界原子顺拉应力方向的迁移累积成了塑性应变，从而使弹性应力场减弱。也就是说，构件材料的这种松弛是由蠕变造成的。构件加载初始时的应变ε_0与应力σ_0保持亚稳平衡，在初始时应变ε_0由弹性应变ε_e构成($\varepsilon_0=\varepsilon_e$)，但高温下发生的蠕变却产生了塑性应变$\varepsilon_p$，由于加载的约束条件，总应变$\varepsilon_0$保持不变($\varepsilon_0=\varepsilon_e+\varepsilon_p$)，而高温蠕

变却使塑性应变 ε_p 随时间的延续而逐渐增大，于是弹性应变 ε_e 逐渐减小，这必然引起与弹性应变 ε_e 相亚稳平衡的应力 $\sigma(=E\varepsilon_e)$ 逐渐减小。

当把应力松弛的应力-时间(σ-t)曲线用 lgσ-t 表示时，曲线发生转折，这就是说，应力松弛过程实为两个阶段。第 1 阶段自初始应力 σ_0 开始，剩余应力 σ 随 t 的延长松弛速率呈逐渐减小的曲线下降，这对应于蠕变的初始阶段，其机制是晶界过程。第 2 阶段在 σ-t 关系中 σ 随 t 的延长松弛速率也呈逐渐减小的曲线下降，但在 lgσ-t 关系中为线性，即在 lgσ-t 关系中 lgσ 随 t 的延长松弛速率呈现出恒定不变的状态，这对应于蠕变的恒速段，其机制是亚晶过程。松弛第 2 阶段的 lgσ-t 关系为线性：

$$\lg\sigma = \lg\sigma_0' - kt \tag{8.33}$$

式中，σ 为剩余应力；σ_0' 为第 2 阶段名义初始应力(第 2 阶段 lgσ-t 直线延长线与 lgσ 坐标轴在 t=0 时的交点 σ 值)；t 为松弛时间；k 为材料常数(即直线斜率 k=tanα)。

然而，通常却是将第 2 阶段的 lgσ-t 线性关系统计拟合为

$$\sigma = \sigma_0'\exp(-t/k) \tag{8.34a}$$

即

$$\ln\sigma = \ln\sigma_0' - (t/k) \tag{8.34b}$$

基于此线性关系，可用较短时间的松弛特性预测未来较长时间的松弛参量 σ 或 t。

将 σ-t 关系用坐标 σ-lg$t$ 和 σ-lg$v$(松弛速率 v 单位为%/t)表示时，钢的松弛特性表现出松弛第 1 阶段的松弛速率较快，与应力和塑性应变有关；而松弛第 2 阶段的松弛速率则较慢，甚至与塑性应变关联甚小而主要取决于应力。

松弛稳定性可用 σ_0/σ_0' 和 k 表示，它们的数值越小，松弛稳定性越好。

应力松弛对于零件在加工过程中残存的内应力的减弱是可喜的，内应力的减弱可改善零件的服役安全性、可靠性和寿命。

然而，应力松弛对于功能承载应力而言，却是一种老化现象，例如，它使紧固螺栓的紧固力功能减弱而引发微动磨损，使反应堆压力容器内压紧弹簧的功能减弱，这些使零件设计功能恶化，减弱零件服役的安全性、可靠性和寿命。这便需要在设计和工艺上避免或减弱松弛老化对零件设计功能的损害，如采用预松弛工艺等。

8.2　核电站装备的疲劳损伤老化

这里研讨材料受交变应力或交变应变作用下的力学性能损伤，即疲劳，损伤呈逐渐积累，性能则逐渐降低，直至最终失效破坏。这还涉及环境热与介质腐蚀

对力的损伤的加剧。在核工业以及常规机械工程等领域，疲劳失效是主要破坏形式之一。

与多数老化机制不同，疲劳问题多数在设计之初就考虑到了。核一级金属部件均按照规则设计，例如，按美国 ASME 锅炉和压力容器第Ⅲ卷或法国 RCC-M 规范设计，相关部件需要做详细的应力分析和疲劳分析。核电站装备是在动载荷作用下长期服役的，疲劳尤其是疲劳+腐蚀+高温三者的联合作用常会见到，这正是要多加注意的老化方式。

8.2.1　低周疲劳

金属疲劳的应力-应变过程随应变量的大小可分为三种情况：①当应变幅小时循环变形完全是可逆的，金属内部没有因应力和应变而受到损伤，金属制品在此时可获得无限长疲劳寿命，这时的应力就是疲劳门槛或疲劳极限或低于疲劳极限。②在中等应变幅下，出现主滑移系位错的单系滑移，金属产生弱的形变强化。若滑移出现集中的滑移带形成粗滑移，金属出现软化现象。次滑移系的位错开动滑移时，表面出现应变集中的驻留滑移带，金属内部出现了损伤，随着驻留滑移带的发展，疲劳裂纹萌生、生长，直至裂纹扩展而破断。③大应变幅时，位错的多系滑移导致金属因塑性变形而出现快速的形变强化，仅有较短的疲劳寿命。

工程上常将疲劳以 10^5 周次为界分为低周疲劳和高周疲劳，这种周次分法并不与上述的应变分法相对应。

1. 低周-高应变疲劳(应变疲劳)

低周疲劳的破断寿命低于 10^5 周次，通常为几千周次至几万周次。这时的应力 $\$$ 或应变 $\in$ 高，高至出现屈服。低周疲劳是受应变控制的，故也常称为应变疲劳。

1) 循环应力-应变曲线和循环形变强化指数

低周疲劳的应力高达屈服应力，是塑性应变控制的，因而材料会有微量的塑性变形发生，故常常会出现材料的强化；而循环加载的方式，又会引起材料的软化。循环应力-应变($\$$-$\in$)曲线和拉伸的应力-应变(σ-ε)曲线相似(图 8.5)，因此可以仿照拉伸求取循环形变强化指数 $\check{n}$ 和循环形变强化系数 K：

$$\$=K\in^{\check{n}} \tag{8.35a}$$

或

$$\lg\$=\lg K+\check{n}\lg\in \tag{8.35b}$$

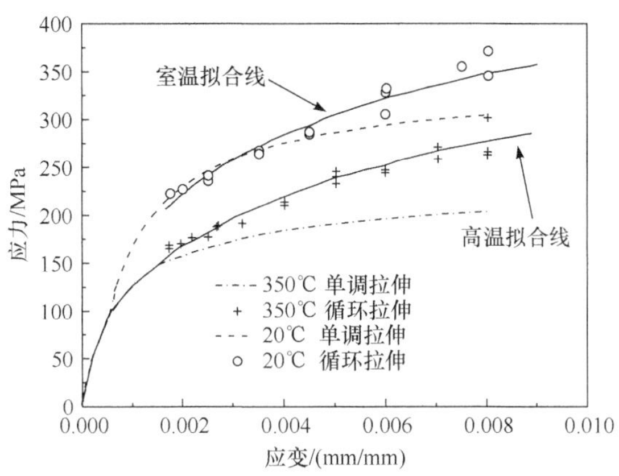

图 8.5　Z3CN20-09M 钢循环拉伸应变疲劳的 $\$$-$\in$ 曲线及与静拉伸的σ-ε曲线的比较

2) 形变强化与形变软化

形变强化的发生，表现为恒应变幅循环加载时，塑性变形的抗力会随循环周次的增多而增大；而形变软化则是塑性变形的抗力会随循环周次的增多而减小。无论是形变强化还是形变软化，在恒应变幅循环加载数百周次之后可能会趋于稳定而不再改变；也可能形变强化和形变软化交替发生。

形变强化发生的机制在于循环变形时金属中刃型位错脉络结构的形成，它使位错的滑移互受牵制而出现强化。刃型位错脉络结构是由刃型位错偶聚集成束的条状结构，形如动物体内的脉络。这种脉络结构由主滑移系的刃型位错构成，刃型位错近乎平行地排列成位错偶，位错偶再聚集成平行于主滑移系刃型位错线的束集而成为脉络结构。脉络结构的对外平均位错伯格斯矢量近于零，这也就使脉络结构的长程应力场近于零。脉络结构中刃型位错的密度高达约$10^{15}/\mathrm{m}^2$，刃型位错平均间距约 30nm。脉络结构的形成是在循环应力作用下位错的来回滑移使同滑移面上的异号位错相消，螺型位错交滑移出局，剩下的刃型位错因难以攀移便排列成低能的位错偶，并聚集成低能状态的脉络结构。在循环应力的作用下，位错来回摆动的滑移距离约为 0.3nm，足见脉络结构中位错之间相互牵制作用的强烈程度，这也正是强化的原因。这时金属表面上的滑移线是细且均匀的，也就是说滑移线是由脉络形成的，这些脉络在金属中是大体均匀分布的。

然而，位错偶的脉络结构并不是稳定不变的，当应力幅增加时先前形成的脉络结构中的位错偶可在新的应力幅下崩溃，溃散出许多单个的自由位错，这些单个自由位错的滑移可产生较大的应变爆发现象。随后这些单个的自由位错又会在新的条件下重新组合成新的位错偶脉络结构。

形变软化发生于位错滑移集中时，如发生位错滑移集中的粗滑移时，或者出现应变集中的驻留滑移带形成时。当应变幅增大至一定程度时，除在基体中由主

滑移系的位错滑移出现均布的脉络结构引发基体强化之外，还会在基体内出现驻留滑移带。驻留滑移带的形成机制在于因应变幅的增大，次滑移系的位错参与滑移，引起大量异号位错相消，并使圆形的脉络收缩成板形而成为驻留滑移带。驻留滑移带的结构如图 8.6 所示，由刃型位错偶墙与螺型位错滑移通道相间隔而组成，刃型位错偶墙内的位错密度显著高于脉络结构，墙之间的通道有大量螺型位错滑移而产生疲劳应变，螺型位错滑移还可拖拽墙中弓出的刃型位错由一个墙转移至另一墙而产生疲劳应变，驻留滑移带从而成为疲劳应变集中带。后面将会看到驻留滑移带的发展可萌生疲劳裂纹。

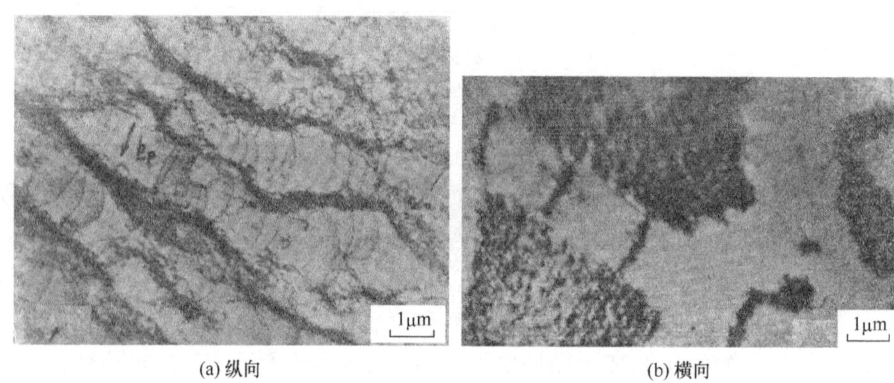

(a) 纵向　　(b) 横向

图 8.6　驻留滑移带结构与刃型位错偶墙与螺位错滑移通道的 TEM 像

循环形变强化和循环形变软化在循环应力-周次($\$$-N)曲线(图 8.7)上容易观测其变化与规律，由 Z3CN20-09M 钢在室温和 350℃不同名义总应变幅时的典型循环 $\$$-N 曲线可见，循环 $\$$-N 行为与试验温度、控制名义应变幅及循环周次密切相关，而且出现了形变强化和形变软化的交替。形变强化的发生在于塑性应变时位错的增殖与相互锁定作用，而形变软化的发生在于塑性应变反向循环时位错的反向滑移。

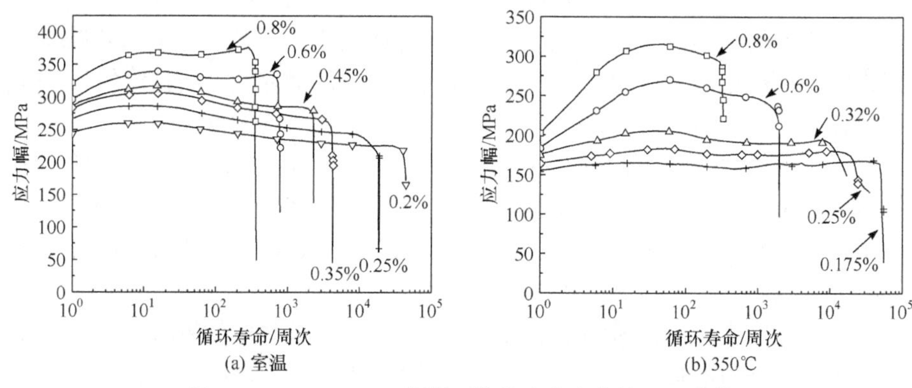

(a) 室温　　(b) 350℃

图 8.7　Z3CN20-09M 钢循环拉伸应变疲劳的 $\$$-N 曲线

室温时，当总应变幅较小时(⩽0.35%)，材料表现为先强化而后持续软化，强化在循环的前二十周完成；随着控制应变幅的提升(⩾0.6%)，初始强化速率逐渐增大，此后是较弱的软化，在临近失稳破断阶段又出现短时的二次强化。于是认为，材料在循环载荷作用下总的表现规律是先强化而后软化。强化程度随总应变幅的增大而增大；软化程度随总应变幅的增大而减小；破断前的二次强化出现在较大的总应变幅时，且随总应变幅的增大而增大。

在 350℃高温时，基本规律与室温时大致相同，也是先强化后软化，强化程度随总应变幅的增大而增大。但软化程度却也随总应变幅的增大而增大；区别在于在较低应变幅下(⩽0.32%)强化后的软化不是持续至破断，而是软化后至破断前出现了较长的稳定阶段，区别还在于在高应变幅下(⩾0.6%)于破断前无二次强化。

室温时强化的峰值约出现在循环 10 周次时，而与总应变幅似乎无关；350℃时强化的峰值出现在循环约 30 周次时，也与总应变幅似乎无关。

有些研究指出，静拉伸时较软的材料，即屈强比小于 0.7 的材料，在应变疲劳的循环加载时多发生形变强化；静拉伸时较硬的材料，即屈强比大于 0.8 的材料，在应变疲劳的循环加载时则多发生形变软化。进一步的研究还发现，静拉伸的形变强化指数 $n>0.1$ 的材料，在循环加载时多发生形变强化；而 $n<0.1$ 的材料，在循环加载时就会多发生形变软化。

显然，形变软化对材料的应变疲劳性能是有害的。

3) 循环应变-寿命(ϵ-N)曲线

通常用ϵ-N 曲线(图 8.8)来表达低周疲劳，这是因为实际制品上总是会有引起应力集中的缺口存在，无论按应力还是应变加载，缺口处的变形总是受应变控制的，并且应变控制的疲劳性能和拉伸的强度性能之间通常存在一定的规律性联系。

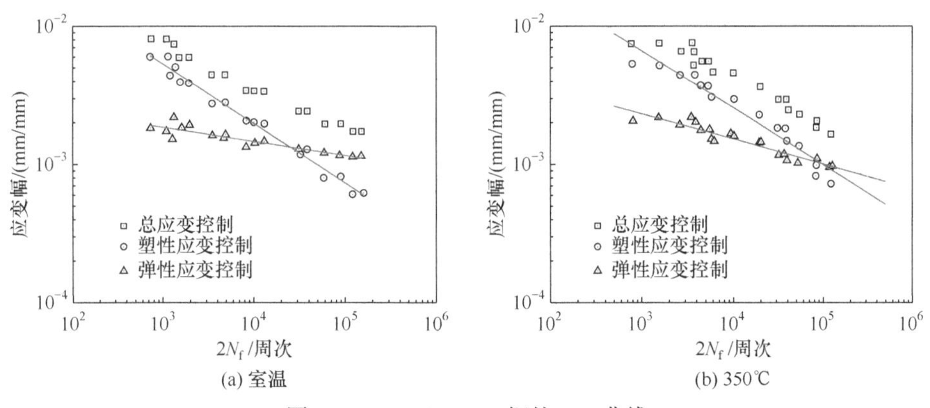

(a) 室温　　(b) 350℃

图 8.8　Z3CN20-09M 钢的ϵ-N 曲线

将应变疲劳的总应变幅值记为$\Delta\epsilon/2$，并可将其分解为弹性应变幅$\Delta\epsilon_e/2$和塑性应变幅$\Delta\epsilon_p/2$两部分。

弹性应变幅为

$$\frac{\Delta\epsilon_e}{2}=\frac{S_f}{E}(2N_f)^b \tag{8.36}$$

式中，S_f为疲劳强度系数(一次循环即$2N_f=1$时的失效应力幅值)；E为正弹性模量；S_f/E为双对数坐标中$2N_f=1$时的直线截距；b为疲劳强度指数(双对数坐标中弹性应变直线的斜率，其值为–0.14～–0.06)。

塑性应变幅为

$$\frac{\Delta\epsilon_p}{2}=\epsilon_f(2N_f)^c \tag{8.37}$$

式中，ϵ_f为疲劳塑性系数(一次循环即$2N_f=1$时的失效应变幅值，也即双对数坐标中$2N_f=1$时的直线截距)；c为疲劳塑性指数(双对数坐标中塑性应变直线的斜率，其值为–0.7～–0.5)。

则总应变幅-循环破断寿命$(\Delta\epsilon/2)$-N_f方程可表示为

$$\frac{\Delta\epsilon}{2}=\frac{\Delta\epsilon_e}{2}+\frac{\Delta\epsilon_p}{2}=\frac{S_f}{E}(2N_f)^b+\epsilon_f(2N_f)^c \tag{8.38}$$

这就是Manson-Coffin(M-C)方程。S_f、ϵ_f、b、c为应变疲劳的四个基本参量。

4) 转化疲劳寿命$2N_T$

弹性应变幅与塑性应变幅，这两部分在ϵ-N的双对数坐标中都近似地为线性，弹性应变幅直线与塑性应变幅直线的交点为转化疲劳寿命(或过渡寿命)$2N_T$：

$$2N_T=\left(\frac{S_f}{\epsilon_f E}\right)^{-\frac{1}{b-c}} \tag{8.39}$$

交点之左($N<2N_T$)，塑性分量对疲劳寿命起主导作用，塑性好的材料疲劳寿命长；交点之右($N>2N_T$)，弹性分量对疲劳寿命起主导作用，强度好的材料疲劳寿命长。显然，转化疲劳寿命$2N_T$与材料的强度和应变幅有关，随着强度的升高和应变幅的增大，交点左移，转化疲劳寿命$2N_T$缩短。这就是说，高强度材料在低应变幅时疲劳寿命长，高应变幅时疲劳寿命短；而高塑性材料在低应变幅时疲劳寿命短，高应变幅时疲劳寿命长。许多材料在总应变幅为0.01时有大体相近的寿命。

本书作者的工作表明，一般钢的转化疲劳寿命$2N_T$与布氏硬度(HB)之间有近似的拟合关系(因此也就与抗拉强度有拟合关系，因为$\sigma_b\approx 3^{-1}$HB)：

$$\lg(2N_{\mathrm{T}}) \approx 6-0.008\mathrm{HB} \tag{8.40}$$

5) 疲劳损伤的累积与疲劳寿命

由 ϵ-N 曲线可知，只要应变幅 $\Delta\epsilon/2$ 确定，材料疲劳失效的周次 N_{f} 也就可知了。在循环加载过程中，材料因微量塑性变形的发生会受到损伤，当微量塑性变形累积到 ϵ_{f} 值或约为静拉伸破断时的真应变 ε_{f} 时，疲劳寿命便耗尽了。由此可估算有部分疲劳履历的材料所剩余的疲劳寿命。

$$\frac{\Delta\epsilon_{\mathrm{p}}}{2}(2N_{\mathrm{f}})^{-c} = \epsilon_{\mathrm{f}} \approx \varepsilon_{\mathrm{f}} \tag{8.41}$$

2. 高周-低应力疲劳(应力疲劳)

高周疲劳的破断寿命高于 10^5 周次，这时的应力幅 $\$$ 或应变幅 ϵ 低于屈服。高周疲劳是受应力控制的，故也常称为应力疲劳。

通常用循环应力-寿命 S-N 曲线来表达高周疲劳，S-N 曲线与低周疲劳的 ϵ-N 曲线不同，ϵ-N 曲线是随应变幅 $\Delta\epsilon/2$ 的降低疲劳寿命 N_{f} 不断增长的曲线，而 S-N 曲线则在足够的周次后出现无限长寿命。这无限长寿命时的循环应力便称为疲劳极限 S_{-1}。通常取循环周次 $N=10^8$ 而未破断的应力 S 为疲劳极限。

拉-压疲劳极限 $(\sigma_{-1})_{\mathrm{p}}$、弯曲疲劳极限 σ_{-1}、扭转疲劳极限 τ_{-1} 之间有近似关系：

$$(\sigma_{-1})_{\mathrm{p}} = 0.85\sigma_{-1} = 1.55\tau_{-1} \tag{8.42}$$

而弯曲疲劳极限 σ_{-1} 约为抗拉强度 σ_{b} 的 1/2：

$$\sigma_{-1} = 0.5\,\sigma_{\mathrm{b}} \tag{8.43}$$

3. 组织结构决定的疲劳特性

1) 冷形变强化合金的疲劳软化

高强度的冷形变强化合金，在疲劳的循环变形中会发生疲劳软化，使疲劳强度降低。这是由于疲劳中的位错往复滑移与冷形变强化时形成的位错胞结构中的位错发生异号相消等重新组合，致使冷形变强化时形成的位错胞结构尺寸显著增大。

2) 沉淀强化合金的疲劳软化

沉淀强化合金在时效处理到沉淀强化的高峰值时，疲劳初期出现疲劳强化，但随之而来的却是疲劳软化，并与应变幅有关。在沉淀强化的高峰值时，位错滑移时切过该沉淀相，出现粗滑移现象，同时沉淀相被切碎，出现曲率效应(即毛细管效应，或称 Gibbs-Thomson 效应)，引起小粒子周边基体中可固溶浓度的增大而导致被切碎沉淀相的固溶，这种位错滑移集中的粗滑移和切碎粒子的固溶便是疲

劳软化的原因。

显然，阻止疲劳软化的两个途径为：使位错实现均匀分散的细滑移，以及使沉淀强化改变为析出强化，即位错滑移绕过弥散粒子的过时效。虽然过时效可阻止疲劳软化，并使疲劳裂纹的萌生被延迟，但疲劳裂纹萌生后的生长和扩展却加快了。

3) 夹杂物的影响

夹杂物的影响取决于夹杂物的性质与形状和尺寸及分布。长条形夹杂物是有害的。沿晶界分布的夹杂物也总是有害的。当弥散分布的粒子状夹杂物尺寸达5μm及以上时均是有害的。1μm及以下的弥散分布的粒子状夹杂物有利于疲劳强度的提高，这不仅与位错均匀的循环滑移有关，也与这样的夹杂物细化晶粒有关。

关于夹杂物的物理力学性质，已经证实，高于基体弹性模量的硬夹杂是有害的，例如，钢中的Al_2O_3夹杂，其尺寸虽然很小，但弹性模量高于铁，易于在Al_2O_3与铁素体相界面上因拉应力而萌生疲劳裂纹。反之，低于基体弹性模量的软夹杂则无害，如钢中尺寸小的粒状MnS夹杂。钢中碳化物的弹性模量低于铁，也可看成软夹杂，小尺寸的弥散碳化物粒子对钢是有利的。

8.2.2 疲劳损伤与破断

装备零件的形状和尺寸是多变的，总是存在突变之处，这就产生了应力集中。应力集中的峰值往往高达屈服应力，在循环应力作用下这就成了应变(低周)疲劳问题。应变(低周)疲劳是塑性应变控制的，材料有微量的塑性变形发生，故常常会出现材料的强化；而循环加载的方式，又会引起材料的软化。在循环加载过程中，材料因微量塑性变形的发生会受到损伤，萌生裂纹，在脉动拉伸应力比R=0情况下，疲劳裂纹长度的拓展传播速率da/dN与应力强度因子幅ΔK在双对数坐标的直角坐标系中的关系呈现出初始阶段。继而裂纹生长，da/dN-ΔK呈现恒速特征。当微量塑性变形累积到ϵ_f值或约为静拉伸破断时的真应变ε_f时，疲劳损伤使寿命耗尽而使裂纹失稳快速扩展，da/dN-ΔK呈现加速特征。直至最后的剪拉撕裂解体破断。于是可见，疲劳裂纹的生长阶段和扩展阶段的da/dN-ΔK特征是有根本区别的，裂纹生长与裂纹扩展不可混论，必须概念清晰。

1. 疲劳门槛与疲劳裂纹萌生

与拉伸时裂纹萌生于大量塑性变形颈缩的横截面中心不同，循环应力下的疲劳裂纹则是萌生于制品表面应力集中区域的受损伤处，该处可成为疲劳裂纹的胚芽。

当$\Delta K < \Delta K_{th}$时孕育的疲劳裂纹胚芽不演变为疲劳裂纹的萌生，即疲劳裂纹未萌生，ΔK_{th}称为疲劳门槛。

$\Delta K>\Delta K_{th}$ 时疲劳裂纹胚芽生长形成疲劳裂纹，即疲劳裂纹萌生。工程上对疲劳裂纹萌生的判别以可检测到的裂纹长度为准，如 0.10～0.20mm。

应力比 R 对疲劳裂纹萌生的初始阶段有大的影响，随着 R 的增大 ΔK_{th} 减小。可用 Beever 公式描述：

$$\Delta K_{th} = \Delta K_{th0}(1-R)\gamma \tag{8.44}$$

式中，ΔK_{th0} 为 R=0 时的 ΔK_{th}；γ 为材料的常数(空气中的低碳钢 γ=0.71，空气中的珠光体钢 γ=0.93，空气中的 En24 钢 γ=0.47)，γ 与材料的组织密切相关。也就是说，本阶段对材料的强度和组织敏感。

1) 应变疲劳裂纹萌生的晶界台阶机制

应变疲劳的塑性应变量较大，此时位错在剪应力作用下的滑移既能够作用在表面的晶界露头沟台阶，也可以作用在表面与亚表面处的夹杂物、弥散粒子相或缺陷等处，这便会引起该处的应力集中，从而孕育成顺滑移面的裂纹胚芽。裂纹胚芽张开时，便萌生为疲劳裂纹(Ⅱ型裂纹)。

2) 应力疲劳裂纹萌生的驻留滑移带挤出机制

当应力疲劳的应力超过疲劳极限时，相应的塑性应变量很小，此时的小量塑性应变以位错的滑移产生。但位错滑移是不均匀的，它集中发生在一定的滑移带内，这就是驻留滑移带。驻留滑移带内位错在循环应力作用下的循环组合滑移和相消，使材料在表面产生挤出带和浸入沟，其高度可达数微米。挤出带和浸入沟便是应力集中处，疲劳裂纹胚芽便在此处孕育而成，裂纹胚芽张开就成为疲劳裂纹的萌生。由于位错是在剪应力作用下滑移的，萌生的疲劳裂纹方向必顺滑移面，为Ⅱ型裂纹。

2. 疲劳裂纹生长

1) 疲劳裂纹生长存在两个亚阶段

(1) 初始生长阶段。

$\Delta K>\Delta K_{th}$ 初始时Ⅱ型疲劳裂纹在剪应力控制下高速生长，却因形变强化而很快减速。此亚阶段通常很短(Ni 合金例外)，在疲劳断口上也是很窄的区域。

(2) 恒速生长阶段。

Ⅱ型疲劳裂纹转变为Ⅰ型裂纹(与拉应力相垂直)，在拉应力控制下保持生长速率不变的恒速生长，$(\mathrm{d}a/\mathrm{d}N)$-$\Delta K$ 关系为线性，直至疲劳裂纹尺寸达到临界值，该临界值对应线性段的末端。此阶段通常很长，在疲劳断口上是很宽的区域，通常还出现疲劳条纹，用扫描电子显微镜可以观察到疲劳条纹。

恒速生长阶段的 $(\mathrm{d}a/\mathrm{d}N)$-$\Delta K$ 关系为线性。可用帕里斯(Paris)公式描述：

$$\mathrm{d}a/\mathrm{d}N = C\cdot\Delta K^{n} \tag{8.45}$$

各类钢恒速生长阶段的疲劳裂纹生长速率 da/dN 经验关系式(σ_b=250～2070MPa)如下：

$$\text{奥氏体不锈钢}\quad da/dN = 5.6\times10^{-12}\ (\Delta K)^{3.25} \tag{8.46}$$

$$\text{铁素体-珠光体钢}\quad da/dN = 6.9\times10^{-12}(\Delta K)^{3.0} \tag{8.47}$$

$$\text{马氏体钢}\quad da/dN = 1.35\times10^{-10}(\Delta K)^{2.25} \tag{8.48}$$

可见，钢的强度水平和组织结构对 da/dN 值的影响并不显著，本阶段对材料的组织不敏感。

2) 疲劳条纹

在疲劳裂纹生长阶段的断口上，用扫描电子显微镜可以观察到疲劳条纹。疲劳条纹是在疲劳裂纹生长过程中形成的。

(1) 疲劳条纹的形成。

在疲劳裂纹生长的初始阶段，Ⅱ型裂纹在周期性剪应力控制下的循环生长，此时裂纹形成的破断面比较平整，闭合时有大面积的接触和微动磨损，很难形成分明的疲劳条纹。

在疲劳裂纹生长的恒速阶段，Ⅰ型裂纹在周期性正应力控制下的循环生长，此时裂纹形成的破断面出现钝化时的凹下，致使前进中的开裂面相对凸出，形成凸出—凹下—凸出—凹下相间循环的不平整破断面。裂纹闭合时的凸出开裂面便会发生接触和微动磨损，在扫描电子显微镜下就会看到凸出部位受微动磨损形成的条纹，这就是疲劳条纹在周期性应力控制下，以裂纹的张开—前进—钝化—闭合—张开—前进—钝化—闭合生长的循环机制。

(2) 疲劳条纹与裂纹生长速率和应力强度因子幅ΔK 的关系。

凸出开裂面和凹下钝化面在应力循环的一个周期内各只出现一次，因此疲劳条纹数和应力循环周期数是等值的对应关系。因此，测量疲劳裂纹数和疲劳裂纹间距，便可获取疲劳裂纹生长速率和应力参量。由此既可估算出该样品在该处的裂纹生长速率，还可依据 Bates-Clark 关系式

$$d \approx 6(\Delta K/E) \tag{8.49}$$

或

$$d = C(\Delta K/E)_{\mathrm{m}} \tag{8.50}$$

估算出该处的应力强度因子幅ΔK。

3. 疲劳裂纹高速扩展

达到临界值尺寸的Ⅰ型疲劳裂纹，在拉应力控制下出现高速扩展的两个亚阶段：

1) 加速扩展阶段

$\Delta K< K_{IC}$ 时的扩展速率 da/dN 随 ΔK 的增大而急剧增快，并使疲劳裂纹尺寸达到临界值。此时，疲劳裂纹便进入高速瞬间破断阶段。显然，该阶段受断裂力学诸因素的控制。随着 R 的增大 ΔK 减小，可用 Beever 公式描述：

$$\frac{da}{dN}=\frac{c(\Delta K)^n}{(1-R)K_{IC}-\Delta K} \tag{8.51}$$

此亚阶段通常很短，在整个疲劳寿命中占的份额很少，在疲劳断口上也是很窄的区域。本阶段也对材料的组织敏感。

2) 高速扩展阶段

高速扩展阶段 $\Delta K\geqslant K_{IC}$，在整个疲劳寿命中不占份额，但在疲劳断口上却是很宽的瞬断区域。

4. 剪拉撕裂解体

当疲劳裂纹高速扩展至制件最后的连接薄层时，由于应力状态的改变而像拉伸和冲击那样，因剪拉撕裂而完全解体破断。这在整个疲劳寿命中也不占份额，在疲劳断口上也是很窄的表面区域，通常是忽略不计的。

5. 疲劳断口

裂纹经历萌生、生长、扩展三个阶段之后，制件解体破断。断口分区分为裂纹萌生区(裂纹源)、裂纹生长区、裂纹扩展区、剪拉撕裂唇区四个区。

疲劳裂纹通常萌生于试样表面缺陷处[图 8.9(b)]或近表面的缺陷处[图 8.9(a)]。然后是生长，生长至临界尺寸后便是失稳的快速扩展，直至破断。疲劳裂纹生长前沿为凸形时，表明钢的塑性好；为凹形时，则钢的强度高而塑性差。

疲劳条纹(图 8.10)是疲劳断口最重要的特征。测量疲劳条纹间距可获得一系列信息，由此既可估算出该样品在该处的裂纹生长速率，还可依据 Bates-Clark 关系式(8.50)估算出该处的应力强度因子幅 ΔK。至于该样品在该处的位置坐标，应以裂纹源为坐标原点，以裂纹生长方向为矢径，测量矢径的长短。若能做一系列这样的工作，便能测得距疲劳裂纹源不同方向不同距离的一系列裂纹生长速率和应力强度因子幅 ΔK。

断口特性与 ΔK 值关系密切。在低 ΔK 值的初始阶段，疲劳裂纹的生长速率对材料的组织敏感，并且呈现为准解理破断面。在中 ΔK 值的恒速阶段疲劳裂纹的生长速率对材料的组织不敏感，并且在破断面上呈现出疲劳条纹，1 个条纹对应载荷的 1 个循环周次。在高 ΔK 值的加速阶段，疲劳裂纹的生长速率对材料的组织敏感。疲劳裂纹扩展阶段高速破断的破断面呈现为图 8.11 所示的微孔聚合韧窝的韧性破断面(塑性好的材料)，或准解理的脆性破断面(塑性差的材料)。

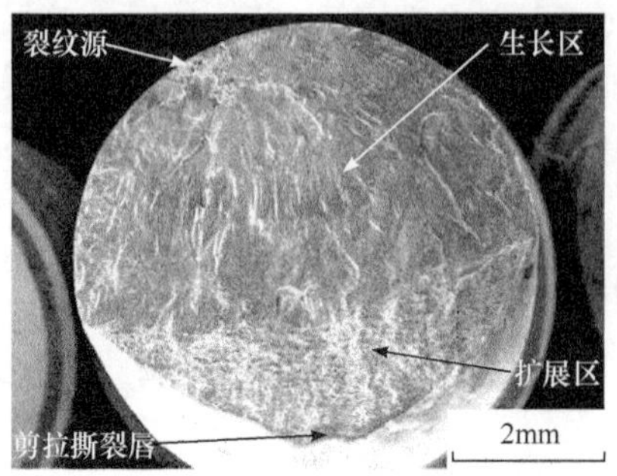

(a) 室温全貌，左上近边沿处为裂纹源，上部为生长区

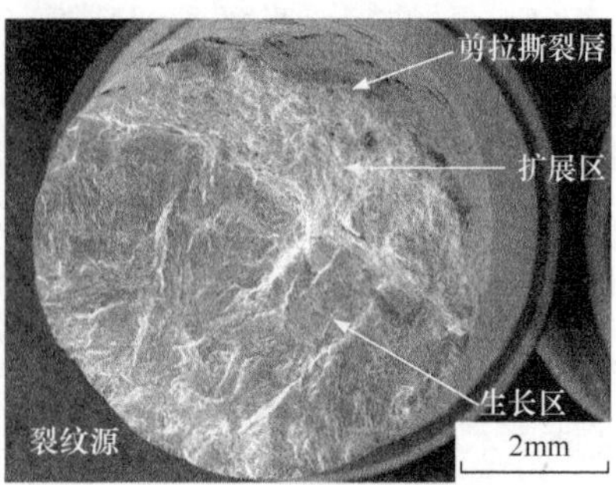

(b) 350℃全貌，左下边沿处为裂纹源，左下部为生长区

图 8.9　Z3CN20-09M 钢应变疲劳断口的 SEM 像

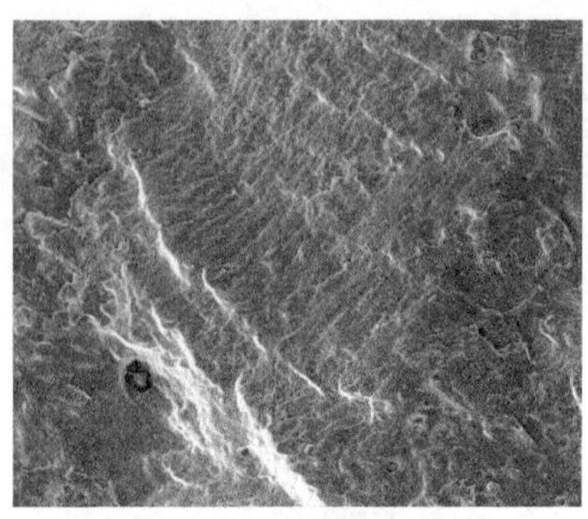

(a) 室温

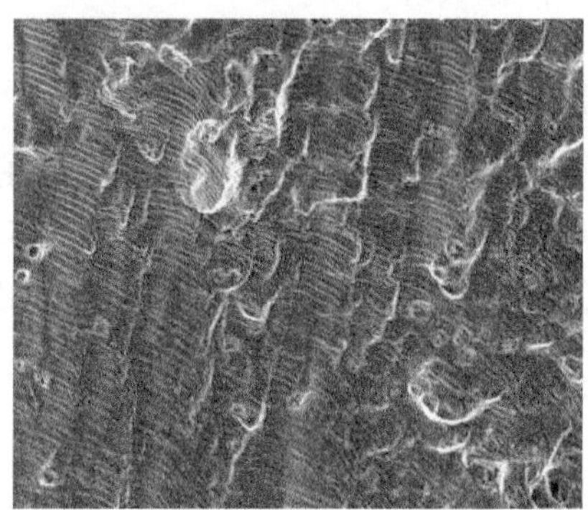

(b) 350℃

图 8.10　Z3CN20-09M 钢应变疲劳断口生长区疲劳条纹的 SEM 像

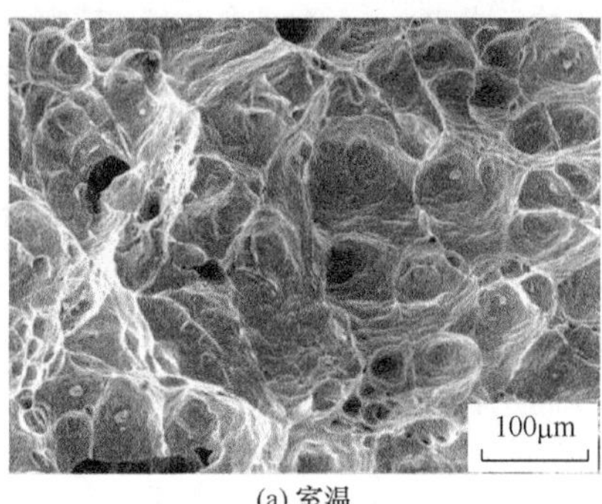

(a) 室温

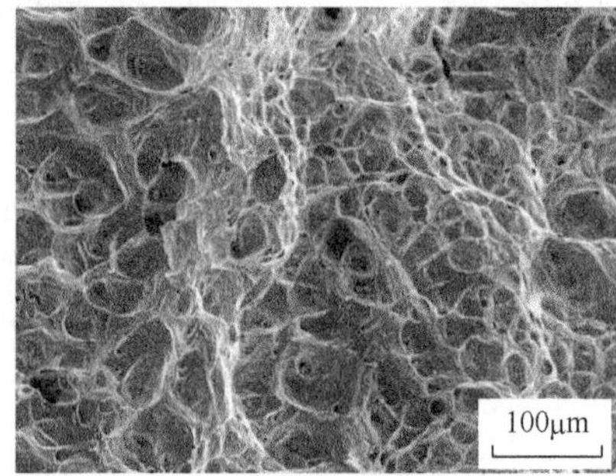

(b) 350℃

图 8.11　Z3CN20-09M 钢应变疲劳断口失稳扩展区微孔聚合韧窝的 SEM 像

8.2.3　疲劳寿命估算

以下给出几个简略概念解法思路以进行初估，精细的工程设计解法请参阅有关专著(如航空工业部科学技术委员会，1987)。

1. 应变疲劳损伤的累积与寿命估算

由 $\in$-N 曲线可知，只要应变幅 $\Delta\in/2$ 确定，材料疲劳失效的周次 N_f 也就可知。在脉动拉伸或拉-压应力比 R=0 的循环加载过程中，材料因微量塑性变形的发生会受到损伤。当微量塑性变形累积到 $\in_f$ 值或约为静拉伸破断时的真应变 ε_f 时，疲劳寿命便耗尽了。由 $\in$-N 曲线还可知，在 $\in$-N 坐标中，塑性应变幅 $\Delta\in_p/2$ 是线性的。因此可认为，在某一应力水平时，总的循环周次寿命 N_f 中，每一循环周次对材料所造成的塑性应变损伤是相同的，于是塑性应变损伤便是可加的。也就是在脉动拉伸或拉-压应力比 R=0 的循环加载过程中，不考虑多次加载的次序，则多次加载的疲劳损伤是以线性规律积累的，此即为 Palmgren-Miner 规则：

$$\sum\frac{n_i}{(N_f)_i}=1,\quad i=1,\ 2,\ 3 \tag{8.52}$$

式中，i 为各应力水平；n_i 为 i 应力水平时的实际循环周次；$(N_f)_i$ 为 i 应力水平时的寿命循环周次。i 个应力水平的实际循环周次所造成的各塑性应变损伤之和便是总塑性应变损伤。

解此问题的另一思路是，尽管疲劳寿命是受塑性应变幅 $\Delta\in_p/2$ 控制的，但应变疲劳寿命终结时材料所累积的塑性应变量是个定值 $\in_{pf}$，而 $\in_{pf}$ 是可以计算或测定的，且它近似地等于静拉伸时的真实破断应变量 ε_f。由此便可估算有部分疲劳履历的材料所剩余的疲劳寿命：

$$\frac{\Delta\in_p}{2}(2N_f)^{-c}=\in_{pf}\approx\varepsilon_f \tag{8.53}$$

对于一些安全性要求极高的装备，如核反应堆中的危险工程装备，应变疲劳寿命终结时材料所累积的塑性应变量 $\in_{pf}$ 的取值值得讨论。若取疲劳裂纹生长速率第二阶段(恒速段)结束时的塑性应变量 $\in_p$ 或静拉伸时的真实破断应变量 ε_f 作为 $\in_{pf}$，这对核反应堆中的装备来说显然是很冒险的，此时应考虑以疲劳裂纹生长速率第二阶段(恒速段)开始时的塑性应变量 $\in_p$ 作为 $\in_{pf}$，或以静拉伸时颈缩开始点的均匀塑性应变量 ε_b 作为 $\in_{pf}$，或以疲劳裂纹长度给定值如 1mm 作为疲劳寿命限定。

2. 应力疲劳寿命估算

这里设定零件表面总是因这样那样的原因而存在小的裂纹，从破断力学的观点来看，大多可将其看成单边裂纹。在拉应力作用时，该 I 型裂纹尖端处的应力场状态用应力强度因子表示为 $K_I=Y\sigma a^{1/2}$，Y 为零件的形状因子，可由手册查得(中国航空研究院，1981)。

应力疲劳时在循环拉应力作用下的疲劳裂纹的生长，应当看成恒速生长，ΔK>

ΔK_{th}，则疲劳裂纹生长速率的(da/dN)-ΔK关系为线性，可用 Paris 公式描述：

$$da/dN = C \cdot \Delta K^n \tag{8.54}$$

各类钢(σ_b=250～2070MPa)恒速生长阶段的疲劳裂纹生长速率 da/dN 的经验关系见方程(8.46)～方程(8.48)。

疲劳寿命终止时的裂纹长度 a_f 在 $K_{max} = K_{IC}$ 时达到

$$a_f = (K_{IC} / Y\sigma)^2 \tag{8.55}$$

式中，$Y = 1.12\pi^{1/2}$。于是

$$da/dN = C(Y\sigma a^{1/2})^n \tag{8.56}$$

由此微分方程(8.56)即可得知疲劳寿命 N_f。

3. 缺口零件应变疲劳寿命估算

当载荷力作用在有缺口的零件上时，零件内的应力分布便会在缺口处聚集并增大，尤以缺口根部为甚。但应注意的是，零件材料处在弹性状态与弹塑性状态是不同的，在弹性状态缺口根部的应力分布曲线峰值是尖锐的。当缺口根部的应力达到材料屈服强度时缺口根部便会发生材料的塑性变形而屈服，应力的进一步增大会使塑性变形进一步增加并产生形变强化，这时的应力分布曲线在缺口根部呈钝化形，这就是弹塑性状态。在设计手册中查到的缺口应力集中系数 K_t 是材料处在弹性状态的名义数值，对于弹塑性状态这个数值则与实际不相符合。对于缺口根部弹塑性状态的实际应力集中系数 K_σ，应为缺口根部实际应力$\sigma_{弹塑}$与假想的(实际并未达到)同应变量弹性状态名义应力$\sigma_{弹名}$之比，$K_\sigma = \sigma_{弹塑}/\sigma_{弹名}$。显然，实际应力集中系数 $K_\sigma \leqslant 1$，并且不是定值，而与外加的载荷力大小和应变量及材料的屈服强度有关。同样，缺口根部的应变集中系数也可表示为缺口根部实际弹塑应变$\varepsilon_{弹塑}$与假想的(实际并未达到)同应力量弹性状态名义应变$\varepsilon_{弹名}$之比，$K_\varepsilon = \varepsilon_{弹塑}/\varepsilon_{弹名}$，并且 $K_\varepsilon \geqslant 1$，其值取决于应力值。

缺口根部的实际应力值和实际应变值尚难具体真实确定，可由无缺口的光滑试样的应力与应变关系进行粗略估算。

1) 单向拉伸状态缺口根部应力$\sigma_{弹塑}$值和应变$\varepsilon_{弹塑}$值的求取

对于单向静拉伸状态，有

$$\varepsilon = \varepsilon_e + \varepsilon_p = \sigma/E + (\sigma/K)^{1/n} \tag{8.57}$$

Neuber 由有限元法和塑性理论得(称为 Neuber 规则，为双曲线)

$$K_\sigma K_\varepsilon = K_t^2 \tag{8.58}$$

而满足方程(8.58)的 $K_\sigma \leqslant 1$ 与 $K_\varepsilon \geqslant 1$ 必定是相互制约地使其乘积为定值 K_t^2，于是可将方程(8.58)改写为

$$K_t^2 = (\sigma_{弹塑} \times \varepsilon_{弹塑})/(\sigma_{弹名} \times \varepsilon_{弹名}) \tag{8.59}$$

将以上各方程联立求解，可得 Neuber 规则双曲线与弹性和弹塑性σ-ε曲线的交点，即得缺口根部的应力$\sigma_{弹塑}$和应变$\varepsilon_{弹塑}$。

2) 循环拉伸疲劳缺口根部应力$\sigma_{弹塑}$值和应变$\varepsilon_{弹塑}$值的求取

该问题基本雷同于单向拉伸状态，必须知道材料弹性状态的$\Delta\sigma_{弹名}$-$\Delta\varepsilon_{弹名}$直线和材料弹塑性状态的$\Delta\sigma_{弹塑}$-$\Delta\varepsilon_{弹塑}$曲线。此时交变应变或交变应力下的 Neuber 规则方程成为

$$K_t^2 = (\Delta\sigma_{弹塑} \times \Delta\varepsilon_{弹塑})/(\Delta\sigma_{弹名} \times \Delta\varepsilon_{弹名}) \tag{8.60}$$

求弹性和弹塑性交变$\Delta\sigma$-$\Delta\varepsilon$曲线与 Neuber 规则双曲线的交点，即得缺口根部的交变应变和交变应力的实际值。

3) 交变拉伸状态(拉-压疲劳)缺口根部应力$\sigma_{弹塑}$值和应变$\varepsilon_{弹塑}$值的求取

交变应变或交变应力时的作图法与上述循环拉伸雷同，也需要知晓材料弹性状态的$\Delta\sigma_{弹名}$-$\Delta\varepsilon_{弹名}$直线和材料弹塑性状态的$\Delta\sigma_{弹塑}$-$\Delta\varepsilon_{弹塑}$曲线。交变应变或交变应力下的 Neuber 规则方程仍然为方程(8.57)。同样如上求弹性和弹塑性交变$\Delta\sigma$-$\Delta\varepsilon$曲线与 Neuber 规则双曲线的交点，即得缺口根部的交变应变和交变应力的实际值。

4) 缺口零件拉伸安全裕度(寿命)的求取

前已述及，材料光滑试样在拉伸状态的抗拉强度σ_b是应力储备，均匀伸长率δ_b是应变储备，均匀静韧度A_b是韧度储备，这三个指标实际上是试样破断前的应力和应变及韧度的安全裕度，这就是材料的安全性储备指标。这是容易用试验检测到的。

对于在拉伸状态的缺口零件，由于缺口根部的应力和应变与光滑试样不同，其强度、塑性、韧度的安全裕度数值便会与名义值有程度不同的差异。这时只要用 Neuber 规则求得缺口根部的应变量，就是真实应变量。将此真实应变量与名义应变量如均匀伸长率δ_b相比较时，应注意两者之间的换算，在同量纲下两者的差值便是剩余的应变安全裕度。在采用应力安全裕度时也应注意名义应力与真实应力的换算，同量纲下两者的差值即为剩余的应力安全裕度。

5) 缺口零件应变疲劳寿命的求取

在得知缺口根部的交变应力幅值和应变幅值后，便可由此数值在光滑试样的S-N曲线或ϵ-N曲线上求得所对应的疲劳寿命。

当尚未获得光滑试样试验检测的S-N曲线或ϵ-N曲线时，便较难确定疲劳寿命。但却可以用应变疲劳的总应变幅-循环破断寿命($\Delta\epsilon/2$)-N_f方程，即S_f、ϵ_f、b、c应变疲劳四个基本参量表达的 Manson-Coffin(M-C)方程

$$\frac{\Delta \epsilon}{2}=\frac{\Delta \epsilon_{\mathrm{e}}}{2}+\frac{\Delta \epsilon_{\mathrm{p}}}{2}=\frac{S_{\mathrm{f}}}{E}(2N_{\mathrm{f}})^{b}+\epsilon_{\mathrm{f}}(2N_{\mathrm{f}})^{c} \tag{8.61}$$

进行粗略估算。这时可近似取 $b=-0.1$、$c=-0.6$、$S_{\mathrm{f}} \approx \sigma_{\mathrm{f}}$、$\epsilon_{\mathrm{f}} \approx \varepsilon_{\mathrm{f}}$，即可由缺口根部的应变值$\Delta\varepsilon$估计出疲劳寿命。

8.2.4 环境中热和腐蚀对疲劳的损伤

环境的物理因素如热及热的振荡，化学因素如介质的浸蚀，均严重危及金属的疲劳性能。对核电站装备的服役环境来说，热和腐蚀是最为重要的两个特征。

1. 热作用下的疲劳损伤

这里有三种情况：高温疲劳损伤、蠕变与高温疲劳损伤、热循环疲劳损伤。

1) 高温疲劳损伤

当材料承受高温与循环应力联合作用时便是高温疲劳损伤。由于高温的作用，材料在塑性应变强化的同时，也发生了动态回复与动态再结晶的软化过程，因而不存在常温应变疲劳的强化现象。这就使应力疲劳在 *S-N* 曲线上不存在水平段的疲劳极限，*S-N* 曲线不断下降，只可以按寿命 *N* 值取条件疲劳极限(疲劳强度)。温度越高，曲线下降越陡。

高温疲劳损伤是高温疲劳过程中微量塑性变形的积累，当微量塑性变形累积到ϵ_{f}值或约为同温度静拉伸破断时的真应变ε_{f}时，疲劳寿命便耗尽了。

金属材料的持久强度也是随温度的升高而下降的。将持久强度的时间(t)寿命与应力疲劳的周次(N)寿命换算等值后发现，持久强度随温度的升高而下降的陡度大于条件疲劳极限随温度的升高而下降的陡度，两者会出现等强度温度。在低于等强度温度时，持久强度高于疲劳强度；而在高于等强度温度时，持久强度便低于疲劳强度。于是，在低于等强度温度时，材料可能出现的安全危险是疲劳破损；而在高于等强度温度时，材料可能出现的安全危险便是持久破断。不同材料的等强度温度是不同的，同一品牌的材料也会因为成分、加工、组织、性能的散布，而使等强度温度在一定的范围散布。

2) 高温时蠕变与疲劳的叠加

蠕变与高温疲劳损伤是材料承受高温、时间、循环应力三者联合作用的结果。当高温疲劳的时间较长时，就会有蠕变存在。高温疲劳不可避免地有蠕变发生，两者均会对金属造成损伤，损伤的叠加促进了金属的提前损伤与破断。

可以近似认为，蠕变损伤(Φ_{c})可以与高温疲劳损伤(Φ_{f})各自独立，因此两者对材料造成的蠕变-高温疲劳损伤是它们各自损伤的简单叠加合成($\Phi_{\mathrm{c}}+\Phi_{\mathrm{f}}$)。基于这个设定，Palmgren-Miner 经典损伤法则成为蠕变-高温疲劳的损伤设计准则：

当其叠加量达到金属允许的极限损伤 Φ_T 时，金属制品便失效了。蠕变-高温疲劳设计允许的极限损伤 Φ_T 应不大于 $\Phi_c+\Phi_f$，也即

$$\sum_{j=1}^{p}\left(\frac{n}{N_d}\right)_j+\sum_{k=1}^{q}\left(\frac{t}{T_d}\right)_k \leqslant \Phi_T \tag{8.62}$$

式中，N_d 为高温疲劳破断寿命(循环周次)；T_d 为高温蠕变破断寿命(时间)；n 为设计的高温疲劳寿命(循环周次)；t 为设计的高温蠕变寿命(时间)。

随着温度的不同，疲劳和蠕变所占份额不同。温度较低时以疲劳过程为主，蠕变为次，金属以疲劳损伤为主；而随着温度的升高，蠕变份额逐渐增大，高温下则以蠕变损伤为主。

当温度达到 $0.5T_m$～$0.8T_m$ 时，扩散蠕变所占的份额就相当大了，此时在低周高应变疲劳交变应力、晶界流动、晶界滑动、回复和再结晶等过程的作用下，晶粒形状与尺寸不再像单独蠕变那样保持基本不变，而是发生了热与力作用下的晶粒转动和晶界迁移的重新改组，使晶界转向平行最大剪应力方向和垂直最大剪应力方向，晶粒重组为矩形。裂纹的萌生也出现在晶界上，并且酿成沿晶断。

3) 热循环(热振)疲劳损伤

环境温度并不都是稳定地缓慢变化，当环境出现忽冷忽热的振荡时，装备的构件材料便会有热胀冷缩发生。然而，构件不是自由的，构件在装备中是受到各种限位约束的，于是构件便承受了振荡的热应力作用。例如，同一构件上有温度梯度(如热交换器等)，不同构件间有温度差，不同材料结合(如焊接)成的同一构件等，这些振荡的热应力叠加在构件服役的功能应力上，必使构件的服役工况恶化，这种因振荡的热应力而引发的疲劳破坏即热振疲劳。热振疲劳属低周疲劳范畴，受应变控制。

热振疲劳是低周疲劳，因此低周疲劳的规律适于热振疲劳。塑性好的材料具有较高的疲劳寿命。热交换器是典型的承受热应力的部件，所用材料不仅要有优良的导热性和优良的耐蚀性，而且应具有良好的塑性和强度以确保其寿命。

温度周期变化引起构件热胀冷缩，而热胀冷缩又受到相连构件的约束，便在温度周期变化的构件中产生交变热应力。此交变热应力可使构件发生微量塑性应变，微量塑性应变损伤的积累能在构件表面形成热循环疲劳裂纹。热循环疲劳裂纹通常呈现龟裂纹特征。

压水堆核电站核岛拥有许多安全辅助系统，核岛有为数众多的压力容器和疏水管道。例如，连接稳压器和主管道的波动管常常由于热分层现象而产生热循环疲劳，热循环疲劳已使许多核电站的小支管线出现裂纹(图 8.12)。

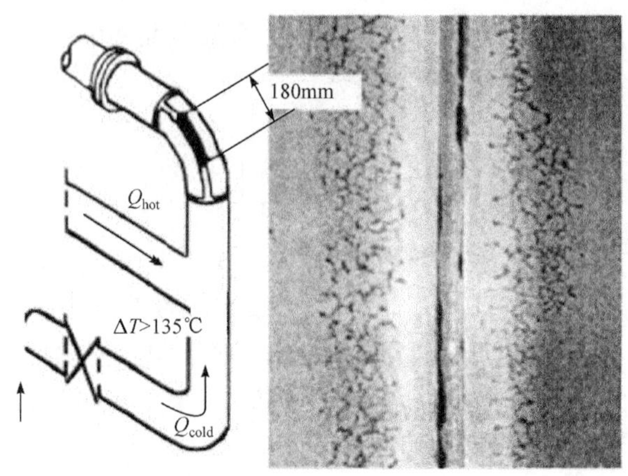

图 8.12　法国电力公司西弗克斯(Civaux)核电站发生在弯头焊缝下游管道的热疲劳裂纹

2. 腐蚀对疲劳的损伤

许多核电站装备不仅服役于腐蚀介质中，而且承受交变应力，于是就发生了腐蚀与交变应力的联合交互作用，导致装备构件过早破断，这就是腐蚀疲劳。还有许多核电站装备是在冷却剂环境中承受动态的交变循环应力，冷却剂对材料的腐蚀也降低了疲劳强度。

1) 腐蚀疲劳机制

疲劳破坏必定有裂纹源产生裂纹，继而裂纹生长，当裂纹生长到临界尺寸时就会突发快速扩展而破断。腐蚀疲劳中腐蚀的作用是疲劳裂纹的萌生制造发源地，点蚀、缝隙腐蚀、晶间腐蚀以及交变应力引发的滑移台阶冲破钝化膜等，都会成为疲劳裂纹的萌生地。在疲劳裂纹萌生后的生长过程中，电偶释放的 H 在裂纹尖端富集加速了疲劳裂纹的生长。

腐蚀疲劳可以看成腐蚀和循环应力的简单叠加，潮湿空气或冷却剂对金属材料来说是腐蚀环境，其结果使材料的抗疲劳能力比在干燥空气中显著减弱，这种情况最常被人们所忽略，应当引起注意。这种情况的形成是由于潮湿空气中的水汽和 CO_2 是弱腐蚀介质。冷却剂中的浸蚀可能形成点蚀坑，使疲劳裂纹易于在该处萌生，这种情况较潮湿空气中还要严重些。在腐蚀介质中的疲劳则更严重，交变应力破坏了腐蚀产生的覆盖膜的保护，致使暴露在腐蚀介质中的一直是新鲜的金属表面，疲劳裂纹不仅易于萌生，而且生长更快。介质的腐蚀性越强影响越严重，疲劳加载频率越低影响越严重，材料的强度越高影响也越严重。

压水堆核电站一回路采用高温高压含硼水为冷却剂，试验已经证明，冷却剂环境中的金属疲劳寿命与干燥空气环境中相比，有不同程度的缩短。由此，引发的环境疲劳需要引起格外注意。

2) 腐蚀介质中金属疲劳的特点

(1) 只存在低周疲劳强度。由于交变应力引发位错滑移所破裂的表面氧化膜，使金属暴露在腐蚀介质中受到腐蚀，以致不存在高周疲劳的疲劳极限值，而仅有疲劳强度。

(2) 腐蚀疲劳强度明显降低。腐蚀疲劳的疲劳强度明显低于空气中的疲劳强度，介质的腐蚀性越强，腐蚀疲劳强度越低。

(3) 金属强度的影响。随着屈服强度的增高，腐蚀疲劳裂纹生长速率加快。

(4) 交变应力频率的影响。腐蚀疲劳强度随交变应力频率的降低而下降更多，这是腐蚀介质的破坏作用进行得更为充分的原因。频率越低则不同腐蚀介质引起腐蚀疲劳强度降低的差异越大。

(5) 交变应力幅值ΔK 的影响。随着交变应力幅值ΔK 的增大腐蚀疲劳的裂纹生长速率加快，不同腐蚀介质引起腐蚀疲劳裂纹生长速率的差异也随ΔK 的增大而减小。即使$\Delta K< K_{\mathrm{ISCC}}$ 裂纹仍然生长。

(6) 破断形式。强度越高越容易发生沿晶破断，低ΔK 易发生沿晶破断。

缓解腐蚀疲劳的途径是选择适应介质(耐腐蚀)的材料，表面防护(氧化膜、涂层、阳极镀层等)，表面强化(喷丸、辊压等)以产生压应力，表面改性(渗氮等)。

3) 腐蚀疲劳损伤比

通常用损伤比表达冷却剂环境的腐蚀对疲劳强度的影响。这个损伤比就是腐蚀疲劳强度与无腐蚀时的疲劳强度的比值。在海水中，损伤比值对于碳钢约为 0.2，不锈钢约为 0.5，铝合金约为 0.4，而铜合金是耐海水腐蚀的，因而疲劳强度几乎不受影响。超级不锈钢与 A-F 双相不锈钢的抗局部腐蚀的能力最强，Cr、Mo、N 元素对此贡献也最大，因而它们的抗腐蚀疲劳能力也最好。

8.3　单向冲击低周疲劳

这是装备中经常见到的低周疲劳的一个重要分支，是在单向冲击力作用下的金属低周疲劳，在大多情况下为10^3～10^5周的低周疲劳范畴。冲击疲劳寿命取决于材料的屈服强度和延缓裂纹生长的塑韧性，视冲击力的大小而不同。当冲击力大时，材料的塑韧性是制约冲击疲劳寿命的因素；而当冲击力小时，则是材料的屈服强度制约冲击疲劳寿命。

8.3.1　参数关系

研究了 25CrMnMoTiA 钢的单向冲击疲劳，采用 10mm×10mm 梅氏缺口冲击试样冲击弯曲加载，考虑到简支梁弯曲冲头单撞击点与缺口中心的偏离引发的误差，冲头设计成双撞击点纯弯曲以减小误差和避开剪力干扰，加载冲击频率 600 次/分。锻轧试样热处理为 870℃油淬并于不同温度回火 90～70min 水冷，同时制造了预制裂纹试样和脆性区回火慢冷试样以及 30CrNi2VMoVA 钢 870℃油淬 200℃回火试样以资比较。试验所得一些基本参量值列于表 8.7。

表 8.7　25CrMnMoTiA 钢单向冲击疲劳试验结果各参量值

材料	25CrMnMoTiA						30CrNi2MoVA
回火温度/℃	200	370	450	525	525，炉冷	660	200
硬度(HRC)	47	42	39	35	35	25	
摆锤冲击能量/J	41	42	43	67	58	125	
常数 A_0/J	2.1	1.33	1.64	3.19	4.16	4.63	1.83
斜率 K	0.97	0.44	0.59	1.33	1.98	2.28	0.88

试验所得冲击能量 W 与破断寿命 $\lg N$ 的关系可用线性方程描述：

$$W = A_0 - K(\lg N - 3) \tag{8.63}$$

式中，A_0 为常数(线性方程在 N 为10^3 周处的冲击能量截距)；K 为直线斜率(也是 N 的幂指数)。A_0 和 K 决定了线性方程的位置。A_0 和 K 之间呈线性关系，见图 8.13 和方程(8.64)。A_0 和 K 与硬度的关系如图 8.14 所示，在第一类回火脆性区出现低谷，这显然是残余奥氏体分解与马氏体中碳化物沉淀造成的。因此认为，A_0 和 K 对组织结构是敏感的。

$$A_0 = 0.57598 + 1.76371K, \quad r = 0.99207 \tag{8.64}$$

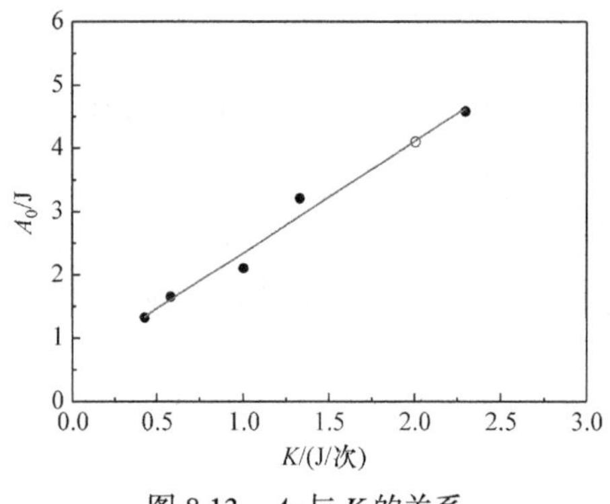

图 8.13　A_0 与 K 的关系

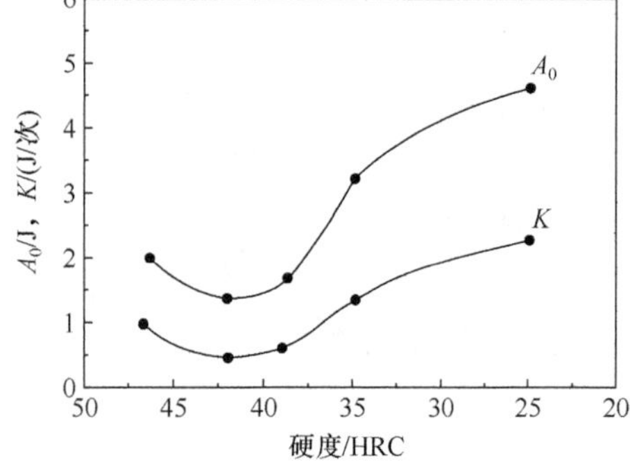

图 8.14　A_0、K 与硬度的关系

8.3.2　寿命与抗力

对试验数据的进一步数学分析可制成图 8.15 和图 8.16。图 8.15 表明，在低冲击能量时强度高者寿命长，而在高冲击能量时韧性高者寿命长，两者在中强度范围过渡。同时可见，高强度范围冲击寿命受冲击能的变化有极大的波动范围，由低冲击能量时的长寿命转换为高冲击能量时的短寿命。该图还表明，较低强度时随冲击能量的变化冲击寿命变化范围很小，相对稳定地处在中间寿命状态，这就是调质热处理成回火索氏体组织的益处。图 8.16 进一步证明高强度状态不适宜用于低周次服役，它不能承受高的冲击能；而回火索氏体组织则适宜用于低周次服役，这时它可以承受高的冲击能量。

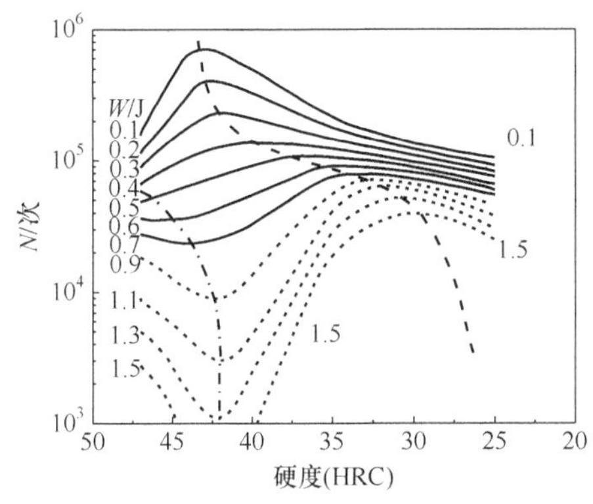

图 8.15　寿命峰值和寿命谷值及转移

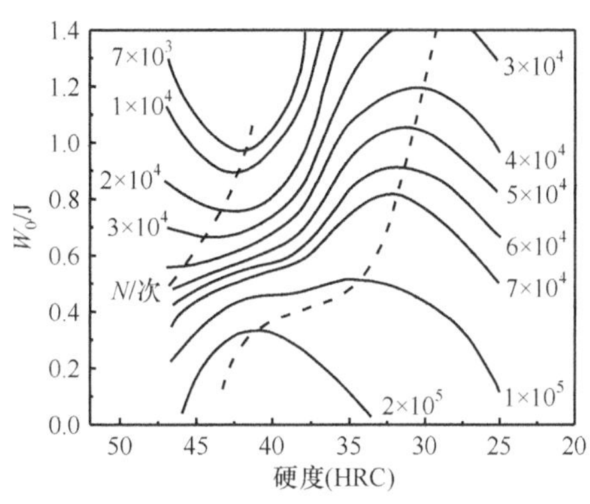

图 8.16　抗力峰值和抗力谷值及转移

在第二类回火脆性区进行回火后慢冷的脆化回火，会显著缩短冲击寿命，冲击寿命降低约 40%。然而，它对 A_0 与 K 的线性关系不发生影响，图 8.13 中空心符号即为脆化回火的数值，它仍良好地位于 A_0 与 K 的线性关系线上。

将淬火 200℃回火的 25CrMnMoTiA 钢与 30CrNi2VMoVA 钢相比，后者组织中的残余奥氏体较多，而冲击寿命明显较低，可见冲击寿命对回火板条马氏体组织中残余奥氏体量是很敏感的。

8.3.3　断口

冲击疲劳破断遵守应变疲劳破断的基本规律，裂纹发源于缺口根部表面应变处，断口分裂纹源、生长区、扩展区和剪拉撕裂唇区，图 8.17 为单向冲击破断后的断口，显示裂纹发源于缺口根部，并向撞击面方向生长。生长区深度约为 4mm，约为断口面深度的 50%。

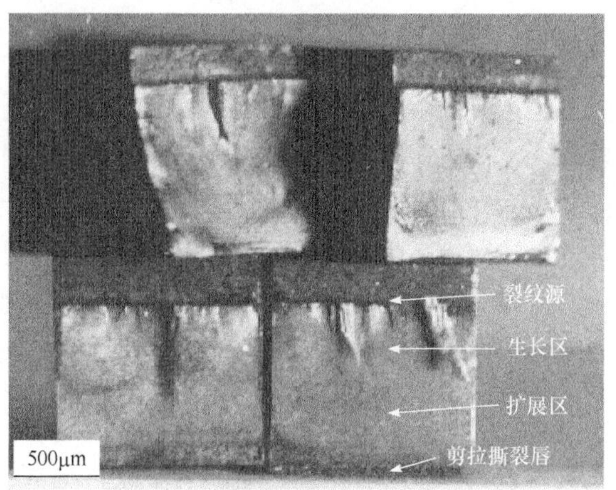

图 8.17　单向冲击疲劳破断断口，可见裂纹发源于缺口根部，并向撞击面方向生长

8.4　其他疲劳问题

8.4.1　微动疲劳

核电站装备运转中的振动所引发的微动磨损和微动疲劳应引起特别关注。装备在交变应力下的微动磨损与疲劳的叠加即为微动磨损疲劳，简称微动疲劳。微动磨损引发疲劳裂纹萌生而使制品过早地疲劳破断，甚至造成安全灾难。微动能使构件的疲劳寿命降低 20%～80%，例如，抗拉强度为 598MPa 的 0Cr18Ni9 奥氏体不锈钢的弯曲疲劳强度 295MPa 会因微动磨损而降至 160MPa，降低幅度达 45%。

1. 微动疲劳损伤机制

微动疲劳的特征是：①微动接触区周边边缘承受非线性分布载荷且局部应力集中尖锐；②疲劳裂纹在接触区边缘剪应变幅最大的近表面处萌生；③微动局部表面损伤严重，加剧了裂纹的萌生。

疲劳裂纹因微动磨损的损伤而提早形成，并加速疲劳裂纹的生长和扩展，因而微动磨损疲劳时的疲劳裂纹源必定在微动接触区边缘剪应变幅最大的磨痕处，此处应力集中最大最尖锐。疲劳裂纹于微动磨痕处形成，由于磨痕浅，剪应力起主要作用，因而裂纹在与表面成近乎 45°的切向形成。在裂纹向金属内部生长的过程中剪应力的作用很快减弱，而交变应力的作用随之演变成主因素，进而成为唯一因素，裂纹生长方向便转为表面法向。疲劳裂纹形成后的生长和扩展则遵循疲劳规律，微动磨损不再有影响。试验证明，在微动疲劳的裂纹深度与微动振动次数的关系曲线上，微动磨损影响的是曲线的第一阶段，即裂纹的萌生，曲线的第二阶段即裂纹的恒速生长取决于疲劳，曲线的第三阶段是疲劳裂纹的加速扩展。也就是说，曲线的第一拐点是微动磨损的终止和疲劳裂纹萌生转入生长的转折，曲线的第二拐点是疲劳裂纹生长的终止和疲劳裂纹扩展起始的转折。随着材料强度的增高，曲线向微动振动次数减少的方向移动，并且斜率增大。

2. 影响因素

影响微动疲劳的因素主要如下。

1) 正压应力

随着正压应力的增大疲劳强度初始时急剧下降，随后降至一常量，与应力弛豫曲线相仿。

2) 微动振幅

疲劳寿命与微动振幅的关系曲线中段下凹，即低振幅和高振幅时具有较高的疲劳寿命，而在中振幅时的疲劳寿命低。这可能与微动磨损造成的表面损伤引发疲劳裂纹的萌生和生长有关，中振幅时表面损伤引发疲劳裂纹的概率明显大于低振幅时，但高振幅时的表面损伤又由于磨损增加而使可诱发疲劳裂纹的表面损伤减少而延长疲劳寿命。

3) 应力交变频率

随着应力交变频率的增大微动磨损和疲劳损伤均加重，因而微动疲劳寿命降低。

4) 摩擦副间的摩擦力

摩擦力引发表面层的剪应力是裂纹萌生的力学基础，摩擦力的增大升高了剪应力值，也就加剧了裂纹的萌生。

5) 空气湿度

钢因空气的氧化作用而加速疲劳裂纹的萌生和生长，使疲劳寿命缩减，这是氧化腐蚀参与的结果，腐蚀产物在微动磨损中的剥落形成氧化物磨粒，从而加剧微动损伤促成裂纹的形成。湿度对钢微动疲劳的影响较小，但严重损害铝合金的微动疲劳寿命。

6) 液体介质的润滑作用

润滑减小摩擦力，降低微动损伤，因而缓解微动疲劳。

7) 摩擦副材料和表面状态

不同材料的微动特性和损伤行为各自不同，表面粗糙度等也各有影响。

8) 温度

温度对不同材料的影响各不相同。

3. 寿命评估与预测

1) 名义应力法

测定 *S-N* 曲线是评估和预测寿命最基本的方法。以材料的 *S-N* 曲线为基础，考虑各种主要影响因素的作用系数，便可获得接近工程实际的零部件的 *S-N* 曲线，由此零部件的 *S-N* 曲线进行外推便可评估和预测微动疲劳寿命，此即名义应力法。

2) 经验公式法

(1) Fuji 提出弯曲微动疲劳应力幅值公式。

(2) Ruiz 提出微动损伤参数和微动疲劳损伤因子以评价损伤程度。

(3) Elkholy 提出用微动参数修正常规疲劳极限的微动疲劳极限公式：

$$\sigma_{\mathrm{fw1}} = \sigma_{\mathrm{W1}} - 2\mu p_0 \left[1 - \exp\left(-\frac{E_1 \mu}{\alpha} \cdot p_0\right)\right] \tag{8.65}$$

(4) Lykins 和 Mall 指出摩擦副接触面最大应变幅是导致裂纹萌生最主要的参量，提出了临界面剪切应变幅预测裂纹萌生的循环周期和萌生位置的经验公式。临界面是全部载荷作用下疲劳裂纹萌生与生长使疲劳损伤最大的三维空间面。

(5) Iyer 认为最大接触压力和局部最大循环体应力范围是影响微动疲劳寿命的主要因素，提出预测微动疲劳寿命方程：

$$N_{\mathrm{f}} = k_1 (\Delta\sigma_{\mathrm{L,\ max}})^{-\alpha} g(\Delta\sigma_{\mathrm{L,\ mam}}) \exp(m p_0) \tag{8.66}$$

式中，k_1 和 m 为材料常数；$\Delta\sigma_{\mathrm{L,\ mam}}$ 为 σ_{L} 与 $\sigma_{\max}$ 之间的差值；$g(\Delta\sigma_{\mathrm{L,\ mam}})$ 为最大循环体应力范围因子；p_0 为最大接触压力。

(6) Dang Van 提出预测微动疲劳裂纹萌生位置参量。

3) 破断力学法

裂纹萌生时的方向为最大剪应力方向，为Ⅱ型裂纹，受最大剪应力强度因子 K_τ 控制。裂纹生长时的方向为最大正应力正交方向，为Ⅰ型裂纹，受最大正应力强度因子 K_σ 控制。预测方法之一是，试验获取 K_{I} 和 K_{II}，寻求 K_{I} 和 K_{II} 与 K_τ 和 K_σ 之间的转换。预测方法之二是，在微动疲劳总寿命中，裂纹的缓慢生长是最主要的，并占有总疲劳寿命的大部分份额，因此可用破断力学的应力场强度因子幅估算裂纹生长寿命，从而近似估算总疲劳寿命。前人已提出多种方法，但要工程实用尚待完善。

4) 有限元分析计算模型法

用三维有限元分析建立临界面裂纹萌生、生长、扩展的模拟计算模型以评估微动疲劳寿命。这是当今的研究重点。

4. 微动疲劳缓解

(1) 表面工程技术。表面强化提高微动疲劳寿命有多种方法，如表面形变强化(喷丸、滚压等)、表面渗入强化(化学热处理渗氮等)、离子注入(离子渗氮等)、离子束辅助沉积硬膜、激光表面硬化、热喷涂、固体润滑涂层等，以及这些方法的组合。

(2) 合理选材与匹配摩擦副。特别注意匹配副的抗黏着磨损和抗表面疲劳特性，这是微动疲劳中起主导作用的材料特性因素。

(3) 优化结构设计。由模拟试验优化部件结构，减少交变应力幅值，增大部件刚度，确保制造与安装精度。

(4) 润滑改善摩擦。润滑既可改善微动摩擦，又可移除磨屑，还可减少氧化，从而改善微动磨损，延缓裂纹萌生，延长疲劳寿命。

8.4.2　腐蚀微动疲劳

交变应力+电化学腐蚀+微动磨损三重作用即为微动腐蚀疲劳，虽然是三重叠加作用，但在不同服役状况下各因素作用的程度有所不同，甚至有时为处理问题方便可简化为两重作用。

据 Waterhouse 的研究，在强腐蚀的 NaCl 溶液里低碳钢的微动腐蚀疲劳行为主要受腐蚀与微动支配，而疲劳强度几乎甚少受到影响。但有些材料(如不锈钢)即便是在弱腐蚀溶液中，也会由于微动破坏了钝化膜而使疲劳强度严重受损。Takeuchi 发现，在海水中会因腐蚀和微动使高强度钢与不锈钢的疲劳强度显著降低；但高应力低周疲劳不受影响。Gotoh 研究了盐水中 304 奥氏体不锈钢的微动腐蚀疲劳，304 钢的钝化膜因微动的破裂仅使疲劳强度有少许下降；但有 Al_2O_3 陶瓷保护膜时，Al_2O_3 陶瓷保护膜因微动而破裂剥落成为磨粒，致使疲劳强度显著下降。

8.4.3　接触疲劳老化

齿轮、轨道、轮箍、滚动轴承等工作表面长期在反复交变作用的接触压应力下承载而以滚动或滚动-滑动的形式运动，接触表面因疲劳损伤所出现的小片或小块样剥落而形成可浅可深的剥坑破坏，此即表面接触疲劳损伤。

1. 接触疲劳损伤机制

接触疲劳损伤的剥坑可分为三种类型。

(1) 麻点剥落，剥坑小而浅，深 0.1～0.2mm，剥坑纵截面呈不对称 V 形。

(2) 浅层剥落，剥坑深 0.2～0.4mm，剥坑稍大且底部较为平坦。

(3) 深层剥落，剥坑大而深，如贝壳形，深度相当于表面硬化层深，剥坑内有垂直表面的疲劳条纹走向。

损伤由交变循环的表面接触应力造成，接触面通常呈点状或线形的椭圆，最大压应力出现在表面，最大切应力出现在次表层，距表面深 0.786 接触圆半径处。表面接触疲劳损伤裂纹萌生于最大剪应力引发的塑性剪应变最大处，具体地说，接触疲劳的裂纹发生地随零件的承载情况而变。对于滚动接触的零件，如滚动轴承，裂纹发生在次表层的剪应力峰值处，对于滚动-滑动接触的零件，如齿轮，则发生在表面，而对于经表面硬化处理的零件便可能在表面硬化层下与心部的突然过渡处出现裂纹。

2. 影响因素与缓解

(1) 钢的组织结构均匀性和精细性。钢的组织结构均匀性和精细性越好，裂纹萌生的机会越少，接触疲劳强度和寿命越高。这对于提高轴承寿命特别重要。

(2) 钢中的非金属夹杂物。钢中的非金属夹杂物越少越细小越好。硬脆有棱角的夹杂，如氧化物、硅酸盐、氮化物等，引发基体与夹杂物塑性变形不同步，致使相界上产生应力集中而萌生裂纹，导致接触疲劳恶化，这类夹杂物尺寸越大危害也就越大。软的非金属夹杂物，如硫化物夹杂，可随基体塑性变形而使接触疲劳缓解。硫化物包裹氧化物的共生夹杂的危害比氧化物夹杂小。

(3) 钢的马氏体淬火回火热处理。硬度过高或过低都会使接触疲劳加重，而表面热处理硬化层过薄且至心部硬度的突然过渡都会使接触疲劳恶化，大颗粒的碳化物也加重接触疲劳。轴承钢热处理成马氏体组织越精细接触疲劳寿命越长，并且当马氏体中的碳含量为 0.4%～0.5%时接触疲劳寿命最长。淬火应力严重危害接触疲劳寿命，必须充分回火消除淬火应力。

(4) 热处理硬度。硬度并非越高越好，也非越低越好，轴承钢制滚动轴承马氏体淬火回火成表面硬度约 62HRC 时接触疲劳寿命最长，过高的硬度反而有害。渗碳齿轮的心部硬度不可太软，以 35～40HRC 为好，太软会出现深层压溃剥落。

(5) 表面硬化层深度。齿轮渗碳的表面硬化层要有足够深度以抗衡表面压应力而防止压溃，最佳硬化层深度约为齿轮模数的 15%～20%或齿面接触半宽度的 3～5 倍为好。

(6) 表面残余压应力。表面残余压应力通常可以缓解接触疲劳。然而，需要特别注意的是，形状复杂的制品往往会出现局部的拉应力集中而引发其他损伤。

(7) 表面热处理缺陷。例如，表面脱碳的软化层超过 0.2mm 时会明显损害接触疲劳寿命。对于很薄的可以在装配试车跑合中被超精度再加工去除的软化层，反倒可以改善接触疲劳寿命。

(8) 润滑。良好的润滑是缓解接触疲劳的重要措施之一。

第 9 章　材料老化评估与安全可靠使用

对核电站来说，无论怎样强调安全性和可靠性也不为过，安全性和可靠性是核电站的灵魂。核电站必须构筑起完善、先进、全方位、全系统、全过程、全寿命的安全文化和可靠文化，人人要有高度的安全意识和可靠意识，装备具备先进的安全设计和可靠设计及精心的安全制造与可靠安装，作业遵守完善的安全规程和可靠规程以及规范的安全管理和可靠管理。

然而，除非有自生功能，服役中的老化自然规律是违背不了的。装备与构成装备的材料如此，装备构成的系统也是如此。老化了，还能安全可靠服役吗？还能运行多久？

所有这些问题，都离不开有生气有章法的管理活动。

材料不能独立存在而构成价值，必须依附于装备和系统，因此就金属材料的这些问题的研讨，也就演变成了装备和系统这些问题的研讨，金属材料的这些问题也就成为装备和系统的这些问题的局部，相互关系紧密难分。

9.1　核电站装备金属材料的安全性与可靠性

金属材料在服役过程中老化的后果是降低核电站构筑物与装备和部件运行的安全性和可靠性。核电站的安全性和可靠性至关重要，关乎国家和社会的安全和稳定。老化问题是安全性和可靠性的核心，在老化前期它激发材料的随机事故与故障，而在老化后期则以材料性能劣化的非随机事故与故障出现。

安全性和可靠性既有区别，又相通达，它们是故障的量变到事故的质变问题，紧密相连，密不可分。

9.1.1　安全性和可靠性设计与金属材料

系统或装备的设计要获得优良的效果，必须在设计伊始就对所设计的系统或装备进行安全性和可靠性进行分析，以检查系统或装备在各种服役状态下潜在危险事故和故障，预计这些危险事故和故障发生的可能性，寻求减少与消除危险事故和故障的措施，这就是安全性和可靠性设计。其内容大致包括：初步危险事故和故障表编制、初步危险事故和故障分析、支系统危险事故和故障分析、系统危险事故和故障分析、使用和保障的危险事故及故障分析、职业健康危险事故和故障分析、公众危害危险事故和故障分析、环境污染危险事故和故障分析、系统的可靠性分配与可靠性预计、事故和故障的预防维修计划、系统安全性和可靠性评估等。

1. 早期介入与贯穿全寿命的设计思想

新的设计思想是，在产品开发阶段就要尽早考虑和构造安全性与可靠性，将产品功能和安全性与可靠性同时设计到产品中去。产品的安全性与可靠性首先是设计出来的，同时也是生产出来的、管理出来的、维修出来的。在装备的固有安全性与可靠性中，设计因素约占 40%，材料约占 30%，制造约占 10%，而使用与维修的安全性和可靠性占余下的 20%，足见设计因素是首要的。

机械安全性与可靠性设计又称机械概率设计，它是在传统机械设计的基础上，将环境、载荷、材料性能及零件部件的结构与尺寸等，都视为概率分布统计量，求得在给定设计条件下零件部件不产生破坏或故障的概率公式，由这些公式求得给定的安全性和可靠性下零部件的尺寸，或给定尺寸以确定其安全与可靠寿命。机械安全性与可靠性设计由于其复杂性和多样性，目前仍不成熟。安全性与可靠性设计要贯穿产品的整个寿命周期中，它包括如下问题。

(1) 问题识别。

系统安全性与可靠性评估的第一步是获取数据(寿命或成功次数等)，估计单元的安全性与可靠性水平，以获取改进安全性与可靠性的机会。采用的方法通常有安全性与可靠性试验、安全性与可靠性分析、维修数据分析、用户意见分析等。

(2) 事故与故障分析。

事故与故障分析用以认识事故与故障机理和发现改进措施，采用的方法通常有事故与故障模式影响及危害性分析、事故与故障树分析等。

(3) 寿命周期费用和保修费用分析。

(4) 比较研究、安全性与可靠性优化、费用-效益分析。

(5) 安全性与可靠性目标确定。

(6) 安全性与可靠性优化分配。

2. 安全性与可靠性设计中的材料选择

核电站装备用金属材料因其使用区域的不同而有不同的性能要求。但就总体而言，必须先要满足安全性与可靠性，然后才能考虑其他。那要如何满足呢？答案是必须使用经充分实践验证的材料和材料的加工技术。无论多么先进的新材料与新技术，在未经充分实践验证时都是不可以选择的。

1) 通用性能要求

作为广泛使用的结构材料，必须满足的通用性能要求如下：

(1) 安全与可靠，这是高于一切的要求。

(2) 良好的环境化学适应性，即耐蚀性(氧化、电化学)，以确保其服役寿命。

(3) 良好的室温或高温力学性能，即良好的强度、塑性、韧性、疲劳、蠕变等力学性能，以满足构件设计的力学要求。

(4) 不易物理与力学老化，即抗物理与力学老化，以保证其长寿命。

(5) 易于加工和价格便宜。

材料是核电站装备安全性与可靠性的基石。核电站装备的服役环境特殊且安全性尤为重要，要求材料经受辐照、高压、高温、腐蚀、长寿期等恶劣环境仍能确保服役安全不受损害。所用材料必须适应这种特殊环境要求，因此核电站装备用材便彰显其特殊性。

2) 特殊性能要求

就不同使用区域的不同特殊性能要求而言，核电站汽机岛用材料原则上与火电站汽机岛无太大区别，只是对材料的性能和成分杂质控制得更为严格。核电站输电岛用材料原则上也与火电站输电岛无甚区别，这里研究的是材料的磁、电性能。

核电站核岛用材料有其严格独特的通用性能要求和特殊性能要求。要满足核岛用材料的通用性能要求和特殊性能要求，虽然在一些情况下也使用镍合金或其他特殊合金，但就总体而言，以钢最为适宜。钢有高的力学性能、良好的环境化学适应性，易于加工且价格便宜，而且奥氏体不锈钢的核辐照稳定性好、热中子吸收截面小、感生放射性小，还有适宜的热导率和低的热膨胀系数。这就使得钢在核电站装备的建造材料中成为无可争议的主体。一座 1000MW 压水堆核电站的总用钢量多达 5×10^4 t 以上，仅核岛反应堆一回路压力容器用钢量便有 1200t，堆芯组件用钢量 115t，安全壳用钢更多达 2500t。在核岛的反应堆压力容器、堆内构件、主管道、蒸发器等所用钢材中，近 90%为奥氏体不锈钢，有 2000t 以上，这还不包括用合金结构钢制造的反应堆压力容器内侧所堆焊的奥氏体不锈钢。可见反应堆几乎就是奥氏体不锈钢的展示。奥氏体不锈钢能获得如此大量使用，在于它既能满足核岛用材料的通用性能要求，也能满足其特殊性能要求。

核电站装备材料特殊性能要求的应对请参阅 1.1.1 节论述。

3) 材料使用的基本原则

材料应满足与其设计和制造有关的标准和要求。确定材料的设计寿命时应考虑运行条件(如放射学和化学环境、一次性和周期性载荷)的影响。此外，应考虑设计基准事故对它们的特性和行为的影响。

对恰当性是建立在测试基础上的那些材料来说，所有的测试结果都应形成文件。

接触放射性流出物的材料应具有抵御相关腐蚀机理的防腐蚀特性，并具有抵抗在运行工况下发生化学反应的能力。应当尽可能避免碳钢与放射性产物接触。如果在包含放射性排出物的系统中使用高分子材料，则这种材料应该是耐辐照的。

接触反应堆冷却剂的不锈钢或镍合金、蒸汽发生器使用的管材、较大的管道和燃料元件包壳，应具有充分的耐蚀性。反应堆一回路冷却剂系统的部件或用不锈钢或镍合金制造的二回路系统不应该含有低熔点元素(如 Pb、Sb、Cd、In、Hg、Zn、Bi、Sn)及其合金，应该防止包含低熔点元素的轴承合金污染给水系统。为了减少操作剂量，应尽可能限制与反应堆冷却剂接触的材料中的钴含量，当个别情况下使用钴合金时应证明其正当性。应该估计从与冷却剂接触的材料中释入反应堆冷却剂中的镍含量。

设计时应确保对与不锈钢部件接触的材料(如管道保温层)中的卤族元素进行控制，以免产生晶间应力腐蚀裂纹。

就反应堆冷却剂压力边界的铁素体材料而言，应当证明它能在高温高压下抵抗快速扩张的裂纹并具有抗疲劳性。所有的不锈钢焊接件应具有抵抗晶界腐蚀的能力，并应当控制 δ 铁素体的含量，以便尽量减少在焊接奥氏体不锈钢期间形成微裂纹。

应该特别注意所用材料在水化学方面的相容性，以便阻止腐蚀现象的发生。对于暴露于湿蒸汽或能引起严重侵蚀的液体之下的所有装备，应当使用耐腐蚀和耐侵蚀的材料。可以使用含 Cr(>0.5%)低合金钢。

选择保温材料时应注意将它们应用所产生的副作用(如停运期间维修人员受到的辐射剂量、发生事故时阻塞地坑)降至最小。就事故期间保温材料因喷射力产生的碎屑能否引起地坑阻塞这个问题，应当对选定的保温材料进行试验。

选择在辐射环境中使用的材料时，应当考虑辐射对材料性能的影响。例如，光纤暴露于中子场时会受到损伤。这会对采用这种电缆的所有系统(通常是基于计算机的控制和保护系统)的安全功能产生不利影响。

因为辐射的活化，选择在辐射环境中使用哪些材料的决定有可能对退役产生明显的影响。应在设计阶段对这方面问题进行评价。

4) 原材料、零部件和元器件的选用准则

(1) 设计选材要满足装备服役的使用要求，注重发挥抗锈蚀、抗辐照材料在结构设计中的作用，注重材料对各种严酷环境下装备可靠性的保证，注重材料改善人机环境的效能。

(2) 材料的选用不仅要考虑满足各零部件的性能要求，即满足整机的各分功能要求，还应考虑各零部件对整机性能或者其他零部件分功能的影响。

(3) 设计选材应遵循标准化、通用化和系列化。

(4) 设计选材应首先择优选用已纳入国标、核电标的材料。

(5) 对于设计中可能遇到的国外牌号材料，应首先在国内牌号中进行筛选，尽量做好国内牌号材料的替代。对于不能替代的国外牌号材料，在设计选材时也应注意材料标准的转换。

(6) 工程设计应对材料的牌号、品种、规格进行综合分析，力求通用。

(7) 应注意所选材料的制造加工工艺性能，如铸造、锻造、焊接、热处理、切削、增材制造、综合加工等工艺性能。

(8) 考虑材料应用技术的成熟程度，尽可能选用技术成熟、久经考验、性能稳定的材料。

(9) 在选用新材料时，设计评审中要重视新材料的可行性评审，重要新材料的应用必须经过验证。

(10) 机构材料在其预期的结构使用寿命期内，对裂纹应具有高的耐受能力，并且在使用环境下，应耐受脆性裂纹的生长与扩展。

(11) 选材时应考虑材料强度和塑性的合理配合，注意对高应力集中缺口处采用局部复合强化方法，提高局部有效承载能力。

设计中必须为所有安全重要构筑物、系统和部件提供适当的裕度，以便考虑有关的老化和磨损机理，以及与服役期有关的可能的性能劣化，从而保证这些构筑物、系统或部件在整个设计寿期内能够执行所必需的设计功能的能力。必须考虑在所有正常运行工况、试验、维修、维修停役，以及在假设始发事件中和其后的核动力厂状态下的老化和磨损效应。必须采取监测、试验、取样和检查措施，以便评价设计阶段预计的老化机理并鉴别在使用中可能发生的预计不到的情况或性能劣化。

5) 制定有效的状态维修计划

装备维修的目的是提高装备服役的可靠性，维修必以可靠性为中心。纵观装备维修发展的历程，初始的维修是故障后的纠正维修(抢救维修)，发展到使故障不发生的预防维修(定期维修)，当今又发展为确保装备功能的状态维修(预测维修)。预防维修是基于故障的澡盆曲线而将潜在的随机故障湮没在维修中，状态维修是基于老化的普遍性和故障的随机性(澡盆曲线的局限性)而以装备的良好功能状态来确保装备的无故障运行。建立和遵守状态维修章程，定期检测装备材料状态，发现材料状态若有退化迹象便应缩短检测周期，发现材料状态恶化，即应进行维修。状态维修比预防维修更能有效地提高系统的可靠性，具备更高的安全性和装备服役寿命，具有更高的产品质量和成本效益，并优化备用件库存。状态维修的核心是状态检测，其一检测方法是多样的，必须掌握检测方法的适用性和可信度，避免误判；其二检测周期更应合理确定。

3. 材料安全性与可靠性的概率设计

这里讨论的仅是初阶概念(切盼能够深入人心)，实用中的设计理论和应用技术还深有学问，请进一步参阅有关文献和法规。

1) 材料性能观测值的概率统计表示

(1) 观测值的表示。

当观测值服从正态分布(n 非常大)时，密度函数为 $n(\mu,\ \sigma^2)$，某次观测值 x_i 可记为

$$\mu = x_i \pm \sigma \tag{9.1}$$

概率意义的完整写记是

$$\mu = x_i \pm \sigma, \quad \xi = 0.6826 \tag{9.2}$$

令 u_ξ 为置信水平 ξ 时的标准误差系数，便可一般性地写记出其他置信水平 ξ 时的误差值 $u_\xi \sigma$:

$$\mu = x_i \pm u_\xi \sigma, \quad (\xi) \tag{9.3}$$

表 9.1 给出了常用置信水平 ξ 时的标准误差系数 u_ξ 。对于任意误差值 $u_\xi \sigma$ 所对应的置信水平 ξ 请查正态分布的双侧分位数表。

表 9.1　正态分布常用置信水平 ξ 的标准误差系数 u_ξ

ξ	0	0.2500	0.5000	0.6826	0.7500	0.9000	0.9500	0.9544	0.9900	0.9973
u_ξ	0	0.3186	0.6745	1.0000	1.1503	1.6449	1.9600	2.0000	2.5758	3.0000

没有特别注明置信水平的误差写记，其置信水平约定俗成为 0.6826，此时的误差就是标准误差：

$$\sigma = \left\{ \left[\sum (x_i - \mu)^2 \right] / n \right\}^{1/2} \tag{9.4}$$

在表 9.1 的界限中，当 ξ=0.5000 时，u_ξ=0.6745 称为或然误差，因为一次随机的观测与平均值之差大于或小于 0.6745σ 的机会是均等的；或者说，一次随机的观测值，其误差值介于−0.6745σ～+0.6745σ 的概率为 0.50。

在等精确度的 n 次观测时，样本观测值的算术平均值 $\bar{x}$ 和标准误差 s 为

$$\bar{x} = n^{-1} \sum x_i \tag{9.5}$$

$$s = \left\{ \left[\sum (x_i - \bar{x})^2 \right] / (n-1) \right\}^{1/2} \tag{9.6}$$

有限样本观测值的算术平均值 $\bar{x}$ 是无限总体真值 μ 的最佳无偏估计；有限样本观测值的标准误差 s 是无限总体真值标准误差 σ 的最佳无偏估计。当 $n \geqslant 50$(大样本)时，$\bar{x} \to \mu$，$s \to \sigma$。

观测次数 $n \geqslant 50$ 时的某次观测值 x_i 可写为

$$\mu \approx x_i \pm s, \quad \xi = 0.6826 \tag{9.7}$$

或

$$\mu \approx x_i \pm u_\xi s, \quad (\zeta) \tag{9.8}$$

对于观测次数 $n \geqslant 50$ 时的平均值的写记，应采用平均值的标准误差 $s_{\bar{x}}$，则为

$$\mu \approx \bar{x} \pm s_{\bar{x}} = \bar{x} \pm s / \sqrt{n}, \quad \xi = 0.6826 \tag{9.9}$$

或

$$\mu \approx \bar{x} \pm u_\xi s_{\bar{x}} = \bar{x} \pm u_\xi s / \sqrt{n}, \quad (\xi) \tag{9.10}$$

式中，n 次等精确度观测时观测值的算术平均值 $\bar{x}$ 的标准误差 $s_{\bar{x}}$，是单次观测值的标准误差 s 的 $1/\sqrt{n}$：

$$s_{\bar{x}} = s / \sqrt{n} \tag{9.11}$$

当观测次数 $n \leqslant 20$ 时，为使应用高斯误差定律有足够的近似程度和可靠性，随观测次数的多少，标准误差系数 u_ξ 值应予以修正，修正后的标准误差系数记为 t_ξ，见表 9.2，则某次观测值 x_i 可写为

$$\mu \approx x_i \pm t_n s, \quad \xi = 0.6826 \tag{9.12}$$

或

$$\mu \approx x_i \pm t_\xi s, \quad (\xi) \tag{9.13}$$

平均值的写记则为

$$\mu \approx \bar{x} \pm t_n s / \sqrt{n}, \quad \xi = 0.6826 \tag{9.14}$$

或

$$\mu \approx \bar{x} \pm t_\xi s / \sqrt{n}, \quad (\xi) \tag{9.15}$$

表 9.2 观测次数 $n \leqslant 20$ 时标准误差系数 u_ξ 的修正值 t_ξ

n	2	3	4	5	6	7	8	9	10
$t_{\xi=0.500}$	1.000	0.816	0.765	0.741	0.727	0.718	0.711	0.706	0.703
$t_{\xi=0.683}$	1.84	1.32	1.20	1.14	1.11	1.09	1.08	1.07	1.06
$t_{\xi=0.900}$	6.314	2.920	2.353	2.132	2.015	1.943	1.895	1.860	1.833
$t_{\xi=0.950}$	12.706	4.303	3.182	2.776	2.571	2.447	2.365	2.306	2.262
$t_{\xi=0.990}$	63.657	9.925	4.841	4.604	4.032	3.707	3.499	3.355	3.250
n	11	12	13	14	15	20	25	120	∞
$t_{\xi=0.500}$	0.700	0.697	0.695	0.694	0.692	0.688	0.685	0.677	0.674
$t_{\xi=0.683}$	1.05	1.045	1.041	1.038	1.035	1.023	1.011	1.003	1.000
$t_{\xi=0.900}$	1.812	1.796	1.782	1.771	1.761	1.729	1.711	1.658	1.645
$t_{\xi=0.950}$	2.228	2.201	2.179	2.160	2.145	2.093	2.064	1.980	1.960
$t_{\xi=0.990}$	3.169	3.106	3.055	3.012	2.977	2.861	2.797	2.617	2.576

显而易见，观测次数的减少导致误差的增大(或置信水平的降低)，观测次数越少误差便越大(或置信水平越低)。在通常的试验观测中，多取 3 次观测值(如取 3 个试样)，误差值较 1σ 时增大了 32%，较 1.645σ 时增大了 78%，较 1.96σ 时增大了 120%，较 2.576σ 时增大了 285%。若将观测值增至 5(如取 5 个试样)，则误差值的增大可显著减小，1σ 时增大 14%，1.645σ 时增大 30%，1.96σ 时增大 42%，2.576σ 时增大 79%。若再将观测值增至 7(如取 7 个试样)，则误差值的增大更可进一步减小为：1σ 时增大 9%，1.645σ 时增大 18%，1.96σ 时增大 25%，2.576σ 时增大 44%。显然，观测值个数过少时(当 $n<5$ 时)误差过大，适当增加观测次数(在 $n<10$ 之内)可使误差显著减小。考虑到观测值个数较多时(当 $n>10$ 时)又带来成本的增加和误差减小效能的降低，因此应依需要而确定观测值个数，一般以取 5～7 较为适宜。但对于重要事件则必须取用更多的观测值个数，例如，取观测次数 $20<n<50$。通常当 $n\geqslant 50$(或 $n\geqslant 100$)时可近似地看成 $n\to\infty$ 的正态分布。

(2) 正态随机变量间的重叠综合。

工程中常常会遇到随机事件是数个随机变量(因素)重叠作用的综合结果，这个随机事件便是一个综合随机事件，由综合随机变量描述。

若组成综合随机变量 z 中的各随机变量 $x_i\ (i=1,2,\cdots,n)$ 各自独立互不相关，则各独立随机变量间以加、减、乘、除等重叠关系组成综合随机变量 z 时的计算如下。

对于加与减的综合(例如，同一作用线上同向或反向应力的叠加合成)：

$$\mu_z=\mu_{x1}\pm\mu_{x2}\text{，}\quad \sigma_z=\left(\sigma_{x1}^2+\sigma_{x2}^2\right)^{1/2} \tag{9.16}$$

对于乘的综合(例如，应力与面积的相乘叠合为作用力)：

$$\mu_z=\mu_{x1}\cdot\mu_{x2}\text{，}\quad \sigma_z=\sqrt{\mu_{x1}^2\sigma_{x2}^2+\mu_{x2}^2\sigma_{x1}^2+\sigma_{x1}^2\sigma_{x2}^2}$$

$$\sigma_z\approx\sqrt{\mu_{x1}^2\sigma_{x2}^2+\mu_{x2}^2\sigma_{x1}^2} \tag{9.17}$$

对于除的综合(例如，作用力与面积的相除叠合为应力)：

$$\mu_z=\frac{\mu_{x1}}{\mu_{x2}},\sigma_z=\frac{1}{\mu_{x2}}\sqrt{\frac{{\mu_{x1}}^2{\sigma_{x2}}^2+{\mu_{x2}}^2{\sigma_{x1}}^2}{{\mu_{x2}}^2+{\sigma_{x2}}^2}}$$

$$\sigma_z\approx\frac{1}{{\mu_{x2}}^2}\sqrt{{\mu_{x1}}^2{\sigma_{x2}}^2+{\mu_{x2}}^2{\sigma_{x1}}^2} \tag{9.18}$$

对于平方的综合：

$$\mu_{x1}=\mu_{x2}=\mu_x\text{，}\quad \sigma_{x1}=\sigma_{x2}=\sigma_x$$

$$\mu_z=\mu_x^2+\sigma_x^2\approx\mu_x^2\text{，}\quad \sigma_z=\sqrt{4\mu_x^2\sigma_x^2+2\sigma_x^4}\approx 2\mu_x\sigma_x \tag{9.19}$$

对于乘方的综合：

$$\mu_z \approx \mu_x^n , \ \sigma_z \approx n\mu_x^{n-1}\sigma_x \tag{9.20}$$

对于倒数的综合：

$$\mu_z \approx \mu_x^{-1} , \ \ \sigma_z \approx \sigma_x / \mu_x^2 \tag{9.21}$$

对于开方的综合：

$$\mu_z \approx \sqrt[4]{\mu_x^2 - (\sigma_x / 2)^2}$$

$$\sigma_z \approx (\sigma_x / \mu_x) / 2 \approx \mu_x - \sqrt{\mu_x^2 - \sigma_x^2 / 2} \tag{9.22}$$

若综合随机变量 z 中各随机变量 $x_i\,(i=1,2,\cdots,n)$之间并非彼此独立，而是相关的，则相关系数为$-1 \leqslant \rho \leqslant 1$，其计算如下。

对于加与减的综合：

$$\mu_z = \mu_{x1} \pm \mu_{x2} , \ \ \sigma_z = \sqrt{\sigma_{x1}^2 + \sigma_{x2}^2 \pm 2\rho \cdot \sigma_{x1}\sigma_{x2}} \tag{9.23}$$

对于乘的综合：

$$\mu_z = \mu_{x1}\mu_{x2} + \rho\sigma_{x1}\sigma_{x2}$$

$$\sigma_z = \sqrt{\left(\mu_{x1}^2\sigma_{x2}^2 + \mu_{x2}^2\sigma_{x1}^2 + \sigma_{x1}^2\sigma_{x2}^2\right)\left(1+\rho^2\right)}$$

或

$$\sigma_z = \sqrt{\mu_{x1}^2\sigma_{x2}^2 + \mu_{x2}^2\sigma_{x1}^2 + 2\mu_{x1}\mu_{x2}\sigma_{x1}\sigma_{x2}} \tag{9.24}$$

对于除的综合：

$$\mu_z \approx \frac{\mu_{x1}}{\mu_{x2}} + \frac{\mu_{x1}\sigma_{x2}}{\mu_{x2}^2}\left(\rho\frac{\sigma_{x1}}{\mu_{x1}} + \frac{\sigma_{x2}}{\mu_{x2}}\right)$$

$$\sigma_z \approx \frac{\mu_{x1}}{\mu_{x2}}\sqrt{\frac{\sigma_{x1}^2}{\mu_{x2}^2} + \frac{\sigma_{x2}^2}{\mu_{x2}^2} - 2\rho\frac{\mu_{x1}}{\mu_{x2}}\frac{\sigma_{x1}}{\sigma_{x2}}} \tag{9.25}$$

当综合随机变量 z 是由多个随机变量 $x_i\,(i=1,2,\cdots,n)$综合而成时，可以采用逐步综合法求得 z，即逐步地两两计算，直至全部完成综合。

2) 材料安全可靠的概率理念

材料是以性能而被使用的，系统和装备也是以其完成功能的能力参量——状态来评价的。用材料制成的装备和由装备组成的系统其功能实现的能力和所用材料的性能紧密相关。在系统和装备实现其功能时所发生的意外危险事故或非危险故障这种安全性与可靠性问题，也就成为系统和装备的状态与材料性能的相互配合的重要问题，两者配合适当，便是安全的、可靠的；两者配合不当，则是不安全的、不可靠的。

材料安全可靠的概率理念是基于概率论与数理统计学所形成的试验数学，从理论上讲，是不可能 100%安全可靠的，只可以将不安全可靠的概率降低到事实上不会出现的程度，例如，安全可靠的概率为 0.999999，则不安全可靠的概率仅为 0.000001，这种不安全可靠的事故与故障实际上将几乎不会(极为罕见)出现。零件安全可靠的概率设计的基本准则是安全性与可靠性概率指标的满足，也就是选用的材料性能 p(为随机变量)指标对零件状态 s(为随机变量)设计安全可靠的概率要求的满足程度。图 9.1 给出了概率设计的基本原理，零件状态分布低于所选材料性能的分布，两个正态分布曲线相交，交点处曲线下的概率按“两个独立事件同时发生的概率等于这两个独立事件单独发生的概率的乘积”(概率乘法定理)计算，此即设计的不安全可靠概率。

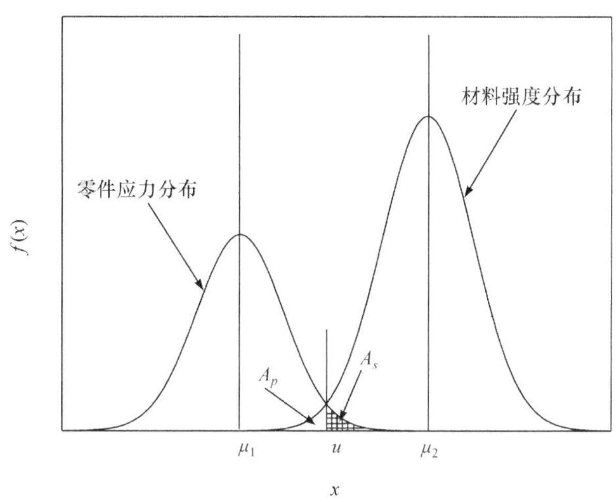

图 9.1　安全可靠概率设计中零件状态(应力)分布与材料性能(强度)分布的关系示意

当零件状态(如应力)散布的正态分布曲线与材料性能(如强度)散布的正态分布曲线重叠时，交点下面积 A_s 为零件状态散布的不安全可靠概率，交点下面积 A_p 为材料性能散布的不安全可靠概率，则零件状态散布和材料性能散布相重叠时的不安全可靠概率为($A_s \cdot A_p$)，安全可靠概率便为 1–($A_s \cdot A_p$)，也就是安全可靠度 R 为

$$R = 1 - A_s A_p = (1 - A_s)(1 - A_p) = 1 - (A_s + A_p) + (A_s A_p) \tag{9.26}$$

需要注意的是，不安全可靠概率并非 $A_s + A_p$，安全可靠度 R 也就不是 $1 - A_s - A_p$。

3) 安全可靠概率的计算

安全可靠概率设计时，需先定出安全可靠的概率指标要求 R，也就是事故故障隐患为 1–R。同时还需要知道零件状态分布的均值与标准误差。由此便可选择所用材料的性能分布的均值与标准误差。

(1) 联结方程。

这里的概率计算需要知道零件状态分布的密度函数和材料性能分布的密度函

数，并计算积分，方可得知两曲线相交下的概率(面积) A_s 和 A_p 值。在许多情况下，零件的状态 s 分布和材料的性能 p 分布是正态分布，零件状态概率密度函数 $s \sim n(\mu_s, \sigma_s^2)$为

$$f(s)=\frac{1}{\sigma_s\sqrt{2\pi}}\mathrm{e}^{-\frac{1}{2}\left(\frac{s-\mu_s}{\sigma_s}\right)^2} \tag{9.27}$$

材料性能概率密度函数 $p \sim n(\mu_p, \sigma_p^2)$为

$$f(p)=\frac{1}{\sigma_p\sqrt{2\pi}}\mathrm{e}^{-\frac{1}{2}\left(\frac{p-\mu_p}{\sigma_p}\right)^2} \tag{9.28}$$

两随机变量 p 和 s 产生重叠，即两者之差(非重叠) $p-s=z$ 也为随机变量，当 p 和 s 服从正态分布时，z 也服从正态分布，则非重叠概率密度函数 $z \sim n(\mu_z, \sigma_z^2)$为

$$f(z)=\frac{1}{\sigma_z\sqrt{2\pi}}\mathrm{e}^{-\frac{1}{2}\left(\frac{z-\mu_z}{\sigma_z}\right)^2} \tag{9.29}$$

随机变量 z 表征了材料此时的安全可靠度：

$$R=P(z>0)=\int_0^{+\infty}f(z)\,\mathrm{d}z=\int_0^{+\infty}\frac{1}{\sigma_z\sqrt{2\pi}}\mathrm{e}^{-\frac{1}{2}\left(\frac{z-\mu_z}{\sigma_z}\right)^2}\mathrm{d}z \tag{9.30}$$

令 $u=(z-\mu_z)/\sigma_z$，则 $\mathrm{d}u=\mathrm{d}z/\sigma_z$；当 $z=0$ 时，$u=-\mu_z/\sigma_z$；当 $z=\infty$时，$u=\infty$。安全可靠度便写成(由于正态分布的对称性)

$$R=P(z>0)=\int_{-\infty}^{u}\frac{1}{\sqrt{2\pi}}\mathrm{e}^{-\frac{1}{2}u^2}\mathrm{d}u \tag{9.31}$$

这便是在 z 坐标上将 μ 移至 $f(z)$峰值处($\mu_z=0$，$\sigma_z=1$)的标准正态分布 $n(0,1)$ 的概率密度函数的积分。

由 $p-s=z$ 可知，$\mu_z=(\mu_p-\mu_s)$，$\sigma_z=\sqrt{\sigma_p^2+\sigma_s^2}$。则由 $u=-\mu_z/\sigma_z$ 和正态分布的对称性可得(李良巧和顾唯明，1998)

$$u=\frac{\mu_p-\mu_s}{\sqrt{\sigma_p{}^2+\sigma_s{}^2}} \tag{9.32}$$

这便是将 s、p、z 三个随机变量联系起来的联结方程。u 称为联结系数或安全可靠度系数。

(2) 联结方程的解。

在已知安全可靠度系数 u 值时便可以利用单侧分位数的正态分布表查得材料

的安全可靠度 R，或由给出的 R 值在正态分布表上查得 u 值。在三个随机变量 s、p、z 中，知其二，便可由联结方程(9.32)求得另一个值。

联结方程中：①当 $p>s$ 时，分母越小，安全可靠度系数 u 越大，安全可靠度 R 越大。②当 $p>s$ 时，若 $z>0$，安全可靠度 $R>0.5$；若 $z=0$，安全可靠度 $R=0.5$；若 $z<0$，安全可靠度 $R<0.5$。③当 $p=s$ 时，安全可靠度 $R=0.5$，与标准误差无关。④当 $p<s$ 时，安全可靠度 $R<0.5$。

解联结方程需首先对金属材料性能的正态分布状况有所认识，金属材料的设计成分是在标准规定的范围内变化的，各种不同的加工方法(冶炼、铸造、锻压、焊接、热处理、表面处理、切削加工、增材制造、综合加工等)及工艺参数波动，各种不同的环境因素(温度、湿度、介质、沙尘等)及参数波动，材料使用中的老化，以及未估因素等，所有这些都使金属材料性能的正态分布状况展宽，而不是实验室某一状况取样所得性能的狭窄分布。通常情况下，选择金属材料时，其性能参量(μ_p,σ_p^2)大体按如下散布关系处理：

$$(\sigma_p / \mu_p) \approx 0.1 \tag{9.33}$$

这样，金属材料的性能参量实际上便只有 μ_p 或 σ_p 一个了，知其一也就知其另一了。

下例作为一元函数的联结方程(9.32)解的简要示例。已知零件的状态值 $\mu_s=200\text{MPa}$，$\sigma_s=60\text{MPa}$，安全可靠度 $R=0.9995$，求材料的 μ_p 和 σ_p 值。

由联结方程(9.32)得未知量 μ_p 的一元二次方程：

$$(1-0.01u^2)\mu_p^2-(2\mu_s)\mu_p+(\mu_s^2-u^2\sigma_s^2)=0 \tag{9.34}$$

或未知量 σ_p 的一元二次方程：

$$(100-u^2)\sigma_p^2-(20\mu_s)\sigma_p+(\mu_s^2-u^2\sigma_s^2)=0 \tag{9.35}$$

查正态分布表，由 $R=0.9995$ 可得 $u=3.30$，方程(9.28)或方程(9.29)的解为

$$\mu_p=\frac{2\mu_s \pm u\sqrt{0.04{\mu_s}^2+(0.04u^2-4){\sigma_s}^2}}{2-0.02u^2}$$

或

$$\sigma_p=\frac{20\mu_s \pm u\sqrt{4{\mu_s}^2+(4u^2-400){\sigma_s}^2}}{200-2u^2}$$

代入已知数值，得 $\mu_p=446.89\text{MPa}$，$\sigma_p=44.68\text{MPa}$。注意，μ_p 值应当截尾进位，σ_p 值应当截尾舍去，以确保安全可靠。

在联结方程(9.32)中，μ_p、μ_s、σ_p^2、σ_s^2 均为无限母体正态分布的期望值和方差(方差的均方根便是标准偏差或称标准误差)，为事物之真值，实际上是不可知的，

通常均以有限样本的算术平均值和方差作为其真值的无偏估计。因此，联结方程(9.32)中的 u 值也就为以有限样本的算术平均值和方差作为其无限母体正态分布的期望值和方差真值的无偏估计。这样，安全可靠度 R 就必定是样本的特征值了，因而就存在样本数 n、置信区间 $R_L \sim R_U$、置信水平 ξ。对于安全可靠度 R 的置信区间 $R_L \sim R_U$，人们关心的是置信区间的下界 R_L，即安全可靠度 R 的最小值。

材料安全可靠概率设计的关键在于安全可靠概率的合理确定、制品(零件)状态函数的准确获取、材料性能函数(平均值和标准误差)的获取。

广而言之，联结方程(9.32)中的状态函数变量，可以是应力、温度、压力等以及它们的动态变化等一切可以导致不安全与不可靠的因素。联结方程(9.32)中的性能函数变量，则是强度、塑性、刚性、耐磨性、导热性、耐蚀性等一切可以维护安全可靠的因素。状态函数变量与性能函数变量可以是一元随机函数，也可以是多元随机函数，而且常常是多元随机函数。这样，联结系数函数或安全可靠度系数函数也就随之对应地成为一元随机函数或多元随机函数。对于多元随机函数的求解是困难的。

材料性能平均值和标准误差的获取目前尚不成熟，数据的积累还太少。影响材料性能平均值和标准误差的因素太多，如化学成分的波动、各种加工方法的不同与参数波动、加工装备与加工精度的波动、加工环境条件的波动等。因此，建议设立材料数据库，建立材料成分和加工与性能档案，在性能档案中应将每个试样的测试结果都列出，以方便积累数据供准确掌控材料的性能平均值和标准误差值。

安全可靠概率设计的另一重要准则是不可忽视材料在服役中的老化，老化使材料性能平均值降低和标准误差增大，这就使图 9.1 中材料性能散布的正态分布曲线左移和曲线散宽，与零件状态散布的正态分布曲线的交会面积增大，也就是减小了材料服役的安全可靠概率，缩短了服役寿命，这在初始设计时是应当充分考虑的。

整机安全性与可靠性是零件安全性与可靠性的集合，也就是说，整机的安全可靠概率为组成机器零件与部件的安全可靠概率的串联与并联的组合。系统安全性与可靠性是支系统安全性与可靠性的集合，也就是说，系统的安全可靠概率为组成系统的支系统的安全可靠概率的串联与并联的组合。

于是建立起材料安全可靠的概率新概念，概率恰当地表示了系统、装备状态与材料性能参量配合关系的安全可靠程度。材料的安全可靠程度在于材料性能参量与装备状态参量正态分布密度函数的重叠量，也就是说，材料的安全可靠程度在于材料性能参量与装备状态参量正态分布非重叠区的概率，而重叠区的概率便是不安全、不可靠程度。绝对的安全可靠是不存在的，而实际上不发生安全事故与故障是可以实现的，只需使安全可靠概率足够大即可。

在此强烈呼吁推行概率设计，建立适应概率设计的材料性能数据库与材料老化数据库，建立适应概率设计的装备状态数据库。

4) 不可信的安全系数

人们熟知的安全可靠设计，就是使装备的状态参量(如应力、应变、膨胀、腐蚀失重等)低于材料的性能参量(如应力、应变、膨胀、腐蚀失重等)一定值，这个值就是安全系数，以取得装备服役的安全性与可靠性。在机械力学设计中，传统安全系数的选择取决于材料的力学性能与装备的服役状态，见表 9.3。安全系数有数种定义，常用的如期望值安全系数 n 即为材料的性能参量期望值 μ_p 与装备的状态参量期望值 μ_s 的比值：

$$n = \mu_p / \mu_s \tag{9.36}$$

算术平均值为期望值的最佳无偏估计，因此通常皆以平均值替代期望值并命名。

按表 9.3 的设计就真的安全可靠了吗?答案是否定的。以简单情况为例(复杂情况那问题就更麻烦了)，某光滑圆杆状零件，承受轴向拉伸正应力。世上万物的定量度量值(观测值)都不是恒定的，永恒的运动决定了观测值的散布特性，这些散布大多服从正态分布。由应力分析确定该光滑圆杆状零件承受轴向拉伸正应力平均值为 50MPa，散布的标准误差为 20MPa。安全系数依据表 9.3 取 2，则所选材料的许用应力值应为 2×50MPa=100MPa，取屈服强度平均值为 110MPa 的材料(按屈服准则，材料的失效应力即[许用应力] 便是屈服强度)，设计应当是 100%成功的。然而，由联结方程(9.32)求得安全可靠度系数为

$$u = (110-50)/(11^2+20^2)^{1/2} = 2.6286$$

查正态分布表得材料的安全可靠度 $R = 0.99572$，也就是说，这个设计的事故与故障概率达 0.498%，这是相当高的事故与故障率了。也就是说，在安全系数设计来看是 100%安全的，而在概率设计来看却并非如此，而是埋有 0.43%的隐患。

表 9.3　安全系数设计中安全系数的选择

安全系数选择依据			应选择的安全系数
材料力学性能	零件服役状态	载荷与应力计算	
特别可靠	完全掌控	精确掌控	1.25～1.5
充分掌控	较为稳定	较为准确	>1.5～2
中等掌控	一般稳定	基本准确	>2～2.5
未经充分试验	不稳定	近似	>2.5～3
粗略试验或未试验	不稳定且较为重要	近似且载荷与应力不稳定	>3～4

当没有现有数据可供设计使用时，可以进行有限的试验，采集这些试验数据作为设计依据。同样以上述光滑圆杆状零件承受轴向拉伸正应力为例，对装备状态制造了模型机，并做了 5 次试验，其模型件状态的拉伸正应力在各服役状态下

分别为 16MPa、42MPa、36MPa、23MPa、49MPa，检测装备的精度为±1MPa。为简便计，暂不考虑检测装备的精度，统计分析得模型机试验状态的拉伸正应力平均值为 33.2MPa，置信水平为 0.6826 的标准误差为±13.56MPa；由于试验次数过少，需对标准误差进行表 9.2 的修正，5 次试验的标准误差修正系数为 1.14，则标准误差为±(1.14×13.56)MPa=±15.46MPa。

由于无现有数据参考，为安全可靠起见，选择估计其性能值相对较好的材料，对所选材料进行拉伸检验，3 件试样的屈服强度分别为 112MPa、139MPa、121MPa，装备检验的精度为±1MPa。材料检验的屈服强度平均值为 124MPa，置信水平为 0.6826 的标准误差为±13.75MPa，3 次试验的标准误差修正系数为 1.32，则标准误差为±(1.32×13.75)=±18.15MPa。

当以安全系数设计考虑时，设计的安全系数为 124/33.2=3.73，设计是 100%安全可靠的。试验结果也表明，模型机状态的最大拉伸正应力为 49+1=50MPa，材料的最低屈服强度为 112–1=111MPa，这应当是 100%安全可靠的。

然而，以概率观点看，当有 99.73%的把握(即置信水平为 0.9973)时，状态拉伸正应力的最大值可能散布到 33.2+(3×15.46)=79.58MPa。材料屈服强度的下限值可能散布到 124–(3×18.15)=69.55MPa。状态拉伸正应力散布的最大值超过材料屈服强度散布的下限值达 10.03MPa，不安全可靠了。这种不安全可靠的概率可由联结方程(9.33)求得，依据联结方程可求得安全可靠度系数 u：

$$u=(124-33.2)/(18.15^2+15.46^2)^{1/2}=3.8084$$

查正态分布表得材料的安全可靠度 $R=0.99993$，也就是说这个设计的事故与故障概率为 0.00007%，这虽然相当小了，但仍不是 100%安全可靠的。

可见，安全系数法设计是不能保证安全可靠的，应当指明设计的安全可靠概率是多少，这就要采用概率法的安全可靠设计，称为概率设计。

5) 概率设计

概率设计是基于事物发生的不确定性与统计分布的确定性，将事物发生概率的概念使用在安全可靠设计上。这完全建立了安全可靠设计的新概念。

安全性与可靠性的概率设计基于概率论与数理统计学的安全可靠设计方法。从理论上讲，是不可能有 100%安全的，只可以将不安全可靠的概率降低到事实上不会出现的程度，例如，安全可靠概率为 0.999999，则不安全可靠概率仅为 0.000001，这种不安全可靠事件实际上将不会出现。

零件安全性与可靠性的概率设计的基本准则是安全性与可靠性概率指标的满足，也就是选用的材料其性能指标对零件状态指标在安全可靠概率要求上的满足程度。图 9.1 给出了安全性与可靠性概率设计的基本原理，零件状态参量分布低于所选材料性能参量的分布，两个分布曲线相交重叠，重叠处曲线交点下两概率之积即为不安全可靠概率。

(1) 材料性能参量的求取。

安全性与可靠性概率设计时，需先定出安全可靠的概率要求。对前例采用安全性与可靠性的概率设计，要求安全可靠概率为 0.9995，也就是事故与故障隐患为万分之五。已知零件应力分布为 33.2MPa±15.46MPa，所选材料性能的标准误差为±18.15MPa，试求所选材料性能的平均值。即安全可靠度 $R = 0.9995$，零件拉应力平均值 μ_s =33.2MPa，标准误差 σ_s =15.46MPa，计算材料性能平均值 μ_p，标准误差 σ_p =18.15MPa。

首先由正态分布表查得 $R = 0.9995$ 时的安全可靠度系数 u =3.291。将各数值代入解联结方程(9.32)有

$$3.291 = (\mu_p - 33.2) / (18.15^2 + 15.46^2)^{1/2}$$

得 μ_p =111.7MPa，即为所求。或者选定 μ_p，求取 σ_p 亦可。

(2) 材料老化寿命的考虑。

安全性与可靠性的概率设计的另一重要准则是不可忽视材料在服役中的老化，老化使材料性能平均值降低和标准误差增大，这就使图 9.1 中材料性能散布的正态分布曲线左移和曲线散宽，与零件应力散布的正态分布曲线的交会面积增大，也就是减小了材料服役的安全可靠概率，缩短了服役寿命，这在初始设计时是应当充分考虑的。例如，上述的光滑圆杆状零件承受轴向拉伸正应力，初设计时材料的性能参量为 $\mu_p \geqslant 111.7$MPa，$\sigma_p \leqslant 18.15$MPa。在服役寿命终止时，材料的标准误差 σ_p 可能增大 1.85MPa，性能平均值 μ_p 可能降低 15MPa，则由联结方程(9.32)可有

$$u = [(111.7 - 15) - 33.2] / [(18.15 + 1.85)^2 + 15.46^2]^{1/2}$$

得 u =2.511998，查正态分布表得服役寿命终止时的安全可靠度 $R = 0.9939$，显著降低了 0.56%，不能满足服役寿命要求。为保证服役的安全可靠度和寿命，在设计选材之初就应考虑到材料老化的影响，于是服役寿命终止时仍应有 $R = 0.9995$，即 u =3.291，此时的 μ_p 可由联结方程(9.32)得到：

$$3.291 = (\mu_p - 33.2) / (20^2 + 15.46^2)^{1/2}$$

得 μ_p =116.4MPa，于是在初设计时选择材料性能参量的强度平均值 μ_p 应不得低于 116.4+15=131.4MPa，标准误差 σ_p 不得大于 18.15MPa。则初设计时材料性能保证的安全可靠度系数为

$$u = (131.4 - 33.2) / (18.15^2 + 15.46^2)^{1/2}$$

有 u=4.1188，查正态分布表得 $R=0.999983$。

或者取

$$3.291=(111.7-15-33.2)/(\sigma_p^2+15.46^2)^{1/2}$$

得 σ_p=11.54MPa，于是在初设计时选择材料性能参量的强度标准误差值 σ_p 应不得大于 11.54+1.85=13.39MPa，强度平均 μ_p 不得低于 111.7+15=126.7MPa。则初设计时材料性能保证的安全可靠度系数为

$$u=(126.7-33.2)/(13.39^2+15.46^2)^{1/2}$$

有 u=4.57157，查正态分布表得 $R=0.999997$。

因此，考虑到材料的老化，初设计时材料的性能参量可取 $\mu_p \geqslant 131.4$MPa，$\sigma_p \leqslant 18.15$MPa；或者 $\mu_p \geqslant 126.7$MPa，$\sigma_p \leqslant 13.39$MPa。当然，μ_p 与 σ_p 的配合可以有多组选择，在数学上有无限组，只要满足服役寿命终结时安全可靠度 $R \geqslant 0.9995$ 即可。

6) 安全系数与概率的融合

将平均值安全系数方程(9.36)与联结方程(9.32)联立求解，可得平均值安全系数的不同表达式：

$$n=\frac{\mu_p}{\mu_s}=\frac{\mu_p}{\mu_p-u\sqrt{{\sigma_p}^2+{\sigma_s}^2}}=\frac{\mu_s+u\sqrt{{\sigma_p}^2+{\sigma_s}^2}}{\mu_s},\quad n\geqslant 1 \tag{9.37}$$

这样，便将平均值安全系数 n 与材料的性能参量 μ_p 和 σ_p 及装备的状态参量 μ_s 和 σ_s 联系起来了，可用以求解相关的参量，在有些情况下使用此式求解要方便些。

定义材料性能散布系数为

$$c_p=\sigma_p/\mu_p \tag{9.38}$$

装备状态散布系数为

$$c_s=\sigma_s/\mu_s \tag{9.39}$$

将方程(9.37)和方程(9.38)及方程(9.39)代入联结方程(9.32)中有

$$u^2=\frac{(n\mu_s-\mu_s)^2}{n^2\mu_s^2c_p^2+\mu_s^2c_s^2}=\frac{(\mu_p-\mu_p/n)^2}{\mu_p^2c_p^2+\mu_p^2c_s^2/n^2}$$

整理得

$$(u^2c_s^2-1)n^{-2}+2n^{-1}+(u^2c_p^2-1)=0$$

或

$$(u^2c_p^2-1)n^2+2n+(u^2c_s^2-1)=0$$

解此一元二次方程得

$$n=\frac{1+u\sqrt{c_p^2+c_s^2-u^2c_p^2c_s^2}}{1-u^2c_p^2},\quad n\geqslant 1 \tag{9.40}$$

方程(9.40)便是平均值安全系数 n 与材料性能散布系数 c_p 和装备状态散布系数 c_s 之间的关系方程，可用以求解相关的参量，在有些情况下使用此式求解要方便。

7) 核电站装备材料安全性与可靠性概率设计选用的应用简例

这里只是提供概率设计问题的思路，实际的装备概率设计是复杂的。

(1) 反应堆压力容器设计简单分析。

反应堆压力容器尺寸为内径 4500mm±1.5mm，壁厚 220mm±0.3mm，内径/壁厚之比为 20.45，属“壁厚≤内径的 1/20”的薄壁圆筒条件。按薄壁圆筒的强度假设条件进行应力分析，忽略薄壁圆筒径向正应力 s_{r}，则周向正应力 s_{t} 为

$$s_{\mathrm{t}}=(pD)/(2b) \tag{9.41}$$

轴向正应力 s_{x} 为

$$s_{\mathrm{x}}=(pD)/(4b) \tag{9.42}$$

式中，p 为压力容器内腔压强；D 为压力容器内径；b 为压力容器壁厚。可见，s_{x} 仅为 s_{t} 的 1/2，且两者各自独立互不相关。

周向正应力 s_{t} 是导致压力容器纵向破裂的应力，压力容器也因此而失效(暂未考虑机械老化疲劳、物理老化辐照和热、化学老化腐蚀等因素)。

反应堆压力容器内压强 p 通常为 17MPa±3MPa，则已知 μ_p=17MPa，σ_p = 3MPa，μ_D=4.5m，σ_D=0.0015m，μ_b=0.22m，σ_b=0.0003m。

于是有 $\mu_{pD}=\mu_p\cdot\mu_D$=76.5(MPa·m)，$\sigma_{pD}^2=\mu_p^2\cdot\sigma_D^2+\mu_D^2\cdot\sigma_p^2+\sigma_p^2\cdot\sigma_D^2$=182.25 (MPa·m)^2，$\sigma_{pD}$=13.5(MPa·m)。

依据方程(9.42)和方程(9.17)与方程(9.18)，反应堆压力容器周向正应力 s_{t} 的平均值 μ_{t} 为

$$\mu_{\mathrm{t}}=\mu_{\frac{pD}{2b}}=\frac{pD}{2b}=\frac{17\times 4.5}{2\times 0.22}=173.86(\mathrm{MPa})$$

周向正应力 s_{t} 的标准误差 σ_{t} 为

$$\sigma_{\mathrm{t}}=\sigma_{\frac{pD}{2b}}=\frac{1}{2\mu_b}\sqrt{\mu_p^2\mu_D^2 2^2\sigma_b^2+2^2\mu_b^2\sigma_{pD}^2+\sigma_{pD}^2 2^2\sigma_b^2}=13.5(\mathrm{MPa})$$

当反应堆压力容器制造的基材选用 SA508-3 时，375℃的屈服强度为 300MPa±26MPa，当要求安全可靠度 $R=0.999999$ 时，由正态分布表可知 u=4.755，

则由联结方程(9.33)可得反应堆压力容器周向正应力 $\mu_s=\mu_t$=173.86MPa 的许可标准误差 σ_s 为

$$4.755=(300-173.86)/(26^2+\sigma_s^2)^{1/2}$$

$$\sigma_s=5.27\text{MPa}$$

实际标准误差 $\sigma_t=13.5\text{MPa}$，大于许可标准误差 $\sigma_s=5.27\text{MPa}$，显然要求的安全可靠度 $R=0.999999$ 是达不到的。那么，这样的选材(屈服强度为 300MPa±26MPa)可以达到的安全可靠度由联结方程(9.32)得

$$u=(300-173.86)/(26^2+13.5^2)^{1/2}=4.3057$$

查正态分布表得 R =0.9999917，不满足安全可靠度要求。若需满足安全可靠度 $R=0.999999$ 的要求，则材料性能必须满足

$$4.755=(300-173.86)/(\sigma_p^2+13.5^2)^{1/2}$$

$$\sigma_p=22.8\text{MPa}$$

或

$$4.755=(\mu_p-173.86)/(26^2+13.5^2)^{1/2}$$

$$\mu_p=313.2\text{MPa}$$

即所选材料 SA508-3 在 375℃时的屈服强度应为 300MPa±22.8MPa 或 313.2MPa±26MPa，这只有对材料经特别挑选才能满足。这时的安全系数 n 由方程(9.36)或方程(9.37)或方程(9.40)得到，前者为 1.72，后者为 1.80。

为满足安全可靠度要求，也可改用其他材料，例如，改用强度高于 SA508-3 的 16MND5 或 18MND5 或 P91。或者仍保留使用 SA508-3 而修改设计。

(2) 应力重叠的处理。

当装备零件状态参量有数个时，其处理便繁复得多。这里给出简单的最常见的零件承受两个重叠应力作用时的处理方法。已知应力重叠的综合方程为式(9.17)～式(9.26)。

若零件承受拉应力，并服从正态分布，拉应力平均值 μ_s=33.2MPa，标准误差 σ_s=15.46MPa；为提高疲劳寿命，加工使零件表面产生残余压应力，也服从正态分布 $N(12,8^2)$MPa。已知材料屈服强度标准误差 σ_p=18.15MPa，求材料屈服强度平均值 μ_p。同样取安全可靠度 R=0.9995(对应的安全可靠度系数 u=3.291)。

拉应力与压应力重叠，必使应力值减小。现今拉应力大于压应力，则重叠后的总(有效拉)应力平均值为 μ_{st}=33.2−12=21.2(MPa)，标准误差 $\sigma_{st}=(15.46^2+8^2)^2=$ 17.41MPa。由联结方程(9.32)可得

$$3.291=(\mu_p-21.2)/(18.15^2+17.41^2)^{1/2}$$

μ_p =103.97MPa 即为所求，即选取材料的性能参量为 $\mu_p \geqslant 103.97\text{MPa}$，$\sigma_p \leqslant 18.15\text{MPa}$。

(3) 整机或系统的安全性与可靠性。

整机安全性与可靠性是零件安全性与可靠性的集合。换句话说，整机的安全可靠概率为组成机器的零件与部件的安全可靠概率的串联与并联的组合。系统安全性与可靠性是支系统安全性与可靠性的集合，也就是说，系统的安全可靠概率为组成系统的支系统的安全可靠概率的串联与并联的组合。

例如，系统 Z 由三个子系统 A、B、C 串联而成，要求该系统的安全可靠度 R_Z 不低于 0.9995，已知子系统 A、B 的安全可靠度 R_A =0.9999、R_B =0.9998，求子系统 C 的安全可靠度 R_C。

串联系统的安全可靠度为各子系统安全可靠度之积 $R_Z=R_AR_BR_C$，则 $R_C=R_Z/(R_AR_B)$ =0.9995/(0.9999×0.9998)=0.9998 即为所求。

串联系统的不安全可靠度为各子系统不安全可靠度之和 $F_Z=F_A+F_B+F_C$，由安全可靠度可知 $F=1-R$，于是有 F_Z =0.0005，F_A =0.0001，F_B =0.0002，F_C =0.0002，校核正确。

又如，系统 Z 由三个子系统 A、B、C 串联而成。要求系统 Z 的可修复系统故障率 $\lambda_Z \geqslant 5000\text{h}$，已知子系统 A、B 的可修复系统分别为 λ_A =10000h、λ_B = 15000h，求子系统 C 的可修复系统。

由于可修复系统=1/λ，故而 λ_Z =1/5000，λ_A =1/10000，λ_B =1/15000。又知串联系统的故障率为各子系统故障率之和，因而 $\lambda_C=\lambda_Z-\lambda_A-\lambda_B \leqslant 0.000033\text{h}$，得 (可修复系统)$_C$ =1/ $\lambda_C \geqslant 30303\text{h}$。

(4) 安全性与可靠性预计手册的应用。

例如，采用美国、英国、加拿大、澳大利亚、新西兰 5 国组成的技术合作计划委员会编制的《常用机械装备可靠性预计手册》或美国海军水面作战中心 Carderock 分部编制的《机械装备可靠性预计程序手册》，这是非常实用的方法，常用机械装备的故障率可由手册查得。

安全性与可靠性的概率设计的关键在于安全概率的合理确定、零件应力状态的准确获取、零件最大应力的获取、零件应力散布的标准误差的获取，以及材料性能平均值和标准误差的获取。

结构设计中存在许多不确定因素，除零件状态参量的准确获取相当困难之外，材料性能参量诸如平均值和标准误差的获取在目前尚不成熟，数据的积累还太少。影响材料性能平均值和标准误差的因素太多，如化学成分的波动、各种加工方法的波动、加工装备与加工精度的波动、加工环境条件的波动等。因此，建议设立材料数据库，建立材料成分和加工与性能档案，在性能档案中应将每个试样的测试结果都列出来，以方便积累数据供准确掌控材料的性能平均值和标准误差值。

9.1.2 可靠性试验与寿命试验

1. 可靠性试验

为了解、分析、评价、提高可靠性而进行可靠性试验。

1) 环境应力筛选试验

环境应力筛选试验是向产品施加各种环境应力(温度、湿度、加速度、腐蚀等)，将产品的潜在缺陷加速发展成早期故障而剔除，以提高产品的使用可靠性。

2) 可靠性增长试验

在新产品的工程研制(或老产品的改进)基本定型和批量生产之前，进行一系列的可靠性增长试验，以进一步改进设计、工艺、材料，提高产品的可靠性，使可靠性不断增长，保证产品进入批量生产之前的可靠性达到设计预期的目标。

可靠性增长规律常用 Duane 模型描述：

$$\Theta_{\mathrm{R}} = \Theta_{\mathrm{I}}(t / t_{\mathrm{I}})^{m} \tag{9.43}$$

式中，Θ_{R} 为产品应达到的平均寿命；Θ_{I} 为产品研制初具的平均寿命；t 为产品平均寿命由 Θ_{I} 增长到 Θ_{R} 所需的时间；t_{I} 为产品进行可靠性增长试验前的各项预试验时间；m 为增长率，取决于故障分析和改进措施，通常取 0.3～0.7。

将式(9.43)取对数得直线方程：

$$\ln\Theta_{\mathrm{R}} = \ln\Theta_{\mathrm{I}} + m(\ln t - \ln t_{\mathrm{I}}) \tag{9.44}$$

以 Θ_0 表示可靠性增长试验当前的平均寿命，Θ_{Σ} 表示可靠性增长试验累积的平均寿命，则当前的平均寿命 Θ_0 是累积的平均寿命 Θ_{Σ} 的 $(1-m)^{-1}$ 倍：

$$\Theta_0 = (1-m)^{-1}\Theta_{\Sigma} \tag{9.45}$$

Θ_{Σ} 是容易计算的，因此可由式(9.45)算得当前的 Θ_0，而不必再做试验予以验证。

2. 寿命试验

1) 通用寿命试验

(1) 现场寿命试验。

这是把产品放在实际使用的现场条件下来获得失效数据的试验。如此得到的寿命数据是最珍贵、最有说服力的，但这种试验耗费的人、财、物、时均较大。

(2) 模拟寿命试验。

这是在实验室进行的模仿现场服役的寿命试验，是将现场服役的主要工作条件和环境状况在实验室内模拟，并受到人工控制，使试验样品都在相同工作条件下进行寿命试验。这种试验耗费的人、财、物、时较少，便于产品间的比较。

(3) 完全寿命试验。

这是将试验样品试验到全部失效才停止的试验。这时统计分析获得的可靠性指标也较为可靠，但这种试验常需要较长的时间，通常长达几年，甚至十几年，等它们全部失效，新的产品可能已经上市了，显然这种试验不适应产品更新换代的要求，通常不采用。

(4) 截尾寿命试验。

这是将投试样品试验到部分失效就停止的试验，又分为：①定时截尾寿命试验，又称Ⅰ型截尾寿命试验，试验进行到指定的时间就停止；②定数截尾寿命试验，又称Ⅱ型截尾寿命试验，试验进行到指定的失效个数就停止；③替换截尾寿命试验，在截尾寿命试验中还可以规定对失效产品是否允许替换，有替换试验主要是为了获取更多的试验信息。

2) 加速寿命试验

加速寿命试验的基本思想是：利用高应力水平下的平均寿命特征外推正常应力水平下的平均寿命特征。其关键在于建立寿命特征与应力水平之间的关系(加速模型)。加速模型有三类：①物理加速模型，主要有 Arrhenius 模型、Eyring 模型、扩展 Eyring 模型等，前提条件是产品在超负载下的失效机理与正常负载服役者相同；②经验加速模型，主要有逆幂律模型、Coffin-Manson 模型等；③统计加速模型，主要有参数模型、非参数模型等。

在加速寿命试验中，再采用截尾试验技术，可使试验时间大为缩短。

(1) 加速寿命试验原理。

在不改变失效机理的前提下，加大应力(热应力、机械应力、电应力等)，以加快产品或材料的失效，缩短试验时间，估计出产品或材料在正常工作应力时的可靠性指标。例如，核岛一回路管道材料的组织和性能老化，可以采用高于管道服役温度的提高试验温度法，用 400℃高温以加速老化的寿命试验。

加速试验的应力可以是机械的、热的、电的或其他环境应力。①机械应力：冲击、振动、惯性力等；②热应力：热冲击、高低温循环、高温、高湿；③电应力：电流、电压、电功率；④其他环境应力：潮热、低气压、盐雾、放射性辐射等。

加速试验的作用并不限于加大应力促使元器件失效，还可以利用加大应力下的寿命与正常应力下寿命间的规律性，由前者推算出后者。故加速试验可用于验收、鉴定出厂分类挑选、维修验证及产品可靠性数据确定等方面。

需要强调的是，加速试验只能是在不改变产品失效机理的条件下，通过强化产品的储存、使用条件(载荷、介质、湿度、温度、振动等)进行试验来外推产品寿命。

若改变了产品的失效机理，就无法外推出产品寿命，这样的试验就毫无意义。另外，加速寿命试验一般在产品的零件级进行，较少在部件级或整机上进行。

(2) 加速寿命试验的三种类别。

① 恒定应力加速寿命试验。它是将一定数量的试验分成几组，每组固定在一个应力水平做寿命试验。所选用的最高应力水平应保证试件失效机理不改变，最低应力水平要高于正常工作条件下的应力水平。

② 步进应力加速寿命试验。它的施加应力方式是以阶梯形式由低到高逐步提高，做到试件大量失效的时刻为止。例如，选定一组应力 S_1，S_2，…，S_n，设 S_0 是正常工作条件下的应力水平，使 $S_0 < S_1 < S_2 < \cdots < S_n$。试验开始时，使一定数量的产品在 S_1 条件下进行试验，达到规定升高应力的时间 t_s 时，可能已有试件失效，这时就把应力水平提高到 S_2，未失效的产品在应力 S_2 下继续进行试验，又有些试件失效，如此继续下去，直到大量试件失效。

③ 序进应力加速寿命试验。这是指对于一定数量的试件，在施加的应力大小随时间等速直线上升的条件下做寿命试验，直至大量试件失效。这种试验需要专门的装备。序进应力试验是近几年来出现的变应力方法之一。例如，电容器在序进直流电压作用下被击穿，并由此反过来由电压推算电容器的寿命，这就是序进应力加速寿命试验。

比较以上三种加速寿命试验，恒定应力加速寿命试验方法比较成熟，是加速寿命试验最基本最常用的方法，得到的信息也多于其他两种试验。

(3) 加速寿命试验方法。

在加速寿命试验时，首先要弄清产品的失效模式及失效机理。

① 单失效机理的加速寿命试验。找到引起失效的主要因素，通过提高该主要因素应力水平的办法达到加速试验的目的。一般单失效机理加速寿命试验方法大致有以下几种：a. 强化应力，增加应力强度或增加施加应力的次数，如提高温度、增加负荷、增加转动次数和速度等。b. 严格判别，严格失效判别标准。c. 劣化试样，可采用已经具有一定程度退化量的试样，如进行疲劳寿命试验时，可预先在试件上人为地制作一定的伤痕。d. 相似法，按比例放大或缩小模拟试验结果的方法。e. 尺寸结构加速法，以产品易发生性能退化或易发生致命失效的结构尺寸做试样来进行试验，其一是在研究元器件的物理化学方面的退化过程时，可以用没有保护层的试件或用小尺寸、低强度的材料作为试样进行试验，以此来缩短试验的时间；其二是立足于最弱链模型(薄弱环节)，采取降低破坏强度或破坏应力的方法来加快寿命进程。

② 多失效机理的加速寿命试验。通常情形下，只能着重某个主要失效机理的主要环境应力进行加速寿命试验(如温度、压力、功率、电压等)。对具有多种失效机理的产品来说，很难进行理想的加速寿命试验。如果在这种情形下仍然

要进行加速寿命试验，则一般可以参照以下方法考虑试验方案：a. 恒定高应力法，在模拟典型环境实际应力的基础上，采用容易使产品失效的恒定高应力；b. 补充修正法，只对单一的(当然是主要的)失效机理做加速试验，再综合试验结果改进设计，以便预测实际条件下的寿命特征；c. 主要失效机理法，当存在几种失效机理时，尽管随着应力的增大，机理的种类和数量有所变化，但在进行加速寿命试验时，仍然可按照技术上的判断，着重于主要的失效机理方面；d. 模型法，有的方法虽然在鉴别失效物理或化学机理方面有困难或者不够充分，但是从数理统计来看，如果其试验结果符合 Eyring 模型，或性能退化、失效与应力的关系又具有规律性，那么这种方法就可以应用。例如，对于韦布尔型产品，虽然其形状参数由于应力变化而不是恒定值，但只要随应力的变化是稳定的和有规律的变化，也可以对它做加速试验。如果产品质量不稳定，变化无规律，就不能做加速试验。

(4) 加速寿命试验效果。

对某加速应力下的加速试验效果用加速系数 τ 表征，它是指在基准应力 S_0 条件下进行试验与某应力 S_i 条件下进行加速试验，两者达到相等累计故障概率 p 所需时间 t 之比值：

$$\tau = t_{p0} / t_{pi} \tag{9.46}$$

式中，t_{pi} 为产品在第 i 个加速应力 S_i 的作用下达到失效概率为 p 的时间；t_{p0} 为产品在基准应力 S_0 的作用下达到失效概率为 p 的时间。那么随着 S_i 的变化，加速系数 τ 变化，且 S_i 越高，τ 越大。当 $\tau = 1$ 时，加速寿命试验中就没有加速效果。

有时，用到故障率加速系数。其定义是在某种应力条件下的加速试验与正常应力条件下的试验，在某规定时刻的故障率之比，常用符号 τ_λ 表示。例如，在正常应力下产品工作到 1000h 的故障率为10^{-8}/h，而加速试验中产品工作到 1000h 的故障率为10^{-5}/h，则 $\tau_\lambda = 10^{-5}/10^{-8} = 1000$。

加速系数的用途很广，可用于选择可靠性筛选条件、制定产品可靠性验收试验方案、对比两批产品可靠性特征、鉴定质量改进措施、设计系统可靠性等方面。

3) 正常应力水平时的寿命估计

进行 k 组不同应力水平 S_1，S_2，…，S_k 的加速寿命试验，每组截尾数分别为 $r_1, r_2, \cdots, r_k$。每组试验测得的失效时间为：在应力水平 S_1 下，r_1 个失效时间为 $t_{11}, t_{12}, \cdots, t_{1r}$，在应力水平 S_k 下，r_k 个失效时间为 $t_{k1}, t_{k2}, \cdots, t_{kr}$。利用上述失效数据可用图估法和数值估计法估计出在正常应力水平 S_0 下的产品寿命。

应该说明的是，加速寿命试验可以大大缩短常应力寿命试验所需的时间，但它有局限性，不能完全代替正常使用条件下的寿命试验，其原因如下：加速寿命试验是一种破坏性试验，因而只能取小部分样本进行试验，这就存在置信度问题，所以它只是对产品寿命的一个近似估计。目前进行加速寿命试验还存在许多困难。其主要原因：一是要对试验方法及测试条件的保证应有严格的要求；二是为了正确地解释试验结果，必须对产品的失效机理有较深入的了解和研究，只有加速寿命试验的产品失效机理与服役的产品失效机理相同时，加速寿命试验才是有效的；三是要对多次加速寿命试验结果进行比较和分析。因为加速寿命试验在理论上有一定的根据，在实践中能节省时间，所以该方法被广泛重视和应用，只是需要有长期低应力寿命试验作为补充，以检验加速寿命试验的准确性，且为试验积累数据信息。

9.1.3　安全性与可靠性的失效分析和故障分析

系统、装备、材料制品在运行中，在载荷、温度、介质等环境因素作用下，由于老化等原因，具有有限的服役寿命，但也可能在未到服役寿命期限之前就发生因设计、加工、材料、使用(老化、变形、蠕变、磨损、腐蚀、疲劳、破断)、突发事件等而丧失设计规定的功能。可修复的暂时功能丧失称为故障，属可靠性范畴。不可修复的永久功能丧失称为失效，属安全性范畴。失效与故障所带来的损失有时是巨大的和危险的。为提高安全性和可靠性，对寿命前的失效或故障创立了失效分析或故障分析，但两者常被混淆概念地称为失效分析。

1. 装备发生失效与故障的原因

失效与故障分析是安全性与可靠性工程中研究制品失效与故障现象的特征和规律，分析失效与故障产生的原因，并且提出相应改进对策的一种系统的分析方法。失效与故障分析技术是综合性的分析技术，涉及机械、材料、冶金、加工、物理、化学、力学等多门学科，以及金相、电子显微等多种分析方法。其目的在于找出失效与故障的机理与原因，并据此对制品予以改进，防止寿命前失效与故障，提高制品服役的安全性与可靠性。

失效与故障可能是设计、材料和加工中的缺陷造成的，也可能是安装、维护不良或超载服役造成的。核电站装备就各种失效原因的数据积累较少，今借用一些工程工业及航空零件所做失效原因的调查数据列于表 9.4 和表 9.5，供核电业参考。可见，与材料有关的失效多涉及破断与应力，材料选择不当是机械设计的通病，维护保养不当是使用中潜藏的祸首，装配与安装名列第二，热处理不当占位第三。

表 9.4　工业和工程中各种机器及实验室检查的航空零件失效原因的比例

工业和工程中机器零件的失效原因	比例/%	航空零件的失效原因	比例/%
材料选择不当	38	维护保养不当	44
装配不良	15	安装不当	17
热处理不当	15	设计缺陷	16
机械设计缺陷	11	错误维修导致的损坏	10
未预见的操作条件	8	材料缺陷	7
环境控制不充分	6	其他原因	6
不恰当的或缺少的监测及质量控制	5		
材料混杂	2		

表 9.5　工业和工程中各种机器零件及航空零件与材料有关的失效原因比例

工业和工程中机器零件的失效原因	比例/%	航空零件的失效原因	比例/%
腐蚀	29	疲劳	61
疲劳	25	过载	18
脆性破断	16	应力腐蚀	8
过载	11	过度磨损	7
高温腐蚀	7	腐蚀	3
应力腐蚀，腐蚀疲劳，氢脆	6	高温氧化	2
蠕变	3	应力破断	1
磨损，擦伤，冲刷	3		

常见的失效与故障的原因主要如下。

1) 设计缺陷

未采用安全性与可靠性设计和概率方法，致使安全性与可靠性不足，零件的尺寸与形状由于应力分析或几何约束的分析不足而出现缺陷，或计算错误，或服役条件估计错误，或结构外形设计缺陷。与材料有关的设计缺陷有：①过度严重的应力提升；②不充分的应力分析与计算的不当或缺失；③错误地在静态拉伸力学性能的基础上进行设计，以静态拉伸力学性能替代各可能失效模式的抗力性能；④过载或未预见的加载条件。

2) 材料选择不当

材料品种、成分、加工方法选择不当，材料的力学、物理、化学性能掌控缺失，或材料质量低劣与缺陷，如强度不足、脆性破断、疲劳失效、高温蠕变、氧化、静态延时破断(氢脆、碱脆、腐蚀脆、环境因素促进的裂纹缓慢生长)。

3) 加工缺陷

选用的加工方法，如铸造、锻轧、焊接、热处理、切削、表面处理等不当，或加工有缺陷，或部件、整机装配不当。例如，材料夹杂物，脆性杂质，铸造偏析、疏松，锻轧裂缝、飞边、流线与主应力不一致，磨削裂纹，焊接应力、未焊透、焊道下开裂，热处理淬火裂纹、晶粒粗大、脱碳、晶间碳化物，装配的残余应力、零件擦伤或受损，维修中的不当焊接、磨削、冷校直等。

4) 使用维护不当

整机运行前的装配与跑合不当，润滑有误，操作有误，在非设计条件件运行或存在非设计的干扰，或维护与修理不良，或过载使用，或材料服役中的磨损、腐蚀、热老化、蠕变等。

2. 失效分析与故障分析的程序和方法

失效分析是对于发生安全事故的安全性问题的因果进行的分析，出现故障的可靠性问题的因果分析则称为故障分析。失效分析与故障分析既有相通，又有区别，通常并不严格进行概念区分，且常混称为失效分析。

失效与故障分析的工作程序通常是：计划→调查→机理→对策。做事前的计划是必需的(盲目会造成事倍功半)，调查研究是认识事物的开始，失效与故障分析的核心是获取失效与故障的原因和机理以及过程与影响因素，而最终的目的是提出对策以提高制品的在役寿命的安全性和可靠性。

失效与故障机理可分为老化(耗损)机理和其他随机机理两大类。在研究失效与故障机理时，应遵循由外及内、由表及里、由系统到元件、由宏观到微观的原则。在研究一定批量制品的失效与故障机理时，应采用数理统计的方法，建立失效与故障机理、失效与故障方式、失效与故障部位、失效与故障频率、失效与故障经济损失等因素之间关系的直方图，从而找出主要的失效与故障机理、失效与故障方式和失效与故障部位，按重要性的先后予以解决。

1) 失效与故障分析工作程序

分析工作程序步骤与顺序取决于失效与故障情况，工作程序可展开如下。

(1) 概述失效与故障情况。

在文件中记述任何和失效与故障有关的资料，如构件的设计(包括材料与性能)，以及此构件的使用情况，特别是零件及与之关联的构件的照片。照片可一目了然地表示破断等失效概况，对于变形故障也常将正常零件与故障零件同视野拍照以做对比。

(2) 肉眼观察。

肉眼观察零件的总形貌，切记不得抚摸断口，不可损伤或改变任何重要特征(如表面擦碰痕迹、颜色、污物等)。

(3) 机械设计分析(应力分析)。

重要设计构件应进行应力分析，以确定零件是否具有足够的尺寸与合理的形状，以及应满足的力学性能。

(4) 材料化学成分设计与分析。

分析材料的化学成分能否满足构件的力学(强度、塑性、韧性、疲劳、蠕变等)、物理(温度、导热、导电、磁性、膨胀等)、化学(电化腐蚀、氧化等)等性能的要求。

(5) 断口显微分析。

对断口进行肉眼、光学显微、电子显微分析，以确定破断机理。

(6) 显微组织分析。

可检查热处理等加工作业是否正确。

(7) 力学性能试验。

硬度检查可不破坏零件，其他的试验尽力而为。

(8) 失效与故障模拟。

相同零件的实物模拟试验是有效的，但常是昂贵的和费时的。计算机模拟值得推广。

(9) 综合与分析。

综合与分析包括结论、报告和建议。

金属零件的失效与故障分析程序：①收集背景资料并选取试样；②对失效零件进行初步考察(肉眼观察和记录)；③无损试验；④力学性能试验；⑤选择、标记、保存及清理试样；⑥宏观表面检查与分析(断口、二次裂纹、其他表面现象)；⑦微观表面检查与分析；⑧选择与制备金相检验切片；⑨金相组织检查与分析；⑩确定失效与故障机理；⑪化学分析(试块的、局部的、表面腐蚀产物、镀层或涂料、显微电子探针分析)；⑫破断力学分析；⑬在模拟的服役条件下进行失效与故障试验；⑭综合与分析全部证据，得出结论，提交报告和建议。

2) 鱼骨分析

在通常小系统和零部件的失效或故障分析中，大多使用简便而快捷有效的鱼骨分析法。鱼骨分析即特性-要因分析，也称结果-原因分析，失效与故障为特性和结果，要因是失效与故障的原因。鱼骨分析需先画出鱼骨图，其制作步骤为：①确定特性；②画出特性与主干；③画出鱼骨，特性的要因作为大枝，通常大枝的要因有设计、材料、加工、安装使用四大要素，大枝的要因为中枝，中枝的要因为小枝，小枝的要因为细枝，以箭头表示其关系；④复核，对特别重要的要因附以特殊标记；⑤说明，记载必要事项于图上。

鱼骨图通常可分为散差分解型、工序分类型、原因罗列型三种型式。有了鱼骨图，按图索骥即可完成失效与故障分析。

3. 大系统的失效分析与故障分析

失效或故障可以是整个系统的，也可以是系统下的单机，或单机下的部件，或部件下的零件。因此，失效或故障具有系统→单机→部件→零件的层次性，下一层次的失效或故障现象就是上一层次的失效或故障原因，最下层次的失效或故障原因是系统最根本的失效或故障原因。

失效或故障分析通常采用两种方法，在大型系统高复杂性的功能通道分析中采用故障树分析。在大型系统的致命失效或故障分析中采用失效或故障模式及影响分析与致命度分析。

故障树分析与失效或故障模式及影响分析均应在系统的早期设计阶段即开始使用，并作为设计的组成部分，而且要随着设计的进展不断地改进与提高，反映设计的更新，开展系统失效与故障的安全性分析与可靠性分析，自上而下探索发生意外事件的概率，决定自下而上每个失效或故障模式对系统性能的影响。故障树分析与失效或故障模式及影响分析配合使用，对风险分析来说两者基本上是等效的方法，方法的选用取决于要评定的风险性质。

1) 故障树分析

故障树分析在高复杂性的功能通道分析中特别有用，在这些通道中，一个或多个非致命性事件的组合可能产生一个意外的致命事件，因此故障树分析的典型对象是那些可能对社会和公众安全及核电站运行与维修人员安全，以及具有多重余度及重叠输出的自动化系统的无差错指令概率等，有致命影响的功能通道或接口。故障树分析能简要和有序地描述系统内可能导致预定的致命性事件的那些可能事件的各种组合。故障树分析是自上而下的逻辑演绎法，层次越低，误判概率越高。

故障树是系统安全性与可靠性分析的模型，是用各种事件符号和逻辑门符号及转移符号关系将系统失效与故障(顶事件)、单机或部件失效与故障(中间事件)、部件或零件失效与故障(底事件)连接成的树形逻辑图，用以描述系统中各种失效与故障(事件)之间的因果关系，是一种失效与故障集合的逻辑分析方法，是图解逻辑分析更低一级组成单元失效与故障的方法，也即用逻辑的方法确定系统某一级的失效与故障模式会使更高一级产生致命性失效与故障的方法。这就是说，系统失效与故障是基本单元失效与故障的集合。以上由系统层次的失效与故障分析，建立起系统自上而下的故障树逻辑演绎分析，分析系统失效与故障的硬件缺陷、软件漏洞、人为差错、环境影响等各种因素，画出逻辑框图，查清系统的失效与故障规律，把系统失效与故障的各项因素综合分析，找出系统安全性与可靠性的薄弱环节，建立系统的失效与故障谱，定量地求得系统各层次的失效与故障概率，制定相应的纠正措施，为评估和改善系统的安全性与可靠性提供依据。

故障树分析的系统逻辑关系可供设计、制造、运行、维修、安全性、可靠性等各方人员共享，适用于大系统设计之初、设计定型评审、建造中、建成试运行验收、运行中、运行中的安全审查，直至寿终，中途还可能经历数次修改完善。目前已编制有不少故障树分析的计算机程序供选用。其分析结果可用于：①在系统分解更低的级别中分配致命失效或故障模式概率；②从安全性的观点出发来比较各种备选的设计布局；③确定致命性失效或故障通道及设计弱点，以利于改正；④评定备用的改正方法；⑤制定试验、运行及维修程序，以判断并处理不可避免的致命性失效或故障模式。

2) 失效或故障模式及影响分析

失效或故障模式及影响分析是自下而上的逻辑归纳法，层次越高，误判概率越高，但必须能获得最低一级的数据。失效或故障模式及影响分析和致命度分析按规定的基本规则记录系统设计中所有可能的失效或故障，通过失效或故障模式分析确定每种失效或故障对系统工作的影响并确定单点失效或故障，也就是那些对任务成功或人员安全的致命失效或故障。它还可根据失效或故障影响的致命度等级，以及失效或故障发生概率，把每一失效或故障按序排列。

失效或故障模式及影响分析以及致命度分析两者的结合是提高设计的辅助工具，能够有步骤地分析设计安全性或可靠性，但不能代替设计过程中正确的工程判断。失效或故障模式及影响分析以及致命度分析两者的结合可以提供：①给设计师一种选择具有高的任务成功概率及人员安全概率的设计方法；②给设计工程一种统一格式的记录方法，以便评价失效或故障模式及对系统任务成功的影响；③早期了解系统的接口问题；④一种能够按照失效或故障影响的等级及发生概率、顺序排列可能发生的故障表；⑤确定对任务成功或人员安全有致命性影响的单点失效或故障；⑥试验计划制定的早期准则；⑦输入到可靠性预计、评估及安全性模型的定量的、统一格式的数据；⑧性能监控及失效或故障敏感装备及其他机构内自检装备的设计及定位的依据；⑨作为帮助评价所建议的设计、使用或程序的更改及其对任务成功或人员安全影响的工具。

4. 失效分析与故障分析技术

失效分析与故障分析技术是失效分析与故障分析的底事件分析技术，主要有痕迹分析技术、裂纹分析技术、断口分析技术、材料的组织结构与性能分析、制件失效的综合评估等。这里仅作提示，具体的分析技术请参阅有关文献或与本书作者联系。

1) 痕迹分析技术

痕迹就是制品在失效与故障时，那些导致失效与故障的因素作用于制品时在制品表面或内部留下的损伤性印记。这种损伤性印记包括形貌、花样、色泽，区域、大小、形状，污染、成分、分布，应力、电性、磁性，材料组织结构变化等。痕迹的形成三要素为造痕物、留痕物、造痕物与留痕物之间的非正常作用。

痕迹分析的目的在于从对痕迹的观测做出对制品失效与故障原因和过程的判断。

2) 裂纹分析技术

裂纹宏观分析通常采用表面观测、无损检测(磁性探伤、超声探伤、X 射线探伤等)等方法；裂纹微观分析通常采用金相分析、扫描电子显微分析等方法。无论裂纹宏观分析还是裂纹微观分析，除试验观测之外，依据已知的科学与技术原理进行推理的方法则是必不可少的。

3) 断口分析技术

断口记录了裂纹的萌生、生长、扩展的过程与特征，对它的定性和定量分析便成为失效分析的重要内容，从而为制品失效原因的诊断提供重要依据。

断口分析是用(宏观的)肉眼、放大镜或(微观的)扫描电子显微镜(以及附属的能谱与波谱仪)对断口面进行定性与定量的形貌及成分的宏观分析和微观分析。

4) 材料的组织结构与性能分析

通常是在断口的适当位置(如裂纹源区、裂纹生长区、远离断口面区等)截取试样进行金相分析和透射电镜显微分析，并在金相试样上进行微区组织和相的显微硬度测定及宏观硬度测定。这些组织结构与性能的观测分析，能够帮助我们认识制件材料的正常状况以及局部的变化，为制件失效的综合评估提供依据。

5) 制件失效的综合评估

依据制件的受力分析、制件的服役环境分析、失效件的痕迹分析、失效件的裂纹分析、失效件的断口面分析，以及制件和断口面的组织结构与性能分析，如果必要并可能的话再进行失效模拟试验(物理模型的或数学模型的或计算机系统仿真模型的)予以验证，便可以对制件的失效做出综合的评估结论。评估报告的核心问题是：①制件服役的受力分析和环境分析；②失效件的痕迹分析与裂纹分析和断口面分析；③制件材料的组织结构与性能及服役中的局部变化；④失效的原因和失效过程及后果；⑤影响失效的各种因素；⑥提高制件服役安全性和可靠性的改进措施。

9.2　核电站装备材料老化综要

9.2.1　老化机制综览

核电站建成后随着运行时间的延长面临老化，其安全性与可靠性问题日益突出。基于国际原子能机构(IAEA)定义，老化是核电站系统、结构和部件的物理特性，由于使用或随时间流逝而产生的改变过程，核电站所有装备或材料都有不同程度的老化，导致装备性能下降。对材料来说，老化使材料性能下降的改变不仅限于材料的物理特性，它还包括材料的化学特性和力学特性等。

核电站部件的老化如果得不到缓解，则会降低设计给出的安全裕度，从而在公众健康和安全方面增加风险。在广泛意义上用到的“安全裕度”的术语表示非能动的和能动的电站部件超出其正常运行要求的安全状态。安全状态可以通过测量和评价部件的具体功能参数和状况指标来加以检测。

1. 老化机制

核电站有数目众多的系统、构筑物和部件在电站运行中执行不同的功能，同时对电站的安全、可靠运行也有不同程度的影响。核电站运行经验表明，和老化有关的系统、构筑物及部件失效会由于性能劣化过程而发生，老化严重影响系统、构筑物和部件执行功能的能力，对核电站的安全造成极大的威胁。这种与老化相关的失效可能会大大降低电站的安全性和可靠性，因为它们会损害由纵深防御概念建立起来的多重保护中的某一层或几层。老化可能导致物理屏障和冗余系统、构筑物和部件的大范围性能劣化，导致增加共模故障的概率。这种性能劣化有可能不在正常运行和试验中暴露出来，而在运行扰动或事故产生的特定载荷或环境应力下造成失效，甚至是冗余系统、构筑物和部件的多重共模失效。

初览一下老化状况，主要是管道、阀门、压力容器顶盖贯穿件、焊缝、各种缝隙等处的腐蚀和应力腐蚀破裂以及微生物腐蚀，压力容器与堆内构件的辐照脆化、焊缝裂纹、疲劳损伤与腐蚀疲劳、热老化脆、蠕变与弛豫、磨损、微动磨损等。

老化是系统、构筑物和部件所用材料的组织和性能随时间的改变过程，这一过程可能涉及一种或多种老化机制。根据国际原子能机构有关文件对老化机制的分析，可将核电站装备的主要老化状况分类为如下三部分。

1) 构筑物和机械部件的潜在老化机制

美国核管理委员会技术文件(NUREG 1801)讨论了不同构筑物和部件的潜在老化机制及老化效应，其主要影响因素是部件的类型、材料和部件所处环境等。典型的老化机制及老化效应归纳如下。

(1) 疲劳。疲劳导致的累积疲劳损伤。

(2) 辐照。中子辐照脆化、空洞肿胀、热老化导致材料破断韧性降低，空洞肿胀导致材料尺寸变化。

(3) 应力松弛。热效应、密封垫蠕变和自身松动导致预载荷降低。

(4) 应力腐蚀开裂。循环载荷、热载荷、机械载荷、应力腐蚀开裂和晶间侵蚀导致裂纹产生、生长和扩展。

(5) 腐蚀。由于侵蚀、磨蚀、点蚀、均匀腐蚀、缝隙腐蚀、电偶腐蚀、硼酸腐蚀、微生物以及污垢产生的腐蚀导致材料损失，钢管支撑板由于侵蚀而形成凹痕。

(6) 流体加速腐蚀。导致装备的壁厚减薄。

(7) 污垢。导致传热性能和中子吸收能力降低。

(8) 温度。温度升高导致材料的强度和模量减小。

2) 仪控部件的潜在老化机制

环境因素造成温度传感器、压力变送器(包括水位和流量变送器)和中子探测器等各种传感器性能的响应时间退化。

(1) 热。绝缘破损与湿气可使温度传感器绝缘电阻下降，输出端出现噪声，致使温度测量出现误差；热和湿气可使压力传感器的标定发生偏移，变送器的输出端出现噪声，导致工作不可靠。

(2) 湿度。金属部件常因大气环境中的湿度增大而出现锈蚀，从而影响性能，也可使传感器形成分流或短路。

(3) 温度循环变化。引起应力和应变。

(4) 振动和机械冲击。金属疲劳，冷变形。

(5) 电离辐射。材料性质改变，特别是γ射线辐射，危害最大。

(6) 化学腐蚀。主要是热电偶的电缆，导致不正确的温度指示。

3) 金属材料的潜在老化机制

核电站装备金属材料老化机制产生的缘由主要集中于两点：环境化学因素以及力学与物理因素。相关的老化机制如下。

(1) 环境化学因素：①常规腐蚀；②硼酸加速腐蚀；③流体加速腐蚀；④间隙腐蚀；⑤点蚀；⑥电偶腐蚀；⑦应力腐蚀开裂；⑧微生物诱发腐蚀。

(2) 环境物理因素：①疲劳(热振)；②热老化；③辐照脆化；④辐照蠕变。

(3) 力学因素：①疲劳；②蠕变。

2. 反应堆压力容器老化举例

反应堆压力容器的老化包含辐照脆化、热老化、回火脆化、疲劳、腐蚀(应力腐蚀、硼酸腐蚀、晶间腐蚀、点蚀、面腐蚀等)、磨损等。

1) 辐照脆化

反应堆压力容器使用铁素体基合金钢制造，它对快中子辐照是敏感的，当中子流大于10^{22} n/m^{2}时该类钢易于出现辐照硬化(强度和硬度升高)和辐照脆化(塑性和韧性降低)。中子流辐照量是铁素体基合金钢老化的首要因素。

钢化学成分中的一些元素对中子辐照的敏感程度有重要影响。由于钢在使用中接受中子辐照，钢的组成元素必须热中子吸收横截面小，且感生放射性小，半衰期短。α-Fe 的中子吸收截面为 2.4～2.6b，感生放射性同位素 ^{59}Fe 的放射性强度为 1.3meV，半衰期 45d。钢中的其他成分和杂质不应促成α-Fe 的这些参数恶化。钢中常用的合金元素中 Cr、Mo、V 元素对辐照脆化尚无影响。

元素 Mn 虽吸收中子较多但半衰期仅 2.6h，故不过分限制，钢采用元素 Mn 合金化可显著增大钢的淬透性而利于以热处理使压力容器强韧化，元素 Mn 的使用利大于弊。

元素 Ni 的放射性参量良好，本可以多用，但其受辐照后的同位素 ^{58}Ni 易于转化成半衰期很长的同位素 ^{58}Co，并且有研究认为 Ni 可能有增大钢辐照脆化的作用，因此元素 Ni 的使用尚无明确定论，或许应随使用条件而应对。

W 因过多吸收中子而不用作合金元素。Ti 因半衰期较长(72d)也多不使用。

元素 Co 吸收中子多且感生放射性半衰期长，Nb 也半衰期长，因此必须严格限制核级用钢中 Co、Nb 的残留含量(不大于 0.050%)。而大量吸收中子的元素 B 更不宜在压力容器钢中使用。

元素 Cu 在钢中不形成碳化物，当以固溶态存在时可改善钢的韧性，但以游离态存在时则反之，因此 Cu 在钢中通常被看成杂质。Cu 和α-Fe 在 600℃以上平衡态时可较多地相互固溶，600℃时 Cu 在α-Fe 中的固溶度仅 0.13%(原子分数)，而 600℃以下温度越低其平衡态的相互固溶度甚微。在钢制品通常的热处理冷却中，Fe 中较高温固溶的 Cu 会保持其固溶态，但在辐照时则激发其以弥散的 Cu 相在位错与空位团处沉淀与析出(也可能夹杂有其他元素随 Cu 的沉淀与析出，此处未考虑其他元素与 Cu 的相互作用)，这种弥散的 Cu 相微粒为面心立方晶体结构，易于在制品使用中因辐照而引发 Cu 相微粒硬化，从而导致 Cu 微粒与α-Fe 基体相界面的结构失衡，相界处产生裂纹，加剧α-Fe 基体相中辐照引发的脆化。因此，虽然 Cu 的放射性参量良好，但钢中 Cu 的残留量仍是要严加限制的。

杂质元素 P、Sn、Sb、As 等严重使钢脆化，P 等不仅会在热处理时因向晶界平衡集聚与偏聚而使钢脆化，平衡集聚与偏聚也会在时效时发生，还会在辐照的作用下发生。也就是说，P 等这些杂质元素会在钢受辐照时发生平衡集聚与偏聚的晶界脆化，并且与钢基体辐照脆化的协同作用而加剧钢的辐照脆化，因此这些杂质元素的量是要严加限制的。

反应堆压力容器的脆化以放置反应堆堆芯处最为严重,这里的辐照最为强烈。但对压力容器寿命威胁更大的是位于反应堆堆芯下部的环焊缝的辐照脆化。焊缝辐照脆化的敏感程度通常总是远高于母体材料，这一方面是由于焊缝为铸造态金属组织，其韧性本就低于母体的锻造态金属组织，另一方面则是焊缝金属化学成分中的脆化杂质元素(如 P 和 Cu 等)的含量高于母体材料。早期核反应堆压力容器的制造技术除环焊缝外还有竖焊缝存在，而竖焊缝是比环焊缝对压力容器寿命危害性更强的地方。

2) 热老化

反应堆压力容器由于核反应的放热和人为的冷却剂冷却而服役于 300℃左右(或更高的温度)，并且要服役 60 年的寿期，这种长期的高热服役环境会使压力容器材料发生脆化，即因热而引发的老化。

热老化的发生是金属材料由热力学亚稳或不稳状态向稳定状态演进的自主过程。通常情况下，材料的使用状态总是处于热力学亚稳或不稳状态，它有向热力学稳定状态演进的自发动力，即自由能的降低。

热老化的发生机制有相转变或组织结构转变或溶质迁移等。热老化常见的相转变有固溶体的脱溶，如有新相生成的脱溶(沉淀、析出)和无新相生成的脱溶(GP 分解、调幅分解)等。而常见的组织结构转变如弥散相熟化、相界迁移、晶界迁移、回复、再结晶等。至于溶质迁移常见的有合金原子及杂质原子向晶界的平衡集聚或偏聚，热输运与电输运等。

显然，影响热老化的因素通常以钢与合金的成分及杂质、组织结构状态及热处理、服役温度及温度谱、服役时间及时间谱为主。压力容器的焊缝是比其基体金属更应受到人们关注的热老化脆化部位。

Cu 元素常以弥散 Cu 微粒的沉淀或析出而使钢脆化, Cr 则以调幅分解机制使钢脆化，而 P 等杂质常以晶界平衡集聚或偏聚使钢脆化。当热处理获得的钢组织结构处于亚稳状态时，在热激发下易于发生向稳定状态的变化而使钢弱化，这种情况最易于出现在焊缝处。组织结构细化和细晶粒组织对延缓平衡集聚或偏聚的老化有所帮助。温度的影响在于激发原子的迁移，较高的温度老化也较快，但间断的温度谱比连续的温度谱较不易老化。热状态下的服役时间越长其老化也越严重。

早期的反应堆由于运行温度较低，热老化不是很明显，但随着反应堆运行温度的升高和核→热→机→电转换效率的提高，热老化便成为不可小视的脆化因素。

3) 回火脆化

淬火+回火热处理后可能出现回火脆。然而回火脆并非仅发生在淬火后的回火中，只要是经受过回火脆温度的热履历，就可能出现回火脆，例如，焊缝经受的退火或去应力热处理，特别是在杂质磷含量较高的钢和焊缝中。采用纯净钢和在铬锰钢中提升元素 Mo 的含量对减弱回火脆化是有利的，但这同时要考虑材料成本与反应堆成本。

需要引起注意的是，在教科书给出的发生回火脆的温区之外也同样会见到回火脆，教科书给出的温区只是严重的易于发生回火脆的温区，反应堆压力容器却由于整个寿期都是在热状态服役，这个脆化温区必然展宽且下移。

4) 疲劳

疲劳裂纹的萌芽和生长取决于波动性或周期性应力的施加，冷却水流引发的机械振动和温度波动引发的尺寸胀缩是这种波动性或周期性应力的主要来源。

反应堆压力容器的封头螺栓是最可能发生疲劳老化的构件。

5) 腐蚀

对反应堆压力容器有威胁的腐蚀主要是应力腐蚀开裂和硼酸腐蚀，其次为点蚀。

(1) 应力腐蚀开裂。

当应力或应变作用于发生电化学腐蚀(金属离子溶解入液体电解液并放出 H_2 气的阳极溶解)的金属时，受电化学腐蚀的金属表面氧化膜保护层被破坏而使阳极溶解加速，或者金属又将聚集的 H 吸收而发生二次损伤产生裂纹，此即一回路的水应力腐蚀开裂，常出现于反应堆压力容器顶盖的贯穿件焊缝处。

影响应力腐蚀开裂的主要因素是温度、应力和材料的组织结构，介质也有很大影响。被腐蚀金属的损伤率 dr 随服役温度的升高而敏感地加重，随应力的增大而显著加重，随金属组织结构和腐蚀微电池间的电位差增大而加重。

一次侧应力腐蚀开裂的损伤率 dr 与温度呈 Arrhenius 关系：$\mathrm{d}r \propto \exp[-Q/(RT)]$，与应力呈幂指数关系：$\mathrm{d}r \propto \sigma^{(4\sim7)}$。

显然，焊接应力和安装应力有显著影响，焊接应力引发的应力腐蚀开裂裂纹大多发生在顶盖内壁的贯穿件焊缝处，既有纵向裂纹，也有环向裂纹，顶盖外壁焊缝处也会有裂纹。焊缝处的贯穿件和顶盖母材中均可出现应力腐蚀开裂裂纹，而且解剖检查表明裂纹多是自贯穿件内壁以轴向开裂。

(2) 硼酸腐蚀。

压力容器顶盖上的硼水泄漏是引发硼酸对合金结构钢和碳钢电化学腐蚀的原因，这种硼水泄漏多发生在顶盖封头螺栓、仪表管密封垫、控制棒驱管嘴法兰等处。泄漏的硼水在压力容器服役的热作用下，水蒸发，浓缩的硼酸溶液(如 95℃的饱和硼酸溶液 pH 小于 3)对合金结构钢和碳钢具有很强的电化学腐蚀性，在热的作用下自饱和硼酸溶液中结晶出硼酸固体颗粒而沉积附着于顶盖硼水泄漏处，此硼酸固体附着层下的合金结构钢和碳钢区域发生严重电化学腐蚀，次要的腐蚀机制还有硼水泄漏处的异种钢(如焊缝处)电化学腐蚀，以及初始时在装配件缝隙处发生的缝隙腐蚀。

9.2.2 老化评估

基于国际原子能机构，评估核电站装备老化的目的在于知晓装备运行现状，预测安全可靠运行时间，预测的方法是建模计算。

1. 老化模型

评估核电站装备老化的模型有 Arrhenius 模型、Eyring 模型、负幂数模型和10°规则等。

1) Arrhenius 模型

通常 Arrhenius 模型应用于热老化，其形式为

$$t = B\exp\left(\frac{Q}{kT}\right) = B\exp\left(\frac{-N_A Q}{RT}\right) = A\exp\left(\frac{-Q}{RT}\right) \tag{9.47}$$

式中，t 为到达规定终点或寿命期的时间；B、A 为常数；Q 为激活能(J/mol)；k 为玻尔兹曼常数；R 为理想气体常数；N_A 为 Avogadro 常数；T 为热力学温度(K)。

2) Eyring 模型

Eyring 模型提供了热动力学上更为正确的表述方法，并可包含增加的应力项目。

$$K = K_0\exp(nS) = aT^w\exp\left(\frac{-b}{kT}\right)\exp\left[S\left(c+\frac{d}{kT}\right)\right] \tag{9.48}$$

式中，K 为施加应力时的反应速率；K_0 为未施加应力时的反应速率；a、b、c、d、w 为不受时间、温度和应力影响的由试验确定的常数；S 为施加应力的函数；$n=c+d/(kT)$。

3) 负幂数模型

负幂数模型可应用于金属疲劳试验、电容电介质击穿和多器件系统的老化等问题。

$$t = m^{-1}V^{-n} \tag{9.49}$$

式中，t 为到达所规定终点的时间；m、n 为材料和试验方法的正参数特性；V 为应力(如电流、电压、温度等)。

4) 10°规则

10°规则陈述为：每经一次 10℃(或 K)温度升高，反应速率便增长一倍。记为(IAEA，1987～2003)

$$\frac{\partial q}{\partial t}=c2^{\frac{T_1-T_n}{10}} \tag{9.50}$$

式中，$\partial q/\partial t$ 为反应速率；c 为试验测定的常数；T_1 和 T_n 为温度(℃或 K)。

10° 规则用来表述温度依赖型反应速率的近似关系。在一定温度范围内，温度每升高 10℃，其温度依赖型技术指标如寿命下降一半(或四分之一)，失效率约增大一倍。这是一条由统计学得来的经验规则，只要测量精确度许可，通常与观察数据切合良好。

5) 10° 规则与 Arrhenius 模型的关系

可和方程(9.50)相比的 Arrhenius 模型为方程(9.47)的另一形式：

$$\frac{\partial q}{\partial t}=A\exp\left(\frac{-Q}{RT}\right) \tag{9.51}$$

式中，$\partial q/\partial t$ 为反应速率；A 为常数(由试验确定)；Q 为激活能；R 为理想气体常数；T 为热力学温度。

将方程(9.50)和方程(9.51)对时间进行积分，可得

$$q=c2^{\frac{T_1-T_0}{10}}t\text{，10° 规则} \tag{9.52}$$

$$q=A\left[\exp\left(\frac{-Q}{RT}\right)\right]t\text{，Arrhenius 模型} \tag{9.53}$$

代入 q、T、t 之值，可得

$$\frac{q_2}{q_1}=\frac{t_2}{t_1}2^{\frac{T_2-T_1}{10}}\text{，10° 规则} \tag{9.54}$$

$$\frac{q_2}{q_1}=\frac{t_2}{t_1}\exp\left[\frac{-Q}{R}\left(\frac{1}{T_2}-\frac{1}{T_1}\right)\right]\text{，Arrhenius 模型} \tag{9.55}$$

可将下标 1 和下标 2 看作应用于两种条件，下标 1 表示用于使用条件，下标 2 表示用于加速老化条件。

显然，除 Arrhenius 模型的过程激活能因素 Q 之外，方程(9.55)和方程(9.54)在形式上极为相似。这样就可以提出一个问题：这两个方程是否始终等效。如果将任何给定的比值(q_2/q_1)都规定为相同，也就是在具体反应中已发生相同的变化，则由于方程(9.54)和方程(9.55)的相等，可得

$$2^{\frac{T_2-T_1}{10}}=\exp\left[\frac{-Q}{R}\left(\frac{1}{T_2}-\frac{1}{T_1}\right)\right]$$

取对数

$$\frac{T_2 - T_1}{10}\ln 2 = \frac{-Q}{R}\left(\frac{1}{T_2} - \frac{1}{T_1}\right)$$

可得

$$\frac{Q}{T_1 T_2} = \frac{R\ln 2}{10} = 0.576315\text{J}/(\text{mol}\cdot\text{K}) \tag{9.56}$$

方程(9.56)成立时，10°规则和 Arrhenius 模型之间便无差别。通常，当 Q=0.8×10^{-19}～2.4×10^{-19} J (即 48～145kJ/mol)和 T=300～500K(即 27～227℃)时，方程(9.56)成立或近似地成立。所以，通常的偏差将小于或等于试验误差，两个方程可看作相同。注意，对于任意给定的 Q 值，10°规则和 Arrhenius 模型并非处处等值。

如果设定 $q_1 = q_2$，则可用方程(9.52)和方程(9.53)来计算比值 t_1/t_2。这是当反应量相同时，条件 1 和 2 所需时间之比。在 $T_2 = 300$～400K 范围，其比值 t_1/t_2 列于表 9.6(IAEA，1987～2003)。

表 9.6　10°规则和 Arrhenius 模型的比较

T_2	10°规则，t_1/t_2	Arrhenius 模型，t_1/t_2
300	1	1
325	5.66	8.83
350	32.0	57.2
375	181.1	288.3
400	1023	1188
408.6	1858.6	1857.3

注：T_1=300K，Q=1.17×10^{-19} J，即 70.63kJ/mol，使得在 T_2 =408.6K 时 $Q/(T_1T_2)$ =0.5762 J/(mol·K)

比值 t_1/t_2 可被认作加速度因数(被模拟的服役老化缩短为加速老化暴露的因数)。Arrhenius 图形是条直线，而10°规则线则是条微凹的曲线。这个弯曲造成10°规则和 Arrhenius 直线在两个点上等值(此处 Q 的选值使此两值相等，且此处的可变温度 T_2 和参照温度 T_1 各等值)。虽然在此两点是吻合一致的，而且由于用的是对数纵坐标，处处看起来良好，但时间比值相差很大。例如，在 350K 时，其值为 57.2/32.0=1.79，Arrhenius 模型在此处给出的值较10°规则的值要大 79%。

将10°规则和 Arrhenius 模型进行比较的另一个方法是将等效加速度因数作为激活能的函数，加速老化温度 $T_2 = T_1 + 100$℃，Q=1×10^{-19} J(即 60kJ/mol)、T_2=127℃、t_2=14d(两周时间)的加速老化相当于 27℃时服役约 39 年；又对于 Q =2.72×10^{-19}(即 164kJ/mol)，则将相当于 380×10^3 年。

6) 生长曲线模型

(1) S 形曲线。

事物的发展过程同生物的生长过程相似，经历发生、发展、成熟三个阶段；

之后便是老化衰退。每一阶段的进展速率各不相同，发生阶段进展速率较慢，发展阶段速率骤增，成熟时期又趋减慢。这一发展特点在事物 Y-时间 t 坐标上的图像呈现为 S 形曲线，称为生长曲线。生长曲线是时间序列，金属凝固、钢相变等曲线就是典型的例子。

这种 S 形生长曲线的典型数学模型是派尔(Pearl)方程：

$$Y = L(1 + a\mathrm{e}^{-bt})^{-1} \tag{9.57}$$

式中，Y 为因变量；t 为自变量时间；L 为 Y 的上限值；a、b 为常数。

S 形曲线以拐点对称，其拐点坐标为 $t = b^{-1}\ln a$ ，Y=L/2。

例如，将此模型用于一般新技术的推广应用寿命，已知刚上市时(t_0)，由广告宣传估计知晓它的人数为 Y_0 ，市场调查估计其饱和购买量为 L，则外推 t 时的市场购买量 Y 为

$$Y = L / \left\{1 + \left[(L / Y_0) - 1\right] \cdot \mathrm{e}^{-bt}\right\} \tag{9.58}$$

这种外推最好不超过收集数据的年数。

(2) 包络曲线。

当出现革命性的新技术以取代功能较低的旧技术时,则应采用包络线外推法。包络线也是一条 S 形曲线，它是多项技术生长曲线的外包线。

当某种技术的性能已达生长曲线的成熟期时，即使再行改进，也不能期望它有很大的进展，一切努力都是事倍功半，过度使用所带来的老化和安全可靠问题令人担忧。这时就应研制出与它有本质差异的新型技术来突破当前的障碍。

按照包络线法做外推，能以相当大的概率外推预测技术上的突破。因此，可由它做出推断：应该停止那种再努力也不能有很大改进的技术的研改工作，而应转去研发那些完全不同原理的新技术。这对核电技术的发展和更新颇为有用。

7) 时间序列模型

以时间顺序为自变量 x_{ti} 序列,以离散数字为观测值 y_i 序列的成对离散数字序列称为数字时间序列。常常见到受环境等因素影响而使该数字时间序列呈周期性变化，这就是周期时间序列。广义的自变量时间，也可以是其他各种不同的物理量，如长度、温度、速度或其他取值单调递增的物理量。这样的实际问题，如金属被海水腐蚀的月变化序列、河流流量的月变化序列、海潮的月变化序列、地应力的年变化序列、管道振动的蒸汽参量变化序列、汽轮机振动的蒸汽参量变化序列、地区用电量的月变化序列等，这些都与核电站的良好运行有关。

这里只研究自变量为等距间隔的周期时间序列，而且只讨论稳态的。

时间序列的趋势外推预测是基于事物发展的连续性的，将来是现在的延续，寿命是以时间为尺度的。时间序列趋势外推是对过去发生而现在和将来仍在延续的事物，用过去和现在发生的趋势规律，预先估计未来出现值的预测方法。该方

法的前提是，过去发生而现在仍在延续的事物，将在未来持续下去，并且发展是连续的，速度是恒定的或接近恒定的，而且造成这种持续趋势的环境条件在预测的时间范围内没有大的变化，即时间序列是稳态的或接近稳态的。这时就可做这样的推断：过去和当前的发展趋势将会持续到未来，若估计未来可能会有些许变化则做适当修正。

趋势外推是定量预测，因而事物变量就必须是可量化的，或者是将非量化的事物变量以某种间接的衡量尺度予以量化，而对于那些不可量化的无关紧要的因素则可以忽略不计。为了避免因无意间抛弃了重要的不可量化因素而做出错误预测，应当采用各种不同的预测方法相校核补正。预测的可信度一方面依赖于过去和现在所采集数据的可靠性，另一方面也随预测时间幅度的增长而降低。

(1) 时序模型。

形成时间序列的观测值，实为多种不同因子同时作用的结果。影响时间序列观测值波动的变化因子，按其作用效果通常有长期趋势因子 T、周期性的循环变动因子 C、环境(季节)变动因子 S、偶然随机变动因子 I 等。必须将这些因子一个一个地分开，才能可靠地利用这个时间序列所提供的信息。这四种因子同时对观测事物作用的净效果为因子之积或和，则时间序列 Y 可用如下模型表示：

$$Y=ATCSI \tag{9.59}$$

或

$$Y=A+T+C+S+I \tag{9.60}$$

式中，A 为基值。

因子是随问题而定的，例如，在反应堆一回路管道热老化加速(过载)试验的时间序列中，只有长期趋势 T 和随机变动 I 两个因子。

(2) 随机变动因子 I 的去除。

随机变动是由各种偶发事件，如故障、事故、观测的随机误差、地震、水灾、恶劣气候、战争、法令更改等因素引起的变动。随机变动干扰了对数据的分析，因此应当首先并尽可能将其去除。常用的去除随机变动因子的方法有算术平均法、移动平均法、指数平滑法等，择其一而用之即可：①算术平均法，即去除了随机变动因子的结果。②简易移动平均法，取相邻的 n(奇数)个观测值为一组，求其算术平均值，记在该组观测值的中期，并依次按时序移动求平均值，即得移动平均值。移动平均法施于时间序列时，数值异常大或异常小的观测值将被抹平修匀。修匀程度视计算移动平均值所选取的跨越期间 n 而定。n 小，修匀程度弱；n 大，修匀程度强，但可能同时抹平环境变动，且出现时间滞后现象。故选定合适的跨越期间 n 甚为重要。为了去除随机变动因子 I，n 值宜选小，通常取 3 或 5。③指数平滑法，某观测值的指数平滑值为该值与前一观测值的加权平均值：

$$\overline{y}_i=\alpha y_i+(1-\alpha)\overline{y}_{i-1} \tag{9.61}$$

加权系数 α 值越小，抹平随机变动因子的作用越强，但同时可能抹平环境变动；α 值越大，抹平随机变动因子的作用越弱。为抹平随机变动，α 取值应慎之。

(3) 长期趋势因子 T 的确定。

可以有数种方法确定长期趋势，常用的有：①求观测值的环境变动平均值；②求观测值的移动平均值，使跨越期间 n 等于周期性变动的周期长；③求观测值的最小二乘拟合曲线(周期性变动幅度大时，此法误差大，慎用)。

(4) 周期变动因子 C 的确定。

常用的两种方法是：①用周期平均法求周期变动因子 C；②用指数平滑法求周期变动因子 C。

(5) 环境(季节)变动因子 S 的确定。

季节变动是指春夏秋冬气候四季变化的影响，掺杂了一些人为因素的用电量活动的旺季和淡季也可列入其中。常用的方法有：①用年平均法求季节变动因子 S；②用指数平滑法求季节变动因子 S。

(6) 时间序列的外推。

可靠地利用这个时间序列所提供的信息的一个重要方面就是外推未来。对试验观测范围内的事物以及外推事物的演化规律，做出恰当的评估，并依据其评估决定我们采取的行动，例如，发电量的负荷调节等也常常是工程界所关心的。

试验观测常常因条件的限制而被局限在一定的范围内，但需要预知观测范围外的状况，于是就采用外推的方法。外推的前提是，过去发生现在仍延续的事物，将在未来持续下去，并且发展是连续的，速度的变化是不大的，环境的变化也是不大的。这时，就可以做这样的推断：过去和当前的进展趋势将会持续到未来，再依据可能的变化予以适当修正，便是未来要发生的事物。

外推所依据的过去和现在的数据必须是充分可靠的。外推是有风险的，外推的可信度随外推范围幅度的增大而降低。

略去随机变动因子 I 值，由求得的长期趋势 T 值、周期变动因子 C 值、季节变动因子 S 值，即可按式(9.59)或式(9.60)模型对未来做出外推预测，以便提早出台和实施应对方案。

需要明确的是，时间序列的趋势外推通常是描述事物发展前期阶段的模型，一般不用于外推事物发展接近晚期的状况。

若上述模型中为单调曲线能容易并且贴合地用回归分析法拟合成经验方程，便可容易地用该经验方程进行外推预测。

(7) 时间序列多指标归一综合。

对于较为复杂的问题，其判定参量常常是多个，甚至其中还有相互不容的参量，例如，材料的强度和塑性往往是提高强度便会损失塑性，这时通常要进行多参量的综合评估，将多个参量转换成一个综合参量，再列成时间序列模型，便可遵循上列各法进行外推预测。至于数据处理及多个参量转换成一个综合参量的方法请参阅作者所著《实验数学及工程应用》(2008)。

(8) 量值转换法。

将多个参量转换成一个综合参量时，应遵守参量可加性原则，各参量之间必须具有可加性才能归一为一个综合参量，通常要求各参量的量纲相同才具有可加性。但这常常是不能满足的，需进行变换使其具有可加性，再归一成综合指标。这就必须采用量值转换的方法，将有量纲的指标值转换成无量纲的指标值，并且在转换过程中不改变各指标在归一时的权重。

常用的量值转换方法有：①取对数法，可以完成无量纲转换，但不能使量值范围有较大差异的各指标在归一时保持等同的权重；②本书作者提出的记分转换法，既可以完成无量纲转换，也能使量值范围有较大差异的各指标在归一时保持等同的权重；③Probit 变换法；④概率坐标变换法；⑤角度变换法；⑥平方根变换法。

(9) 可加性与非可加性。

需要注意的是，通常指标数据由三部分组成：指标数据=取决于试验单元的量+取决于处理的量＋随机量，它们具有可加性。

非可加性的例子有：①若数值 c_1 为处理，c_2 为对照，则比值 c_1/c_2 不具有可加性，而具有可积性，是上述三量之积；②百分率不具有可加性，但在 30%～70%时，与可加性模型相差不多，可近似为可加性。

2. 老化评估与寿命预测

1) 谨慎使用外推

Arrhenius 模型将时间和温度等变量和材料的质量劣化联系起来，因此在计算加速热老化参数时有用。由于10° 规则需做激活能和温度范围的两个使用假设，又10° 规则或 n° 规则约和 Arrhenius 模型同等近似，而 Arrhenius 模型拥有较坚实的理论基础，10° 规则则无。Arrhenius 模型已经过多个材料的验证，其用途显然优于 n° 规则。与使用10° 规则或 n° 规则相比，使用 Arrhenius 模型不失为较佳的选择。为加速热老化而使用 Arrhenius 模型时，必须知道激活能。多个简单材料或器件的激活能参数已由试验观测确定，至少在不大的温度外推法中可达到良好的近似程度。将 Arrhenius 模型外推至远超出试验测定数据外的时段(温度)时，有极大的风险，可能造成重大误差，需引起注意。

Eyring 模型是唯一以容纳交互效应物理原理为基础的模型。但是，由于仅对少量具体材料或器件测定出了 Eyring 方程中的参数，所以极难将其应用于实际老化场合中。

负幂数模型已用于电容器的加速电压应力测试中，并可应用于由这种应力引起的加速老化。

只要能提供估算数学模型中某些参数时所需的数据，在不同极限值和约束条件范围内，Arrhenius 模型、Eyring 模型和负幂数等模型，都可应用于器件和材料的老化问题。鉴于这些模型的初等性以及缺乏参数估算所需的具体适用数据，由这些模型所得出的加速老化仍有相当程度的不确定性。虽然合格的寿命期估算值已可得出，但多数事例中，是否可将外推法运用于 10～20 年及以上的寿命期，尚需谨慎。

2) 时间序列趋势外推

以室外海水中钢制装备被腐蚀规律的时间序列为例来说明时间序列模型(9.59)的趋势外推预测，供核电站装备服役运行管理参考。最近三年的腐蚀失重考察模拟数据见表 9.7。气候和洋流等自然因素的影响使腐蚀失重受季节因素的影响，又由于受腐蚀产物附着和微生物附着的影响而使腐蚀失重受累积因素的影响，以及其他偶然因素的干扰，腐蚀失重随时间的变化曲线呈现出时间序列的波浪形上升，如图 9.2 所示。可以看到，图 9.2 的时间序列曲线中存在长期趋势(累积因素)T、季节(环境)变动 S、偶然变动 I 等三因子的影响。另外，自然界中还存在比周期性季节变动更长的自然界周期性变动(循环变动)因子 C，如厄尔尼诺效应、太阳黑子活动等周期性变动，在这里由于时间较短而尚未观察到，故略去，或已混入长期趋势中。

表 9.7 户外钢制装备近三年的腐蚀失重速率 [单位: mg / (m^2·月)]

月份	1	2	3	4	5	6	7	8	9	10	11	12	年总量	月平均
第 1 年	86	102	109	86	67	58	59	46	42	48	80	96	879	73.3
第 2 年	107	119	115	101	98	84	70	57	68	70	96	122	1107	92.3
第 3 年	134	139	143	132	113	104	98	90	83	101	115	140	1392	116.0
3 年平均	109	120	122	106	93	82	76	64	64	73	97	119		

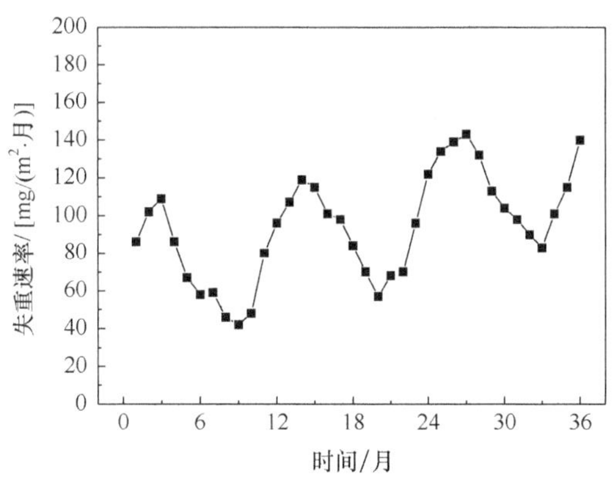

图 9.2 户外钢制装备近三年的腐蚀失重速率时间序列曲线图

(1) 偶然变动因子 I 的去除。

① 算术平均法。表 9.7 中的 3 年平均行所列各月的 3 年算术平均值就是去除了偶然变动因子的结果。

② 简易移动平均法。选定合适的跨越期间 n 甚为重要。为了去除偶然变动因子 I，n 值宜选小，表 9.8 取 n 值为 3。

③ 指数平滑法。表 9.8 中的指数平滑加权系数 α 值取 0.9。表 9.8 列出了移动平均法和指数平滑法去除偶然变动因子 I 的效果。

表 9.8 移动平均法和指数平滑法去除偶然变动因子 I 的效果

年	因子类别	1	2	3	4	5	6	7	8	9	10	11	12
第 1 年	失重速率/[mg/(m^2·月)]	86	102	109	86	67	58	59	46	42	48	80	96
	移动平均值(n =3)		99	99	87	70	61	54	49	45	57	75	94
	指数平滑值(α=0.9)	86	100	108	88	69	59	59	47	43	47	77	94
第 2 年	失重速率/[mg/(m^2·月)]	107	119	115	101	98	84	70	57	68	70	96	122
	移动平均值(n =3)	107	114	112	105	94	84	70	65	65	78	96	117
	指数平滑值(α=0.9)	106	118	115	102	98	85	72	58	67	70	93	119
第 3 年	失重速率/[mg / (m^2·月)]	134	139	143	132	113	104	98	90	83	101	115	140
	移动平均值(n =3)	132	139	138	129	116	105	97	90	91	100	119	
	指数平滑值(α=0.9)	133	138	143	133	115	105	99	91	84	99	113	137

(2) 长期趋势因子 T 的确定。

① 用年平均法求长期趋势因子 T。表 9.7 给出了各年失重速率的月平均值：第 1 年为 73.2，第 2 年为 92.2，第 3 年为 116.0。将各年月平均值记在该年 7 月 1 日的坐标上，得年平均递升比和月平均递升比并列于表 9.9。可见，长期趋势为以等比级数按月递升，长期趋势因子 $T=(92.2/73.2)^{1/12}=(116.0/92.2)^{1/12}=1.02$。

表 9.9 长期趋势因子的递升比

年份	第 1 年至第 2 年		第 2 年至第 3 年	
递升比别	年平均递升比	月平均递升比	年平均递升比	月平均递升比
递升比值	92.2/73.2=1.26	$(92.2/73.2)^{1/12}=1.02$	116.0/92.2=1.26	$(116.0/92.2)^{1/12}=1.02$

② 用简易移动平均法求长期趋势因子 T。在求长期趋势时，不仅要去除

偶然变动，还要去除周期性变动，如季节变动和循环变动。因此，跨越期间 n 值的选取就很重要，应使 n 值等于周期性变动的期数，在本序列中，周期性变动为季节变动，其期数为 12，故取 n=12，所得月递升比 T=1.02，则年递升比为 $(1.02)^{12}=1.27$，见表 9.10。

表 9.10　移动平均法求得的长期趋势因子

年	因子类别	1	2	3	4	5	6	7	8	9	10	11	12
第 1 年	失重速率	86	102	109	86	67	58	59	46	42	48	80	96
	移动平均值 (n=12)							73.2	75.0	76.4	76.9	78.2	80.8
	中心化值 (n=2)							74.1	75.7	76.6	77.6	79.5	81.8
	月递升比								1.02	1.01	1.01	1.02	1.03
第 2 年	失重速率	107	119	115	101	98	84	70	57	68	70	96	122
	移动平均值 (n=12)	82.9	83.8	84.8	86.9	88.8	90.1	92.3	94.5	96.2	98.5	101.1	102.3
	中心化值 (n=2)	83.3	84.3	85.8	87.8	89.4	91.2	93.4	95.3	97.3	99.8	101.7	103.1
	月递升比	1.02	1.01	1.02	1.02	1.02	1.02	1.02	1.02	1.02	1.03	1.02	1.01
第 3 年	失重速率	134	139	143	132	113	104	98	90	83	101	115	140
	移动平均值 (n=12)	104.0	106.3	109.1	110.3	112.9	114.5	116.0					
	中心化值 (n=2)	105.1	107.7	109.7	111.6	113.7	115.2						
	月递升比	1.02	1.02	1.02	1.02	1.02	1.01						

移动平均法为将移动平均值与观测值的自然期数相对应，应将移动平均值记在跨越期间的中心期位置，要求跨越期间 n 值为奇数。但本例中 n=12 为偶数，平均值所记期数的中心位置不能与观测值的自然期数相对应。为使其对应，可采用中心化技术，即将 n 为偶数求得的移动平均值看作新的时间序列，再求此新的时间序列 n=2 的移动平均值即可满足移动平均值与观测值自然期数相对应的要求。

(3) 环境(季节)变动因子 S 的确定。

① 用年平均法求季节变动因子 S。表 9.7 中末行 3 年平均的失重速率量，即抹平了偶然变动 I，但保有长期趋势 T 和季节变动 S。而表 9.10 的中心化移动平均则为去除了偶然变动 I 和季节变动 S，仅保留长期趋势 T 的修匀值。因此，表 9.7

中末行 3 年平均的失重速率量除以表 9.10 的中心化移动平均中心年第 2 年的值，即可得季节变动因子 *S*，见表 9.11。

表 9.11　年平均法求的季节变动因子 *S*

因子类别	1	2	3	4	5	6	7	8	9	10	11	12
3 年平均(*TS*)	109	120	122	106	93	82	76	64	64	73	97	119
移动平均(*T*)	83.3	84.3	85.5	87.8	89.4	91.2	93.4	95.3	97.3	99.8	101.7	103.1
季节变动因子 *S*	1.31	1.42	1.42	1.21	1.04	0.90	0.81	0.67	0.66	0.73	0.95	1.15

② 用指数平滑法求季节变动因子 *S*。表 9.8 中指数平滑失重速率量保有 *TS*，表 9.10 中中心化移动平均失重速率量保有 *T*，两者相除，即得季节变动因子 *S*，列于表 9.12。这种方法的优点是，可以观察同月不同年季节变动因子 *S* 值的涨落变化。表 9.12 中的 *S* 值随年份的波动甚小，于是取其算术平均值列于表中。

表 9.12　指数平滑法求的季节变动因子 *S*

年	因子类别	1	2	3	4	5	6	7	8	9	10	11	12
第 1 年	指数平滑值							59	47	43	47	77	94
	中心移动值							74.1	75.7	76.6	77.6	79.5	81.8
	季节变动因子 *S*							0.80	0.62	0.56	0.61	0.97	1.15
第 2 年	指数平滑值	106	118	115	102	98	85	72	58	67	70	93	119
	中心移动值	83.3	84.3	85.8	87.8	89.4	91.2	93.4	95.3	97.3	99.8	101.7	103.1
	季节变动因子 *S*	1.27	1.40	1.34	1.16	1.10	0.93	0.77	0.61	0.69	0.70	0.91	1.15
	平均季节变动因子 *S*	1.27	1.34	1.32	1.17	1.05	0.92	0.78	0.61	0.62	0.65	0.94	1.15
第 3 年	指数平滑值	133	138	143	133	115	105						
	中心移动值	105.1	107.7	109.7	111.6	113.7	115.2						
	季节变动因子 *S*	1.27	1.28	1.30	1.19	1.01	0.91						

(4) 稳态周期时间序列的外推预测。

可靠地利用这个时间序列所提供的信息的一个重要方面就是外推未来。对试验观测范围之内的事物以及外推事物的演化规律，做出恰当的评估并依据其评估决定采取的行动，这常常是工程界所关心的。试验观测常常因条件的限制而局限在一定的范围内，但需要预知观测范围之外的状况，于是就采用外推。外推的前提是，过去发生现在仍延续的事物将在未来持续下去，并且发展是连续的，速度的变化是不大的，环境的变化也是不大的。这时，就可以做这样的推断：过去和当前的进展趋势将会持续到未来，再依据可能的变化予以适当修正，便是未来要发生的事物。外推所依据的过去和现在的数据必须是充分可靠的。外推是有风险的，外推的可信度随外推范围幅度的增大而降低。

表 9.13 即是按式(9.59)模型，取基值 A=115，T=1.02，S 值在表 9.13 中，略去 I，对未来 5 年腐蚀失重速率的外推预测值。基值 A 可以用表 9.7 中第 3 年的月平均值(116.0)，或用表 9.10 中第 3 年 6 月的中心化值(115.2)。

若装备系统不足以应对外推预测的演变，便应提早出台和实施应对方案，例如，采取减缓腐蚀速率的措施或实时地更换装备。

表 9.13 未来 5 年腐蚀失重速率量的外推预测值

月份	1	2	3	4	5	6	7	8	9	10	11	12
季节变动因子 S	1.27	1.34	1.32	1.17	1.05	0.92	0.78	0.61	0.62	0.65	0.94	1.15
第 4 年	168	180	181	164	150	134	116	92	96	103	151	189
第 5 年	213	229	230	208	190	170	147	117	122	130	192	240
第 6 年	270	290	292	264	241	216	187	149	154	165	243	304
第 7 年	342	368	370	335	306	274	237	189	196	209	309	385
第 8 年	434	467	469	424	388	347	300	239	248	265	392	489

3) 弛豫过程

弛豫过程的特点是性能变化量(或速率)在开始时很快，而随时间的延续则变化越来越小。再结晶前的回复具有弛豫过程，静应力也具有弛豫过程。

图 9.3 为电磁铁心金属塑性变形后退火时的回复，纵坐标的残留应变硬化分数$(1-H)$定义为

$$1-H=\frac{\sigma-\sigma_0}{\sigma_{\mathrm{m}}-\sigma_0} \tag{9.62}$$

式中，应变硬化回复分数 H 为

$$H=\frac{\sigma_{\mathrm{m}}-\sigma}{\sigma_{\mathrm{m}}-\sigma_0} \tag{9.63}$$

σ_m 为应变硬化状态的屈服点；σ 为回复退火状态的屈服点；σ_0 为充分退火无应变硬化的屈服点。图 9.3 明晰地给出了弛豫特点的形象，恒温下性能的回复速率开始时最快，随时间延续渐降，直至为零。同时看到，一定的回复温度只能达到一定的回复程度，即 H 是一个随温度而变的相应的极限值，温度越高，此极限值便越大，同时达到极限值所需时间越短，回复速率越快。故调整回复温度就可以控制回复程度。

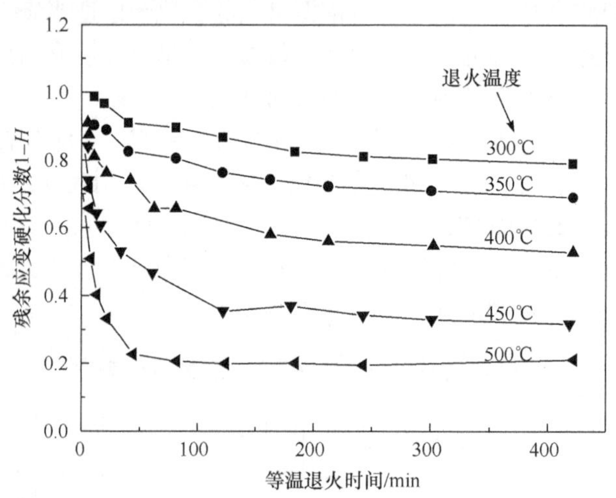

图 9.3 0℃拉伸变形 5%的 α-Fe 等温退火时屈服强度和电阻的回复

将 $1-H$ 对横坐标时间 t 求微分，即得回复速率表示式：

$$\frac{\mathrm{d}(1-H)}{\mathrm{d}t}=-C(1-H) \tag{9.64}$$

式中，C 是一个与金属性质和温度有关的数，它与温度的关系具有典型的热激活过程的 Arrhenius 模型特征：

$$C=C_0\exp\left(\frac{-Q}{RT}\right) \tag{9.65}$$

C_0 为常数；Q 为回复激活能。显然，回复速率随温度的升高而增大。将式(9.65)代入式(9.64)，并积分：

$$\int_1^{1-H}\frac{\mathrm{d}(1-H)}{1-H}=-C_0\exp\left(\frac{-Q}{RT}\right)\int_0^t \mathrm{d}t$$

方程左端积分限 1 为回复开始时的残留应变硬化分数，于是得

$$\ln\frac{1}{1-H}=C_0 t\exp\left(\frac{-Q}{RT}\right) \tag{9.66}$$

方程(9.66)表示回复程度与回复时间呈指数关系，与回复温度呈高阶指数关系。回复程度随回复温度的升高和回复时间的延长而增大，而温度的影响又甚于时间。当方程中的 H 以其他性质指标定义时，上述诸方程仍然成立。

当采用不同的回复温度和时间而获得相同的回复程度时，由方程(9.66)可得

$$\frac{t_1}{t_2}=\exp\left[\frac{-Q}{R}\left(\frac{1}{T_2}-\frac{1}{T_1}\right)\right] \tag{9.67}$$

方程(9.67)就是方程(9.55)的 Arrhenius 模型。对方程(9.66)取对数可得一定回复程度时，有

$$\ln t = A+\frac{Q}{R}\cdot\frac{1}{T} \tag{9.68}$$

式中，A 为常数。将 $\ln t$ 对 $1/T$ 作图，由直线斜率即可求得回复过程的激活能 Q，而 A 为直线的纵轴截距。方程(9.67)和方程(9.68)就是回复过程的 Arrhenius 模型。

由图 9.3 的数据可求得 α-Fe 的回复激活能 $Q = 81\text{kJ/mol}$，由方程(9.67)可知，回复到残留加工硬化分数为 60%时，450℃需要 59min，400℃需要 160min，而 300℃则需要 208min，200℃便需要 420min 了。

α-Fe 的回复激活能 Q 与空位迁移的激活能相近，因此认为 α-Fe 的回复过程中发生了以空位迁移为主的机制。人们发现，α-Fe 回复的后期，其激活能增大，与自扩散激活能相近。这就是说，回复过程中可能有数个机制在发生作用。当数个机制在回复过程中出现时，$\ln t$-$1/T$ 关系图便为由数段直线组成的折线，其中每段直线是一种机制。

4) 扩散相变过程

扩散相变、再结晶等过程都具有生长曲线特征，其转变量-时间关系为 S 形曲线(图 9.4)，转变速率-时间关系为倒 V 形曲线(初长期慢，壮长期快，老衰期慢)。图 9.4 为经 98%冷轧的无氧高导电纯 Cu，在不同温度下等温再结晶的 S 形曲线，无氧高导电纯 Cu 用以制作导电线。可见再结晶速率开始很小，随再结晶体积分数的增大而增大，并在大约 50%处达到最大，然后又逐渐减小。亦即再结晶过程具有典型的扩散相变过程的动力学特征，因此它是形核和长大的胞型生长过程。于是，可将其再结晶体积分数 f 用 Avrami 方程描述：

$$f=\frac{V}{V_0}=1-\exp(-kt^n) \tag{9.69}$$

或者将方程写成线性形式：

$$\lg\ln\frac{1}{1-f}=\lg k+n\lg t \tag{9.70}$$

式中，t 为等温时间；k 和 n 为常数，n 为线性方程的斜率，视再结晶晶粒形状不同，其值常为 1～4，见表 9.14。

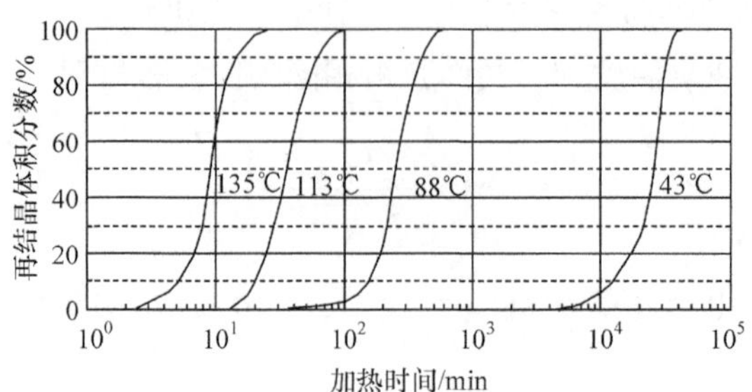

图 9.4　99.999%Cu 经 98%冷轧后的等温再结晶曲线

表 9.14　等温再结晶方程

再结晶类型	Johnson 和 Mehl　N=常数	Avrami $N=N_v\exp(-vt)$
三维(块状)	$f=1-\exp(-KG^3Nt^4/4)$	$f=1-\exp(-kt^n)$，$3\leqslant n\leqslant 4$
二维(板状)	$f=1-\exp(-KG^2\delta Nt^3/3)$	$f=1-\exp(-kt^n)$，$2\leqslant n\leqslant 3$
一维(丝状)	$f=1-\exp(-KG\delta^2Nt^2/3)$	$f=1-\exp(-kt^n)$，$1\leqslant n\leqslant 2$

图 9.4 还清楚地显示出温度在等温再结晶过程中的作用，温度越高，再结晶进行得越快，产生一定再结晶体积分数所需的时间也越短。取图 9.4 中 50%f 时的 T(温度)和 t(时间)，考察 T^{-1} 和 $\ln t$ 关系，发现这些试验数据相当准确地呈线性关系：

$$T^{-1}=a+b\ln t \tag{9.71}$$

再结晶显然是一个热激活过程，引入再结晶激活能，方程(9.71)写为

$$T^{-1}=\frac{R}{Q}(\ln A+\ln t) \tag{9.72}$$

变换为线性方程：

$$-\ln t=\ln A-\frac{Q}{R}T^{-1} \tag{9.73}$$

去对数即得

$$t^{-1}=A\exp\left[-Q/(RT)\right] \tag{9.74}$$

或者将 t^{-1} 表示成再结晶速率 $v=\mathrm{d}f/\mathrm{d}t$，则有

$$v=B\exp\left[-Q/(RT)\right] \tag{9.75}$$

显然，方程(9.73)的斜率包含了再结晶激活能 Q，可以据此求得 Q=93.7kJ/mol。

和等温回复的情况相似，等温再结晶在两个不同温度产生同样程度的再结晶时，所需时间也不同，由方程(9.74)可以导出与方程(9.67)完全相同的形式，这也是方程(9.55)的 Arrhenius 模型。由此式便可计算所需温度下的 50%再结晶时间。例如，即使将该冷轧 Cu 线置于−3℃的冷库中，经 25 年后它仍能完成 50%的再结晶。

方程(9.67)具有普遍性，这表明再结晶激活能是不依赖 T 和 t 的常数，因而在整个再结晶过程中，其机制都是一样的(形核和长大)。这与回复激活能不同，回复时激活能随 T 和 t 而变，对应的回复机制也发生变化。

5) 新材料的加速寿命试验

某新型材料，设计正常工作温度 150℃下的平均寿命在 10000h 以上，为了获得平均寿命的估计值，预计寿命试验要进行 20000h 左右，时间过长。由此材料的物理性能试验得知，80～270℃的寿命终结都是同一老化机制所致，且适当地提高试验温度，可以加速材料的老化，从而使失效时间提前到来，达到缩短试验时间的目的。现选取 190℃、220℃、240℃、260℃共四个温度水平作为加速应力水平，在这四个温度水平下分别安排一个截尾寿命试验，得到如下温度水平/平均寿命估值的四组数据：190℃/5046h、220℃/2638h、240℃/1572h、260℃/1016h。将此数据作图 9.5，并使数据曲线拟合顺势延长，用外推法即可估计出 150℃时的平均寿命大约为 17000h。

6) 加速热老化试验

压水堆和沸水堆核电站装备的一回路压力边界，使用了许多奥氏体不锈钢铸件(具有奥氏体+5%～25%铁素体组织)，该类钢具有良好的力学性能、抗热开裂特性、耐蚀性、耐应力腐蚀开裂及良好的铸造成型性；复杂形状的制件(如泵壳、阀体和附件等)可静态铸造，圆筒状的制件(如管道)可离心铸造，如反应堆冷却剂主泵泵壳(也使用超级双相不锈钢 2507 静态铸造)、反应堆冷却剂主管道、反应堆冷却剂主管道附件、连接稳压器和主管热腿的波动管(也使用超级双相不锈钢 2507

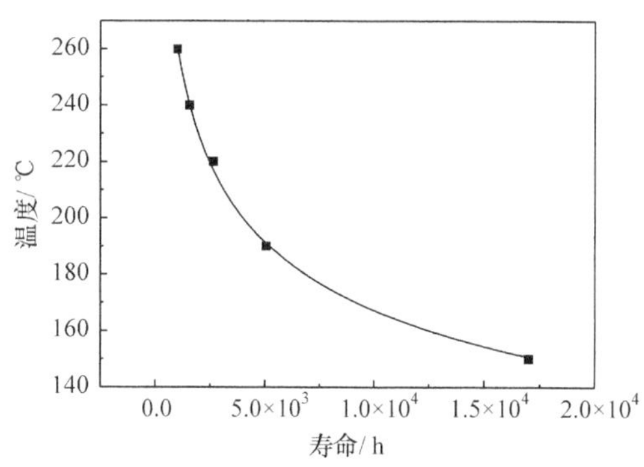

图 9.5　加速寿命试验的各温度水平的平均寿命估值曲线及外推

静态铸造)、稳压器喷淋头、止回阀、控制棒驱动机构承压罩套、堆内构件等。这些装备均是在热环境中长期服役的，会因热老化而使服役功能劣化，对热老化程度和服役寿命的预测研究就成为必然。

这些一回路压力边界装备所用材料大多为铸造奥氏体不锈钢或铸造超级 A-F 双相不锈钢，在反应堆设计寿期 60 年内，由于热的作用热老化现象肯定会发生。热老化会使断裂韧性随服役时间的延长而下降，临界裂纹尺寸减小，韧脆转变温度上升，脆性破断概率增大。若材料的断裂韧性降低到足够低的水平，而同时制件又有较明显的缺陷(铸造缺陷或运行中产生的缺陷如缩松、针孔、裂纹等)，则一回路压力边界装备的结构完整性将受到威胁。

以反应堆冷却剂主管道离心铸管为例进行热老化研究，要求的服役环境为在 288～323℃安全可靠运行 60 年。离心铸管材料为铸造奥氏体不锈钢 Z3CN20-09M(0.08%C、1.50%Mn、2.00%Si、0.040%S、0.040%P、18.0%～21.0%Cr、8.0%～11.0%Ni、0.50%Mo)，尺寸为外径约 839mm(33in)、壁厚约 70mm(2.75in)，组织为奥氏体+约 15%铁素体。该钢的铁素体相在 300～550℃发生富 Cr α' 相的调幅分解，奥氏体与铁素体相界在 400～550℃发生析出碳氮铬铁复合化合物的 475℃脆，两者有重叠干扰。故选择在比铸管服役温度上限 323℃稍高且又不高于 475℃脆下限温度 400℃的中间温度 390～400℃做热老化加速试验，这时调幅分解是引起钢热老化加速试验脆化的原因，与铸管钢发生服役热老化脆化的机制相同。而此时即使加速热老化试验温度波动达到 400℃，475℃脆对钢热老化加速试验脆化的影响也仍很小，可忽略不计。在铸管靠外壁处和靠内壁处分别取顺管轴的纵向样，做了 390～400℃时间序列 100h、300h、1000h、3000h、10000h、12000h、15000h 的热老化加速试验。

已知高 Cr 铁素体于 300～400℃调幅分解的激活能 Q=116kJ/mol，依据 Arrhenius 模型方程(9.55)即方程(9.67)可得

$$\frac{t_{300℃}}{t_{400℃}}=\exp\left[\frac{-116000}{8.31434}\left(\frac{1}{T_{300℃}}-\frac{1}{T_{400℃}}\right)\right]=37.26$$

即可将 $T_{400℃}$ 的试验时间 $t_{400℃}$ 换算为 $T_{300℃}$ 的运营服役时间 $t_{300℃}$，见表 9.15。

表 9.15 按激活能对试验时间 $t_{400℃}$ 与服役时间 $t_{300℃}$ 的对应换算(年 a，月 m，日 d，时 h)

加速试验时间 $t_{400℃}$	100h	300h	1000h	3000h	10000h	12000h	15000h
对应服役时间 $t_{300℃}$	3726h 155d6h 5m2d18h	11178h 465d18h 15m8d6h 1a3m8d6h	37260h 1552d12h 50m27d12h 4a2m27d12h	111780h 4657d12h 152m21d12h 12a8m21d12h	372600h 15525d 509m12h 42a5m12h	447120h 18630d 610m25d 50a10m25d	558900h 23287d12h 763m16d 63a7m16d

注：1a=12m=366d，1m=30.5d，1d=24h。

试验观察到 400℃热老化对材料力学性能影响严重。例如，图 9.6 所示热老化 10000h 的 Z3CN20-09M 钢室温硬度(HRB)由热老化前的 76.6 升高至 88.8，升幅约 16%。室温时的抗拉强度 σ_b 由 536.2MPa 升至 631.2MPa，350℃时 σ_b 由 401.5MPa 升至 465.5MPa，两者均升高 16%～18%。室温时的伸长率δ由 57.2%降至 49%，断面收缩率 Ψ 由 77.3%降至 61.2%；350℃时伸长率δ由 37.3%降至 30.2%，断面收缩率 Ψ 由 68.5%降至 44.5%。热老化的调幅分解使钢的形变强化指数升高。夏比 V 型缺口摆锤冲击能量 350℃剧烈下降，20℃裂纹生长能量 W_{iu} 由 218.5J 剧降至 69.3J，总能量由 295.6J 剧降至 102.6J，两者降幅均高达约 65%以上；350℃裂纹生长能量 W_{iu} 由 182.7J 剧降至 116.2J，总能量由 268.3J 剧降至 159.8J，两者降幅也均在 40%左右；相应地表现为冲击力-位移曲线面积的大幅度收缩(图 7.13)。400℃热老化严重损伤断裂韧度，使其室温断裂韧度 J 积分值下降约 37%(表 9.16 和图 9.7)。韧脆转变温度也因热老化而升高。由这些试验值的规律便可以采用外推法评估更长热老化时间的性能值。

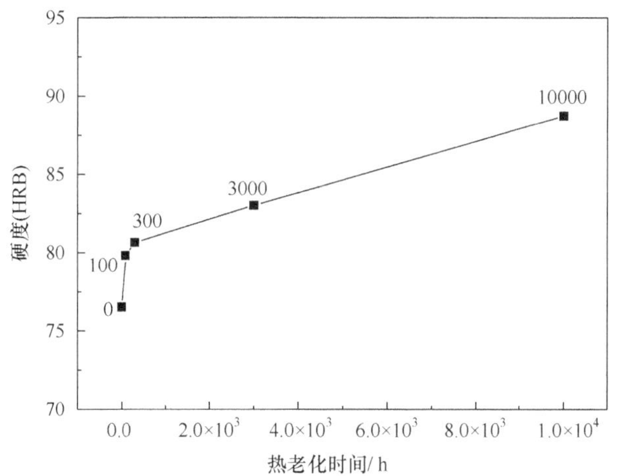

图 9.6　Z3CN20-09M 钢 400℃热老化后的硬度

每点为不同制造厂家不同取样位置 20 个数值的平均值

表 9.16　Z3CN20-09M 钢不同老化时间实测的断裂韧度及估算的断裂韧度

400℃热老化时间/h	估算 J-R 曲线方程	估算断裂韧度 J/(kJ/ m^2)	实测断裂韧度 J/(kJ/ m^2)	误差/%
0	$J_d=896.211\Delta a^{0.518}$	382	378	1.06
3000	$J_d=889.763\Delta a^{0.517}$	282	291	3.19
10000	$J_d=878.122\Delta a^{0.515}$	239	234	2.14
15000		223.76±11.89(置信概率 0.95)		

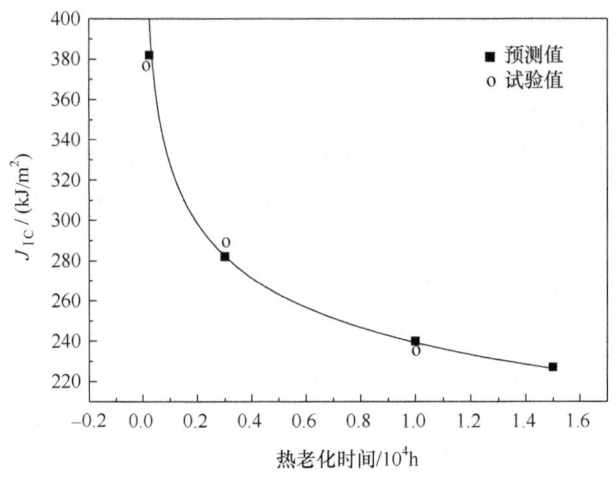

图 9.7　Z3CN20-09M 钢 400℃热老化后断裂韧度的试验值及预测

7) 蠕变寿命评估和加速寿命试验

高温服役的大型部件，如电站中的汽轮机转子、叶片、蒸汽联箱等，它们的安全可靠运行是必须保证的，它们的更换又都是很昂贵的，这就必须准确掌握它们的蠕变寿命，包括设计寿命内的剩余寿命评估，以及超出设计寿命的延寿期限评估。在这样的评估中，必须实时检测到蠕变开裂的模式是蠕变塑性的或是蠕变脆性。蠕变塑性的开裂寿命受控于承受负荷的剩余截面；而蠕变脆性的开裂寿命受控于裂纹尖端处的应力和应变。蠕变塑性开裂部件的损坏时间近似于基准应力下的蠕变破断寿命，因此可以用基准应力的单向蠕变性能估计有裂纹部件的破断时间。

在工程实践中，涉及蠕变开裂的大多数状况都与蠕变脆性的显微组织有关，并且常常发生在焊缝附近。一般的经验是，蠕变脆性的开裂通常出现在破断塑性低于 5%的钢中。这时裂纹尖锐，并且萌生于蠕变早期和快速生长，部件的运行寿命受控于应力状态和裂纹尖端的应变。

部件运行过程中采样实时检测对于评估蠕变寿命具有重要意义。例如，可以采较少的样检测显微组织结构或微型杯突力学性能试验，只是蠕变寿命终结的标准较难确立。如果允许，可采较多的试样进行光整和缺口试样的蠕变加速寿命试验。

蠕变加速寿命试验有两种基本方法，其一是在恒定的低应力值下进行温度可变的试验，并以此为据进行外推；其二是不改变温度，而以应力做可变参数的试验，并以此为据进行外推。基本的经验是，在恒定的低应力值下基于温度可变的外推法，比在不变的温度下以应力做可变参数的试验更为可靠。

9.3　装备材料的老化管理

材料的安全性与可靠性是相互紧密关联的，装备和系统是由材料制成的，装备的集合构成系统，又运行实现功能，因此材料的安全性管理与可靠性管理是难以脱离开装备与系统的，并且也是整个装备和系统的安全性管理和可靠性管理的重要部分。安全性管理与可靠性管理的核心实质是老化管理，老化管理的目的是确保装备和系统在正常运行和瞬态运行中的安全性和可靠性。

9.3.1　老化的鉴别和老化管理过程

1. 老化的鉴别

老化使材料和制品性能劣化。但材料和制品性能劣化并非全因老化而为，设计缺陷和计算失误、选材不当和材料缺陷、加工不当和方法缺陷、使用不当和环境突变等，这些非老化因素也同样会引发材料和制品的性能劣化，还有各种偶然因素也会混杂在老化致劣中。这些老化和非老化因素总是混杂一起，使材料和制品的性能劣化更为严重和复杂。这里关心的是老化引发的性能劣化，其最大特点在于它失效寿终前，随服役时间的延长而性能劣化逐渐增大的长时间连续渐变性。而非老化因素所致的性能劣化常常没有这种渐变性。

因此，在处理性能劣化与服役时间关系的序列关系时，应当依照 9.2.2 节论述的评估方法排除非老化因素的干扰，才能探究到真正的老化机理和老化规律，从而也才能管控好老化。

2. 老化管理过程的三步走

1) 老化管理装备选择

选择应做老化评价的安全重要的装备及该装备的制造材料。

2) 老化管理研究

了解所选装备及该装备制造材料的主要老化机制，确定和开发有效而实用的监测与减缓装备及材料老化的方法。

3) 老化管理实施

通过该方法在监督、维修和运行中的有效实施，控制所选装备的老化导致的退化降级。广泛地讲，这涉及规范与标准、设计与制造、数据收集建库与评价及延寿等。

部件的老化必须有效地加以管理，以确保在整个电站服役寿期(包括延长寿命期)内能保持所需要的安全裕度。

老化管理方法适用于核电站所有的部件、系统和结构。然而，工作的深入程度和所采用的措施将是不同的，具体取决于部件的重要性，即其失效对电站安全、电站寿命和运行经济性的潜在影响。例如，对于反应堆压力容器这种对电站安全和电站寿命都十分重要的装备，采取综合性的和严密的措施是适当的；而对于饮用水开关这种对电站安全或电站寿命没有影响的装备，进行简单的纠正性维修是适当的。为了对不同的电站装备确定适当的老化管理措施，应采用系统的方法建立老化管理大纲。

3. 老化管理大纲

基于国际原子能机构，老化管理大纲的基本内容包含九项：基于老化认知的老化管理大纲的范围、缓解和控制老化劣化的预防性措施、老化效应的探测、老化效应的检测和劣化趋势预测、老化效应的缓解、验收准则、纠正行动、运行经验和研发结果反馈以及质量管理。

1) 老化认知、检测和评估

(1) 认知。

对老化的认知是有效监测和缓解老化效应的基础，是开展有效老化管理的关键。为认知某个构筑物或部件的老化，应识别并了解相应的老化机制和老化效应。构筑物或部件的在役检查及试验(包括破坏性试验)能充分增进对老化机制的认识。

老化的认知应基于以下知识：①设计基准(包括适用的规范和标准)；②安全功能；③设计和制造(包括材料、材料性能、具体服役条件、制造中的检查、检验和试验)；④装备鉴定；⑤运行和维修历史(包括调试、修理、修改和监督)；⑥核电站通用运行经验和具体特有运行经验；⑦相关的研究结果；⑧在状态监测、检查和维修中收集的数据以及这些数据的趋势。

(2) 涵盖。

①为维持核电站的安全性，应探测构筑物、系统和部件的老化效应，确定与老化有关的安全裕度的降低，并在核电站完整性或功能丧失之前采取纠正行动。②构筑物、系统和部件的实物老化会增加共因故障的概率，实体屏障和多重部件性能的同时劣化可能会导致纵深防御系统中的一个或多个防护层次的损害。因此，在实施老化管理的构筑物、系统和部件筛选中，不考虑构筑物、系统和部件的多重性和多样性。③有效的老化管理应协调已有的各个大纲，包括维修、在役检查、监督，以及运行、技术支持大纲(包括分析所有老化机制)，也包括外部单位相关的大纲(如研究和开发大纲)等。④在构筑物、系统和部件整个使用寿期内进行有效的老化管理，要求采用系统化的老化管理方法协调所有相关的大纲和活动，包括认知、控制、监测以及缓解核动力厂部件或构筑物的老化效应。一般流程是“计

划-实施-检查-行动”循环。

(3) 监测。

应在考虑相关运行经验和研究成果的基础上对现有老化监测方法进行评价，以确定这些方法能在构筑物和部件失效前，及时有效地探测出老化劣化。为确认其有效性和实用性而对现有监测方法和技术进行的评价应涵盖以下方面：①用于探测、监测构筑物和部件老化并做趋势分析的功能参数及状态指标；②现有监测技术的有效性及实用性，以确认其有足够的灵敏度、可靠性和精度监测选定的参数及指标；③用于确认诸如显著劣化、失效率及其趋势和预测构筑物或部件未来的完整性及功能能力的数据评价技术。

(4) 缓解。

应在考虑相关运行经验和研究成果的基础上确定现有构筑物或部件老化劣化缓解方法和措施的有效性。应审查以下老化缓解方法和技术以确认其有效性和实用性：①用以控制构筑物或部件老化劣化的维修方法和措施(包括整修及零部件和耗材的定期更换、预防性维修周期调整等)；②使构筑物或部件老化劣化速率降到最低的运行条件、操作和试验；③用以控制构筑物或部件老化劣化可能的设计变更和部件材料的更换。

(5) 评价。

为了保证老化管理计划的有效性，对筛选后选择的构筑物或部件，或构筑物和部件的组合都应以老化管理审查结果为基础评价其实际状态。构筑物或部件实际状态的评估应基于以下方面：①老化管理审查的相关报告；②构筑物或部件的运行、维修和工程设计数据，包括相应的验收准则；③检查和状态评估结果，如有必要且可行，还应包括更新后的检查和状态评估数据。

状态评估结果应提供以下信息：①构筑物或部件当前的性能和状态，包括对任何老化相关失效或材料性能显著劣化迹象的评估；②对构筑物或部件的未来性能、老化和使用寿命做出预测。

2) 老化管理大纲的编制

(1) 内容。

对筛选后选择的每一个构筑物、部件或构筑物和部件的组合都应编制具体的老化管理大纲。老化管理大纲应确定：①规范有效的和适当的老化管理行动与实践，以便能及时探测并缓解构筑物或部件的老化效应；②确认老化管理大纲的有效性指标，为此应进行适当的老化评价和状态评估以确定当前实践的有效性，并对当前的实践提出改进建议。

(2) 指标。

为评价老化管理大纲的有效性，应建立并使用相应的评价指标：①与验收准则相匹配的材料状态；②失效和性能劣化相关数据的变化趋势；③状态性维修、预防性维修、纠正性维修在人力和费用等方面的比较；④失效和性能劣化重复发生的次数；⑤与检查大纲的符合性。

(3) 修改。

按老化管理大纲应包含的九项内容对老化管理大纲进行评价，如果与这些内容不符，则应进行相应的修改。

(4) 评价。

编制老化管理大纲时可能需要考虑工程设计评价。工程设计评价中应考虑适用的设计基准和监管要求，以及材料特性、服役条件、危害因素、劣化部位及构筑物或部件的老化机制和效应等；还需考虑适当的指标以及有关老化的定性或定量分析模型。

(5) 汇总。

应为每一个老化管理大纲确定一个汇总表。汇总表应提供一个老化管理大纲的实施总结，并突出那些有利于认知和管理老化的信息，包括材料特性、劣化部位、老化危害因素和环境、老化机制和效应、检查和监测要求及方法、缓解措施、监管要求以及验收准则等。

3) 老化管理大纲的实施

(1) 有效性。

老化管理大纲实施时，应定期报告构筑物和部件的性能及老化管理大纲有效性评价指标的状况。

(2) 数据。

作为老化管理大纲实施的一部分，应收集、记录老化管理的相关数据，以确定老化管理行动的类型和时机。

(3) 评估。

在装备寿期内，应根据对老化机制认知的最新进展和详细的安全论证，及时对装备的鉴定寿命进行重新评估。

4) 老化管理大纲的改进

(1) 修订调整。

应根据当前知识定期对老化管理大纲的有效性进行评估，并应在适当时进行修订和调整。当前相关知识包括构筑物或部件的运行信息、监督和维修历史、研发成果和通用的运行经验等。

(2) 定期审查。

应定期对老化管理大纲的有效性进行审查、检查和评价。

(3) 同行评议。

应考虑开展老化管理大纲的同行评议，以确定老化管理大纲是否符合行业惯例，并发现有待改进的方面。

(4) 不断改进。

应及时处理新的老化问题,并不断改进对老化机制和老化成因的认知和预测,以及相关监测和缓解方法或实践。应建立一个战略性方法来促进长期的研发计划。

4. 主动老化管理策略

基于国际原子能机构，应该对核电站安全重要构筑物、系统和部件开展主动的老化管理，主动的是指有预见性和有针对性的预防和缓解，以区别于被动的修理和更换劣化部件。

老化管理应贯穿核电站的整个寿期，包括设计、制造、建造、调试、运行(包括延寿运行和长期停堆)和退役等各个阶段。应对核电站整个寿期内有影响的相关老化问题有明确识别，并在安全分析报告中得到体现。还应考虑其他核电站出现的老化问题。

在核电站整个寿期内的老化管理活动应接受国家核安全监管部门的监管。

1) 老化管理从设计开始

(1) 设计基准。在装备鉴定大纲中考虑设计基准工况，将老化管理纳入设计中。

(2) 老化机制。确定、评价并考虑非能动和能动构筑物、系统和部件可能的老化机制，这些老化机制可能会在设计寿期内影响其安全功能，如热老化、辐照脆化、疲劳、腐蚀、应力腐蚀开裂、蠕变以及磨损等。

(3) 相关经验。评价并考虑相关的经验(包括核电站建造、调试、运行和退役)和研究成果。

(4) 先进材料。考虑采用具有更强抗老化性能的先进材料。

(5) 老化监测。考虑是否需要材料试验大纲，以监测材料的老化。

(6) 在线监测。考虑是否需要在线监测来提供预警信息，尤其是在劣化将导致构筑物、系统和部件失效或失效将造成严重安全后果的部位。

(7) 考虑维修。在设计中考虑便于检查、试验、监测、维护、修理和更换等工作的可达性，并且使开展这些活动所受职业辐照减至最少。

2) 各阶段的老化管理

(1) 设计中的老化管理。

① 确定老化管理的策略及其执行的先决条件。

② 包括可能受到老化影响的所有安全重要构筑物、系统和部件。

③ 当发现在寿期内可能会出现影响部件、装备和系统执行其安全功能的老化或者其他形式的性能劣化时，应提供适当的材料监测和取样大纲。

④ 适当考虑对老化相关的运行经验反馈进行分析。

⑤ 对不同类型安全重要构筑物、系统和部件(混凝土构筑物、机械部件和装备、仪表、控制和电气装备及电缆等)的老化管理以及监测其性能劣化的措施。

⑥ 安全重要构筑物、系统和部件装备鉴定的设计输入，包括正常运行工况和假设始发事件下需要鉴定的装备及装备功能。

⑦ 说明维持构筑物、系统和部件所处环境在规定服役条件下的总原则(通风位置、高温构筑物、系统和部件的隔热、辐射屏蔽、减振、防淹、电缆走向的选择、对稳定电压设施的要求等)。

(2) 制造和建造中的老化管理。

① 确保充分考虑了影响老化管理的因素，并提供了足够的信息和数据。

② 确保：a.将影响老化管理的因素在构筑物、系统和部件的制造及建造过程中得到适当考虑；b.当前关于老化机制、老化效应、性能劣化以及可能的缓解措施等方面的知识在构筑物、系统和部件的制造及建造过程中已得到考虑；c.对基准数据进行收集并形成文件；d.按设计说明书要求获得并安放特定的老化监测大纲所需的监督试样。

(3) 调试中的基准数据是老化管理的坐标点。

① 建立一个系统的大纲以测量和记录安全重要构筑物、系统和部件老化管理相关的基准数据，包括每个关键部位的实际环境条件的分布情况，以确保与设计的一致性。

② 应重点关注温度和辐射剂量率热点的识别，以及振动水平的测量。所有可能影响老化劣化的参数都应尽早识别，如果可能，应在调试阶段进行控制并在整个寿期内进行跟踪。

③ 确保收集了所需的基准数据，并确认关键服役条件(如装备鉴定时所使用的)与设计分析一致。

(4) 运行中的老化管理。

① 核电站运行过程中应实施一套系统的老化管理方法，该套老化管理方法将为选择的每一个构筑物、部件或构筑物和部件的组合制定适当的老化管理大纲。

② 应考虑下述老化管理大纲的成功经验和影响因素：a.对系统的老化管理大纲提供的支持和资源；b.尽早实施系统化的老化管理大纲；c.应在充分认知和准确预测构筑物或部件老化的基础上采取主动的老化管理方法，而不是在构筑物、系统和部件失效后再被动弥补；d.严格按相关规定使用构筑物、系统和部件，以减缓老化劣化速率；e.对工作人员进行充分培训和严格考核，使所有相关运行、维修和工程设计人员都了解老化管理的基本概念，确认员工的积极性、所接受的培训和主人翁意识，对于给定的工作应拥有并使用正确的书面程序、工具和材料，以及足够的合格员工；f.对老化敏感的备件和耗材应合理储存，以使储存过程中的性能劣化减至最小，并适当地控制其储存期限；g.采取多专业、多部门参与的团队来处理复杂的老化管理问题；h.有效的内部交流(包括上下级沟通和同事间交流)，以及外部交流；i.运行经验反馈(通用的以及特定的，包括非核工厂的运行经

验)，以从相关的老化事件中获得的经验和教训；j.使用构筑物、系统和部件可靠性及维修历史数据库；k.采用有效、合格的无损检测和老化监测方法以便及早发现因装备的高强度使用而可能产生的缺陷。

③ 识别并研讨下述主要的老化管理潜在弱点：a.在核电站设计和建造过程中对老化的认知和预测不够充分(这是很多核电站构筑物或部件发生重大老化劣化事件的根本原因)；b.核电站构筑物或部件提前老化(老化劣化比预期早)，可能的原因包括其役前和实际服役条件不同于设计或者比设计条件更加恶劣，以及由于设计、制造、安装、调试、运行或维修阶段的错误或疏忽，上述各阶段工作之间缺乏协调和未预见到的老化现象等；c.不恰当地将被动的老化管理(即修理和更换劣化部件)作为构筑物或部件主要的老化管理方式；d.忽视相关的工业运行经验和研究成果；e.核电站构筑物或部件承受由外部事件(如地震)造成的未预料到的应力载荷。

④ 在反应堆提升额定功率、进行重大修改或装备更换时，应确定并论证可能的与之相关的工艺条件改变(如流量分布、流速、振动等)，这些改变可能会造成某些部件的加速或过早老化和失效。

⑤ 如果发现新的老化机制(如通过运行经验反馈或研究)，应进行适当的老化管理审查。

⑥ 对于安全运行至关重要的主要构筑物、系统和部件，应准备紧急对策或额外维修计划，以便应对由潜在老化机制和效应引起的潜在性能劣化或失效。

⑦ 对备件或更换部件的可用性，以及备件或耗材的储存期限应进行连续监控。

⑧ 如果备件或耗材会因储存环境(如高温或低温、湿度、化学侵蚀、积尘等)而变得易于老化劣化，则应采取措施确保使其保存在适当的受控环境中。

3) 老化管理的核心是查缺陷和防缺陷

核电站老化管理是指通过一系列技术的和行政的手段来监视、控制电站装备和构筑物的老化，防止它们发生由老化引起的失效，从而提高电站的可靠性、安全性和经济性。老化管理包括保养、修理、维护或更换等活动。

核电站老化管理的行政方面包括组织机构、责任的确定与划分、人力资源的能力和可用性等。

核电站老化管理技术方面的问题包括老化机制研究、老化监督技术研究、老化预测技术研究、老化预防技术研究等。

老化管理的核心是检查和评估运行条件导致的缺陷，并指导防护措施的应用以预防和减轻缺陷。其关键是决定核电站系统和装备在其寿期和服役条件下是否能完成其安全功能。这点可以通过适当地选择系统和装备，使其服役受到长期的老化检查程序监督，能够对其收集的数据和潜在的老化影响进行评估。由以上措施与预防以及减弱老化影响的防护措施，共同确保核电站具有足够的安全性和可靠性。

核电站装备的老化使得装备失效率增加，降低装备和系统的可靠性，引起电站纵深防御降级，增加电站安全风险。同时，核电站装备的老化还会导致电站管理的老化，使得管理规范与实际情况不符合而产生管理缺陷，甚至使管理规范作废。

4) 老化管理的范畴和要点

(1) 老化管理范畴。

核电站装备老化管理的重点应集中在重要的和典型的装备与材料上。

① 重要装备。对核电站安全性和经济性都十分重要的装备。

② 典型装备。具有代表性普遍性的装备，即一台装备出现老化可能显示这类装备开始老化。

(2) 老化管理要点。

① 方针。老化管理大纲的方针、组织和资源。

② 准则。用于标识老化管理大纲所覆盖的构筑物、系统和部件的文档化方法和准则。

③ 清单。老化管理大纲包含的构筑物、系统和部件的清单，以及支持老化管理的信息记录。

④ 评价。可能影响构筑物、系统和部件安全功能的潜在老化劣化的评价和文件。

⑤ 了解。对构筑物、系统和部件主要老化机制的了解深度。

⑥ 数据。用于评价老化劣化数据(包括原始数据、运行和维修数据)的可用性。

⑦ 维修。运行和维修大纲在管理可更换部件老化劣化中的有效性。

⑧ 缓解计划。及时探测、缓解老化机制和(或)老化效应的计划。

⑨ 验收准则。构筑物、系统和部件的验收准则和所需安全裕度。

⑩ 状态了解。对构筑物、系统和部件实际状态的了解，包括实际安全裕度以及任何限制寿期的特性。

5) 易老化装备的选择和分类

(1) 易老化装备的选择。

易老化装备的选择基于由老化机制分析得出的老化敏感性结果。选择过程应包括：①装备的运行条件，如压力、温度、辐照、流量、化学环境等；②结构的材料，如碳钢、不锈钢等；③运行模式；④试验要求；⑤维修要求；⑥设计服役寿期；⑦更换难易程度等。

(2) 易老化装备的分级。

按安全重要性、经济重要性、可维修性或可更换性等考虑。分为如下 4 级。

Ⅰ级：非常重要的，没有冗余的，不容易维修或更换的装备。

Ⅱ级：非常重要的，但是有冗余或能够检查或维修的装备。

Ⅲ级：不是非常重要的装备，但是不容易检查或维修。

Ⅳ级：其他装备。

6) 装备的老化预防

(1) 老化监督。

通过监督活动探知老化迹象，使老化装备在性能降低或失效以前进行更换。监督活动是一个长期的、必不可少的过程，该过程应尽可能早地实施并贯穿核电站整个寿期。监督活动包括在线监测、性能试验、在役检查等。

(2) 状态维修。

通过状态维修，使装备在性能降低或失效以前进行更换，减少构筑物、系统和部件的降级，避免运行中的故障。

(3) 运行条件优化。

优化运行条件，如运行模式、流体的化学参数等以降低老化的速率。

(4) 运行经验的定期评估。

对运行经验进行定期评估，包括定期审查和分析运行、监督、试验、维修记录和报告。通过这些活动来分析设施的状态，随之修改运行程序和维修程序及其他管理文件。

7) 老化管理中的几个问题

(1) 正常运行条件。

正常运行条件中辐射的水平、温度或压力将影响材料的物理特性。

辐照影响堆芯内和堆芯外的装备。其他装备受随冷却剂循环的放射性材料的辐照影响。中子辐照对材料的影响主要是增加屈服强度和极限强度以及降低韧性，金属材料内产生的氮气和裂变气体会导致材料特性的变化以及肿胀。

温度会导致材料组织结构和性能的退化，例如，聚合物的变硬或者失去张力和弹性，金属的不稳定性变化。

振动和压力、流量或温度应力的循环，会导致材料承受的强度增大，最终产生裂纹导致疲劳破断。振动将导致电气装备和测量仪表的性能下降。结合处和密封的振动可能是影响其整体性的一个重要因素。位置或整定点的改变是和振动有关的另一种现象。相连部件的重复相关运动将导致侵蚀或磨损。

腐蚀是金属和周围环境的反应。腐蚀导致材料的表面脱落和失去强度，某种类型的腐蚀(如晶间腐蚀、应力腐蚀、腐蚀疲劳)因裂纹的发展导致失效。腐蚀的其他影响在某些部位(如阀门座)有颗粒的沉淀(腐蚀产物)，会影响该装备的功能。这些颗粒物质可能含有放射性同位素，将会影响维修工作。由于腐蚀产物占据的空间比金属材料本身还要大，填塞裂缝和狭窄的通道是可能发生的。混凝土中加强钢筋的腐蚀也是应该考虑的。

(2) 非常运行工况。

火灾、洪水、过热或功率偏差等非常运行工况会加速老化的发生，应该对其研究并采取有效措施阻止老化的加速。

(3) 环境条件。

环境条件包括气候条件(如湿度、雾和风)，以及现场条件(如盐分、沙、灰尘或化学媒介物)。这些条件会产生腐蚀、浸蚀或不愿看到的化学反应。

8) 老化管理技术的研究和开发

(1) 数据收集和记录保存。

建立老化管理数据库，将通过检查、监督和试验得到的数据按规定定期收集、评估和保存，同时收集运行和维修报告并进行分析以找出性能退化的迹象。数据库的建立应当尽可能早，从电站建造开始贯穿整个寿期并长期保存。

数据库中应包含下列内容：①系统名称；②装备名称；③实际的或潜在的失效模式；④发现的方法(实际的或潜在的)；⑤观察到的或推测的引起故障的根本原因；⑥观察到的或推测的老化环境或老化问题；⑦备注。

(2) 老化机制和预测技术研究。

核电站老化管理技术方面的问题，诸如老化机制等，老化过程可能包含一种或多种老化机制。核电站运行经验表明，与老化有关的装备失效，是由于材料的均匀腐蚀和局部腐蚀、磨蚀、磨蚀-腐蚀、辐照脆化和热脆化、疲劳、腐蚀疲劳、蠕变、咬合和磨损等退化过程。老化引起的潜在失效与问题，可能随着核电站接近它们正常设计寿命的末尾而增加。这种与老化有关的失效，可能会损害由纵深防御概念提供的多级防护中的一级或更多，从而大大降低电站的安全性。老化还能导致实体屏障和冗余装备大规模退化，从而引起共因失效概率的上升，使装备安全裕度下降到电站设计基准和法规要求的限值以下，损害安全系统。在正常运行和试验期间没显露出的退化，有可能导致冗余装备在运行异常或事故有关的特殊载荷及环境应力作用下失效甚至多重共因失效。核电站装备的老化，如果不加减缓，就会降低设计中提供的安全裕度，从而增加对公众健康和安全的风险。

对老化机制应当进一步研究，尽可能用可测量的参数进行计算机化分析，同时应深化可靠性预测技术。

(3) 老化监督技术研究。

核电站的安全状况可以通过测量和评价装备特定的功能参数与状态指标加以监测，这为进行老化管理提供了基础。为了建立有效的老化管理方法，应开发和实施有关核电站老化管理策略。这种策略在核电站整个寿期内对保持所要求的安全裕度是非常必要的。

应研究对装备状态参数的探测和监测方法、装备性能试验、在役检查等技术。

(4) 老化预防技术研究。

制定防止老化现象发生的措施。

5. 安全重要部件的老化管理

核电站有数目庞大且种类繁杂的构筑物、系统和部件，各构筑物、系统和部件对老化劣化的敏感程度也各不相同，对核电站数以千计的部件由老化引起的性能劣化的程度进行评价和定量分析，是不现实的，也是不必要的。基于国际原子能机构，应采用系统化的方法集中资源重点关注那些对核电站安全运行有不利影响且对老化劣化敏感的构筑物、系统和部件，同时还应关注那些虽然本身不具有安全功能，但其失效会妨碍其他构筑物、系统和部件执行安全功能的构筑物、系统和部件。需要有合理和有效的方法进行筛选。

前已述及，老化管理过程包括三个基本步骤：①选择应进行老化评价的安全重要部件；②认知选定部件的主导老化机制，确定或建立有效和实用的监测与缓解部件老化的方法(老化管理研究)；③通过监督、维修及运行方法的有效实践和创新，对老化引起性能劣化而被选定的部件加以管理(包括恰当的设计、制造、采购、储存和安装以及报废处理)。

1) 核电站部件的分类

一个核电站有数以千计的部件，因此为了有效地使用有限的老化管理资源，应谨慎地选择部件并确定其优先级。将核电站部件分成几个主要的子集：电站寿命重要部件、安全重要部件、所有其他的电站部件。

对于某些电站寿命重要部件，要进行电站寿命管理的考虑，而这些部件又有些属于电站安全重要部件，也要建议从安全角度进行老化管理研究(如一回路系统的管道)。对于这样的部件，应将与安全有关的老化管理和电站寿命管理结合进行，以避免不必要的重复。电站寿命重要部件是十分昂贵的，或难以更换的。而安全重要部件有两类，即昂贵而难以更换的(如反应堆压力容器)，以及可常规更换的(如阀门、电机和仪表等)。

2) 装备质量鉴定

老化管理研究的目的是认知每个选定部件的主要老化过程，确定或建立监测和缓解部件因老化所致性能劣化的实用有效的方法，质量鉴定即是这种实用有效的方法。

对核电站安全重要装备应进行质量鉴定，以确保其按照在役条件(包括苛刻的事故工况和事故后环境条件)的要求执行指定的安全功能。

质量鉴定的目的之一是，揭示可能导致核电站冗余装备同时失效的缺陷。这个目的应通过质量鉴定过程中确认的装备能在电站寿期内执行其安全功能的证据来达到。装备暴露在设计基准事件产生的环境极端情况中以后会发生老化所致的性能劣化，这可能会成为电站安全重要部件发生共模故障的潜在危害因素，因此应在质量鉴定中评价和考虑所有重要的老化机制。

老化所致的性能劣化由质量合格寿命来衡量，这是一个部件在设计基准事故工况下保持正常服役并按要求执行其功能的最大时间间隔。例行的维修、试验和标定活动是正常在役工况的组成部分，它们与运行受力状态均应在确定质量合格寿命时加以考虑。质量合格寿命可能依赖计划维修活动的实施，如部件更换、清洗或润滑，但这些活动若在实施过程中有失误，则也会有不利的影响。

装备因老化所致的性能劣化的评估以及老化机制的适当模拟，仍然是装备质量鉴定中最为困难的问题，而由于老化过程的复杂性，在分析中要进行大量的判断。因此，质量合格寿命应仅视为具有高度不确定性的一个估计值。正因为如此，应根据装备的实际在役工况、物理状态以及运行和维修历史，对质量合格寿命进行定期审查和再评价。

3) 安全重要部件的选择原则

核电站安全重要部件的老化管理是指：预测和探测一个电站部件的性能劣化何时会危及所需要的安全裕度；采取适当的纠正或缓解措施。

为了使安全重要部件能够被选择来进行老化管理研究，建议选择过程要从安全观点检查所有的系统和结构。应当对电站安全重要部件进行分级，不同级别的安全重要部件的失效会造成不同程度的系统安全功能丧失，而现行的维修等在处理这些老化效应方面有不同策略，安全重要部件应在所有时间里保持所要求的安全裕度。

4) 安全重要部件的选择过程

实施老化管理的构筑物、系统和部件的筛选应以核电站的安全为基础，其基本步骤如下。

(1) 初选。

根据部件发生故障或失效是否会直接或间接导致安全功能的丧失或受到损害，从所有系统和构筑物清单中鉴别出安全重要的构筑物、系统和部件。

(2) 核实。

对每一个安全重要系统和构筑物，根据系统部件和构筑物构件的失效是否会直接或间接导致安全功能的丧失或损失，进一步评价确定安全重要的系统部件和构筑物构件。

(3) 二选。

从安全重要构筑物构件和系统部件清单中，确定其老化劣化可能会引起部件失效的部分。

(4) 分组。

为保障老化管理审查资源的效率，应将筛选出的对老化劣化敏感的安全重要构筑物构件和系统部件，根据装备类型、材质、服役条件及劣化状况等因素进行评价分组。

核电站安全重要部件(构筑物、系统和部件)筛选的过程中有两个基本步骤和四个评价问题。依据电站所有系统和结构的清单，第 1 步初选处理系统和结构级的问题，挑选出与电站安全有关的部件。第 2 步二选涉及部件级的问题，评价这些入选部件的老化劣化对电站安全的危险程度。由此可确定开展老化管理研究的部件清单。

5) 确定优先级的方法

根据对安全的重要性，考虑采用基于风险的方法(概率安全分析和确定论方法)对所选择的部件进行老化管理的分级和排序，如失效将对堆芯损坏频率具有重要影响的构筑物和部件应具有高的优先等级。采用概率安全评估时，如果多重构筑物或部件经受相同的老化劣化，则应考虑共因失效的可能性。

如果资源有限而想要首先研究安全重要性很大的部件，则可以对选定部件进行优先级排序。然而，如果电站有可应用的和适当的概率安全评估，则应采用确定论和概率论相结合的方法。

基于风险的优先级排序方法是根据电站部件老化对堆芯损坏频率和公众健康风险的贡献来对电站部件排序。老化对风险的贡献包括各个部件老化的贡献以及部件老化相互作用的贡献，后者是由于多重部件同时发生老化引起的。基于风险的排序方法可以与确定论方法结合使用，确定论的方法涉及基于风险的排序方法中未包括的问题或部件。

在基于风险的排序方法中，一组电站部件(能动部件或非能动部件)老化对风险的贡献ΔR可以表示成各个部件的老化效应之和与其交互作用之和的贡献：

$$\Delta R = \sum_{i} S_i \Delta A_i + \sum_{j>i} S_{ij} \Delta A_i \Delta A_j + \cdots + S_{12\cdots n} \Delta A_1 \Delta A_2 \cdots \Delta A_n \tag{9.76}$$

式中，S_i是单个部件的风险重要性系数；S_{ij}是部件i和部件j交互作用的风险重要性系数；$S_1, S_2, \cdots, S_n$是部件 1, 部件 2, …，部件n交互作用的风险重要性系数；ΔA_1，ΔA_2，…，ΔA_n是部件的老化效应。式(9.76)若包括了所有的项，则ΔR是足够精确的。

这些风险重要性系数是根据电站的概率风险评价计算得到的，而概率风险评价本质上是由核电站装备部件失效时增加的风险确定的。

老化效应ΔA_i是部件i因老化引起的故障概率或失效率的增量。老化效应利用可靠性模型计算，这种可靠性模型考虑与老化有关的故障率或与老化有关的性能劣化率以及试验和维修对部件可靠性的作用。

基于风险的表达式也提供了一个使确定论的排序结果和基于风险的排序结果的综合构架。在这个构架中，S_i、S_{ij}等可解释为老化部件的安全重要性，它们需要用确定论排序方法来确定，例如，根据专家判断进行相对排序。老化效应ΔA_i也需要用确定论排序方法来确定，再如，根据专家判断进行相对排序，排序中考虑部件对老化的敏感程度以及相关老化管理大纲的有效性。接着，确定论排序给出的安全重要性系数和老化效应在前述的ΔR公式中组合来确定总的影响。按照这种方法，确定论的排序结果可以与基于风险的排序结果相结合。

9.3.2 老化管理研究

基于国际原子能机构，为了保持核电站在其服役寿命内的安全性和可靠性，必须对老化引起的性能劣化进行有效管理。

1. 基本要素

对于老化管理的技术问题，所选定的核电站部件的老化管理研究应包括三个基本要素：

(1) 认知，认知老化引起性能劣化的过程。

(2) 监测，使得能在部件失效前探测到部件的性能劣化。

(3) 缓解，及时缓解老化及其效应(如通过维修、更换或改变运行条件)，以确保能维持所要求的安全裕度。

这里讨论的老化管理研究方法适用于前面选定的部件。该方法可用于电站一般部件的老化管理研究，也可用于特定部件的老化评价，包括部件的安全状态评价以及监测和缓解部件老化方法的有效性评价。

2. 研究范畴

一个部件的老化是一个十分复杂的过程，从其制造完成起就会开始老化，直至其整个寿期结束。部件老化的发生是由于其自身被使用，以及其组成材料暴露在在役条件中。老化可能由单一的老化机制或几个老化机制的组合而引起。

运行经验表明，因老化的部件会发生性能劣化而失效，如总体和局部腐蚀、冲蚀-腐蚀、辐照、热致脆化、疲劳、蠕变、咬合和磨损等。

老化在某种程度上影响核电站的所有材料，并可能导致电站部件安全状态的劣化。老化管理研究旨在查明可能因电站老化产生的问题，并确定可用来对电站部件因老化所致的性能劣化进行管理的行动或建议。

在这些研究中解决的共同技术问题罗列如下：①哪些部件容易发生对电站安全有不利影响的老化所致的性能劣化？其中又有哪些是可以更新的(通过维修和大修更换)？②哪些材料和部件的性能劣化过程若未受到抑制(即部件未得到适当的维修和更换)会影响电站安全？③试验、检查、监督、维修和更换的现行方法是否适合用于事先探测和缓解老化的出现？如果不适合，需要采取什么附加措施？④现行的分析方法和准则是否适合评价关键部件和结构的剩余寿命？如果不适合，需要什么附加准则和支持性依据(数据，分析，检查)？⑤如何选择开展综合性老化评估和剩余寿命评价的结构和部件？⑥需要什么类型的记录和其他的文件资料来支持有效的老化管理？

3. 分阶段的核电站部件老化管理研究方法

在老化管理研究的核电站安全重要部件选定之后，建议老化管理研究方法采用分阶段研究方法，这是一种可靠的方法，可以使各种努力集中在较重要的研究任务上。建议通过共用的数据库提供不同研究任务和研究参与者得出的经验反馈资料，这对于提高研究的效率和有效性是十分重要的。

1) 第Ⅰ阶段初步研究

着重研究对选定部件老化的认知、监测和缓解，并对相关的知识和技术进行审查和评估。

初步研究任务如下。

(1) 审查与部件老化认知有关的现有资料，包含部件设计和技术规范、材料和材料性能、在役条件、性能要求、运行监督和运行历史、部件役后检查结果、有关研究和运行经验的一般资料等。

(2) 用文件表述目前对部件老化的认知和相应的资料要求。

(3) 审查监测和缓解老化的现行方法，包含的监测方法如试验、定期检查、在线监测、数据评价等，缓解方法如维修、更换、运行工况和实践等。

(4) 由此形成第Ⅰ阶段报告：初步的老化评估(认知老化、监测老化、缓解老化)以及有关后续工作的建议。

2) 第Ⅱ阶段综合研究

其目的是填补或适当处理第Ⅰ阶段中查明的知识和技术方面的空白。在这个阶段中，对第Ⅰ阶段的研究资料进行深度审查，继续调查相关运行经验，更深入地研究老化机制,鉴别并根据需要建立能有效可行地监测和缓解部件老化的技术。

综合研究任务如下。

(1) 老化认知研究，包含老化机理研究、根本原因分析、役后检查和试验。

(2) 老化检测研究，包含确定工况指标、建立诊断方法、增强数据趋势分析和评价、开发预测剩余寿命的模式。

(3) 老化缓解研究，包含维修和修复的方法与实践、运行工况和实践、设计改进和材料改进。

(4) 由此形成第Ⅱ阶段报告，老化的综合评估及研究结果的应用建议以作为服役寿期内保持安全状态的技术资料。

3) 第Ⅰ阶段初步专门性老化研究

(1) 对部件老化认知现有资料的审查。

部件老化的认知对于有效地监测和缓解老化效应是必要的。为了认知一个核电站部件由老化引起的性能劣化，首先必须查明和理解其老化过程。由于这些老化过程涉及一个部件的组成材料、零部件和在役工况，因此需要了解该部件的设计、材料、在役工况、性能要求、运行经验以及相关的研究结果。以下各点进一步给出上述各项的详细说明，并且指出从这些资料审查中得出的预期成果。

① 部件设计和技术规范。从设计文件和技术规范中得到所需的部件设计知识，在这些资料审查中应检查设计数据(包括服役寿期内所做的设计变更记录)、技术规范、适用的标准和规程要求、部件检验合格证、最终安全分析报告、运行和维修手册、与部件有关的文献，以及供应商、电力公司、文献报告、专家见解提供的资料。

② 材料和材料性能。列出组成部件的所有重要零部件和材料清单，查明对老化最敏感的材料和零部件，应收集与材料性能和加工制造条件有关的下列资料：部件成品的材料成分，加工条件或运行或维修条件下的材料性能，加工制造工艺和半制成品类型，半制成品的进一步加工工艺，制品的形状与修复，经受的热处理和热处理参数，与初始制造状态和完整性评估有关的加工缺陷评估。

③ 在役条件。部件服役中各种物理和化学及力学过程导致部件的老化、材料性能劣化，随服役条件和时间的变化。这些在役条件也称为“应力源”(因为它们施加应力于部件)，如温度、电和机械载荷、辐照、化学物、污染物、大气湿度，水化学等。在役条件不仅包括根据正常运行要求和预计运行瞬态给出的环境、载荷和电源条件，同时也包括试验、停止运行和储存期间的主要条件。还应考虑发生事故的条件和受事故影响的事故后条件。

④ 性能要求。审查部件的性能要求，评估老化是否会降低该部件在正常、异常和事故工况下执行所要求安全功能的能力。应努力确定可实际监测的功能指标和工况指标，以提供部件老化的性能劣化及性能预测。

⑤ 运行、监督和维修历史。审查可以得到部件运行、监督和维修的历史记录资料。这种审查旨在提供下列资料：失效率记录，查明的失效机制和性能劣化部位，老化失效模式和原因。为了达到上述目的应予审查的资料来源包括：电站监督、维修、在役检查、设计变更及记录，重大事件以及可靠性数据库。在不能直接从现有的记录中得到所需的资料时，应访问电站工作人员以揭示缺失的资料。部件性能劣化的部位、机制和速率可以根据故障描述或监督、维修和在役检查记录来查明。

⑥ 部件服役后的检查结果。审查从在役或退役电站拆除的部件的试验和检查结果，以补充或确认从历史记录得到或推论的有关老化机制和其他因素的资料。这些结果也有助于确定加以监测的工况指标，以掌握老化正在发生的效应。如果得不到这些结果，应在第Ⅰ阶段完成某些筛选类型的试验和检查。通常，这些试

验和检查应包括目视检查以及原地或现场(在部件已被拆除后)试验和检查，还可能包括某些实验室试验。

⑦ 有关研究和运行经验的一般资料。目前，有一些正在实施的旨在认知各种电站部件老化现象的国家和国际研究。应审查和利用从这些研究中得到的改善运行的安全性和可靠性的资料，以进一步了解影响所调查部件的老化过程。

(2) 对现有部件老化认知文件审查的汇总报告。

综合和解释从上述审查中得到的资料，以获得对部件老化的认知。应将部件老化的认知作为对现有部件老化监测和缓解方法的审查依据。对此可获得三项成果。

① 包含前述具体部件审查结果的数据汇集。

② 部件老化目前认知情况的概述资料。这是前述数据汇集的浓缩，包括部件材料、应力源、环境、性能劣化部位、老化机制、解释性报告、参考文献等。

③ 与部件老化评价和管理有关的具体部件的资料需求清单。此外，还需查明现有记录和数据资料的质量和缺失，以帮助改进数据收集和记录保存实践来支持老化认知。查阅国际原子能机构有关数据收集和记录保存的报告，以得到编制数据需求清单的指南，并有助于查明现有数据的空白或薄弱环节。

(3) 对现行监测和缓解部件老化方法的审查。

第 I 阶段的第三步是对监测和缓解所调查部件老化的现行方法进行审查和评价。这种评价应根据先前步骤中用文件表述的对部件老化的认知来进行。

① 监测方法。应评价现有的检查、监督和监测方法，以确定它们是否能有效地在安全功能丧失前及时探测到老化所致的性能劣化。有待审查的方法包括定期检查(目视的和借助仪器的)、试验、在线监测(通过仪器)和数据评价。审查中还应设法确定新的功能参数和工况指标，它们能用来探测部件失效前的性能劣化。该项审查的结果应提供：a.在部件老化所致性能劣化的监测和趋势分析方面，目前所采用的功能参数和工况指标的有效性评估；b.现有监测技术的能力和实用性评估，说明这些参数和指标的测量是否具有足够的灵敏度、可靠度和精度；c.用于探测性能劣化，并对部件未来性能预测用的现有数据、技术和准则进行评价。

② 缓解方法。第 I 阶段老化管理研究的工作目的是评价现有的缓解部件性能劣化的方法和其实践的有效性。有待评价的方法包括部件的维修、大修和定期更换以及影响部件性能劣化速率的运行工况和实践的变更。评价中应考虑在部件老化现有认知审查中查明的重要老化机制、在役条件(包括运行环境)和性能劣化部位。

(4) 初步的老化评估及对后续工作的建议。

第 I 阶段研究中的审查和评价结果应综合成一份有条理的报告，来给出所研究部件的初步老化评估。评估应包括关注的重要老化机制、缺陷的特征，以及可能的失效模式和安全影响。在研究一个具体部件的情况时，应包括部件目前安全状态的评估。对部件老化监测和缓解的现行技术进行初步评价并用文件表述。报告中应包括有效的和可能有效的功能参数的工况指标。第Ⅰ阶段报告应清楚地说明目前对部件老化的认知，指明对监测的参数和指标应予采用的老化缓解方法，以及推荐的监测方法或技术。应指明在老化认知、监测和缓解的知识和技术方面存在的空白。第Ⅰ阶段报告还应提出第Ⅱ阶段研究的建议，以致力于研究已指明的知识和技术方面的空白。这些建议应以第Ⅱ阶段工作说明书的形式给出，清楚地说明选定核电站部件第Ⅱ阶段研究的目的以及工作和任务的范围。

如果第Ⅰ阶段研究结果表明部件老化的认知和管理技术是适当的，则应对第Ⅰ阶段结果在法规、标准、管理要求以及电站设计、运行和维修中的应用给出建议。

4) 第Ⅱ阶段广泛综合性老化研究

对选定核电站部件的第Ⅱ阶段老化研究是综合性的和系统性的工作，着重验证第Ⅰ阶段的初步老化评估,并致力于研究服役期内保持部件所要求的安全状态，研究有关知识和技术方面的空白或薄弱环节。第Ⅰ阶段报告中的工作说明书应作为实施第Ⅱ阶段研究的基础。

通常，第Ⅱ阶段的工作范围包括如下主要任务：①老化认知的研究，增强或澄清对重要老化机制的现有认知，确定部件老化引起性能劣化的根本原因；②老化监测的研究，验证现有的诊断结果和数据评价技术，开发能及时探测部件性能劣化的新技术；③老化缓解研究，改进现有的或开发新的运行和维修方法与实践，或者提出用来控制部件性能劣化的新设计；④第Ⅱ阶段研究报告的编制，说明综合性老化研究的结果，并对研究结果的应用提出建议。

尽管理论上工作是依次进行的，但实际上，它们在一定程度上是平行完成的。这要求在第Ⅱ阶段研究的重要参与方之间进行资料交换和提供经验。

(1) 老化认知研究。

对部件老化的全面认知研究(包括老化机制的研究)、所发生的性能劣化或失效的根本原因分析、自然或人为老化部件的役后检查包括以下内容。

① 老化机制研究。选定部件老化机制的研究应着重确定引起部件显著性能劣化的老化机制，并定量分析环境温度、运行要求、工况等相关因素对性能劣化速率的影响。具体的研究目标和工作范围应根据第Ⅰ阶段的研究结果来确定。

② 根本原因分析。要对观测到的部件失效或性能劣化进行根本原因分析，以揭示其根本原因。一旦知道根本原因，就可以采取行动来控制、减小或防止以后由该根本原因造成的部件损坏或失效。根本原因分析是采用系统的方法来收集和分析部件失效的有关资料，使得能以高可信度确定初始的起因或决定性的失效机制(和影响因素或工况)。这里应注意到，除了老化引起的性能劣化，还有几大类根本原因，包括设计失误、制造缺陷和不适当的运行规程。经验表明，根本原因分析需要从运行人员那里了解情况，以支持从电站记录中得到的通常不完整和不精确的资料。根本原因确定后，所得到的教训也应当用于其他的相似部件。

③ 役后检查和试验。由电站退役部件的役后检查和试验，可以在部件老化认知方面得到进一步的理解和可信度。役后检查和试验的重点是对在役期间失效的或已经过长期服役的部件进行老化评估。应从商业运行核电站以及退役的核设施和研究反应堆中选定遭到重要运行影响和环境应力的部件。该项研究的主要侧重点应放在评估自然老化装备受到应力前后的性能，以及事故工况下预期的环境条件。评价中应定量分析装备由老化引起的性能劣化，并确定是否还有适当的安全裕度。这种评价的基础应是第 I 阶段中查明的功能参数和工况指标的动态特性。役后检查结果应与老化引起的性能劣化的预测结果相比较，以提高处在运行状态的部件在故障和设计基准事故工况下执行功能的可信度。

(2) 老化监测研究。

改进部件性能劣化监测的研究应包括确定适当的工况指标、改进诊断方法、数据趋势分析和评价，以及评估部件剩余服役寿命的方法。

① 部件工况指标的确定。工况指标是指监测部件老化的性能劣化时可测量的参数。这些参数可以用来指出部件在检查时的性能和物理状态，并且可以用来评估部件在检查后的一段时期内执行其规定功能的能力。因此，部件老化监测研究的第一步应查明可作为部件特定工况的合适候选指标。适当的工况指标是一个可测量的参数，它对现在尚未发生但即将会发生的功能劣化提供警示。因此，这样的参数在部件失效前一定经历可探测的变化。理论上讲，监测单一的工况指标足以确定部件的物理工况和安全状态。然而，对某些部件可能需要几个工况指标。常用工况指标如仪表和控制部件的电压、电流、响应时间和整定值的漂移，旋转装备的振动，反应堆压力容器临界脆化温度的变化等。

② 诊断方法的建议。用于监测部件因老化引起性能劣化的诊断方法可以采用测量或定期试验或检查的形式，依据这些诊断活动可以确定部件的目前性能和物理工况。建立监测部件性能劣化的诊断方法的研究与开发，评估早先查明的部件具体候选指标用作工况指标的实用性。这意味着评估该工况指标与参数是否是可测量的，并且具有足够的灵敏度、精度、可靠性以及可接受的成本。在这项工作中，要调查正在使用的或正在开发的先进方法和技术，也可以采用来自核工业内部和外部的技术。核工业以外的来源包括火电站、石油化工站、航天工业、国家实验室或其政府机构。当然，也要调查将这些技术用于核电站部件的实际可行性。对于候选的技术要进行实验室与现场的应用和验证试验。试验目的是确定适合跟踪所考虑的工况指标动态特性的方法，这些方法具有适当的选择性(不会给出虚假指示)和灵敏度(在早期阶段探测到性能劣化)，而且可以得到适当的验收与报废准则，使得能正确地查明维修需求。可通过实验室试验模拟原型金属构件中不同程度的缺陷，以确定灵敏度和探测准则。缺陷和环境的不同组合可用来确定选择性。这些实验室试验用于验证方法是否适合在核电站就地应用。建议进行核电站的现

场试验，以确认实验室的试验结果，并提供数据收集与分析的频度和方法以及实际应用的有关资料。

③ 数据趋势分析和评价。特定部件老化所致性能劣化的监测包括适当工况指标的连续或定期测量以及随后测量数据的趋势分析和评价，数据趋势分析和评价涉及测量数据与相同部件早先测量结果以及最低限度验收准则的比较。在老化监测的研究中，应规定哪些工况指标应加以监测和进行趋势分析，对它们应怎样加以评价，以对所监测部件确定目前的和预测未来的性能以及物理工况并能确定维修的类型及时间。

④ 剩余服役寿命预测模型的建立。剩余服役寿命的评估对于非常昂贵和十分难以更换的核电站部件是头等重要的。这些电站主要部件的剩余寿命预测模型的建立和验证是老化监测研究这个范围内的主要课题。相关的老化机制、老化效应及其变化速率是建立剩余服役寿命预测模型的重要输入数据。预测模型应建立部件工况指标值与其功能参数、安全状态和预期剩余寿命的相关关系。这些相关关系目前尚未充分建立。因此，预测剩余寿命的技术也尚未得到充分开发。在这个范围内的工作应包括：目前采用方法的汇编及其可应用性的评估；自然老化部件的试验和检查；根据实际的在役历史将这些结果与服役寿命预测值进行的比较。应予考虑的进一步资料包括有关部件设计、所要求安全裕度、重要性能劣化机制以及实际状态的资料。

(3) 老化缓解研究。

缓解部件老化所致性能劣化的综合研究包括建立或细化适当的维修和修复的方法与实践，评价适当运行工况与实践的修改和鉴别，评价所研究部件设计和材料的可能变化。

① 维修和修复的方法与实践。电站预防性维修大纲的作用是保持运行和应急需要的核电站部件所要求的执行功能的能力。因此，它也是探测和缓解核电站部件老化的主要手段。预防性维修通过两类维修活动来实施：计划的或按时间控制的维修和预见的或按工况控制的维修。为了使核电站部件不发生重大的安全后果，可优先采用正确的或详细分类的维修方法。预防性维修或计划维修均应包括安全重要部件。预防性维修大纲应根据运行经验和新的认识定期加以审查和修改，以确保其有效性。这种以选定电站部件为重点的定期审查，也应在老化缓解综合研究的框架内进行。研究中应考虑相关的第Ⅰ和第Ⅱ阶段研究中得出的资料。定期审查应确定预测部件性能劣化与性能状况的可靠技术以及决定维修时间和种类的准则。审查中应考虑运用以可靠性为中心的维修方法，该方法已表明对于在系统一级优化核电站维修大纲是有效的。为了有效地缓解部件老化，以定期审查结果为依据改进维修和修复的技术与规程，或者开发新的技术与规程是适宜的。在这种情况下，应将该项工作也视为老化缓解研究的组成部分。可靠性为中心的维修技术现今已由预防性维修走向更

高层次的状态维修。如何确定状态参量，建立确定状态参量的监测诊断方法，确定状态参量的临界标杆等，这一系列问题尚需研究。

② 运行工况和实践。运行工况和实践对于部件由老化所致的性能劣化速率可能有相当大的影响。因此，老化缓解研究应包括考虑运行工况和实践的可能修改以及评估这些修改对部件老化的影响。在所有的情况下，应评价部件运行工况或实践的可能修改，以及这些修改对部件或部件所属系统其他老化机制可能发生的不利影响。为缓解老化而可能修改运行工况和实践的某些一般性例子有：为减少部件因老化引起的性能劣化而降低由热负荷或机械负荷造成的局部应力；改进运行规程，例如，改变燃料组件的换料方式，以减少反应堆压力容器壁受到的中子通量的密度；降低电气装备和易发生热老化材料的环境温度；修改试验内容和优化试验频率。

③ 设计和材料。考虑缓解老化的另一个方案是，适当地修改部件的设计或改变制造用的材料。考虑采用新的创新型设计来将维修成本降到最低限度。

(4) 综合性的老化评估及应用建议。

在第Ⅱ阶段报告末，应对所有第Ⅱ阶段的研究结果进行综合评估，以说明第Ⅰ阶段研究中查明的认知和技术方面的空白已得到适当的处理，并且为电站连续运行期保持部件的安全状态提供依据。第Ⅱ阶段的研究结果应综合到所调查部件老化管理的总体计划中。第Ⅱ阶段研究报告应以综合的和连贯的方式论述下列专题：①部件老化的认知；②部件老化(安全状态)的监测；③部件老化的缓解。报告还应对第Ⅱ阶段研究结果在电站运行、维修和设计以及相关法规、标准和规程要求等方面的应用提出建议。此外，报告还应包括有关数据收集和记录保存的建议。数据收集和记录保存是部件老化监测所需要的，可以提供证据表明在部件服役寿期内能保持所要求的安全裕度。

后续行动应包括：将报告分发到有关的组织，如核电站设计和运行单位、安全部门、标准编制机构和研究院等；将第Ⅱ阶段研究结果用于系统级的评价以及老化的风险评价。此外，老化管理应包括电站运行的日常经验反馈和适当的研究与开发成果。老化评估应在这种经验反馈的基础上不断地更新，以确定设计、运行和维修中的哪些进一步修改是有利的。

5) 老化管理示范研究的重点关注

(1) 示范研究的重点关注。

从金属材料的角度看，建议特别关注反应堆回路的压力边界部件作为示范研究，如反应堆压力容器、反应堆压力容器的一次侧管嘴、反应堆堆内构件和支撑件、压水堆再循环环路和管道等。

这些部件对电站是特别安全重要的，对老化引起的性能劣化是敏感的，可以从其材料老化的组织和性能的监督检测中发现其早期老化。

(2) 与示范研究有关的技术问题。

有若干技术问题应在所建议的示范研究中加以解决。它们可以简便地分成两类：共性的问题及与选定专题领域有关的问题。

① 共性问题。a.对有关的老化现象目前有什么认识？怎样将研究成果与运行经验反馈运用到电站运行中去？b.查明的老化机制可能有什么安全影响，如果它们通过维修、运行实践或更换而没有得到适当的缓解。c.有什么用于检测、缓解部件老化引起性能劣化的现行技术？它们是否有效？d.根据部件运行、维修、试验、检查和数据、评价和趋势分析，预测部件未来性能的现有程序是否有效？e.在役检查往往只能保证部件在正常服役工况下执行功能，为了要证实这些部件将在异常事故工况下执行功能，需要做什么？f.已经建立了什么方法和准则预测这些部件的剩余服役寿命(包括所需的安全裕度)？

② 专题问题。反应堆压力容器的一次侧管嘴：a.就热老化、应力腐蚀、冲蚀、腐蚀疲劳、磨损振动与疲劳、高周疲劳以及它们相互作用等老化机制的效应而言，有哪些评估一次侧管嘴完整性的现行方法？b.所用评估方法有什么能力和局限性？c.当前用来监督温度、压力和水化学等反应堆运行工况的方法，对于监测实际的管嘴载荷条件是否是适合的和有代表性的？d.目前用于及时探测压力容器一次侧管嘴性能劣化的在役检查大纲是否有效？相应的评价方法是否有能力确定老化所致性能劣化的速率？e.为了建立或改进有效的和实用的试验及检查程序以更好地评估性能劣化速率，正在进行什么研究？f.该研究是否适当地解决所有已查明的现有诊断方法的不足？

9.4 全系统-全过程-全寿命管理理念

9.4.1 全系统-全过程-全寿命管理的范畴与特征

1. 全系统-全过程-全寿命管理的范畴

1) 全系统

全系统就是整个系统的全部范围，主要内容包括系统工程管理、可靠性、维修性和综合保障、装备寿命周期费用、项目管理、装备质量管理、人员培训、软件管理、试验与研究、仿真和评价、装备运行与维修管理、改型与退役处理管理、风险管理、合同管理、装备信息管理与装备采办信息化等。

2) 全过程

全过程就是从议案至计划、设计、试验、建造实施、运行、终结及终结后的善后与废物处理等一切活动。

3) 全寿命

设计寿命期间，核电站对于全站装备和系统部件随着服役时间增加，其性能裕度降低所反映出老化、退化等寿命现象的管理，统称为寿命管理。

全寿命就是从设计开始，需要经过试验研究、仿真评价，到工程建造、调试运行、营销运行、老化监控、预防维修，直至延寿运行、寿终退役、报废处理、影响评估。也就是说，从核电站的孕育选址论证和设计方案开始，核电站建设和建成后的运行与销售，运行过程中的维修与监控，一直到延寿和退役报废与残骸处理，以及对整个寿期的影响评估。因此，全寿命就是从孕育到出生、成长、壮年、衰老、死亡、埋葬的全过程。

2. 全系统-全过程-全寿命管理的特征

1) 阶段性

正由于是全寿命，其管理必然要分阶段，分为孕育(预案与设计)、出生(建造)、成长(调试)、壮年(运行与营运)、衰老(延寿)、死亡和埋葬(关闭与残骸处理)各阶段。各阶段管理的目标与内容各不相同。

2) 层次性

管理必须有层次性，如一座金字塔，各层次完成各层次的任务，下层次对上层次负责，上层次不越权干涉下层次的具体工作。一切有秩序、有规律、有节奏地协调运转。

9.4.2　老化寿命管理

核电站有一个设计寿期，当代一般为 60 年。但是如果缺乏适当的维护和保养，也可能达不到设计寿期；反之，就可以尽可能地延长使用寿期。

目前，世界各国在现有核电站中的老化管理有两个方面的内容：①安全方面的老化评价与管理；②经济性方面的运行可靠性与延寿管理。因此，设计寿命期间，核电站对于全站装备和系统部件随着服役时间延长，其性能裕度降低所反映出老化、退化等寿命现象的管理，统称为老化寿命管理。

1. 老化寿命管理要义

核电站老化寿命管理是指通过一系列技术和行政的手段来监视、控制电站装备和构筑物的老化，防止它们发生由老化引起的失效，从而提高电站的可靠性、安全性和经济性，最终延长核电站的使用寿期。老化寿命管理的重要性在于确保电站内安全重要装备和构筑物的状态能够被长期有效地跟踪、监测，并且通过各种可量化的信息和可采集的数据来描述装备和构筑物是否能够完成其功能，是否发生了由老化引起的功能降级，进而为装备的检修管理提供基于老化机制的理论依据。其必要性在于提高核电站运行的安全性与可靠性和经济性。其可行性主要表现在基于目前已经具备的各种测量与测试方法和仪器仪表，人们已经完全能够解释老化退化的原因，并能够通过物理或化学的方法来减缓和避免老化现象的继续恶化，因而具有充分的可行性。

2. 老化寿命管理理念

1) 老化寿命管理

老化寿命管理为老化管理和经济规划的结合：①优化系统、装备和构筑物的运行与维修和服役寿期；②将性能和安全裕度保持在可接受的水平；③最大限度地回报电站服役寿期内的投资。

2) 影响核电站寿期的主要因素

影响核电站寿期的主要因素集中于一些关键装备的失效。这些装备可能是：①不可更换的且退役将直接导致电站寿期终止的装备，如反应堆压力容器等；②难以更换或更换费用很高的装备，如蒸汽发生器等；③失效后将引起一些连锁初因事件发生的装备，这些连锁初因事件可能导致电站寿期终止，如一回路压力边界隔离阀等；④失效后将引起某些环境敏感事件发生的装备，这些事件如大剂量放射性释放可能产生一些社会因素或政治因素从而强迫电站退役。

9.4.3 影响核电站寿命的关键材料问题

当今核电站设计寿命已达 60 年，核电站寿命管理就更加重要。寿命管理是老化管理与经济计划的总称，而重点是老化管理。寿命管理包含：①系统、装备和构筑物服役寿期运行与维护的优化；②保证性能与安全在可接受的水平上；③核电站寿期运行取得投资的最大回报。

对压水堆、沸水堆运行过程中发生的装备老化与降级问题，以及其原因的调查与分析表明，不可更换部件及更换极困难部件的寿命，制约或极大程度地影响核电站的寿命，这些装备有反应堆压力容器、堆内构件、安全壳及部分构筑物等；在装备老化机制中，关键技术问题是中子辐照脆化、腐蚀损伤、疲劳及磨损。

核电站装备老化监测与管理是核电站寿命管理的基础工作，应在核电站开始运行后全期进行。根据国际经验，机组在投入商业运行后五年应当是开始进行装备老化管理和核电站寿命管理工作的最佳时机。经过长期的核电站老化与长寿命化研究工作，不少国家已建立了核电站寿命管理体系。为了确保核电站长期运行的安全性和经济性，及早建立核电站寿命管理体系，开展核电站老化与长寿命化研究工作是十分必要和迫切的。

从国外大量核电站老化研究的结果以及商业堆的运行经验来看，实现核电站的长寿命，迫切需要解决的主要技术问题是不可更换部件及更换极困难部件(如反应堆压力容器、堆内构件、安全壳及部分构筑物等)所用材料的中子辐照脆化、腐蚀损伤、疲劳及磨损等。

1. 压水堆的反应堆压力容器辐照脆化问题

在核电站的设计寿期内，反应堆压力容器属于不可更换部件，因此它的寿命决定了核电站的寿命。反应堆压力容器的主要老化机制是由中子辐照引起的脆化。这个问题在压水堆中更为严重。脆化效应可用韧脆转变温度上升与上平台冲击能减小来量度，它们都是快中子注量和杂质(Cu、Ni 等)含量的函数。对于末预期寿期的快中子注量大于10^{17} n/cm^2 的反应堆压力容器，需要制定监督大纲。

解决反应堆压力容器辐照脆化问题的办法是使辐照造成的材料晶体的老化结构在高温下得到改善，恢复材料韧性，即对反应堆压力容器在 400℃以上进行退火处理。有研究认为，压水堆要达到 60 年寿命，退火处理是不可缺少的技术。但该技术的实施颇费周折，研究制造压力容器的抗辐照脆化新材料与新技术措施势在必行，如增材制造。

2. 堆内构件的应力腐蚀问题

焊缝因应力腐蚀而破裂是共性的安全问题。破裂主要发生在焊缝的热影响区。经验表明，若反应堆冷却系统部件使用奥氏体不锈钢 304 和 304L 制造，在其焊接部位周围容易发生晶间应力腐蚀，这早已是共性问题。对这种奥氏体不锈钢制堆内构件没有采取应力腐蚀对策的核电站，存在破裂敏感或有可能发生破裂，在停堆换料期间应进行综合检查，确认发生破裂的场所。最好还是改用对应力腐蚀破裂敏感性低的 316L 不锈钢。

3. 核 I 级管道的疲劳损伤问题

核管委员会在 1992 年 7 月对美国反应堆安全咨询委员会就解决执照更新中的核 I 级管道的疲劳问题，提出了应该研究的项目和对这些项目的见解以及认可基准如下。

(1) 美国机械工程师协会(ASME)的疲劳评价适用于装备 40 年使用期，当进行装备 60 年使用期的疲劳评价时，无疑对安全裕度持有疑问。如果原设计运行寿期为 40 年的核电站所考虑的各种瞬态发生频率都假设为 1，那么 60 年运行寿期的核电站必须考虑其发生频率为原来的 1.5 倍，要重新进行材料疲劳分析。此外，还可通过设计改进，使各种瞬态发生频率降低，并在确保安全的前提下增大正常运行范围，以降低非计划自动停堆次数。如果非计划自动停堆次数的降低量能达 1/3 时，则不必重新论证即可有 60 年运行寿期。

(2) 有关疲劳的认可基准规定了累积疲劳损伤因子在 1 以下，这一点必须按 60 年进行计算。

(3) 需要注意，按美国国家标准协会(ANSI)设计反应堆的核电站，没有按美国机械工程师协会要求进行疲劳分析。

(4) 最近进行的许多材料试验结果表明，环境对疲劳的影响是明显的。美国机械工程师协会的疲劳曲线没有考虑环境的影响，因此该疲劳曲线的安全裕度并不是像原先考虑的那样充分。

(5) 核电站内有大量容器和装备，并通过各种管道相互连接，它们在不同的压力和温度条件下运行，可能会出现热分层流，特别是在管道弯头处，这就增加了附加热应力，可能造成疲劳损坏。为了延长核电站寿命，在设计中可采取各种对策尽可能地减少热分层现象的出现。

4. 安全壳的老化问题

安全壳是防止核裂变产物扩散的最终屏障，和反应堆压力容器一起是安全上极为重要的构造物。安全壳具有密封、屏蔽和支撑机能，不仅在反应堆运行阶段，即使是反应堆退役后也应该维持这些重要的机能。

无论是钢制的还是混凝土制造的安全壳，在设计上都具有足够的裕量。因此，以前认为，如果发生老化，即使影响它的强度或机能，仍不会损害它的结构完整性。但是，这是过去尚没有切实进行核电站老化管理而得出的看法。当前普遍认为，伴随着核电站的高服役期，安全壳的腐蚀和劣化现象的发生率呈增加趋势。因此，对安全壳的老化研究是需要的，包括核电站老化研究、构筑物老化研究、钢制安全壳和衬里的老化和检查与延寿研究等。

参 考 文 献

曹楠, 王正品, 王毓, 等. 2018. 长时热老化对 Z3CN20-09M 钢耐腐蚀性的影响[J]. 西安工业大学学报, 38(6): 614-619.

寸飞婷, 要玉宏, 金耀华, 等. 2016. 模拟工况热老化对 Z3CN20-09M 钢组织与性能的影响[J]. 西安工业大学学报, 36(6): 490-497.

电力行业锅监委协作网. 2005. 超(超)临界锅炉用钢及焊接技术论文集[C]. 苏州.

电力行业锅监委协作网. 2007. 超(超)临界锅炉用钢及焊接技术第二次论坛大会论文集[C]. 西安.

董超芳, 肖葵, 刘智勇, 等. 2010. 核电环境下流体加速腐蚀行为及其研究进展[J]. 科技导报, 28(10): 96-100.

冯端, 王业宁, 丘第荣. 1964. 金属物理[M]. 北京: 科学出版社.

冯端, 师昌绪, 刘治国. 2002. 材料科学导论——融贯的论述[M]. 北京: 化学工业出版社.

高巍, 金耀华, 上官晓峰, 等. 2006. 减摩钢的组织结构分析[J]. 热加工工艺, 35(16): 57-58.

高巍, 金耀华, 王正品. 2007. 高温空气介质下 T91 钢氧化动力学研究[J]. 热加工工艺, 36(20): 10-12.

高巍, 刘江南, 王正品, 等. 2008a. P92 钢塑性变形行为[J]. 西安工业大学学报, 28(4): 356-359.

高巍, 王毓, 刘江南, 等. 2008b. 铸造 γ+α 双相不锈钢冲击断裂机理[J]. 铸造技术, 29(5): 626-629.

高巍, 王正品, 金耀华, 等. 2008c. 服役前后减摩钢的组织分析[J]. 铸造技术, 29(8): 1031-1034.

高巍, 王正品, 金耀华, 等. 2013a. M5 和 Zr-4 合金高温水蒸气氧化性能[J]. 热加工工艺, 42(6): 13-15.

高巍, 徐悠, 王正品, 等. 2013b. 淬火温度对 Zr-4 合金显微组织和拉伸性能的影响[J]. 西安工业大学学报, 33(12): 993-999.

高巍, 张娴, 王正品, 等. 2016. M5 和 Zirlo 合金高温水蒸气氧化行为研究[J]. 西安工业大学学报, 36(6): 473-480.

高雨雨, 王正品, 金耀华, 等. 2018. 模拟工况热老化对 Z3CN20-09M 钢冲击性能的影响[J]. 西安工业大学学报, 38(1): 52-57.

龚庆祥. 2007. 型号可靠性工程手册[M]. 北京: 国防工业出版社.

谷兴年. 1986. 核压力容器耐蚀层的堆焊[J]. 石油化工设备, 15(1): 10-16.

广东核电培训中心. 2009. 900MW 压水堆核电站系统与设备[M]. 北京: 中国原子能出版社.

郭威威, 要玉宏, 王正品, 等. 2013.T91 钢焊接接头的服役退化行为评估[J]. 西安工业大学学报, 33(8): 669-674.

国家核安全局. 2012. 核动力厂老化管理. HAD 103/12—2012 [S]. 北京：国家核安全局.

国家自然科学基金委员会, 中国科学院. 2012. 国家科学思想库学术引领系列: 未来 10 年中国学科发展战略材料科学[M]. 北京: 科学出版社.

哈宽富. 1983. 金属力学性质的微观理论[M]. 北京: 科学出版社.

哈森 P. 1998. 材料的相变[M]//卡恩 R W, 哈森 P, 克雷默 E J. 材料科学与技术丛书(第 5 卷). 刘治国, 等译. 北京: 科学出版社.

航空工业部科学技术委员会. 1987. 应变疲劳分析手册[M]. 北京: 科学出版社.

胡本芙, 杨兴博, 林岳萌. 1998. 核电站压力容器用 SA508-3 钢厚截面锻件热处理冷却速度[J]. 钢铁, 33(5): 39-44.

户如意, 陈建, 要玉宏, 等. 2018. 电站锅炉 15CrMo 钢水冷壁管横向裂纹成因分析[J]. 西安工业大学学报, 38(2): 121-126.

黄明志, 石德珂, 金志浩. 1986. 金属力学性能[M]. 西安: 西安交通大学出版社.

加拿大原子能公司. 2007. 核电站蒸汽发生器寿期管理, 苏州热工研究院专题培训[R]. 苏州: 苏州热工研究院.

贾学军, 徐远超, 张长义, 等. 1999. 核压力容器钢辐照后动态断裂韧性测试及研究[J]. 原子能科学技术, 33(2): 19-24.

姜家旺, 刘江南, 薛飞, 等. 2007. 铸造双相不锈钢的形变强化[J]. 铸造技术, 28(3): 350-353.

姜家旺, 刘熙, 施震灏. 2014. 核电厂高压加热器 SA803TP439 换热管的性能研究[J]. 铸造技术, 35(1): 147-150.

金学松, 沈志云. 2001. 轮轨滚动接触疲劳问题研究的最新进展[J]. 铁道, 23(2): 92-108.

金耀华, 王正品, 刘江南, 等. 2005. T91 钢在两种不同环境下的高温氧化层剥落机理研究[J]. 铸造技术, 26(11): 1039-1041.

金耀华, 刘江南, 王正品. 2007. T91 钢高温水蒸气氧化动力学研究[J]. 铸造技术, 28(2): 207-210.

金耀华, 王正品, 要玉宏, 等. 2008. T91 钢高温水蒸汽氧化层显微组织分析[J]. 西安工业大学学报, 28(5): 435-440.

金耀华, 王正品, 高巍, 等. 2015. 热处理后 Zr-4 合金高温氧化行为研究[J]. 西安工业大学学报, 35(4): 329-334.

康沫狂, 杨思品, 管敦惠, 等. 1990. 钢中贝氏体[M]. 上海: 上海科学技术出版社.

雷廷权, 沈显璞, 刘光葵. 1988. 铁素体-马氏体双相组织及其应用[C]//中国机械工程学会热处理专业学会成立二十五周年学术报告会, 北京.

李承亮, 张明乾. 2008. 压水堆核电站反应堆压力容器材料概述[J]. 材料导报, 22(9): 65-68.

李光福. 2013. 压水堆压力容器接管-主管安全端焊接件在高温水中失效案例和相关研究[J]. 核技术, 36(4): 232-237.

李恒德, 肖纪美. 1990. 材料表面与界面[M]. 北京: 清华大学出版社.

李洁瑶, 王正品, 要玉宏, 等. 2015. T91 钢焊接接头蠕变性能研究[J]. 西安工业大学学报, 35(4): 335-339.

李良巧, 顾唯明. 1998. 机械可靠性设计与分析[M]. 北京: 国防工业出版社.

梁建烈, 唐轶媛, 严嘉琳, 等. 2009. Zr-Sn-Nb-Fe 合金金属间化合物及其 α/β 相变温度的研究[J]. 材料热处理学报, 30(1): 32-35.

刘道新, 刘军, 刘元镛. 2007. 微动疲劳裂纹萌生位置及形成方式研究[J]. 工程力学, 24(3): 42-47.

刘建章. 2007. 核结构材料[M]. 北京: 化学工业出版社.

刘江南, 翟芳婷, 王正品, 等. 2007. 蒸汽温度对 T91 钢氧化动力学的影响[J]. 西安工业大学学报, 27(1): 42-45.

刘江南, 束国刚, 石崇哲, 等. 2009a. 冲击载荷下 P91 钢的裂纹萌生与扩展行为研究[J]. 材料热处理学报, 30(4): 48-52.

刘江南, 王正品, 束国刚, 等. 2009b. P91 钢的形变强化行为[J]. 金属热处理, 34(1): 28-32.

刘莹, 孙璐, 杨耀东. 2011. 腐蚀磨损影响因素的研究[C]//第八届全国环境敏感断裂学术研讨会, 大庆.

刘振亭, 刘江南, 高巍, 等. 2010a. 热老化对铸造双相不锈钢管道亚结构的影响[J]. 热加工工艺, 39(18): 58-61.

刘振亭, 郑建龙, 金耀华, 等. 2010b. Q235 钢复合涂层腐蚀行为及微观组织研究[J]. 西安工业大学学报, 30(4): 367-371.

陆世英, 张廷凯, 杨长强, 等. 1995. 不锈钢[M]. 北京: 中国原子能出版社.

栾佰峰, 薛姣姣, 柴林江, 等. 2013. 冷却速率及杂质元素对锆合金 $\beta\rightarrow\alpha$ 转变组织的影响[J]. 稀有金属材料与工程, 42(12): 2636-2640.

马丁 J W, 多尔蒂 R D. 1984. 金属系中显微结构的稳定性[M]. 李新立, 译. 北京: 科学出版社.

麦克林 D. 1965. 金属中的晶粒间界[M]. 杨顺华, 译. 北京: 科学出版社.

美国国防部. 1987. 可靠性设计手册 MIL-HDBK-338[M]. 曾天翔, 丁连芬, 等译. 北京: 航空工业出版社.

美国核管理委员会. 1993. 美国 15 座反应堆的压力容器因辐照而脆化[N]. 国际先驱论坛报.

宓小川, 宋新余. 2008. 00Cr25Ni7Mo4N 超级双相不锈钢的热轧组织与织构[J]. 宝钢技术, (4): 50-54.

裴礼清, 杨建中. 2001. 滚动轴承微动磨损的影响因素[J]. 机械设计与研究, 17(2): 58-59.

皮克林 F B. 1999. 钢的组织与性能[M]//卡恩 R W, 哈森 P, 克雷默 E J. 材料科学与技术丛书(第 7 卷). 刘嘉禾, 等译. 北京: 科学出版社.

乔文浩. 1996. 核级 316 奥氏体不锈钢锻管研制[J]. 核科学与工程, 16(2): 148-193.

秦晓钟. 2008. 我国压力容器用钢的近期进展[J]. 中国特种设备安全, 24(2): 32-34.

渠静雯, 王正品, 高巍, 等. 2013. M5 锆合金马氏体热处理工艺研究[J]. 热加工工艺, 42(10): 172-174, 177.

任平弟. 2005. 钢材料微动腐蚀行为研究[D]. 成都: 西南交通大学.

上官晓峰, 王正品, 要玉宏, 等. 2004. P91 钢微型杯突试验法最佳加载速率的研究[J]. 西安工业大学学报, 34(4): 372-375.

上官晓峰, 王正品, 耿波, 等. 2005a. T91 钢高温空气氧化动力学的研究[J]. 西安工业大学学报, 38(3): 262-265.

上官晓峰, 王正品, 耿波, 等. 2005b. T91 钢高温空气氧化动力学及层脱落机理[J]. 铸造技术, 26(7): 578-580.

上海市金属学会. 1966. 金属材料缺陷金相图谱[M]. 上海: 上海科学技术出版社.

沈明学, 彭金方, 郑健峰, 等. 2010. 微动疲劳研究进展[J]. 材料工程, (12): 86-91.

石崇哲. 1981. 硼钢的淬透性[J]. 金属热处理学报, 2(1): 53-61.

石崇哲. 1982. 土生数据之回归分析[J]. 金属热处理学报, 2(3): 106-110.

石崇哲. 1983. 硼钢的热处理[J]. 华东工程学院学报, (4): 97-120.

石崇哲. 1984. 钢中硼平衡集聚的数量关系[J]. 金属热处理学报, 5(2): 64-72.

石崇哲. 1991. 钢的 Sn 脆及消 Sn 脆的电子显微研究[J]. 新疆大学学报, 增刊: 172-173.

石崇哲. 1993. 杂质磷对钢氧化处理时应力腐蚀开裂的影响[J]. 西安工业学院学报, 13(3): 215-219.

石崇哲. 1995a. 25CrMnMoTi 钢的多次冲击特性及数学解析[J]. 西安工业学院学报, 15(2): 150-155.

石崇哲. 1995b. Zn 对钢的韧化效应[J]. 金属学报, 31(1): A29-A33.

石崇哲. 1996a. 铁基材料用添加剂: 中国. ZL93106431. 7[P].

石崇哲. 1996b. 锌对空冷贝氏体钢净化变质处理的韧化和强化效应[J]. 西安工业学院学报, 16(4): 336-341.

束国刚, 刘江南, 石崇哲, 等. 2006a. 超临界锅炉用 T/P91 钢的组织性能与工程应用[M]. 西安: 陕西科学技术出版社.

束国刚, 薛飞, 遆文新, 等. 2006b. 核电厂管道的流体加速腐蚀及其老化管理[J]. 腐蚀与防护, 27(2): 72-76.

束国刚, 薛飞, 刘江南, 等. 2008. 实验数学及工程应用[M]. 西安: 陕西科学技术出版社.

邰江, 崔岚, 张庄, 等. 2003. 核压力容器钢和焊缝的力学性能研究[J]. 钢铁, 38(9): 51-55.

童骏, 傅万堂, 林刚, 等. 2007. 00Cr25Ni7Mo4N 超级双相不锈钢的高温变形行为[J]. 钢铁研究学报, 19(10): 40-43.

瓦卢瑞克 · 曼内斯曼钢管公司. 2002. WB 36 钢手册[Z].

万里航, 刘鹏, 陶余春. 2004. 大亚湾核电站 2 号机组反应堆压力容器老化现状的初步分析[J]. 核动力工程, 25(1): 252.

王昌彦. 1994. 核电用泵浅谈[J]. 水泵技术, 2: 1-4, 9.

王凤喜. 1993. 核电站压力容器材料的发展[J]. 四川冶金, (2): 40-45.

王晴晴, 上官晓峰. 2013. 海洋大气环境下 17-7PH 不锈钢的接触腐蚀研究[J]. 钢铁研究学报, 25(3): 46-53.

王宪坤. 2011. 我国核电站汽轮发电机励磁系统综述[J]. 中国电力教育, (27): 84-85, 87.

王晓峰, 陈伟庆, 毕洪运. 2009a. 固溶处理对 00Cr25Ni7Mo4N 双相不锈钢组织和力学性能的影响[J]. 特殊钢, 6(3): 8-60.

王晓峰, 陈伟庆, 郑宏光. 2009b. 冷却速率对 00Cr25Ni7Mo4N 超级双相不锈钢析出相的影响[J]. 钢铁, 44(1): 63-66.

王笑天. 1987. 金属材料学[M]. 北京: 机械工业出版社.

王毓, 刘江南, 王正品, 等. 2007. 铸造 $\gamma+\alpha$ 双相不锈钢的裂纹生长与扩展速率[J]. 铸造技术, 28(8): 1059-1062.

王毓, 王正品, 薛飞, 等. 2009. 热老化对铸造双相不锈钢显微组织的影响[J]. 铸造技术, 30(1): 26-30.

王毓, 刘江南, 王正品, 等. 2018a. 核电站一回路管道铸造奥氏体不锈钢热老化评估[J]. 热力发电, 47(7): 64-68.

王毓, 刘江南, 要玉宏, 等. 2018b. 模拟工况热老化对核电主管道用 Z3CN20-09M 奥氏体不锈钢力学性能的影响[J]. 热加工工艺, 47(24): 163-166, 171.

王兆希, 薛飞, 束国刚, 等. 2011. 纳米压入法研究核电站一回路主管道材料的热老化行为[J]. 机械强度, 2011, (1): 45-49.

王正品, 冯红飞, 唐丽英, 等. 2010a. TP304H 和 TP347H 高温水蒸气的氧化动力学行为[J]. 西安工业大学学报, 30(6): 557-559, 564.

王正品, 薛钰婷, 刘江南, 等. 2010b. 锆合金的晶粒观测与亚结构分析[J]. 西安工业大学学报, 30(2): 166-170, 181.

王正品, 周静, 高巍, 等. 2010c. M5 锆合金塑性变形行为[J]. 西安工业大学学报, 30(3): 263-267.

王正品, 邓薇, 刘江南, 等. 2011a. Z3CN20-09M 铸造奥氏体不锈钢的形变与断裂机制[J]. 西安工业大学学报, 36(2): 136-140.

王正品, 加文哲, 石崇哲, 等. 2011b. 热老化对铸造双相不锈钢组织和性能的影响[J]. 西安工业大学学报, 31(7): 625-629.

王正品, 张琳琳, 刘江南, 等. 2011c. Z3CN20-09M 铸造不锈钢的热老化机理研究[J]. 西安工业大学学报, 30(1): 58-61.

王正品, 刘瑶, 薛飞, 等. 2012a. 焊接对 Zr-Nb 包壳管显微硬度和组织的影响[J]. 西安工业大学学报, 32(10): 830-834.

王正品, 王晶, 高巍, 等. 2012b. 热处理对 Zr-4 合金显微组织和拉伸性能的影响[J]. 西安工业大学学报, 32(4): 305-309.

王正品, 吴莉萍, 刘江南, 等. 2012c. 长期热老化对铸造奥氏体不锈钢断裂韧性的影响[J]. 西安工业大学学报, 32(8): 651-655.

王正品, 渠静雯, 高巍, 等. 2013a. 退火态及马氏体态 Zr-Nb 合金拉伸性能分析[J]. 西安工业大学学报, 33(4): 319-323.

王正品, 王富广, 刘振亭, 等. 2013b. Z3CN20.09M 铸造双相钢热老化的调幅分解[J]. 西安工业大学学报, 33(8): 643-647.

王正品, 赵阳, 王弘喆, 等. 2016. M/A 岛对 T24 钢焊接接头不完全淬火区组织性能影响[J]. 热力发电, 45(4): 89-94.

王正品, 张显林, 要玉宏, 等. 2017. 模拟工况热老化对核电不锈钢力学性能的影响[J]. 西安工业大学学报, 37(4): 304-308.

文燕, 段远刚, 姜峨, 等. 2006. 核反应堆堆内构件用 304NG 控氮不锈钢应用性能研究[C]//2006 全国核材料学术交流会论文集, 上海.

吴莉萍, 王正品, 薛飞, 等. 2012. 电站主管道用铸造奥氏体不锈钢断裂韧度尺寸效应试验研究[J]. 铸造, 61(7): 709-713.

吴忠忠, 宋志刚, 郑文杰, 等. 2007. 固溶温度对 00Cr25Ni7Mo4N 超级双相不锈钢显微组织及耐点蚀性能的影响[J]. 金属热处理, 32(8): 50-54.

西安热工研究院. 2004. 国内外超超临界机组材料及焊接研究资料汇编[C]. 西安.

项东, 刘增良, 全锦. 2002.发电机转子材料分析[J]. 山东建筑工程学院学报, 17(2): 77-80.

肖纪美. 1980. 金属的韧性与韧化[M]. 上海: 上海科学技术出版社.

肖纪美. 2006. 不锈钢的金属学问题[M]. 北京: 冶金工业出版社.

徐丽, 陈耀良, 张勇, 等. 2014. 不同预腐蚀时间下微动对搭接件疲劳寿命影响研究[J]. 南京航空航天大学学报, 46(6): 403-407.

徐明利, 刘江南, 唐丽英, 等. 2010. TP347H 不锈钢 590℃下的水蒸气氧化行为分析[J]. 广东化工, 37(4): 255-258.

徐祖耀. 1980. 马氏体相变与马氏体[M]. 北京: 科学出版社.

薛飞, 束国刚, 逯文新, 等. 2010a. Z3CN20.09M 奥氏体不锈钢热老化冲击性能试验研究[J]. 核动力工程, 31(1): 9-12.

薛飞, 束国刚, 余伟炜, 等. 2010b. 核电厂主管道材料低周疲劳寿命预测方法评价[J]. 核动力工程, 31(1): 23-27.

闫善福, 周国强. 2002. SA508CL. 3 钢大锻件调质热处理的研究[J]. 一重技术, (4): 30-33.

严彪, 等. 2009. 不锈钢手册[M]. 北京: 化学工业出版社.

杨广雪. 2010. 高速列车车轴旋转弯曲作用下微动疲劳损伤研究[D]. 北京: 北京交通大学.

杨桂应, 石德呵, 王秀苓, 等. 1988.金相图谱[M]. 西安: 陕西科学技术出版社.

杨文, 徐远超, 张长义, 等. 2007. 国产M5合金包壳管力学性能. 中国原子能科学研究院年报[Z].

杨旭, 王正品, 要玉宏, 等. 2012. 00Cr18Ni10N 钢高温持久强度的预测与验证[J]. 西安工业大学学报, 32(6): 498-501.

杨宇. 2004. 反应堆压力容器老化敏感性分析方法[J]. 核动力工程, 28(5): 87-90.

姚美意, 周邦新. 2009. 上海大学研究讲座[R]. 苏州: 苏州热工研究院.

要玉宏, 刘江南, 王正品, 等. 2004. 材料力学性能的微型杯突试验评述[J]. 理化检验-物理分册, 40(1): 29-34.

于在松, 刘江南, 赵彦芬, 等. 2006. T91/10CrMo910 焊接接头韧性分析[J]. 铸造技术, 27(11): 1251-1254.

于在松, 刘江南, 王正品, 等. 2007. T91 钢服役过程中碳化物的熟化分析[J]. 铸造技术, 28(5): 635-638.

于在松, 范长信, 刘江南, 等. 2008. 示波冲击试验中裂纹生长与扩展机理研究[J]. 铸造技术, 29(5): 617-621.

余伟炜, 姜家旺, 林磊. 2014. 核电站铸造奥氏体不锈钢热老化试验设计[J]. 铸造技术, 35(2): 309-313.

张娟娟, 宁天信, 王嘉敏, 等. 2009. 双相不锈钢 00Cr25Ni7Mo4N 敏化过程中的脆化机理研究[J]. 材料开发与应用, 24(5): 21-24.

张磊, 王正品, 要玉宏, 等. 2020. 热老化对核电阀杆用 17-4PH 钢电化学腐蚀性能的影响[J]. 热加工工艺, 49(2): 108-113.

张明. 2002. 微动疲劳损伤机理及其防护对策的研究[D]. 南京: 南京航空航天大学.

张寿禄, 赵泳仙, 宋丽强. 2012. 超级双相不锈钢 00Cr25Ni7Mo4N 中 χ 相时效析出的研究[J]. 钢铁, 47(2): 72-75.

赵钧良, 方静贤, 徐明华, 等. 2006a. 00Cr25Ni7Mo4N 超级双相不锈钢组织及耐蚀性的研究[C]// 2006 年宝钢学术年会论文, 上海: 381-385.

赵钧良, 肖学山, 徐明华, 等. 2006b. 高温下 00Cr25Ni7Mo4N 超级双相不锈钢的相组织及其元素含量变化研究[J]. 上海钢研, (3): 33-37.

赵彦芬, 张路, 王正品, 等. 2004. 高温过热器 T91、T22 管爆管分析[J]. 热力发电, 33(11): 61-64, 80.

赵振业. 2015. 院士讲座　抗疲劳制造是中国制造 2025 的必由之路[R]. 北京: 北京航空材料研究院.

郑琳, 刘江南, 高巍, 等. 2014. 火电站用 T92 耐热钢工程服役退化研究[J]. 西安工业大学学报, 34(4): 311-319.

郑隆滨, 陈家伦, 龚正春, 等. 1999. 核电设备用 SA508-3 钢的研究[J]. 锅炉制造, (3): 43-49.

郑文龙. 2009. 钢的腐蚀磨损失效及其分析方法[C]//2009 年全国石油和化学工业腐蚀与防护技术论坛, 昆明.

中国电机工程学会, 西安热工研究院. 2004. 全国第七届电站金属构件失效分析与寿命管理学术会议论文集[C]. 西安.

中国电机工程学会, 中广核工程公司, 中国电力科技网. 2010. 核电站新技术交流研讨会论文集(第一卷, 第二卷)[C]. 深圳.

中国电机工程学会, 中国电力科技网. 2013. 先进核电站技术研讨会论文集(第一卷, 第二卷)[C].宁波.

中国电机工程学会, 中国电力科技网. 2014. 2014 年核电站新技术交流研讨会论文集[C]. 青岛.

中国航空研究院. 1981. 应力强度因子手册[M]. 北京: 科学出版社.

中国核动力研究设计院, 西北有色金属研究院. 1994. 国产锆-4 合金性能研究论文集[C].

中国核能行业协会, 中科华核电技术研究院, 苏州热工研究院. 2009. 核电站焊接与无损检测国际研讨会[C]. 苏州.

中国机械工程学会焊接学会. 2012. 焊接手册(第 2 卷 材料的焊接)[M]. 3 版. 北京: 机械工业出版社.

中国科学院金属研究所, 苏州热工研究院, 核工业第二研究设计院. 2005. “轻水堆核电站中的材料问题——现状, 缓解, 未来的问题”国际研讨会[C]. 苏州.

周静, 王正品, 高巍, 等. 2010.M5 合金室温爆破性能研究[J]. 铸造技术, 31(4): 433-436.

周文. 2007. 微动疲劳裂纹萌生特性及寿命预测[D]. 杭州: 浙江工业大学.

朱峰, 曹起骧, 徐秉业. 2000. ASMESA508-3 钢的再结晶晶粒细化规律[J]. 塑性工程学报, 7(1): 1-3.

Andreeva M, Pavlova M P, Groudev P P. 2008. Overview of plant specific severe accident management strategies for Kozloduy nuclear power plant, WWER-1000/320[J]. Annal Nuclear Energy, 35(4): 555-564.

Bamford W H, Foster J, Hsu K R, et al. 2001. Alloy 182 weld crack growth and its impact on service-induced cracking in operating PWR plant piping[C]//Proceedings of Tenth International Conference on Environmental Degradation of Materials in Nuclear Power Systems Water Reactors, Lake Tahoe: 102-108.

Bery W E, King C V. 1971. Corrosion in nuclear applications[J]. Journal of The Electrochemical Society, 118(12): 173-174.

Blom F J. 2007. Reactor pressure vessel embrittlement of NPP borssele: Design lifetime and lifetime extension[J]. Nuclear Engineering Design, 237(20-21): 2098-2104.

Briant C L, Banerji S K. 1978. Intergranular failure in steel: The role of grain-boundary composition[J]. International Metals Reviews, 23(4): 164-199.

Cahn R W. 1984. 物理金属学[M]. 北京钢铁学院金属物理教研室, 译. 北京: 科学出版社.

Dupont J N, Lipplod J C, Kiser S D. 2014. 镍基合金焊接冶金和焊接性[M]. 吴祖乾, 张晨, 虞茂林, 等译. 上海: 上海科学技术文献出版社.

Ford F P, Taylor D F, Andresen P L. 1987. Corrosion assisted cracking of stainless and low alloy steels in LWR environments[R]. EPRI NP-5064M Project 2006-6 Final Report.

Frankel G S. 1998. Pitting corrosion of metals: A review of the critical factors[J]. Journal of the Electrochemical Society, 145(6): 2186-2198.

Frieder J. 1984. 位错[M]. 王煜, 译. 北京: 科学出版社.

Gordon B M. 1980. Effect of chloride and oxygen on the stress corrosion cracking of stainless steels: Review of literature[J]. Materials Performance, 19(4): 29-38.

Guy A G. 1971. Introduction to Materials Science[M]. New York: McGraw-Hill Book: 247-292.

Guy A G, Hren J J. 1981. 物理冶金学原理[M]. 徐纪楠, 译. 北京: 机械工业出版社.

Haasen P. 1984. 物理金属学[M]. 肖纪美, 等译. 北京: 科学出版社.

Haušild P, Kytka M, Karlík M, et al. 2005. Influence of irradiation on the ductile fracture of a reactor pressure vessel steel[J]. Journal Nuclear Material, 341(2-3): 184-188.

Hull D. 1965. Introduction to Dislocation[M]. Oxford: Pergamon Press.

Hull D, Bacon D J. 2010. Introduction to Dislocation[M]. Fifth Edition. Oxford: Butterworth-Heinemann.

IAEA. 1987-2003. IAEA 核电厂老化管理研究译文集(第一册～第五册)[Z]. 苏州热工研究院, 译. 苏州: 苏州热工研究院.

Kear B H. 1987. 先进金属材料[J]. 科学(中译本), (2): 79-87.

Krieg R. 2005. Failure strains and proposed limit strains for an reactor pressure vessel under severe accident conditions[J]. Nuclear Engineering Design, 235(2-4): 199-212.

Kurz W. 1987. 凝固原理[M]. 毛协民, 等译. 西安: 西北工业大学出版社.

Lippold J C, Kotecki D J. 2008. 不锈钢焊接冶金学及焊接性[M]. 陈剑虹, 译. 北京: 机械工业出版社.

Obrtlik K, Robertson C F, Marini B. 2005. Dislocation structures in 16MND5 pressure vessel steel strained in uniaxial tension[J]. Journal of Nuclear Materials, 342(1-3): 35-41.

Odette G R. 1983. On the dominant mechanism of irradiation embrittlement of reactor pressure vessel steels[J]. Scripta Metallurgica, 17 (10): 1183-1188.

Phythian W J, English C A. 1993. Microstructural evolution in reactor pressure vessel steels[J]. Journal Nuclear Material, 205: 162-177.

Porter D A. 1988. 金属和合金中的相变[M]. 李长海, 等译. 北京: 冶金工业出版社.

Ran G V, Rished R D, Kurek D, et al. 1994. Experience with bimetallic weld cracking[C]// Proceedings of International Symposium on Contributions of Materials Investigation to the Resolution of Problems Encountered in Pressurized Water Reactors, 1: 146-153.

Shi C Z. 1997. Effects of trace zinc on toughening and strengthening of steels[J]. Journal of Iron and Steel Research, 4(2): 38-43.

Shibata T, Takeyama T. 1977. Stochastic theory of pitting corrosion[J]. Corrosion, 33(7): 243-251.

Spence J, Nash D H. 2004. Milestones in pressure vessel technology[J]. Pressure Vessels and Piping, 81(2): 89-118.

Tien J K, Elliott J F. 1985. 物理冶金进展评论[M]. 中国金属学会编译组, 译. 北京: 冶金工业出版社.

Ulbricht A, Bohmert J, Uhlemann M, et al. 2005. Small angle neutron scattering study on the effect of hydrogen in irradiated reactor pressure vessel steels[J]. Journal Nuclear Material, 336(1): 90-96.

Van Vlack L H. 1984. 材料科学与材料工程基础[M]. 夏宗宁, 等译. 北京: 机械工业出版社.

Verhoeven J D. 1980. 物理冶金学基础[M]. 卢光熙, 等译. 上海: 上海科学技术出版社.

Wang J A, Rao N S V, Konduri S. 2007. The development of radiation embrittlement models for US power reactor pressure vessel steels[J]. Journal Nuclear Material, 362(1): 116-127.

Wang Y, Yao Y H, Wang Z P, et al. 2016. Thermal ageing on the deformation and fracture mechanisms of a duplex stainless steel by quasi in-situ tensile test under OM and SEM[J]. Materials Science and Engineering A, 666: 184-190.

Wang Y, Yao Y H, Jin Y H, et al. 2018. Influence of thermal ageing and specimen size on fracture toughness of Z3CN20-09M casting duplex stainless steels[J]. Materials Transactions, 59(6): 1-5.

Yao Y H, Wei J F, Liu J N, et al. 2011a. Ageing embrittlement of 15Cr1Mo1V steel welded joints evaluated by small punch test[J]. Advanced Materials Research, 160-162: 1223-1227.

Yao Y H, Wei J F, Liu J N, et al. 2011b. Aging behavior of T91/10CrMo910 dissimilar steel welded joints[J]. Advanced Materials Research, 146-147: 156-159.

Yao Y H, Wei J F, Wang Z P, et al. 2012. Effect of long-term thermal ageing on the mechanical properties of casting duplex stainless steels[J]. Materials Science Engineering A, 551: 116-121.

Лякишев Н П. 2009. 金属二元系相图手册[M]. 郭青蔚, 等译. 北京: 化学工业出版社.